Cell Biology Monographs
Continuation of Protoplasmatologia

Founded by

L. V. Heilbrunn, Philadelphia, Pa., and F. Weber, Graz

Edited by

M. Alfert, Berkeley, Calif.
W. Beermann, Tübingen
W. W. Franke, Heidelberg

G. Rudkin, Philadelphia, Pa.
P. Sitte, Freiburg i. Br.

Advisory Board

J. Brachet, Bruxelles
D. Branton, Berkeley, Calif.
H. G. Callan, St. Andrews
E. C. Cocking, Nottingham
N. Kamiya, Okazaki

W. Sandritter, Freiburg i. Br.
G. F. Springer, Evanston, Ill.
L. Stockinger, Wien
B. F. Trump, Baltimore, Md.

Vol. 5

Springer-Verlag
Wien New York

Microbodies/Peroxisomen pflanzlicher Zellen

Morphologie, Biochemie,
Funktion und Entwicklung eines Zellorganells

With an English Assessment

B. Gerhardt

Springer-Verlag
Wien New York

Prof. Dr. Bernt Gerhardt

Botanisches Institut
Universität Münster
Bundesrepublik Deutschland

Mit 59 Abbildungen

Library of Congress Cataloging in Publication Data. Gerhardt, Bernt, 1935—. Microbodies/Peroxisomen pflanzlicher Zellen. (Cell biology monographs; v. 5.) Bibliography: p. Includes index. 1. Plant cells and tissues. 2. Microbodies. I. Title. II. Series. QK725.G36.581.8.77-25393.

ISBN-13: 978-3-7091-8489-9   e-ISBN-13: 978-3-7091-8488-2
DOI: 10.1007/ 978-3-7091-8488-2

Vorwort

Mit der vorliegenden monographischen Bearbeitung der Microbodies/ Peroxisomen pflanzlicher Zellen habe ich versucht, eine umfassende Übersicht über die — keineswegs widerspruchsfreien — Daten zu geben, die direkt oder indirekt beitragen zur Charakterisierung dieses Zellorganells an sich. In diesen Zusammenhang ist auch ein wesentlicher Teil der tabellarischen Übersichten einzuordnen, die u. a. verdeutlichen, wie breit z. Zt. die Basis für generalisierende Aussagen ist. Außerdem war es mein Anliegen, die Microbodies/ Peroxisomen unter dem Gesichtspunkt ihrer Integration in die übergeordnete Einheit „Zelle" kritisch zu behandeln. Vor allem unter diesem Aspekt werden ungelöste Probleme angesprochen werden.

In vielen Fällen wird der Benutzer dieser Monographie eher an der Information über einen „exemplarischen Fall" interessiert sein — z. B. für Vorlesungen — als an einer eingehenden Gesamtdarstellung der Microbodies/ Peroxisomen. Am Anfang der einzelnen Abschnitte werden daher — soweit realisierbar — stets die Befunde behandelt, die für zwei Standardobjekte der Forschung an Microbodies/Peroxisomen vorliegen. Für die Glyoxysomen des Endosperms keimender Ricinus-Samen und die Blatt-Peroxisomen des Spinats wird dadurch eine schnelle Zusammenstellung der Forschungsergebnisse ermöglicht.

Die Kapitel des Buches sind selbständige, in sich verständliche Einheiten. Sie enthalten in der Regel auch eine knappe Zusammenfassung der Befunde, die zur entsprechenden Thematik für Peroxisomen tierischer Zellen vorliegen. In Kapitel 7.3. wurde allerdings bewußt auf einen Vergleich der Peroxisomenenzyme pflanzlicher Zellen mit den Peroxisomenenzymen tierischer Zellen oder mit entsprechenden bakteriellen Enzymen verzichtet. Das abschließende Kapitel gibt eine zusammenfassende Beurteilung des derzeitigen Standes der Forschung an Microbodies/Peroxisomen pflanzlicher Zellen.

Mein Dank gilt Herrn Professor Dr. P. Sitte für die Anregung zu diesem Buch sowie dem Springer-Verlag Wien-New York für eine gute Zusammenarbeit. Vielen Kollegen habe ich für Diskussionen zu danken, und insbesondere danke ich den Kollegen, die freundlicherweise Originalabbildungen zur Verfügung stellten. Mein Dank gilt ebenso der Deutschen Forschungsgemeinschaft, die seit mehreren Jahren meine eigene Forschung an Peroxisomen pflanzlicher Zellen unterstützt. Frau Dr. C. Grisebach danke ich für die Durchsicht des englischen Textes (Kap. 13), Frau M. Rott für zahlreiche technische Arbeiten am Manuskript.

Münster, im Januar 1978. B. GERHARDT

Inhaltsverzeichnis

1. Einleitung

1.1. Begriffsbestimmung: Microbodies — Peroxisomen

Unter der Bezeichnung „Microbody" wurde erstmals 1954 von RHODIN (vgl. auch RHODIN 1958) ein Zellorganell der Tubuluszellen der Mäuseniere beschrieben, das durch eine einfache Hüllmembran und eine homogene, im elektronenmikroskopischen Bild fein-granulär erscheinende Matrix charakterisiert war. Microbodies wurden danach auch in den Zellen anderer Gewebe von Säugern festgestellt. Das Erscheinungsbild des Organells kann dadurch modifiziert sein, daß in der Grundsubstanz ein elektronenoptisch dichterer Bezirk oder ein Einschluß kristalloider Struktur auftreten (Abb. 1.1.). Nachweise zum Vorkommen der Microbodies oder zumindest Microbody-ähnlicher Partikeln in tierischen Zellen liegen heute für zahlreiche Gewebe der Säuger (Zusammenfassungen: HRUBAN und RECHCIGL 1969, HRUBAN et al. 1972, BÖCK 1973 a, NOVIKOFF et al. 1973), für Gewebe weiterer Vertebraten (HRUBAN und RECHCIGL 1969) sowie der Invertebraten (OWEN 1972, HAND 1974) vor. Microbodies wurden auch in Protozoen nachgewiesen (HRUBAN und RECHCIGL 1969, MÜLLER 1975).

In der Mikromorphologie der pflanzlichen Zelle wurde bis 1966 der Begriff „Microbody" nicht verwandt. Zellorganellen, die in ihrer Struktur den Microbodies tierischer Zellen entsprechen, waren zwar beschrieben, aber mit verschiedenen Bezeichnungen (s. dazu: SITTE 1965, MOLLENHAUER et al. 1966, FREDERICK et al. 1968) belegt und nicht als eine einheitliche Gruppe der Cytosomen [1] behandelt worden. Erst MOLLENHAUER et al. (1966) wiesen auf die strukturelle Übereinstimmung zwischen Cytosomen pflanzlicher Zellen und den Microbodies tierischer Zellen hin und führten den Begriff Microbody auch in die Mikromorphologie der pflanzlichen Zelle ein. Die strukturelle Charakterisierung der Microbodies pflanzlicher Zellen und damit ihre Abgrenzung als spezifische Organellen wurde dann vor allem von FREDERICK et al. (1968), FREDERICK und NEWCOMB (1969 a) fortgeführt. Microbodies sind heute als ein reguläres Zellorganell der meristematischen und differenzierten Pflanzenzelle anzusehen. — Zusammenfassende Darstellungen über Microbodies pflanzlicher Zellen, die insbesondere die Struktur dieser Organellen behandeln, wurden von VIGIL (1973), FREDERICK et al. (1975), MAXWELL et al. (1975) und SILVERBERG (1975 a) veröffentlicht.

Microbodies sind durch einen bestimmten strukturellen Aufbau charakterisiert, und die Zuordnung eines Zellorganells zur Gruppe der Microbodies erfolgt daher nach morphologischen Kriterien. Die Enzymausstattungen bzw. stoffwechselphysiologischen Funktionen der Microbodies verschiedener Zell-

---

[1] Cytosomen: partikuläre, von einer einfachen Membran umgrenzte Zellkomponenten unbekannter Funktion und Biogenese (SITTE 1971).

typen müssen aber nicht zwangsläufig miteinander identisch sein (Abb. 1.2.).
Erste wesentliche Daten zur biochemischen Charakterisierung von Microbodies
ergaben sich aus Untersuchungen, in denen die intrazelluläre Lokalisation von
Enzymen in Leberzellen der Ratte bestimmt wurde. Aus diesen Zellen hatten

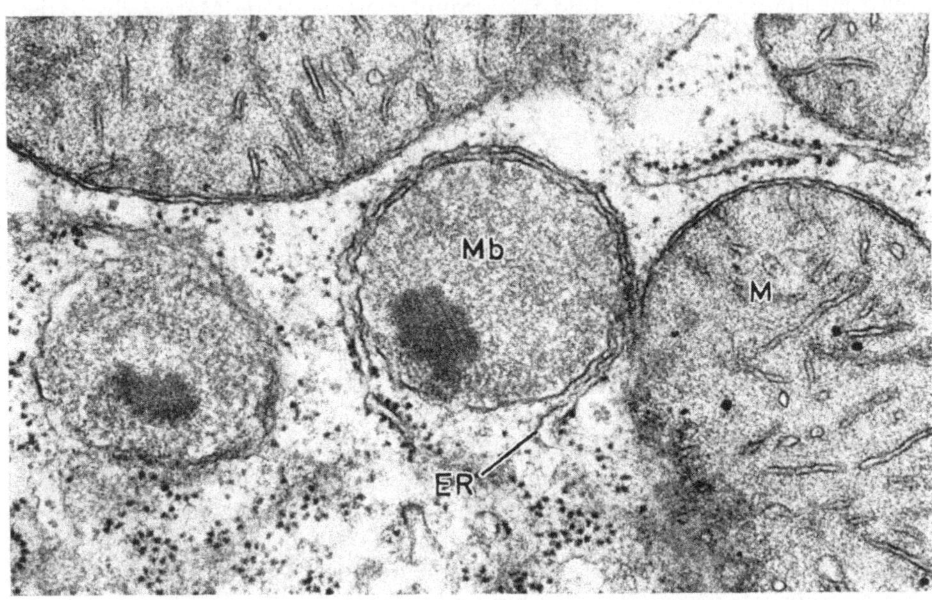

Abb. 1.1. Microbody (*Mb*) einer Rattenleberzelle. Assoziierung des Microbody mit dem Endoplasmatischen Reticulum (*ER*). Mitochondrium (*M*). Vergr. 41 000fach. — Original überlassen von R. L. Wood (Wood und Legg 1970).

De Duve und Mitarbeiter (Zusammenfassung: De Duve 1965 a) u. a. Organellen isoliert, die Katalase und H_2O_2-bildende Oxidasen (Uricase, D-Aminosäureoxidase, α-Hydroxysäureoxidase) enthielten. Aufgrund der Lokalisation von H_2O_2-liefernden Enzymreaktionen zusammen mit der H_2O_2-umsetzenden Katalase in ein und demselben Zellorganell wurden diese Organellen als ein wesentlicher Ort des H_2O_2-Stoffwechsels der Zelle angesehen. Der durch das Zusammenspiel von Oxidase und Katalase katalysierte Reaktionsablauf

$$O_2 \xrightarrow[\;RH_2 \quad R\;]{\text{Oxidase}} H_2O_2 \xrightarrow[\;R'H_2 \quad R'\;]{\text{Katalase}} \begin{array}{l} O_2 + 2\,H_2O \\ 2\,H_2O \end{array}$$

entspricht dem Typ einer über ein Peroxid verlaufenden Atmung, und die Organellen wurden daher „Peroxisomen"[2] benannt (De Duve 1965 b).

[2] Die Bezeichnung „Peroxisom" geht nicht — wie gelegentlich fälschlicherweise angegeben wird — auf die Lokalisation des Enzyms Peroxidase in Peroxisomen zurück. Peroxidasen sind in Peroxisomen nicht nachzuweisen. Untersuchungen zur Lokalisation der Peroxidase in pflanzlichen Zellen liegen z. B. von Parish (1972 c, 1972 d, 1975 c; vgl. auch Stafford 1974) vor.

Peroxisomen sind definiert als Zellorganellen, die Katalase und zumindest eine H_2O_2-bildende Oxidase enthalten (DE DUVE 1969 a). Doch die Bezeichnung Peroxisomen wird ungenauerweise sehr oft auch auf Zellorganellen angewandt, für die zwar Katalase nachgewiesen, das Vorkommen einer H_2O_2-bildenden Oxidase aber nicht untersucht wurde. Daß die alleinige Verwendung von Katalase als Leitenzym zur Klassifizierung eines Zellorganells als Peroxi-

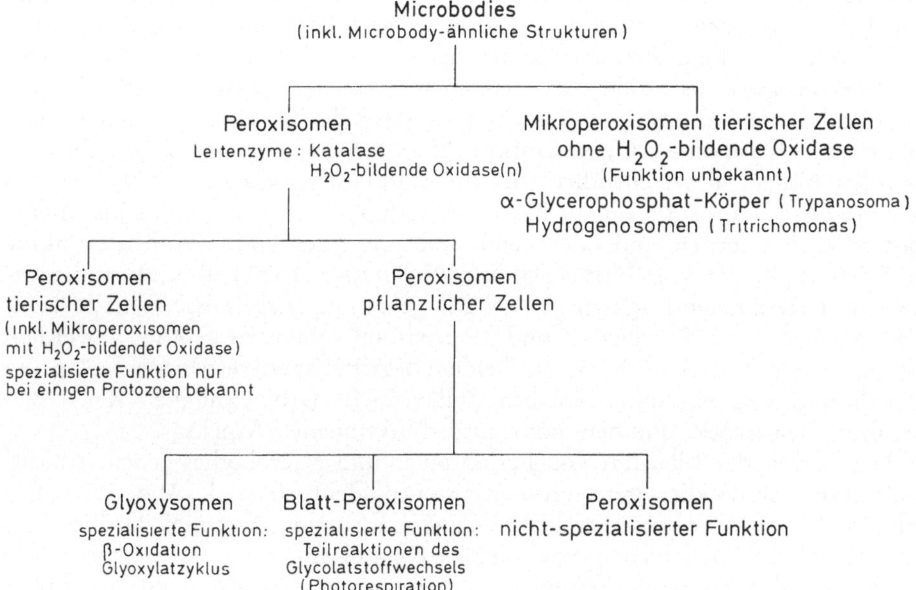

Abb. 1.2. Schema zur Gliederung der Microbodies und Peroxisomen.

som nicht ausreicht, ergab sich zumindest für einen Teil der „Mikroperoxisomen" tierischer Zellen (s. u.). — Inkorrekt als Peroxisomen bezeichnete Zellorganellen pflanzlicher Zellen werden unter entsprechendem Hinweis in diesem Buch in die Behandlung der Peroxisomen mit einbezogen werden.

Die Bezeichnung Peroxisomen wurde den aus Rattenleber isolierten, Katalase und spezifische Oxidasen enthaltenden Zellorganellen gegeben, obwohl aus elektronenmikroskopischen Untersuchungen an gereinigten Präparationen dieser Organellen bekannt war, daß die Organellen mit den Microbodies der Leberzelle identisch sind (BAUDHUIN *et al.* 1965). Doch zu jener Zeit war weder bekannt, inwieweit Microbodies allgemein die Enzymausstattung der aus Rattenleber isolierten Microbodies besitzen, noch war bekannt, welchen strukturellen Aufbau die Zellorganellen anderer Zelltypen aufweisen, die in ihren biochemischen Eigenschaften den Peroxisomen der Leberzelle entsprechen. Der Begriff „Peroxisom" bezeichnet also — im Gegensatz zu dem Begriff „Microbody" — ein Zellorganell, das nach bestimmten biochemischen (funktionellen) Kriterien klassifiziert ist. Bei dieser Klassifizierung wird kein

Bezug genommen auf die strukturelle Organisation des Organells. Peroxisomen sind also Komponenten der Zelle, die zwar mit den nach morphologischen Kriterien definierten Microbodies identisch sein können, aber nicht identisch sein müssen.

Der Beweis einer Identität von Peroxisomen und Microbodies erfordert entweder die morphologische Charakterisierung der Peroxisomen durch elektronenmikroskopische Untersuchungen an den Peroxisomen-Präparationen oder die biochemische Charakterisierung der Microbodies über den cytochemisch zu führenden Nachweis, daß peroxisomale Enzyme in den Microbodies lokalisiert sind. Peroxisomen, die aus tierischen und pflanzlichen Zellen oder aus Mikroorganismen isoliert wurden, entsprachen — soweit elektronenmikroskopische Untersuchungen an den Präparationen durchgeführt wurden — ausnahmslos Microbodies. Cytochemische Nachweise für peroxisomale Enzyme wurden bisher im wesentlichen nur für Katalase ausgearbeitet. Das Enzym konnte *in situ* eindeutig nur in Partikeln nachgewiesen werden, die als Microbodies zu bezeichnen sind oder zumindest eine Microbody-ähnliche Struktur besitzen (z. B. die von NOVIKOFF und NOVIKOFF [1972] als „Mikroperoxisomen" bezeichneten Organellen). — Die genannten Ergebnisse führten dazu, daß die Begriffe „Microbody" und „Peroxisom" synonym gebraucht werden. Streng genommen bezeichnen die beiden Begriffe aber verschiedene Aspekte der Betrachtung ein und desselben Zellorganells (Abweichungen s. u.): den strukturellen Aspekt und den biochemisch-funktionellen Aspekt.

Der Beweis der Identität von Peroxisomen und Microbodies bedeutet nicht, daß auch Microbodies stets mit Peroxisomen identisch sind (Abb. 1.2.). Für pflanzliche Zellen liegen aber bisher keine eindeutigen Angaben darüber vor, daß die Microbodies nicht peroxisomalen Charakter hätten. Allerdings wurde in der Regel nur das Vorkommen der Katalase in den Microbodies cytochemisch nachgewiesen, nicht aber auch das Vorkommen einer Oxidase, das für eine Identifizierung der Microbodies als Peroxisomen nach Definition erforderlich ist. Vorliegende Befunde, daß Katalase in den Microbodies einiger Algen und Pilze cytochemisch nicht nachzuweisen war, sind durch Untersuchungen an den isolierten Microbodies zu überprüfen. Denn negative Befunde, die sich im cytochemischen Katalasenachweis für die Microbodies der Volvocalen ergaben, konnten an den isolierten Microbodies nicht bestätigt werden. In ihnen wurden Katalase und außerdem eine peroxisomale Oxidase (Uricase) nachgewiesen. In den Microbodies von *Euglena gracilis* var. *bacillaris* konnte — wahrscheinlich verursacht durch die Bedingungen der Algenanzucht — ebenfalls keine Katalase cytochemisch festgestellt werden. Das Enzym war dann auch nicht im zellfreien Homogenat nachzuweisen. Jedoch sind in den Microbodies dieser Alge Enzyme lokalisiert, die charakteristisch sind für spezielle Funktionstypen der Peroxisomen in Zellen höherer Pflanzen.

Bei tierischen Zellen und bei Protozoen ist im Gegensatz zu den derzeitigen Befunden an pflanzlichen Zellen eine Identität der Microbodies mit Peroxisomen nicht generell gegeben (Abb. 1.2.). In den als Mikroperoxisomen bezeichneten Microbody-ähnlichen Strukturen der Zellen vieler Säugetiergewebe (NOVIKOFF und NOVIKOFF 1972, NOVIKOFF et al. 1973) ist zwar Katalase nachgewiesen, doch zum Vorkommen einer peroxisomalen Oxidase in diesen

Organellen liegen für verschiedene Gewebe unterschiedliche Befunde vor (DE DUVE 1973, CONNOCK *et al.* 1974, HAND 1974, BÖCK *et al.* 1975, GOLDENBERG *et al.* 1975). Microbodies bestimmter Protozoengattungen (u. a. *Trypanosoma, Tritrichomonas*) enthalten weder Katalase noch eine H_2O_2-bildende Oxidase, da diese Enzyme in den entsprechenden Organismen nicht vorkommen. In den Microbodies dieser Protozoen (Abb. 1.2.) sind u. a. Enzyme lokalisiert, die Reaktionen katalysieren, über die Reduktionsäquivalente aerob (H_2O-Bildung; *Trypanosoma*) oder anaerob (H_2-Bildung; *Tritrichomonas*) und ohne Energiekonservierung bei den Redoxreaktionen vernichtet werden (Zusammenfassung: MÜLLER 1975).

1.2. Funktion der Peroxisomen

Peroxisomen sind aufgrund der Lokalisation von H_2O_2-bildenden Oxidasen und Katalase in diesem Organell ein Ort des H_2O_2-Stoffwechsels der Zelle. Sie sind aber nicht der einzige Ort des H_2O_2-Stoffwechsels der Zelle. Eine H_2O_2-Bildung findet direkt oder durch Vermittlung der Superoxiddismutase [3] über das Superoxidradikal $O_2 \cdot^-$ auch in anderen Zellkompartimenten statt (Zusammenfassungen: HALLIWELL 1974 a, SIES 1974). Auch wurde ein Austritt von intraperoxisomal gebildetem H_2O_2 aus den Peroxisomen nachgewiesen (BOVERIS *et al.* 1972). Der Umsatz von extraperoxisomal auftretendem H_2O_2 kann durch Peroxidasen erfolgen. Daß Katalase — abgesehen von Erythrocyten — auch extraperoxisomal, im Grundplasma, lokalisiert ist, kann z. Zt. mit eindeutiger Sicherheit nicht ausgeschlossen werden (Kap. 5.1.2., 7.3.1.).

Der allgemeinen, im H_2O_2-Stoffwechsel der Zelle liegenden, aber noch nicht präzise zu fassenden Funktion der Peroxisomen (vgl. OSHINO *et al* 1973, HALLIWELL 1974 a, SIES 1974) stehen die speziellen Funktionen der Peroxisomen gegenüber, die für diese Organellen in einigen Fällen nachgewiesen werden konnten (Abb. 1.2.) und die eine Integration der Aktivität der Peroxisomen in den Ablauf bestimmter Stoffwechselprozesse der Zelle erlauben. In fettreichen Geweben keimender Samen sind die Enzyme der β-Oxidation und des Glyoxylatzyklus in Organellen lokalisiert, die bei ihrer Entdeckung Glyoxysomen benannt (BREIDENBACH und BEEVERS 1967), deren Identität mit Peroxisomen aber später nachgewiesen wurde. Die Glyoxysomen sind der bis heute biochemisch am besten charakterisierte spezialisierte Funktionstyp der Peroxisomen (Zusammenfassungen: BEEVERS 1969, 1971, TOLBERT 1971 a). Ein weiterer gewebs- und funktionsspezifischer Typ der Peroxisomen sind die Peroxisomen des Mesophylls. Sie enthalten Enzyme des photosyntheseabhängigen Glycolatstoffwechsels (Photorespiration) und werden zur Kennzeichnung ihrer speziellen Funktion als Blatt-Peroxisomen bezeichnet (Zusammenfassungen: TOLBERT und YAMAZAKI 1969, TOLBERT 1971 a, 1973 a). Spezialisierte

---

[3] Superoxiddismutase ist nicht in den Peroxisomen lokalisiert (ASADA *et al.* 1973, PEETERS-JORIS *et al.* 1975, TYLER 1975).

Funktionstypen der Peroxisomen wurden auch bei einigen Pilzen, bei Algen und Protozoen (Zusammenfassung: MÜLLER 1975) nachgewiesen. Funktionen, die über die Beteiligung der Organellen am H_2O_2-Stoffwechsel der Zelle hinausgehen, sind für die Peroxisomen tierischer Zellen bisher nicht bekannt geworden. Arbeitshypothesen, die diese Aktivität der Peroxisomen als peroxisomale Respiration in den Zellstoffwechsel einzuordnen versuchten, ließen sich nicht bestätigen (Zusammenfassungen: DE DUVE und BAUDHUIN 1966, DE DUVE 1969 a, VANDOR und TOLBERT 1970). Doch auch die Peroxisomen in den meisten pflanzlichen Zelltypen und in der Mehrzahl der Mikroorganismen müssen z. Zt. dem nicht-spezialisierten Funktionstyp der Peroxisomen zugeordnet werden. Inwieweit sich aus dieser Gruppe der Peroxisomen spezialisierte Funktionstypen absondern lassen werden und wie die Aktivität der Peroxisomen im H_2O_2-Stoffwechsel für die Zelle als Ganzes einzuschätzen ist, muß künftige Forschung an den Peroxisomen zeigen.

2. Struktur der Microbodies

2.1. Kriterien zur Identifizierung der Microbodies

Die Struktur der Microbodies in Zellen höherer Pflanzen wurde vor allem in der Arbeitsgruppe von E. H. NEWCOMB eingehend untersucht (FREDERICK et al. 1968; FREDERICK und NEWCOMB 1969 a, 1971, GRUBER et al. 1970, 1972, 1973, VIGIL 1970, NEWCOMB und FREDERICK 1971).

Die Unterscheidung der Microbodies von anderen Zellorganellen aufgrund morphologischer Kriterien basiert im wesentlichen auf folgenden Merkmalen: a) Microbodies sind cytoplasmatische Partikeln, die von einer einfachen, nicht mit Ribosomen besetzten Membran umgrenzt werden (Abb. 1.1., 2.1.). In undifferenzierten Pflanzenzellen tritt diese mitunter nur schwach in Erscheinung (Abb. 2.2.). Die Membran hat eine Dicke von 6—8 nm (GRAVES et al. 1971, McLAUGHLIN 1973, OAKLEY und DODGE 1974, SILVERBERG und SAWA 1974, PHILIPPI et al. 1975, vgl. auch HRUBAN und RECHCIGL 1969) und zeigt eine dreischichtige Struktur mit elektronenoptisch transparenterer Mittelschicht (Abb. 2.3.), entspricht in ihrem Aufbau also einer Elementarmembran (zur heutigen Bedeutung des Begriffs „Elementarmembran" s. MÜLLER 1973, SITTE 1973). Abweichende Befunde zum Aufbau der Microbodymembran veröffentlichten WEDEL und BERGER (1975). Eine dreidimensionale Rekonstruktion der Rattenleberzelle nach Serienschnitten ergab zwei Klassen von Organellen mit Microbodycharakter. Während in Schrägschnitten durch die Organellen keine Unterschiede in der Membranstruktur der beiden Organelltypen beobachtet wurden, zeigten senkrechte Anschnitte der Membranen (Medianschnitte durch die Organellen) klare Differenzen. Die aufgrund ihres größeren Durchmessers (ca. 0.4 µm) und des Besitzes eines elektronenoptisch dichteren Bezirkes in der Matrix (Kap. 2.2.) als Microbodies angesprochenen Organellen besaßen eine 11 nm dicke, einschichtige Membran. Die

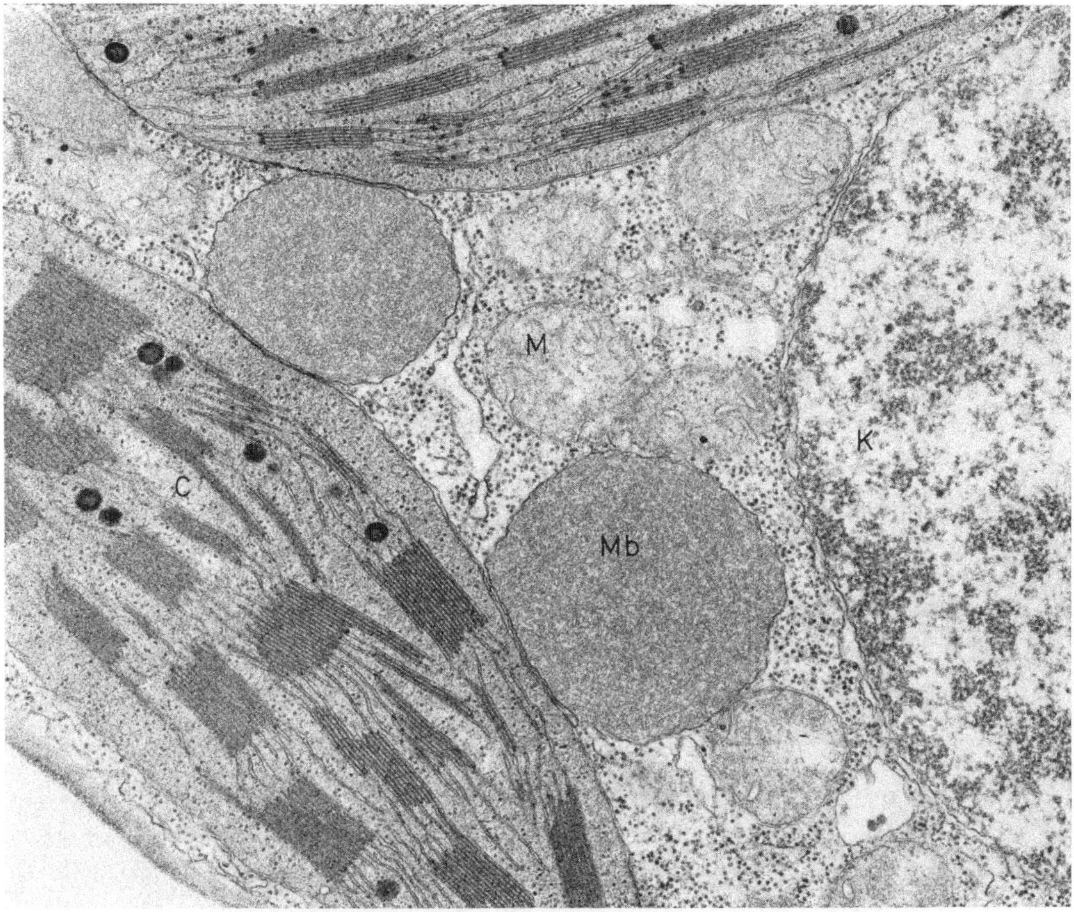

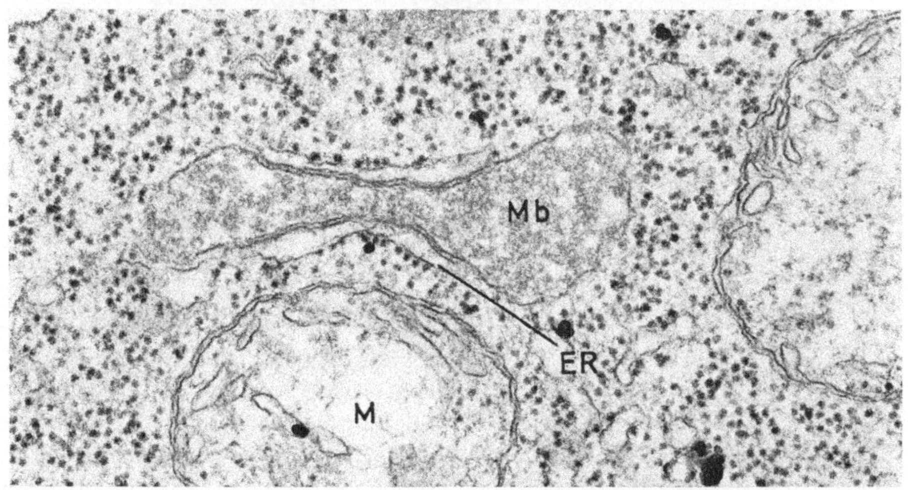

Abb. 2.1. Microbodies (*Mb*) in einer Mesophyllzelle von *Nicotiana tabacum*. Assoziierung der Microbodies mit Chloroplasten (*C*). Mitochondrium (*M*); Zellkern (*K*). Vergr. 46 000fach. Original überlassen von E. H. NEWCOMB (FREDERICK und NEWCOMB 1969 b).

Abb. 2.2. Hantelförmiger Microbody (*Mb*) in einer Meristemzelle der Wurzelspitze von *Phaseolus vulgaris*. Assoziierung des Microbody mit rauhem Endoplasmatischen Reticulum (*ER*). Mitochondrium (*M*). Vergr. 59 000fach. — Original überlassen von E. H. NEWCOMB

Organellen der anderen Gruppe, deren Zuordnung zu den Microbodies nicht geklärt ist (Durchmesser ca. 0,25 μm), wurden von einer 13 nm dicken, dreischichtigen Membran umgrenzt.

b) Die Matrix der Microbodies, die sich im allgemeinen bis an die Membran erstreckt, erscheint nach Glutaraldehyd/OsO$_4$-Fixierung in der Regel fein-granulär und ist von variabler, aber gewöhnlich mäßiger elektronen-

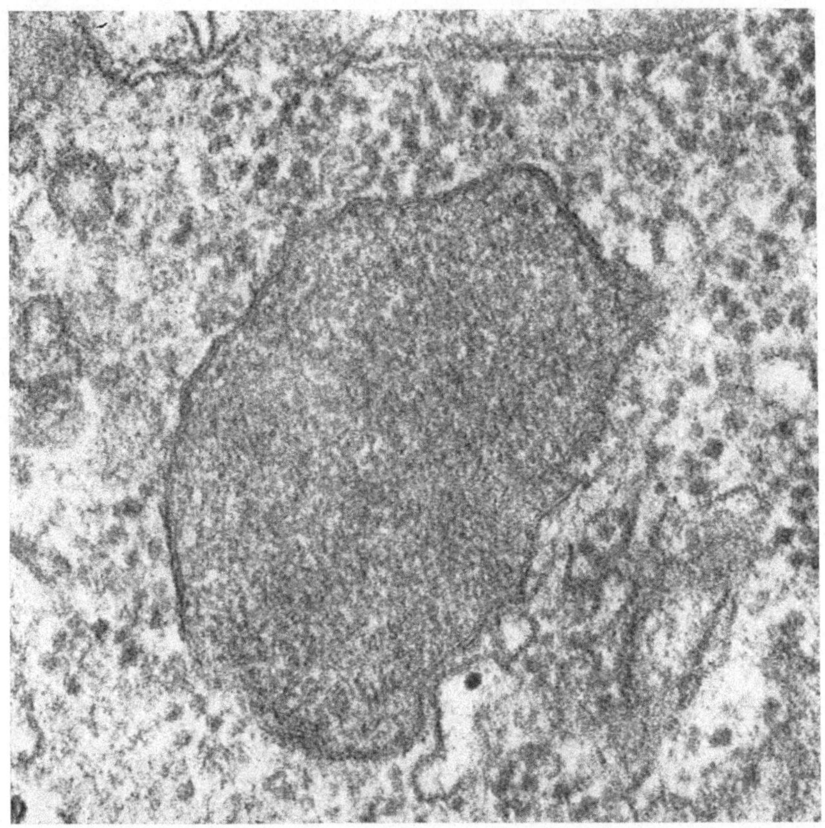

Abb. 2.3. Microbody in *Euglena gracilis* var. *bacillaris*, streptomycingebleichter Stamm; Anzucht der Alge auf Acetat. Dreischichtiger Aufbau der Microbodymembran. Vergr. 135 000fach. — Original überlassen von L. HANZELY (GRAVES *et al.* 1971).

optischer Dichte (Abb. 1.1., 2.1., 3.1.). Doch ist die Dichte allgemein höher als die des umgebenden Grundplasmas. Die Matrix der Microbodies kann einen oder mehrere elektronenoptisch dichtere Bezirke (Einschlüsse; Abb. 1.1., 2.4.—2.9., 3.1.) von vorwiegend amorpher oder kristalloider Struktur enthalten (Kap. 2.2.). In der Matrix der Microbodies wurden weder Ribosomen noch DNA-Fibrillen nachgewiesen — abgesehen von einem Vermerk bei WHITE und BRODY (1974), die für Microbodies in *Euglena gracilis* bis 0,5 μm lange, 2,5—3,0 nm dicke Fibrillen angeben und in diesen DNA-Fibrillen vermuten (Kap. 11.2.).

c) Die Form der Microbodies im elektronenmikroskopischen Schnittbild einer Zelle ist in der Regel ± kreisrund (Abb. 1.1., 2.1., 2.4.—2.11., 3.1.), so daß auf eine Kugelgestalt der Organellen geschlossen werden kann. Doch werden auch längliche, gebogene, hantelförmige (Abb. 2.2.), gelappte und anders geformte bis irreguläre Profile der Microbodies beobachtet. Der Durchmesser bzw. größte Durchmesser kreisförmiger bis elliptischer Microbodies liegt zwischen 0,1—1,5 µm, langgestreckte Formen können eine Länge von 3 µm erreichen. Der Durchmesser der Microbodies in Mikroorganismen liegt häufig im unteren Bereich dieser Größenverteilung. Differenzierte Zellen enthalten häufig größere Microbodies als Zellen meristematischer Gewebe, und Mesophyllzellen der C_3-Pflanzen besitzen allgemein große Microbodies. — Eine Zunahme des Durchmessers der Microbodies — interpretiert als ein Wachstum der Organellen — ist während der Entwicklung von Zellen wiederholt bestimmt worden (Kap. 11.).

2.2. Einschlüsse in der Matrix der Microbodies

In der Matrix der Microbodies sind oft elektronenoptisch dichtere Bezirke (Einschlüsse) zu beobachten, die entweder unstrukturiert (amorph; Abb. 2.4., 3.1.) sind oder einen strukturierten Aufbau erkennen lassen. Einschlüsse mit Strukturierung treten vorwiegend in Form der sogenannten Kristalloide (bzw. Kristalle; Abb. 2.5., 2.6.) auf. Die Bezeichnung „Kristalloid" (bzw. „Kristall") ist hierbei lediglich Ausdruck der Tatsache, daß diese Einschlüsse im elektronenmikroskopischen Schnittbild der Microbodies eine gitterartige Struktur aufweisen. Für den „Gitterabstand" kristalloider Einschlüsse der Microbodies pflanzlicher Zellen werden Werte zwischen 8—22 nm angegeben (BOUCK 1965, PETZOLD 1967, VILLIERS 1967, ROBERTS und NORTHCOTE 1970, VIGIL 1970, DAVEY und STREET 1971, HILLIARD et al. 1971, COFFEY et al. 1972, PERRIN 1972, REICHLE und LICHTWARDT 1972). An Kristalloiden der Microbodies tierischer Zellen wurden in der Regel entsprechende Werte des „Gitterabstandes" gemessen (HRUBAN und RECHCIGL 1969). Der Winkel zwischen den sich überkreuzenden „Gitterlinien" der Kristalloide variiert für die einzelnen Kristalloide, und neben Einschlüssen mit gitterartiger Struktur wurden in demselben Objekt Einschlüsse beobachtet, die sich aus einem System paralleler, abwechselnd elektronenoptisch transparenter und elektronenoptisch dichter Linien aufbauten (Abb. 2.6.). Auch Schnittbilder von Kristalloiden mit hexagonaler Gitterstruktur wurden erhalten. Die Ursache dieser unterschiedlichen Befunde wird allgemein in einer unterschiedlichen Schnittführung durch den Kristalloid gesehen. Zum dreidimensionalen Aufbau der Kristalloide in Microbodies tierischer Zellen wurden eingehende Vorstellungen entwickelt (HRUBAN und RECHCIGL 1969, TSUKADA et al. 1971). Als Grundelemente werden tubuläre Einheiten angenommen, die durch Zusammenlagerung die Wände übergeordneter, ebenfalls tubulärer Struktureinheiten bilden. Die Wände dieser Struktureinheiten treten bei geringerer Auflösung als die „Gitterlinien" in Erscheinung. Analoge Modelle wurden auch für die Kristalloide in Microbodies pflanzlicher Zellen entwickelt (PETZOLD 1967, DAVEY und STREET 1971, PER-

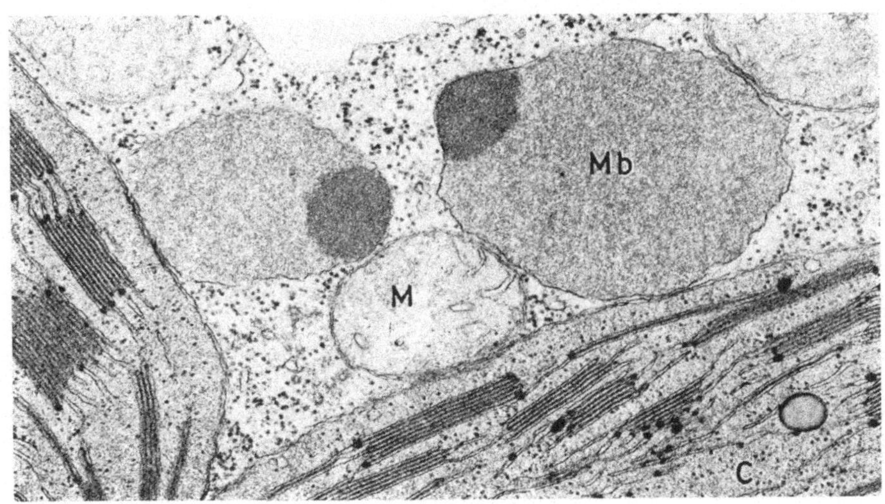

Abb. 2.4. Microbodies (*Mb*) mit amorphem Einschluß in einer Mesophyllzelle von *Nicotiana tabacum*. Mitochondrium (*M*); Chloroplast (*C*). Vergr. 49 000fach. — Original überlassen von E. H. Newcomb (Frederick *et al.* 1975).

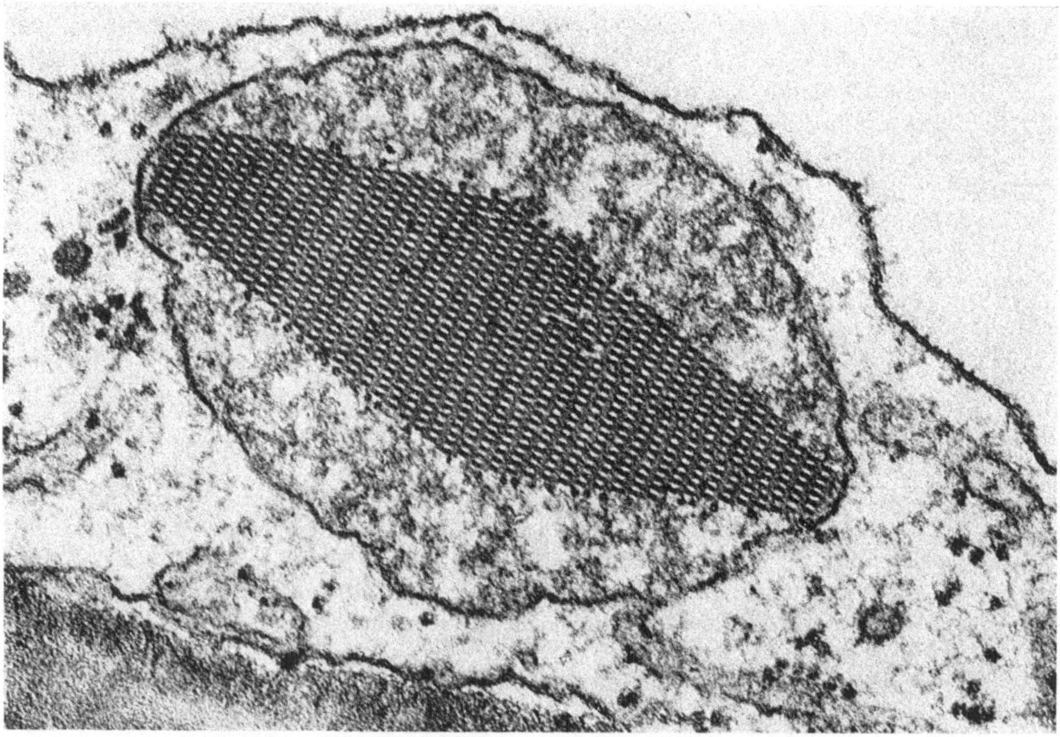

Abb. 2.5. Microbody mit Kristalloid in einer Parenchymzelle der Koleoptile von *Avena sativa*. Vergr. 168 000fach. — Original überlassen von E. L. Vigil (Frederick *et al.* 1968).

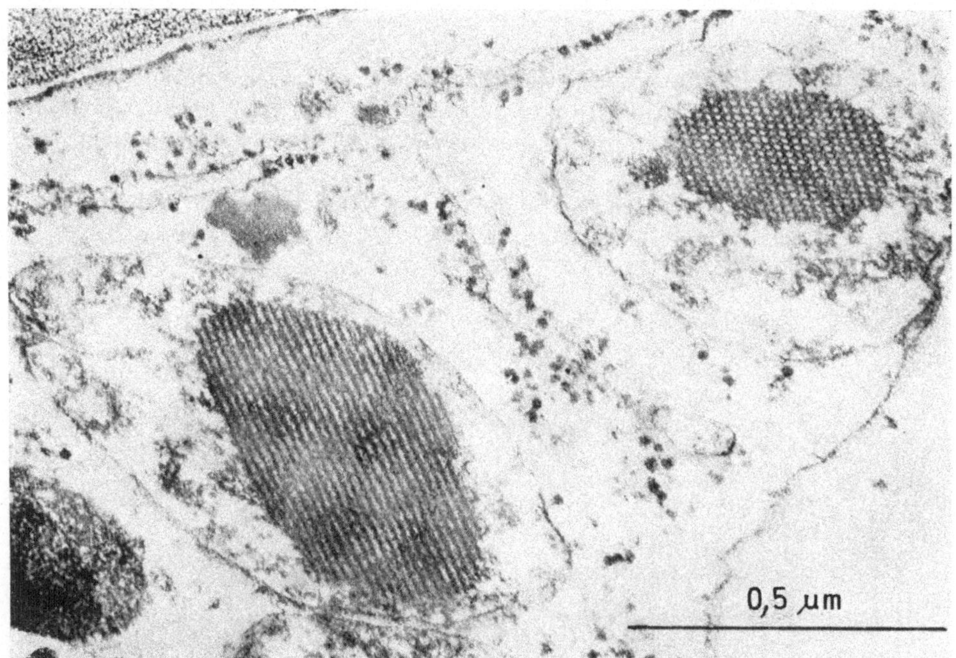

Abb. 2.6. Microbodies mit Kristalloid in einer Zelle einer Gewebekultur von *Acer pseudoplatanus*. Kristalloide der Microbodies unterschiedlich angeschnitten. — Original überlassen von M. R. DAVEY (DAVEY und STREET 1971).

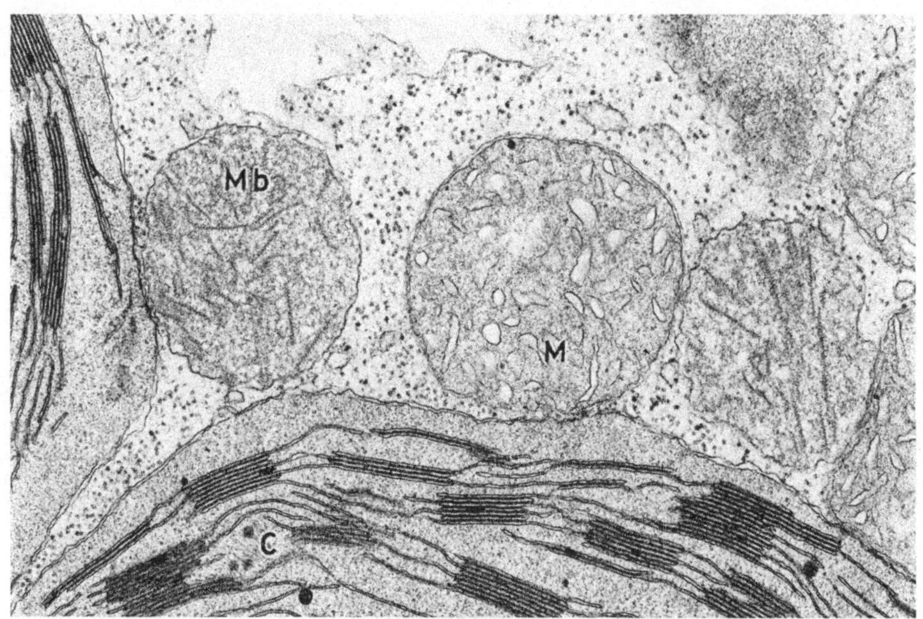

Abb. 2.7. Microbodies (*Mb*) mit fädigen Einschlüssen in einer Mesophyllzelle des Keimlings von *Avena sativa*. Mitochondrium (*M*); Chloroplast (*C*). Vergr. 35 000fach. — Original überlassen von E. H. NEWCOMB (GRUBER *et al.* 1972).

RIN 1972, s. auch HRUBAN und RECHCIGL 1969). Die Wandstärke der übergeordneten tubulären Einheit wird mit 2,5—3,5 nm, ihr Innendurchmesser mit 1,5—3,5 nm angegeben (PETZOLD 1967, HRUBAN und RECHCIGL, 1969, DAVEY und STREET 1971). JENSEN und VALDOVINOS (1967) nehmen einen schichtartigen Aufbau des Kristalloids aus einer abwechselnden Folge osmiophiler und nichtosmiophiler Substanz an.

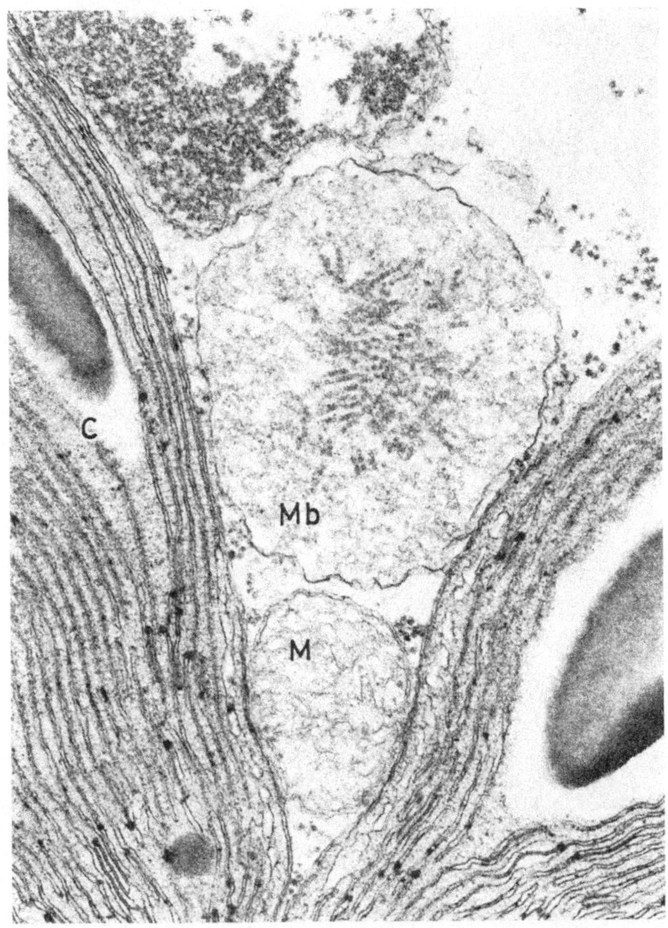

Abb. 2.8. Microbody (*Mb*) mit kettenartigen Einschlüssen in einer Bündelscheidenzelle von *Zea mays*. Mitochondrium (*M*); Chloroplast (*C*). Vergr. 49 000fach. — Original überlassen von E. H. NEWCOMB (FREDERICK *et al.* 1975).

Strukturen fädig-kettenartigen Charakters in der Matrix der Microbodies wurden bei Gramineen beobachtet (FREDERICK und NEWCOMB 1969 a, 1969 b, 1971, HILLIARD *et al.* 1971, GRUBER *et al.* 1972). Sie sind bei Festucoideen (Abb. 2.7.) und Panicoideen (Abb. 2.8.) aus unterschiedlichen Untereinheiten aufgebaut. Die Untereinheit ist bei Panicoideen globulär mit einem Durchmesser von 16 nm (HILLIARD *et al.* 1971). Bei Festucoideen liegt eine differenzierter gebaute Untereinheit vor, deren Durchmesser mit 5 bzw. 8 nm angegeben wird (FREDERICK und NEWCOMB 1969 a, HILLIARD *et al.* 1971).

Konzentrische Innenstrukturen wurden für Microbodies in Sporangien von *Phytophthora parasitica* beschrieben (HEMMES und HOHL 1969), wirbelartige für Microbodies in *Euglena gracilis* (GRAVES *et al.* 1971). Für diese Einschlüsse

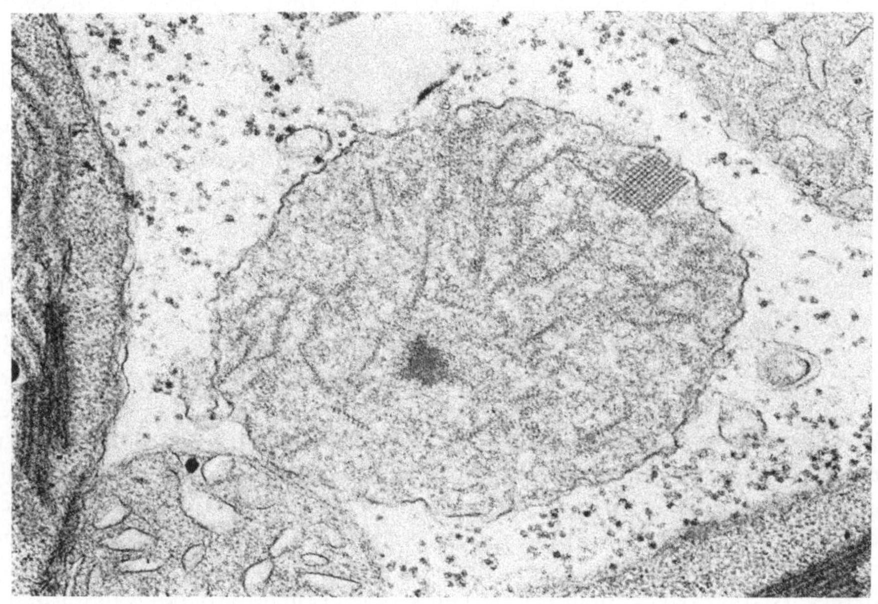

Abb. 2.9. Microbody mit verschiedenartigen Einschlüssen (kristalloid, amorph, fibrillär) in einer Mesophyllzelle von *Avena sativa*. Vergr. 51 000fach. — Original überlassen von E. H. NEWCOMB (GRUBER *et al.* 1972).

wird ein Aufbau aus Membranen angegeben. Es sind die einzigen — und zu überprüfenden — Angaben über ein intrapartikuläres Membransystem der Microbodies.

Auf elektronenmikroskopischen Schnittbildern eines Gewebes können in den Zellen Microbodies mit Einschlüssen und solche ohne Einschlüsse oder Microbodies mit verschiedenartigen Einschlüssen beobachtet werden. In einem Microbody können außerdem ein bis mehrere Einschlüsse sowie unterschiedliche Einschlußformen vorliegen (Abb. 2.9.). Kristalloide der Microbodies können beträchtliche Ausmaße erreichen (Abb. 2.5.), und ein Kristalloid kann das Innere des Organells weitgehend ausfüllen. Amorphe Einschlüsse weisen häufig eine randständige Lage auf (Abb. 2.4.). Die Regelmäßigkeit des Auftretens von amorphen Einschlüssen in den Microbodies der Mesophyllzellen von *Nicotiana tabacum* und von CAM-Pflanzen (Pflanzen mit Crassulaceen-Säurestoffwechsel) führte zu der Annahme, daß in diesen Zellen jeder Microbody einen amorphen Einschluß enthält (NEWCOMB und FREDERICK 1971, KAPIL *et al.* 1975).

Angaben zur Entwicklung der Einschlüsse in Microbodies und zu einer möglichen entwicklungsgeschichtlichen Beziehung der verschiedenen Einschlußformen zueinander liegen nur vereinzelt vor. Sie sind zudem uneinheitlich und z. T. auch widersprüchlich. Microbodies mit kristalloidem Einschluß werden oft als „Differenzierungsstadien" des einschlußlosen Typs der Organellen aufgefaßt, der vorwiegend in jungen Zellen auftritt. So beobachteten FREDERICK *et al.* (1968) in der *Avena*-Koleoptile Übergangsformen zwischen Microbodies ohne Einschluß und Microbodies mit Kristalloid. Im Endosperm des *Ricinus*-Samens treten nach VIGIL (1969 a, 1970) Microbodies mit kristalloidem (oder amorphem) Einschluß mit fortschreitender Entwicklung der Zellen während der Keimung und parallel zur Abnahme der Lipidkörper der Zelle auf. In den Microbodies der Zellen einer Tabakgewebekultur erfolgte die Ausbildung eines Kristalloids 3 Tage nach dem induzierten Auftreten der Organellen (MATSUSHIMA 1972). Nach anderen Befunden nimmt die Zahl der Microbodies mit kristalloidem Einschluß während der Zellentwicklung ab. FREDERICK und NEWCOMB (1969 a) beobachteten dies in Blättern von *Phleum pratense*. MOLLENHAUER und TOTTEN (1970) geben im Gegensatz zu den Befunden von VIGIL (1970, s. o.) an, daß in den Zellen des *Ricinus*-Endosperms von Keimungsbeginn an Microbodies mit Kristalloiden vorliegen und daß die Kristalloide im Verlauf der Keimung degenerieren, da in späteren Entwicklungsstadien an Stelle der Microbodies mit Kristalloid zunächst Microbodies mit amorphem Einschluß auftraten und anschließend der einschlußlose Typ der Microbodies vorwiegend beobachtet wurde. Kristalloide, amorphe Einschlüsse und Matrix der Microbodies reagierten im cytochemischen Katalasenachweis (Kap. 5.1.) gleich stark. Eine entwicklungsgeschichtliche Beziehung zwischen kristalloidem und amorphem Einschluß der Microbodies wurde andererseits von NEWCOMB und FREDERICK (1971) für Microbodies des Tabakblattes ausgeschlossen, da die Kristalloide im cytochemischen Katalasenachweis besonders stark reagierten, die amorphen Einschlüsse der Microbodies aber keine Reaktion zeigten. Auch geben FREDERICK und NEWCOMB (1969 a, vgl. auch GRUBER *et al.* 1972) an, daß Microbodies mit kristalloidem Einschluß in den Zellen des Schwammparenchyms des Tabakblattes, Microbodies mit amorphem Einschluß aber in den Zellen des Palisadenparenchyms auftreten. — Die Entwicklung bzw. das Wachstum des amorphen Einschlusses in den Microbodies von *Fusarium oxysporum* wird als eine Kondensation des Matrixmaterials beschrieben (WERGIN 1973).

2.3. Cytoplasmatische Invaginationen in Microbodies

Elektronenmikroskopische Schnittbilder der Microbodies pflanzlicher Zellen zeigen verschiedentlich in der Matrix der Organellen membranumgrenzte Bezirke, die eine höhere elektronenoptische Transparenz als die Matrix der Microbodies und eine dem Grundplasma vergleichbare Strukturierung und elektronenoptische Dichte aufweisen (Abb. 2.10.). Es handelt sich hierbei um Anschnitte von Invaginationen des Cytoplasmas in die Microbodies. Die danach zu fordernde Verbindung zwischen einem membranbegrenzten Bezirk

und dem umgebenden Grundplasma wurde mehrfach beobachtet (Abb. 2.11.;
FREDERICK *et al.* 1968, BERGER und SCHNEPF 1970, GRUBER *et al.* 1970, VIGIL
1973).

Cytoplasmatische Invaginationen treten besonders bei Microbodies in fett-
speichernden Zellen auf. Sie sind charakteristisch für die Microbodies der
Zellen fettspeichernder Kotyledonen während einer bestimmten Entwicklungs-

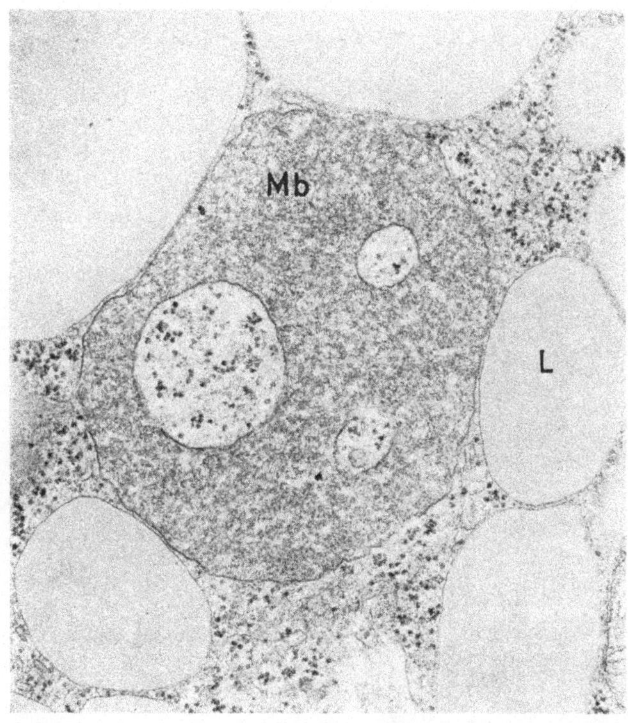

Abb. 2.10. Microbody (*Mb*) mit cytoplasmatischen Invaginationen in einer Keimblattzelle
eines 4 Tage alten Keimlings von *Helianthus annuus*. Ribosomen in den cytoplasmatischen
Invaginationen. Lipidkörper (*L*). Vergr. 37 000fach. — Original überlassen von E. H. NEW-
COMB (GRUBER *et al.* 1970).

phase (Abb. 2.10., 2.11.; Kap. 11.3.1.2.; GRUBER *et al.* 1970, TRELEASE *et al.*
1971, DRUMM und SCHOPFER 1974, VIGIL 1973). Cytoplasmatische Invaginationen wurden ferner für die Microbodies in den fettreichen Zellen der Epi-
dermis des Spadix-Appendix von *Sauromatum guttatum* (BERGER und
SCHNEPF 1970), des Endosperms von *Pinus sylvestris* (SIMOLA 1974) und für
Microbodies in keimenden Sporen von *Equisetum* und *Polypodium vulgare*
(GULLVÅG 1971; FRASER und SMITH 1974) beschrieben. Microbodies mit cytoplasmatischer Invagination wurden aber auch in den Zellen der Wurzelspitze
von *Raphanus sativus* (FREDERICK *et al.* 1968) und in Pilzhyphen (MAXWELL
et al. 1975) beobachtet.

Die cytoplasmatischen Invaginationen können Endoplasmatisches Reticulum

(FREDERICK *et al.* 1968, BERGER und SCHNEPF 1970, GRUBER *et al.* 1970), Ribosomen (Abb. 2.10.; GRUBER *et al.* 1970, TRELEASE *et al.* 1971, DRUMM und SCHOPFER 1974), Mitochondrien (GRUBER *et al.* 1970, DRUMM und SCHOPFER 1974) oder Lipidkörper (DRUMM und SCHOPFER 1974, SCHOPFER *et al.* 1975) enthalten. Der Befund, daß bei isolierten Microbodies Ribosomen in Invaginationen beobachtet wurden, könnte darauf hindeuten, daß mög-

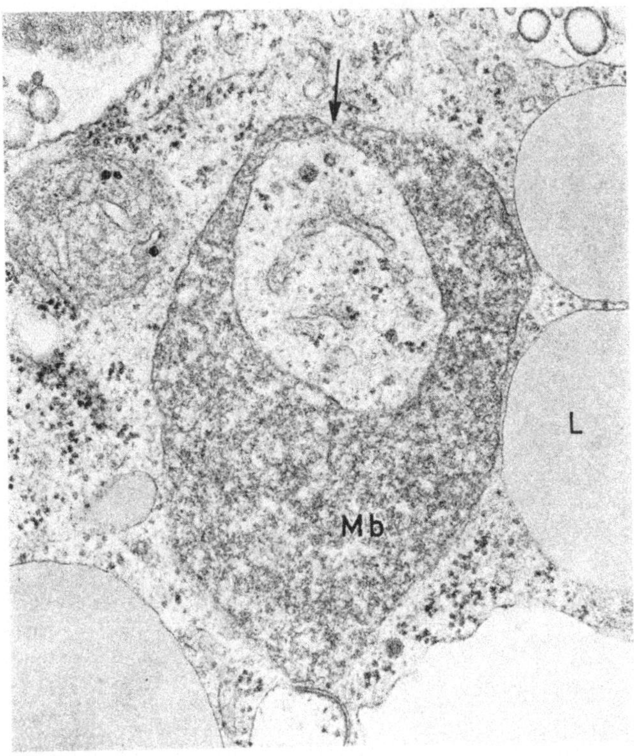

Abb. 2.11. Microbody (*Mb*) mit cytoplasmatischer Invagination in einer Keimblattzelle eines 4 Tage alten Keimlings von *Helianthus annuus*. Verbindung zwischen cytoplasmatischer Invagination und Cytoplasma (→). Lipidkörper (*L*). Vergr. 37 000fach. — Original überlassen von E. H. NEWCOMB (GRUBER *et al.* 1970).

licherweise eine dauernde Verbindung der cytoplasmatischen Invagination mit dem umgebenden Cytoplasma nicht existiert, sondern daß die Invagination durch Trennung der Verbindung zu einem cytoplasmatischen Einschluß innerhalb des Microbody werden kann (TRELEASE *et al.* 1971).

3. Assoziierung der Microbodies mit anderen Zellorganellen

Charakteristisch für Microbodies ist ihr enger Kontakt zu anderen cytoplasmatischen Strukturen. Dabei handelt es sich nicht um eine durch Raummangel bedingte Zusammenlagerung, die z. B. in dem schmalen Cytoplasmasaum in einer stark vacuolisierten Zelle vorliegen würde. Denn während der Microbody auf einer Seite engen Kontakt zu einem anderen Zellorganell zeigt, kann er auf der anderen Seite von Cytoplasma umgeben sein, das frei von Organellen ist. Die Faktoren, die die ausgeprägte Eigenschaft der Microbodies bedingen bzw. kontrollieren, sich an andere cytoplasmatische Strukturen anzulagern, sind experimentell nicht untersucht. Für einige Zelltypen läßt sich jedoch aus der bekannten Funktion der Microbodies die Vorstellung ableiten,

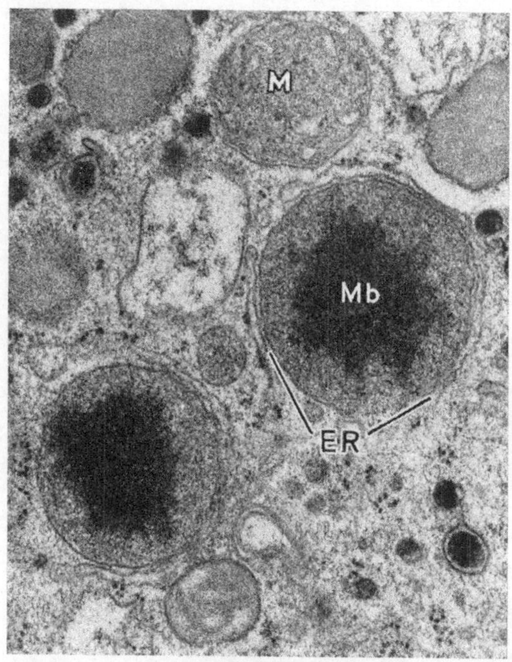

Abb. 3.1. Microbodies (*Mb*) in einer wachsenden Zelle von *Micrasterias denticulata*. Assoziierung der Microbodies mit dem Endoplasmatischen Reticulum (*ER*). Mitochondrium (*M*). Vergr. 36 000fach. — Original überlassen von O. KIERMAYER (KIERMAYER 1970).

daß in diesen Zellen die Assoziierung der Microbodies mit anderen Organellen in Zusammenhang mit dem Stoffaustausch zwischen den Zellkompartimenten steht (s. u.).

Eine Assoziierung der Microbodies mit Abschnitten des Endoplasmatischen Reticulums (Abb. 1.1., 2.2., 3.1., 11.1.) wurde in tierischen und pflanzlichen Zellen so häufig beobachtet, daß sie mit zur Identifizierung der Microbodies herangezogen werden kann. Sie tritt in der pflanzlichen Zelle besonders ausgeprägt in jungen, undifferenzierten Zellen auf (FREDERICK *et al.* 1968, 1975). Die charakteristische Anlagerung der Microbodies an das Endoplasmatische Reticulum ist auch in den Zellen nachzuweisen, in denen mit fortschreitender Entwicklung eine Assoziierung der Microbodies mit anderen Organellen zu beobachten ist (z. B.: *Ricinus*-Endosperm: VIGIL 1969 a, MOLLENHAUER und TOTTEN 1970; fettreiche Kotyledonen: GRUBER *et al.* 1970; Mesophyllzellen junger Blätter: GRUBER *et al.* 1973, KAPIL *et al.* 1975). Eine besondere Form der Zusammenlagerung von Microbodies und Endoplasmatischem Reticulum wurde in alternden Zellen des Spadix-Appendix von *Sauromatum guttatum* beobachtet (BERGER und SCHNEPF 1970): ein System parallel verlaufender Zisternen des Endoplasmatischen Reticulums umgibt den einzelnen Microbody (Abb. 3.2.). — Das Endoplasmatische Reticulum, das einem Microbody angelagert ist, kann sowohl glatt als auch rauh sein. Im letzteren Fall trägt es

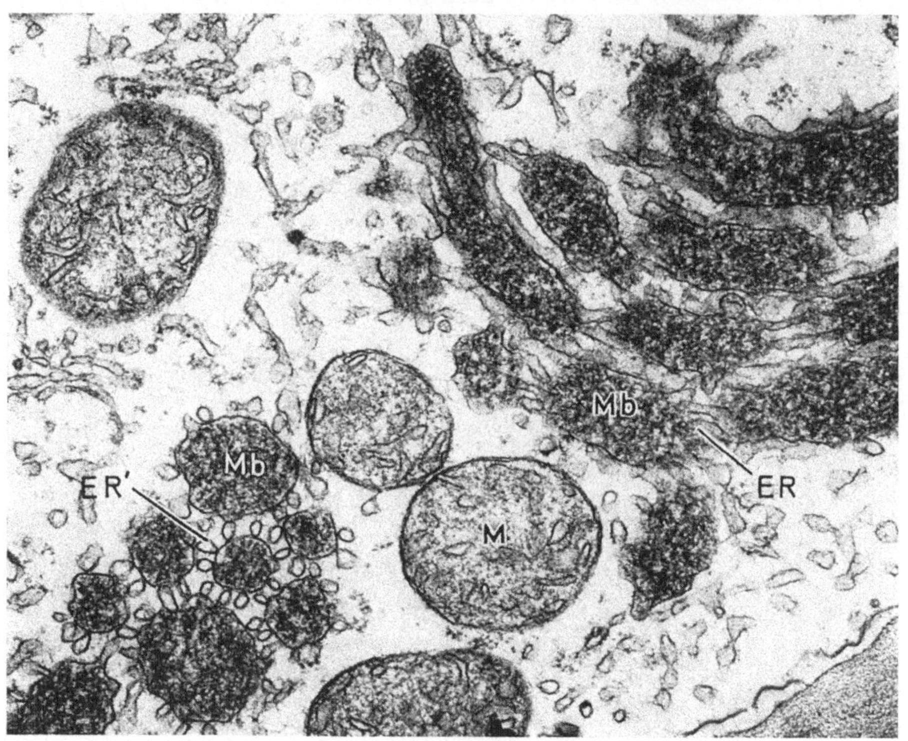

Abb. 3.2. Aggregate aus Microbodies (*Mb*) und Endoplasmatischem Reticulum (*ER, ER'*) in einer Rindenzelle des Spadix-Appendix von *Sauromatum guttatum*. Tubuli des Endoplasmatischen Reticulums längsgeschnitten (*ER*) oder quergeschnitten (*ER'*). Mitochondrium (*M*). Vergr. 29 000fach. — Original überlassen von E. SCHNEPF (BERGER und SCHNEPF 1970).

im Kontaktbereich mit dem Microbody aber keine Ribosomen (Abb. 2.2.; u. a. MOLLENHAUER und TOTTEN 1970). Ursache der Assoziierung zwischen Microbodies und Endoplasmatischem Reticulum könnte die Ontogenese der Microbodies vom endoplasmatischen Membransystem sein (Kap. 11.1.).

In Mesophyllzellen wird meist eine Assoziierung zwischen Microbodies und Chloroplasten beobachtet (Abb. 2.1., 3.3.; u. a. FREDERICK und NEWCOMB 1969 a, HILLIARD *et al.* 1971, GRUBER *et al.* 1973, KAPIL *et al.* 1975, vgl. aber FREDERICK und NEWCOMB 1971). Sie gilt als charakteristisch für den Funktionstyp der Blatt-Peroxisomen (Kap. 8.2.; TRELEASE *et al.* 1971). Während der Blattentwicklung wechselt die Assoziierung der Microbodies mit dem Endoplasmatischen Reticulum in die Assoziierung der Microbodies mit den

Chloroplasten (GRUBER *et al.* 1973), so daß in voll entwickelten Blättern erstere in der Regel nicht nachzuweisen ist (FREDERICK und NEWCOMB 1969 a).

Die Ursache für den engen Kontakt der Microbodies mit Chloroplasten und Mitochondrien (s .u.) in Mesophyllzellen wird darin gesehen, daß in allen drei Organellen Teilprozesse der Photorespiration ablaufen und der Gesamtprozeß einen Stoffaustausch zwischen diesen Organellen erfordert (Kap.

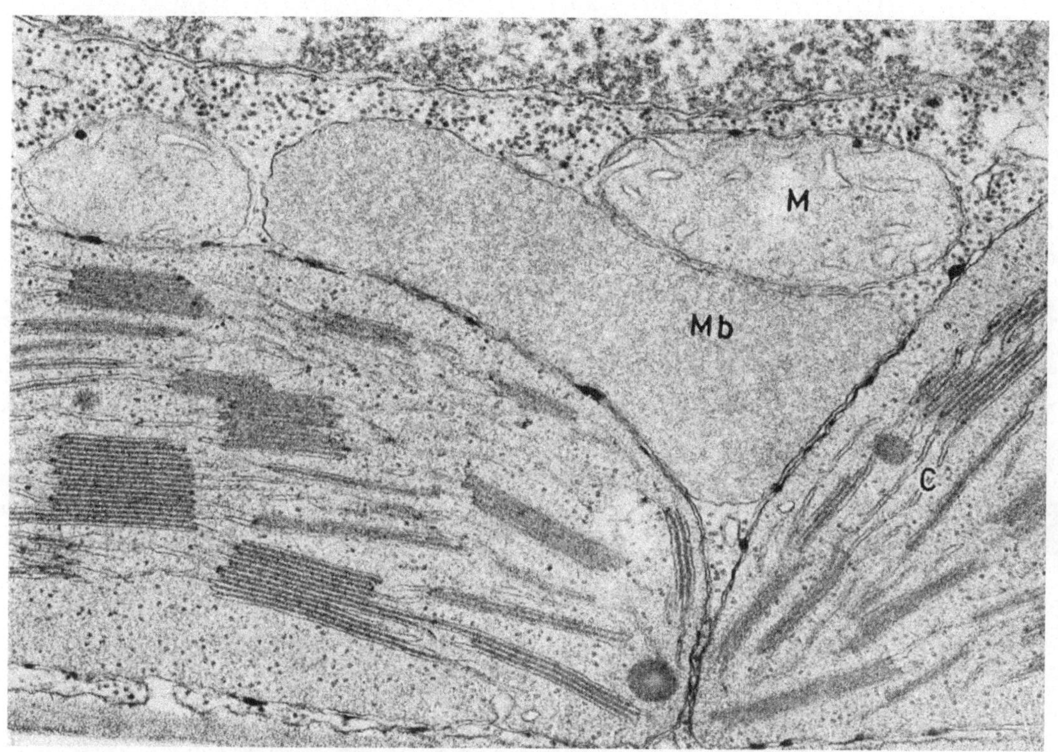

Abb. 3.3. Microbody (*Mb*) in einer Mesophyllzelle von *Nicotiana tabacum.* Assoziierung des Microbody mit Chloroplast (*C*) und Mitochondrium (*M*). Vergr. 45 000fach. — Original überlassen von E. H. NEWCOMB (NEWCOMB und FREDERICK 1971).

8.2.1.). Da die Photorespiration an Zellen mit funktionstüchtigen Chloroplasten gebunden ist, steht mit dieser Vorstellung der Befund in Übereinstimmung, daß in den Zellen chlorophyllfreier Bezirke panaschierter Blätter und in den Mesophyllzellen von Albino-Mutanten eine ausgeprägte Anlagerung der Microbodies an die Plastiden nicht eindeutig festgestellt werden konnte (GRUBER *et al.* 1972). In den Blattzellen etiolierter Pflanzen wurde eine Anlagerung der Microbodies an die Plastiden in unterschiedlichem Ausmaß beobachtet (GRUBER *et al.* 1972). — Eine Assoziierung zwischen Microbody und Chloroplast ist auch bei Grünalgen nachgewiesen (SILVERBERG 1975 a). Dabei kann eine ausgeprägte Orientierung des Microbody zum pyrenoidhaltigen Teil des Chloroplasten vorliegen (ATKINSON *et al.* 1974, MOESTRUP und THOMSON 1974, NILSHAMMER und WALLES 1974).

Microbodies fettreicher Gewebe (glyoxysomaler Funktionstyp der Peroxisomen; Kap. 8.1.) zeigen häufig während der Phase des Fettabbaues eine Assoziierung mit den Lipidkörpern (Abb. 3.4.; z. B.: *Ricinus*-Endosperm: VIGIL 1970, vgl. aber MOLLENHAUER und TOTTEN 1970; fettreiche Kotyledonen: GRUBER *et al.* 1970, TRELEASE *et al.* 1971; Sporen: FRASER und SMITH 1974). Da die Mobilisierung des Reservefettes über Stoffwechselprozesse einsetzt,

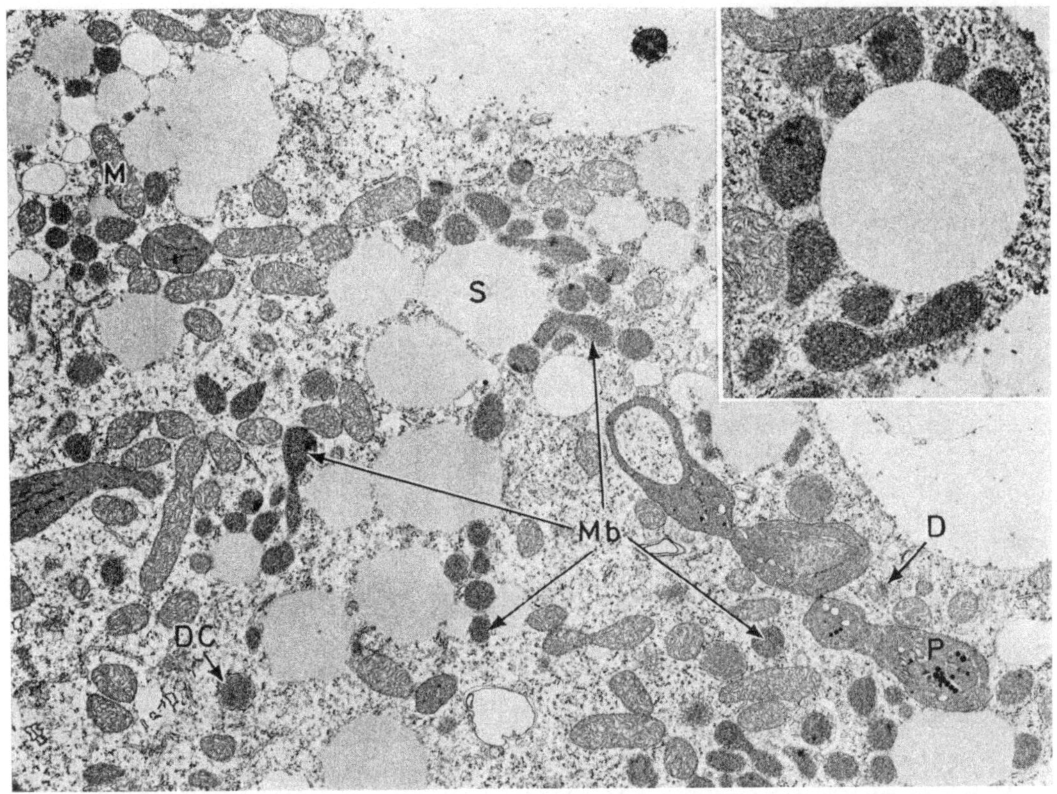

Abb. 3.4. Microbodies (*Mb*) in einer Endospermzelle des keimenden Samens von *Ricinus communis*. Assoziierung der Microbodies mit Lipidkörpern (*S*) (Inset). Mitochondrium (*M*); Proplastid (*P*); Dictyosom (*D*); *dilated cisterna* (*DC*). Vergr. 7400fach; Inset: 15 700fach. — Original überlassen von E. L. VIGIL (VIGIL 1970).

die in den Microbodies lokalisiert sind, ist ein enger Kontakt zwischen Microbodies und Lipidkörpern zumindest verständlich. Allerdings erfordert die Mobilisierung des Speicherfetts auch einen Stoffaustausch zwischen Microbodies und Mitochondrien, zwischen denen eine ausgeprägte räumliche Assoziierung in fettreichen Geweben aber nicht beobachtet wird. Beim Ergrünen fettreicher Kotyledonen geht innerhalb der Blattzellen parallel der Änderung der Microbodyfunktion (Kap. 11.3.1.2.) die Assoziierung der Microbodies mit Lipidkörpern in die Assoziierung mit Chloroplasten über (GRUBER *et al.* 1970, TRELEASE *et al.* 1971). — Für Pilze (MENDGEN 1973 b; MAXWELL *et al.*

1975, MILLS und CANTINO 1975) und für Algen (SILVERBERG 1975 a) ist eine Assoziierung der Microbodies mit Lipidkörpern ebenfalls bekannt.

Enger Kontakt der Microbodies wurde in verschiedenen Fällen auch mit Mitochondrien (Blätter: Abb. 3.3.; FREDERICK und NEWCOMB 1969 a; Algen: GRAVES et al. 1971, BIBBY und DODGE 1973, SILVERBERG 1975 a; Pilze: MAXWELL et al. 1975, MILLS und CANTINO 1975), mit Dictyosomen (SILVERBERG und SAWA 1973, VIGIL 1973) und mit anderen cytoplasmatischen Strukturen (VIGIL 1970, BIBBY und DODGE 1973) beobachtet.

In Algen ist wiederholt eine bevorzugte Lokalisation der Microbodies in der peripheren Region der Zelle festgestellt worden (GERHARDT und BERGER 1971, GRAVES et al. 1971, BRODY und WHITE 1973, OAKLEY und DODGE 1974). In Pilzhyphen treten die Microbodies mitunter im Bereich der septalen Poren konzentriert auf (COFFEY et al. 1972, MAXWELL et al. 1972, WERGIN 1973, HEATH und HEATH 1975).

4. Vorkommen der Microbodies in pflanzlichen Zellen

4.1. Microbodies — reguläre Organellen der pflanzlichen Zelle

Seit den grundlegenden Arbeiten von MOLLENHAUER et al. (1966) und FREDERICK et al. (1968) ist das Vorkommen von Microbodies in pflanzlichen Zellen durch zahlreiche elektronenmikroskopische Untersuchungen belegt worden. Microbodies wurden in meristematischen Zellen und in zahlreichen Differenzierungsformen der pflanzlichen Zelle nachgewiesen (Tab. 4.1.—4.4.). Auch ist ihr Vorkommen nicht auf bestimmte systematische Gruppen beschränkt (Tab. 4.1.—4.4.). Aufgrund dieser Befunde gelten Microbodies heute als ein regulärer Bestandteil der pflanzlichen Zelle. — Ein generelles Vorkommen von Microbodies in der tierischen Zelle ist für die Zellen des Säugetierorganismus belegt (HRUBAN et al. 1972, BÖCK 1973 a, 1973 b).

Tabelle 4.1. *Für Zellen der Spermatophyten nachgewiesenes Vorkommen von Microbodies*

Wurzel:

    Zellen des Wurzelmeristems: VILLIERS 1967, HANZELY und VIGIL 1975.
    Zellen der Rhizodermis: FREDERICK et al. 1968.
    Zellen des Rindenparenchyms: MOLLENHAUER et al. 1966, FREDERICK et al. 1968, HALL und SEXTON 1972, VIGIL 1973.
    Zellen der Prokambiumstränge: MOLLENHAUER et al. 1966, FREDERICK et al. 1968.
    Zellen des sich ausdifferenzierenden Xylems und Phloems: FREDERICK et al. 1968.
    Zellen des Phloemparenchyms: WERGIN et al. 1975.
    Zellen der Wurzelhaube: MOLLENHAUER et al. 1966, FREDERICK et al. 1968.

Sproßachse:

    Zellen des Sproßvegetationspunktes: LYNDON und ROBERTSON 1976.
    Zellen des Rindenparenchyms (Hypokotyl; Sukkulente): MOLLENHAUER et al. 1966, FREDERICK et al. 1968, THOMSON und PLATT 1973.
    Zellen des Markparenchyms (Sukkulente): THOMSON und PLATT 1973.
    Zellen des Xylemparenchyms (Hypokotyl): FREDERICK et al. 1968.
    Zellen der Abscissionszone (Blütenstiele, Fruchtstiele): JENSEN und VALDOVINOS 1967, 1968 a, 1968 b, VALDOVINOS et al. 1972, VIGIL 1973.

Tabelle 4.1. (*Fortsetzung*)
Blatt:

Epidermiszellen: KISAKI und TOLBERT 1970, VIGIL 1973, SITTE 1974.
   Koleoptile: O'BRIEN und THIMANN 1967 a.

Mesophyllzellen:

C_3-Pflanzen: PETZOLD 1967, FREDERICK und NEWCOMB 1969 a, 1969 b, 1971, GRUBER
   et al. 1970, 1972, 1973, KISAKI und TOLBERT 1970, ROCHA und TING 1970 a,
   HILLIARD *et al.* 1971, PARISH und RICKENBACHER 1971, TRELEASE *et al.* 1971, HALL
   und SEXTON 1972, VIGIL 1973, CHABOT und CHABOT 1974, CRANG und NOBLE 1974,
   SITTE 1974, FREDERICK *et al.* 1975, WERGIN und POTTER 1975.
C_4-Pflanzen: FREDERICK und NEWCOMB 1971, HILLIARD *et al.* 1971, LAETSCH 1971,
   VIGIL 1973, FREDERICK *et al.* 1975.
CAM-Pflanzen: KAPIL *et al.* 1975.
Etiolierte Pflanzen: TRELEASE *et al.* 1971, GRUBER *et al.* 1972, 1973.
Chlorophyllfreie Bezirke panaschierter Blätter: GRUBER *et al.* 1972.
Chlorophyllfreie Mutanten: GRUBER *et al.* 1972, CRANG und NOBLE 1974.
Koleoptile: O'BRIEN und THIMANN 1967 a, FREDERICK *et al.* 1968, VIGIL 1969 a.

Bündelscheidenzellen (C_4-Pflanzen): LAETSCH 1968, 1971, BLACK und MOLLENHAUER 1971,
   FREDERICK und NEWCOMB 1971, HILLIARD *et al.* 1971.

Parenchymzellen:

Fettspeichernde Kotyledonen: GRUBER *et al.* 1970, TRELEASE *et al.* 1971, DRUMM und
   SCHOPFER 1974, SIMOLA 1974, SCHOPFER *et al.* 1975.
Scutellum: LONGO *et al.* 1972, VIGIL 1973.

Zellen des sich ausdifferenzierenden Xylems (Koleoptile): O'BRIEN und THIMANN 1967 b.
Zellen von Epithemhydathoden: PERRIN 1972.

Blütenregion:

Epidermiszellen des Spadix-Appendix: BERGER und SCHNEPF 1970.
Rindenparenchymzellen des Spadix-Appendix: BERGER und SCHNEPF 1970, BERGER und
   GERHARDT 1971, PARISH 1972 b.
Zellen des Nectariums: MOLLENHAUER *et al.* 1966.
Pollenkörner: MOLLENHAUER *et al.* 1966.
Zellen der Narbe: MOLLENHAUER *et al.* 1966.
Zellen der Samenanlage: MOLLENHAUER *et al.* 1966.
Eizelle: CASS und KARAS 1974.
Zygote: SINGH und MOGENSEN 1975.
Zellen des Fruchtfleisches: BAKER *et al.* 1973.

Same:

Endospermzellen, haploid: CHING 1970, LOPES-PEREZ *et al.* 1974, SIMOLA 1974.
Endospermzellen, triploid: VIGIL 1969 a, 1970, MOLLENHAUER und TOTTEN 1970, JONES
   1974, TRELEASE *et al.* 1974.
Aleuronzellen: JONES 1969 a, 1972, VIGIL und RUDDAT 1973, DOIG *et al.* 1975.

Gewebekultur: FREDERICK *et al.* 1968, MATSUSHIMA 1972, ROSS *et al.* 1973.

Zellsuspensionskultur: SUTTON-JONES und STREET 1968, ROBERTS und NORTHCOTE 1970,
DAVEY und STREET 1971.

Tabelle 4.2. *Für Zellen der Pteridophyten und Bryophyten nachgewiesenes Vorkommen von*
Microbodies

---

a) Pteridophyten
   Sporophyt:

Photosynthetisch aktive Zellen: NEWCOMB und FREDERICK 1971.
Sporen: GULLVÅG 1971, OLSEN und GULLVÅG 1973.

Tabelle 4.2. (*Fortsetzung*)
  Gametophyt:

   Rhizoidzelle der keimenden Spore: FRASER und SMITH 1974.
   Basalzelle der keimenden Spore: FRASER und SMITH 1974.
   Protonemazelle der keimenden Spore: GULLVÅG 1971, OLSEN und GULLVÅG 1973.
   Prothalliumzellen: MOLLENHAUER *et al.* 1966.
   Spermatogene Zellen: VIGIL 1973.
   Spermatiden: VIGIL 1973.
   Spermatozoide: MYLES und BELL 1975.

b) Bryophyten
  Sporophyt:

   Chlorophyllhaltige Zellen des Sporogons: VIGIL 1973.
   Zellen des Amphitheciums: MUELLER 1970.
   Sporen: MONROE 1969.

  Gametophyt:

   Protonemazellen: MONROE 1969.
   Photosynthetisch aktive Zellen: HÉBANT und MARTY 1973, VIGIL 1973.
   Spermatiden: VIGIL 1973.

Tabelle 4.3. *Nachgewiesenes Vorkommen von Microbodies in Algen* [a]

Monadoide Organisationsstufe:
  Chrysophyceae: SILVERBERG 1975 a.
  Dinophyceae: BIBBY und DODGE 1973.
  Chlorophyceae: GERHARDT und BERGER 1971, GIRAUD und CZANINSKY 1971, BADOUR *et al.*
    1973, MOESTRUP und THOMSON 1974, SILVERBERG und SAWA 1974, PEARSON und NORRIS
    1975, SILVERBERG 1975 a, 1975 b.
  Euglenophyceae: GRAVES *et al.* 1971, BRODY und WHITE 1973.

Coccale Organisationsstufe:
  Phaeophyceae: BOUCK 1965.
  Rhodophyceae: VIGIL 1973, OAKLEY und DODGE 1974.
  Chlorophyceae: GERGIS 1971, CODD *et al.* 1973, NADAKAVUKAREN und McCRACKEN 1973,
    PULICH und WARD 1973, ATKINSON *et al.* 1974, NILSHAMMER und WALLES 1974, SILVER-
    BERG 1975 a.
  Conjugatophyceae: KIERMAYER 1970, TOURTE 1972, SILVERBERG 1975 a.

Trichale Organisationsstufe:
  Chlorophyceae: FLOYD *et al.* 1972 a, 1972 b, STEWART *et al.* 1972, SILVERBERG 1975 a.
  Conjugatophyceae: SILVERBERG 1975 a.
  Charophyceae: SILVERBERG und SAWA 1973, SILVERBERG 1975 a.

Siphonale Organisationsstufe:
  Chlorophyceae: MENZEL 1976.

Siphonokladiale Organisationsstufe:
  Chlorophyceae: SILVERBERG 1975 a.

Parenchymatisch-thallöse Organisationsstufe, Gewebethallus:
  Phaeophyceae: BOUCK 1965, BISALPUTRA *et al.* 1971.
  Rhodophyceae: PUESCHEL 1975.
  Chlorophyceae: SILVERBERG 1975 a.

---

  [a] Systematik der Algen nach FOTT 1971.

Tabelle 4.4. *Nachgewiesenes Vorkommen von Microbodies in Pilzen* [a]

Vegetative Phase:

Myxoamöben:
Acrasiomycetes: PARISH 1975 b.

Hyphenzellen:

Oomycetes: MAXWELL *et al.* 1975.
Trichomycetes: REICHLE und LICHTWARDT 1972.
Zygomycetes: MOLLENHAUER *et al.* 1966, MAXWELL *et al.* 1975.
Ascomycetes: MOLLENHAUER *et al.* 1966, MAXWELL *et al.* 1972, 1975, VANNINI und
　　MARES 1975.
Basidiomycetes: COFFEY *et al.* 1972, MENDGEN 1973 a, 1973 b, MAXWELL *et al.* 1975.
Deuteromycetes: WERGIN 1972, 1973, MAXWELL *et al.* 1975.

Infektionsstrukturen parasitischer Pilze:

Basidiomycetes: MENDGEN 1973 a, 1973 b, HEATH und HEATH 1975.

Sproßzellen:

Ascomycetes: AVERS und FEDERMAN 1968, SZABO und AVERS 1969, HOFFMANN *et al.*
　　1970, TODD und VIGIL 1972, HAZEU *et al.* 1975, VAN DIJKEN *et al.* 1975 a, 1975 b.
Deuteromycetes: OSUMI *et al.* 1974, 1975, SAHM *et al.* 1975, VAN DIJKEN *et al.* 1975 a.

Fruktifikative (reproduktive) Phase:

Nebenfruchtformen (asexuelle Fruktifikation):
Sporangien:
Oomycetes (Zoosporangien): PHILIPPI *et al.* 1975.
Chytridiomycetes (Zoosporangien): MILLS und CANTINO 1975.
Sporen:
Oomycetes (Zoosporen): PHILIPPI *et al.* 1975.
Chytridiomycetes (Zoosporen): MILLS und CANTINO 1975.
Zygomycetes (Aplanosporen): BAUER und TANAKA 1968.
Konidien:
Deuteromycetes (Blastokonidien): COLE 1973, HARVEY 1974, MURRAY und MAXWELL
　　1974.

Hauptfruchtformen (sexuelle Fruktifikation):

Myxomycetes (Sporen): MIMS 1972, RANDALL und LYNCH 1974.
Basidiomycetes:
Basidie, Basidiosporen: McLAUGHLIN 1973.
Sterile Elemente des Hymeniums: McLAUGHLIN 1973, GULL und NEWSAM 1975.

---

[a] Systematik der Pilze nach MÜLLER und LÖFFLER 1971.

Die Identität bestimmter, vor 1966 bzw. 1968 unter verschiedenen Namen
beschriebener Organellen pflanzlicher Zellen mit Microbodies wird in den
Arbeiten von MOLLENHAUER *et al.* (1966) und FREDERICK *et al.* (1968) disku-
tiert. Einige, bei bestimmten Pilzen vorkommende und mit spezifischen Namen
belegte Organellen wurden in neuerer Zeit als Microbodies charakterisiert. In
Sporangien, Zoosporen und Zysten von *Phytophthora*-Arten treten sogenannte
U-Körper auf (Lit. s. PHILIPPI *et al.* 1975), deren Name auf einen elektronen-
optische dichten Bezirk entlang der Längsseiten (und einer Querseite) des
Organells zurückgeht. PHILIPPI *et al.* (1975) identifizierten die U-Körper als
Microbodies und wiesen cytochemisch (Kap. 5.1.) die subzelluläre Lokalisa-

tion der Katalase in diesen Organellen nach. — Die Sporangien von *Blastocladiella emersonii* enthalten Partikeln, die als „*side body granules*" bezeichnet werden, die Zoosporen des Pilzes eine als „*side body matrix*" bezeichnete Struktur. Nach MILLS und CANTINO (1975) entsprechen die „*side body granules*" Microbodies und entsteht die „*side body matrix*" bei der Zoosporen-

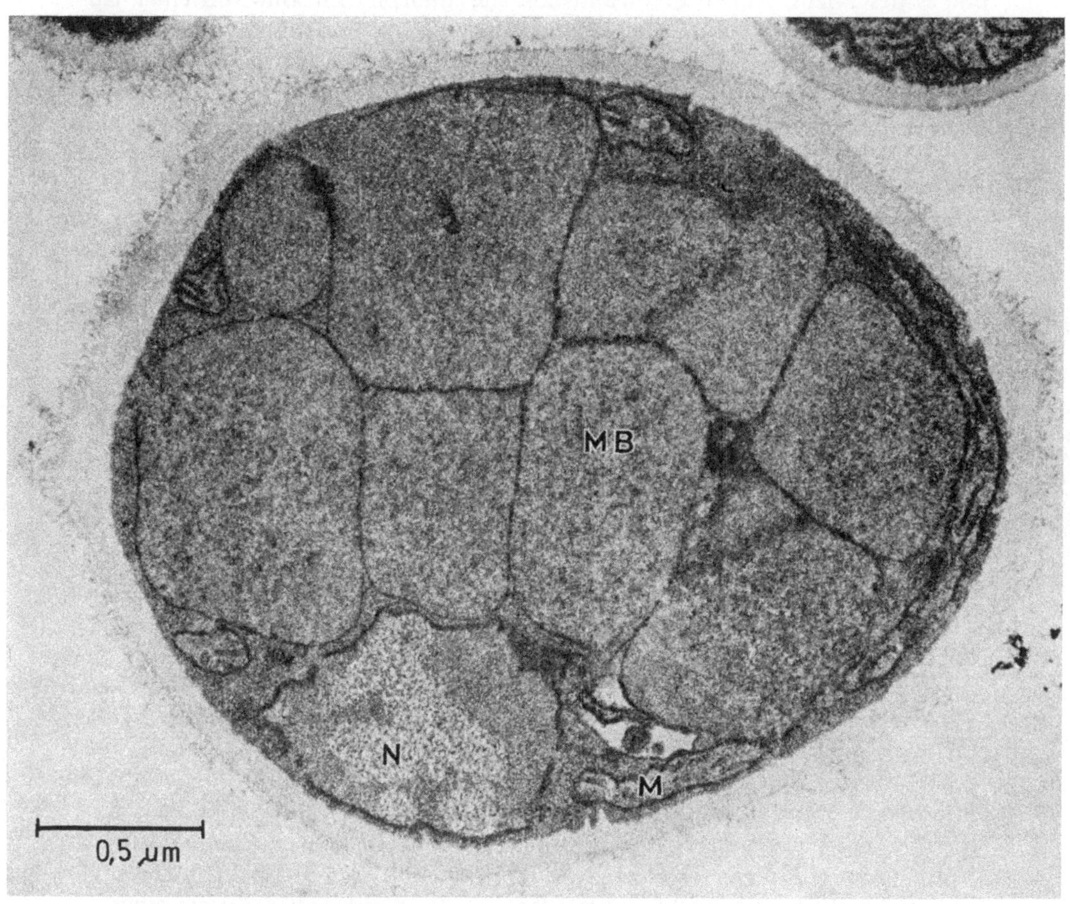

Abb. 4.1. Microbodies (*MB*) in *Hansenula polymorpha*. Anzucht der Hefe auf Methanol. Mitochondrium (*M*); Zellkern (*N*). — Original überlassen von W. HARDER (VAN DIJKEN *et al.* 1975 a).

bildung durch Verschmelzen der einzelnen Microbodies des Sporangiums. Die „*side body matrix*" wird daher als „Symphomicrobody" bezeichnet (MILLS und CANTINO 1975). Im cytochemischen Test auf peroxidatische Aktivität (Kap. 5.1.) reagierten „*side body granules*" und „*side body matrix*" positiv. Symphomicrobody, Lipidkörper und Mitochondrium bilden in der Zoospore einen strukturellen Komplex. Dieser Komplex („*side body complex*", Stüben-Körper) wurde auch für Zoosporen anderer Chytridiomyceten beschrieben (Lit. s. MILLS und CANTINO 1975). — In Hyphenzellen von Ascomyceten und

Deuteromyceten finden sich in der Nähe der septalen Poren elektronenoptisch dichte Partikeln, die u. a. die Bezeichnung Woronin-Körper erhielten und als Porenverschluß fungieren sollen (Lit. s. WERGIN 1973). Nach den Untersuchungsergebnissen von WERGIN (1973) an *Fusarium oxysporum* entsprechen die Woronin-Körper dem elektronenoptisch dichten Einschluß in den Microbodies des Pilzes. Indem der wandständige, amorphe Einschluß in einer Ausstülpung des Microbody vom Organell abgeschnürt und ins Cytoplasma abgegeben wird, entsteht der freie, von einer einfachen Membran umgrenzte Woronin-Körper.

In einigen Fällen konnten Microbodies in den untersuchten Zellen nicht nachgewiesen werden. SILVERBERG (1975 a) fand keine Microbodies bei Vertretern der Tetrasporales und Chlorosphaerales, bei der Gattung *Ankistrodesmus* und in *Dunaliella tertiolecta* (Volvocales). Partikuläre Fraktionen aus Diatomeen enthielten keine Microbody-ähnlichen Strukturen (PAUL *et al.* 1975). In Hefen konnten z. T. Microbodies nicht nachgewiesen werden, wenn sie auf Glucose angezogen wurden (vgl. aber Kap. 4.2.; TODD und VIGIL 1972, VAN DIJKEN *et al.* 1975 a, SAHM *et al.* 1975).

4.2. Zahl der Microbodies pro Zelle

Angaben über die absolute Zahl der Microbodies in einer gegebenen Pflanzenzelle liegen nur vereinzelt vor. ATKINSON *et al.* (1974) erarbeiteten aufgrund von Serienschnitten und stereologischen Messungen ein Zellmodell für *Chlorella fusca* (*C. pyrenoidosa*). Die Alge besitzt einen Microbody, der weniger als 1% des Zellvolumens einnimmt. Die Anteile von Mitochondrium, Chloroplast, Vacuolen und Kern am Gesamtvolumen der Zelle betragen ca. 3%, 40% und je 10%. Das Vorkommen von nur einem Microbody pro Zelle wird ferner für *Scenedesmus obtusiusculus* (NILSHAMMER und WALLES 1974) sowie für die Zellen der trichalen Grünalgen *Klebsormidium flaccidum* (FLOYD *et al.* 1972 b) und *Hormidium sterile* (SILVERBERG 1975 a) angegeben. In der Regel enthält die pflanzliche Zelle aber mehrere bis zahlreiche Microbodies, und z. B. bei der Hefe *Hansenula polymorpha* können unter bestimmten Wachstumsbedingungen die Microbodies die Zelle weitgehend ausfüllen (Abb. 4.1.; VAN DIJKEN *et al.* 1975 a). Für *Euglena gracilis* Stamm Z, die im Dunkeln auf Acetat angezogen wurde, werden 300 Microbodies pro Zelle angegeben (WHITE and BRODY 1974). Diese Zahl soll sich beim Übergang zu photoheterotropher Anzucht der Alge verdoppeln. Die Zahl der Microbodies in der nicht vacuolisierten Parenchymzelle der Haferkoleoptile wurde von O'BRIEN und THIEMANN (1967 b) auf 50—200 geschätzt. LYNDON und ROBERTSON (1976) bestimmten die Zahl der Microbodies/Zelle im Sproßvegetationspunkt der Erbse mit 4—12. — Bestimmungen der absoluten Zahl der Microbodies in tierischen Zellen liegen für Parenchymzellen der Rattenleber vor. LOUD *et al.* (1965) geben 350—700 Microbodies/Zelle an, LOUD (1968) ermittelte 440—810 Microbodies/Zelle. Die Streuungsbreite ergibt sich, da die Zahl der Microbodies pro Zelle von der Lokalisation der Parenchymzelle innerhalb der Leber abhängig ist (LOUD 1968). Der Anteil der Microbodies am Cytoplasmavolumen der parenchymatischen Leberzelle wurde zu

0,8% (LOUD *et al.* 1965) bzw. zu 1—2% (Mitochondrien: 10—20%; LOUD 1968) bestimmt.

Angaben zur Zahl der Microbodies in einer gegebenen Zelle beinhalten in der Regel die Zahl der Microbodyprofile, die im elektronenmikroskopischen Schnittbild eines Gewebes durchschnittlich pro Zelle beobachtet wurden. Werden derartige Angaben (oder Angaben über die Zahl der Microbodies pro Flächeneinheit) als Grundlage für Vergleiche der Microbodyzahlen herangezogen, muß der unterschiedliche Vacuolisierungsgrad der Pflanzenzellen berücksichtigt werden. Aus den Bestimmungen der relativen Zahl der Microbodies pro Zelle ergibt sich jedoch generell, daß die Zahl der Microbodies in Abhängigkeit vom Entwicklungszustand einer Zelle bzw. deren Stoffwechselaktivität starken Schwankungen unterliegen kann (Kap. 8., 11.3.; u. a. BERGER und SCHNEPF 1970, VIGIL 1970, vgl. aber GRUBER *et al.* 1972). Besonders ausgeprägt zeigt sich das bei Mikroorganismen (Kap. 9., 10.). In elektronenmikroskopischen Schnittbildern von Algen und Pilzen wurden nach Anzucht der Organismen auf Glucose in der Regel nur selten bzw. vereinzelt Microbodies beobachtet, während nach Anzucht auf bestimmten anderen, für den einzelnen Organismus unterschiedlichen Kohlenstoffquellen Microbodies in den Organismen ohne Schwierigkeiten nachzuweisen waren (GRAVES *et al.* 1971, BRODY und WHITE 1973, OSUMI *et al.* 1974, VAN DIJKEN *et al.* 1975 a, MAXWELL *et al.* 1975). Angaben über das Fehlen von Microbodies in Hefen nach Anzucht der Organismen auf Glucose (Kap. 4.1.) sind daher möglicherweise ebenfalls nur Ausdruck der Reduktion der Microbodyzahl/Zelle unter diesen Anzuchtbedingungen.

Die Zahl der Microbodies im elektronenmikroskopischen Schnittbild einer Zelle wird verschiedentlich auch bezogen auf die Zahl der Mitochondrien und/ oder Chloroplasten im Schnittbild dieser Zelle, um Vergleiche mit anderen Zellen bzw. Entwicklungsstadien zu ermöglichen. Das Verhältnis Microbodies/ Mitochondrien bzw. Microbodies/Chloroplasten ist fast ausnahmslos < 1. Werte > 1 des Verhältnisses Microbodies/Mitochondrien wurden für die Endospermzellen des *Ricinus*-Samens während der Phase hoher Stoffwechselaktivität der Microbodies bestimmt (Kap. 11.3.1.1.1.; VIGIL 1970).

5. Cytochemischer Nachweis von Enzymen in Microbodies

Peroxisomen sind aufgrund der vorliegenden Befunde zur Feinstruktur dieser Organellen identisch mit Microbodies (Kap. 1.1., 8.1., 8.2., 8.3., 9., 10.). Peroxisomale Enzyme müssen daher *in situ* in den Microbodies zumindest der Zellen nachzuweisen sein, aus denen Peroxisomen isoliert wurden. Der Nachweis geschieht mit Hilfe cytochemischer Methoden. Cytochemische Enzymnachweise erlauben aber auch zu untersuchen, ob die für Peroxisomen charakteristischen Enzyme ausschließlich in Microbodies lokalisiert sind. Ein weiterer Gesichtspunkt, unter dem die cytochemische Technik einzusetzen ist, ist die Bearbeitung der Frage, ob Microbodies in allen Zellen und während aller Entwicklungsstadien, d. h. stets mit Peroxisomen identisch sind und ob unterschiedliche Microbody-Populationen in einer Zelle vorliegen können. —

Der Beweis der Identität von Microbodies mit Peroxisomen erfordert den cytochemischen Nachweis von Katalase und einer H_2O_2-bildenden Oxidase in den Microbodies (Kap. 1.1.). Doch liegen aufgrund methodischer Schwierigkeiten nur in Ausnahmefällen Angaben dazu vor, daß Katalase *und* eine H_2O_2-bildende Oxidase (oder doch zumindest ein weiteres charakteristisches peroxisomales Enzym) in den Microbodies einer Zelle cytochemisch nachgewiesen wurden. Angaben über die Identität der Microbodies mit Peroxisomen basieren daher fast ausschließlich allein auf dem cytochemischen Nachweis der Katalase in den Microbodies.

Cytochemische Nachweise wurden hinsichtlich der Enzyme, die als charakteristisch für Peroxisomen gelten, für Katalase, α-Hydroxysäureoxidase, Uricase und Malatsynthetase ausgearbeitet. Der cytochemische Uricase-Nachweis kann allerdings nur in der Lichtmikroskopie eingesetzt werden (GRAHAM und KARNOVSKY 1965, PITT 1969, LOCKE und McMAHON 1971). Er wird daher hier nicht berücksichtigt. Denn zur sicheren Identifizierung eines Organells, in dem cytochemisch ein Enzym nachgewiesen wird, als Microbody wird seine feinstrukturelle Charakterisierung als unerläßlich angesehen.

Grundsätzliche Voraussetzungen, an die die cytochemische Technik und ihr Einsatz in der Elektronenmikroskopie gebunden sind, um gesicherte Aussagen zur subzellulären Lokalisation eines Enzyms machen zu können, wurden von SHNITKA und SELIGMAN (1971) eingehend behandelt.

5.1. Cytochemischer Nachweis und subzelluläre Lokalisation der Katalase

5.1.1. Cytochemischer Nachweis der Katalase

Der cytochemische Nachweis der Katalase basiert prinzipiell auf der Fähigkeit des Enzyms, peroxidatisch zu reagieren (Kap. 7.3.1.), und speziell auf der durch das Enzym katalysierten Oxidation von 3,3′,4,4′-Biphenyltetramin

$$NH_2 \quad \bigcirc\!\!\!-\!\!\!\bigcirc \quad NH_2,$$
$$NH_2 \qquad\qquad NH_2$$

(3,3′-Diaminobenzidin, DAB). Die Oxidation des DAB führt zu einem (braunen) Polymerisationsprodukt des Reagenzes, dessen Struktur nicht genau bekannt und das in Wasser sowie organischen Lösungsmitteln unlöslich ist und das außerdem osmiophilen Charakter hat (SELIGMAN *et al.* 1968). Mit dem Polymerisationsprodukt reagiert daher OsO_4 unter Bildung des unlöslichen Osmiumschwarz, das im elektronenmikroskopischen Bild aufgrund seiner hohen elektronenoptischen Dichte dann den Reaktionsort der Oxidation des DAB analog einer Färbung markiert. — Methodische Gesichtspunkte und Fehlerquellen, die bei der Verwendung von DAB in cytochemischen Untersuchungen zu beachten sind, werden bei SELIGMAN *et al.* (1973) diskutiert.

Eine positive DAB-Reaktion (DAB → Osmiumschwarz) *in situ* ist kein spezifischer Nachweis für Katalase, sondern lediglich ein Indikator für peroxidatische Aktivität. Mit H_2O_2 als Elektronenakzeptor wird die Oxidation des DAB außer durch Katalase auch durch Peroxidasen katalysiert (Peroxidase-

Nachweis: u. a.: GRAHAM und KARNOVSKY 1966, FAHIMI 1970, HERZOG und MILLER 1972). Andere Hämproteine wie z. B. Hämoglobin, Myoglobin oder Cytochrom c oxidieren DAB in Gegenwart von H_2O_2 in einer nicht-enzymatischen, thermostabilen Reaktion (Lit. s. ROELS *et al.* 1975). Eine Oxidation des DAB kann ferner — in Abwesenheit von H_2O_2 — über eine Elektronenabgabe an Cytochrom c erfolgen, das über Cytochromoxidase reoxidiert wird (SELIGMAN *et al.* 1968, 1973, NIR und SELIGMAN 1971, REITH und SCHÜLER 1972, ROELS 1974). Auf dieser Reaktion basiert der cytochemische Nachweis der Cytochromoxidase mit DAB. Durch Elektronenabgabe in die photosynthetische Elektronentransportkette kann DAB ebenfalls oxidiert werden (NIR und SELIGMAN 1970, CHUA 1972, VIGIL *et al.* 1972). DAB unterliegt außerdem einer UV-abhängigen Autoxidation (HIARI 1971). — Der cytochemische Nachweis der Katalase zur intrazellulären Lokalisation des Enzyms erfordert wegen der Unspezifität der DAB-Reaktion Versuchsbedingungen, die eine Spezifität der Reaktion bezüglich ihrer Abhängigkeit von Katalase möglichst weitgehend garantieren. Außerdem müssen Kontrollversuche durchgeführt werden, um Hämproteine, die nicht Katalase sind, als Verursacher einer positiven DAB-Reaktion in einem Zellkompartiment auszuschließen oder zu erkennen.

Nach Glutaraldehyd-Fixierung und Inkubation eines Gewebes bei 37 °C in einem alkalischen DAB-Reaktionsmedium mit H_2O_2 als Elektronenakzeptor zeigen im elektronenmikroskopischen Schnittbild des Gewebes die Microbodies eine „Färbung" (Abb. 5.1.), die auf eine enzymabhängige DAB-Oxidation in diesen Organellen zurückgeht. Die Abhängigkeit der DAB-Reaktion in Microbodies von einem alkalischen pH des Reaktionsmediums (sowie erhöhter Inkubationstemperatur) wurde wiederholt nachgewiesen (u. a. NOVIKOFF und GOLDFISCHER 1968, 1969, FAHIMI 1969, GOLDFISCHER und ESSNER 1969, NOVIKOFF und NOVIKOFF 1972, NOVIKOFF *et al.* 1972, ROELS *et al.* 1975), und in der Regel wird mit einem pH-Wert von 9 bis 10 des Reaktionsmediums gearbeitet. Die H_2O_2-Konzentration des Testansatzes liegt in der Regel zwischen 0,02—0,07% (ca. 6—20 mM), und verschiedentlich wurde eine gesteigerte Intensität der Microbody-„Färbung" mit ansteigender H_2O_2-Konzentration des Reaktionsmediums beobachtet (FAHIMI 1969, NOVIKOFF und GOLDFISCHER 1969, NOVIKOFF *et al.* 1972, ROELS *et al.* 1975). Testansätze ohne H_2O_2 ergaben wiederholt eine positive DAB-Reaktion der Microbodies (u. a. NOVIKOFF und GOLDFISCHER 1968, FREDERICK und NEWCOMB 1969 b, VIGIL 1969 b, 1970). Der Befund wird mit dem Vorliegen von endogenem H_2O_2 erklärt. Denn über die H_2O_2-bildenden Oxidasen der Zelle bzw. der Peroxisomen (Microbodies) kann beim Vorliegen entsprechender Substrate eine intrazelluläre bzw. intrapartikuläre Bildung von H_2O_2 erfolgen und so der Elektronenakzeptor für die DAB-Oxidation bereitgestellt werden (Kap. 5.2.1.).

Der Ausschluß von Cytochromoxidase als Verursacher der enzymabhängigen Microbody-„Färbung" basiert auf dem Befund, daß eine intensive „Färbung" der inneren Mitochondrienmembran als Sitz dieses Enzymes (auch) bei einem niedrigeren pH des DAB-Reaktionsmediums eintritt als er für eine „Färbung" der Microbodies erforderlich ist. Zum cytochemischen Nachweis der Cytochromoxidase wird in der Regel ein DAB-Reaktionsmedium von pH 7,2 bis 7,6 eingesetzt (u. a. SELIGMAN *et al.* 1968, NOVIKOFF und GOLD-FISCHER 1969, HERZOG und FAHIMI 1974). Die „Färbung" der inneren Mitochondrienmembran, d. h. die durch Cytochromoxidase bedingte DAB-Oxidation wird durch 10^{-3} M KCN gehemmt (NOVIKOFF und GOLDFISCHER 1969, NOVIKOFF *et al.* 1972). Die DAB-Oxidation in den Microbodies wird dagegen durch 10^{-3} M KCN nicht und durch 10^{-2} M KCN nur teilweise unterbunden (FAHIMI 1969, FREDERICK und NEWCOMB 1969 b, NOVIKOFF und GOLDFISCHER 1969, NOVIKOFF und NOVIKOFF 1972, NOVIKOFF *et al.* 1972). Der gleiche Befund ergab sich für die DAB-Oxidation, die auf Katalase zurückzuführen war, die Ratten als Protein-Tracer injiziert worden war (VENKATACHALAM und FAHIMI 1969). Da die „Färbung" der Microbodies nach Inkubation eines Gewebes in einem alkalischen DAB-Reaktionsmedium aber in der Regel wesentlich stärker ausgeprägt ist als die der inneren Mitochondrienmembran, können Befunde über die Hemmbarkeit der Microbody-„Färbung" durch KCN nur bedingt zu einer Identifizierung des die DAB-Oxidation katalysierenden Proteins herangezogen werden.

Die Differenzierung zwischen Katalase und Peroxidasen im cytochemischen DAB-Test erfolgte bislang im wesentlichen nach den Kriterien, daß — im Gegensatz zu der durch Katalase katalysierten DAB-Oxidation — die durch Peroxidasen katalysierte DAB-Oxidation bei einem Reaktionsablauf im neutralen pH-Bereich und bei 20 °C Inkubationstemperatur gleiche oder verstärkte „Farbintensität" im Vergleich zu einem Reaktionsablauf im alkalischen pH-Bereich ergibt, daß die optimale H_2O_2-Konzentration der peroxidaseabhängigen Reaktion etwa um den Faktor 10^{-1} unter der für eine intensive Microbody-„Färbung" erforderlichen H_2O_2-Konzentration liegt (NOVIKOFF und NOVIKOFF 1972, weitere Lit. s. ROELS *et al.* 1975) und daß eine von Peroxidasen katalysierte DAB-Oxidation durch Aminotriazol (20 mM) nicht hemmbar ist. MARGOLIASH *et al.* (1960, MARGOLIASH und NOVOGRODSKY 1958) hatten gezeigt, daß 3-Amino-1,2,4-triazol in Gegenwart niedriger H_2O_2-Konzentration die (katalatische) Aktivität der Katalase irreversibel durch seine Bindung an das Enzymprotein des Katalase-H_2O_2-Komplexes I hemmt. Elektronendonatoren für eine peroxidatische Aktivität der Katalase verhindern die Aminotriazol-Hemmung, weshalb der Hemmstoff dem Objekt vor Inkubation mit dem DAB-Reaktionsmedium — aber in Gegenwart von H_2O_2 — zugesetzt werden muß. Die in der Cytochemie als Unterscheidungsmerkmal eingesetzte, differenzierte Hemmwirkung des Aminotriazols auf Peroxidasen und Katalase wurde von RECHCIGL und EVANS (1963) aufgezeigt. In Untersuchungen an intakten Leukocyten *in vitro* ergab Aminotriazol bei 90prozentiger Hemmung der Katalaseaktivität keine Hemmung der Myeloperoxidaseaktivität. In aufgebrochenen Leukocyten wurde aber auch die Peroxidase durch Aminotriazol gehemmt (EVANS und RECHCIGL 1967). Aufgrund weiterer Befunde einer Peroxidasehemmung durch Aminotriazol (Lit. s. ROELS *et al.* 1975) ist die Ansicht zu korrigieren, in Aminotriazol einen spezifischen Katalasehemmstoff zur Verfügung zu haben. Auch wurde eine Hemmung der DAB-Oxidation durch Aminotriazol in Zellkompartimenten (Mitochondrien, Dictyosomen) beobachtet, für die im isolierten

Zustand ein Vorkommen von Katalase nicht nachzuweisen ist (MOLLEN-HAUER und TOTTEN 1970, GERHARDT und BERGER 1971, CODD *et al.* 1973, MAXWELL *et al.* 1975). Die Verwendbarkeit der Aminotriazol-Hemmung der DAB-Oxidation als eines Indikators für eine katalaseabhängige DAB-Oxidation wird andererseits auch dadurch eingeschränkt, daß Angaben über eine unvollständige Hemmung (10—70%) der Katalase *in vitro* durch

Tabelle 5.1. *DAB-Oxidation durch Katalase, Peroxidasen und Microbodies in Abhängigkeit von Glutaraldehyd-Fixierung und Reaktionsbedingungen* (nach ROELS *et al.* 1975)

	Fixierung: 3% Glutaraldehyd, 3 Stunden, 0 °C DAB-Reaktion: pH 9,7; 0,07% H_2O_2, 0,2% DAB, 37 °C, 60 Minuten	Keine Fixierung DAB-Reaktion: pH 7,3; 0,003% H_2O_2, 0,2% DAB, 22 °C, 60 Minuten
Microbodies: in Leberzellen (Maus, Ratte)	+++	— [a]
in Nierentubuluszellen (Maus, Ratte)	+++	— [a]
Katalase: aus Rinderleber	+++	— [a]
Peroxidasen: a) aus Meerrettich	++	+++
b) in: Unterkieferspeicheldrüse (Ratte)	—	+++
Ohrspeicheldrüse (Ratte)	— [a]	+++ [a]
Schilddrüse (Ratte)	—	+++
PMN Leukocyten (Myeloperoxidase; Ratte, Mensch)	++	+++
eosinophile Leukocyten (Ratte)	++	+++

[a] 90 Minuten Inkubationszeit.

die im cytochemischen Test eingesetzte Aminotriazol-Konzentration vorliegen (LONGO *et al.* 1972, VOŘÍŠEK und VOLFOVÁ 1975). — Zur Unterscheidung zwischen Katalase und Peroxidase aufgrund unterschiedlicher Hemmbarkeit der katalysierten DAB-Reaktion durch Dichlorphenolindophenol liegen ebenfalls widersprüchliche Angaben vor (NOVIKOFF und NOVIKOFF 1972, ROELS 1973). Die Hemmung der DAB-Oxidation durch hohe H_2O_2-Konzentrationen (1—2% $\triangleq$ 0,3—0,6 M) im Reaktionsmedium wurde für Microbodies als Indikator für das Vorliegen einer durch Katalase katalysierten DAB-Oxidation gewertet (FAHIMI 1969, VIGIL 1970), da durch hohe H_2O_2-Konzentrationen die katalatische Aktivität des Enzyms gefördert, die peroxidatische Aktivität gehemmt wird. Für andere Zellstrukturen wurde eine Hemmung der DAB-Oxidation durch hohe H_2O_2-Konzentrationen dagegen als Indikator für das Vorliegen einer durch Peroxidase katalysierten Reaktion gewertet

(FAHIMI 1970, VENKATACHALAM *et al.* 1970, TODD und VIGIL 1972), da Peroxidasen durch höhere H_2O_2-Konzentrationen gehemmt werden.

Veranlaßt durch die Tatsache, daß anhand der bestehenden Kriterien im cytochemischen DAB-Test zwischen einer durch Katalase und einer durch Peroxidase katalysierten DAB-Oxidation nicht eindeutig unterschieden werden kann, befaßten sich ROELS und Mitarbeiter (1975) erneut und eingehend mit diesem Problem. Erarbeitet wurden die Reaktionsbedingungen für eine optimale DAB-Oxidation durch gereinigte Katalase bzw. Meerrettich-Peroxidase und für eine optimale DAB-Reaktion in Microbodies sowie in Leukocyten und Drüsengeweben, für die das Vorkommen von Peroxidasen biochemisch nachgewiesen ist. Variiert wurden in den Untersuchungen folgende Parameter: Fixierung des Gewebes, pH und H_2O_2-Konzentration des Inkubationsmediums und die Inkubationstemperatur. Das Gesamtergebnis dieser Untersuchungen, das gleichzeitig die Empfehlung der Autoren für die Durchführung der DAB-Reaktion zur Unterscheidung zwischen Katalase und Peroxidasen beinhaltet (ROELS *et al.* 1975), ist in Tabelle 5.1. zusammengestellt. Es zeigt sich, daß allein aufgrund der Reaktionsbedingungen für den DAB-Test zwischen Katalase und Peroxidasen *nicht* unterschieden werden kann. Wesentliches Kriterium für die Unterscheidung zwischen beiden Enzymen ist nach diesen Untersuchungen folgender Befund: die Aktivität der Peroxidasen gegenüber DAB ist bereits vor einer Fixierung der Enzyme bzw. des Gewebes (für die elektronenmikroskopischen Untersuchungen) nachzuweisen, während Katalase eine DAB-Oxidation nur nach vorangegangener Fixierung mit Glutaraldehyd (oder Formaldehyd) katalysiert. Daß gereinigte Katalase gegenüber DAB peroxidatische Aktivität und daß isolierte Microbodies eine „Färbung" im DAB-Test erst nach Fixierung mit Glutaraldehyd zeigen, wurde auch von HERZOG und FAHIMI (1974) nachgewiesen. Gereinigte Katalase oxidierte DAB in Gegenwart von 0,02% H_2O_2 (pH 10,5; 25 °C) optimal nach Fixierung mit 6% Glutaraldehyd. Die katalatische Aktivität und die peroxidatische Aktivität gegenüber einigen anderen Substraten wurden unter diesen Bedingungen irreversibel zu 90% gehemmt (HERZOG und FAHIMI 1974). Als Ursache der Ausprägung peroxidatischer Aktivität der Katalase gegenüber DAB nach Fixierung des Enzyms wird eine Umfaltung des Enzymproteins diskutiert, die eine sterische Hinderung im Zutritt des Substrates zum peroxidatisch aktiven Zentrum aufhebt. Befunde, daß nach tryptischer oder nach stark alkalischer Behandlung der Katalase die peroxidatische Aktivität des Enzyms gesteigert ist, werden entsprechend interpretiert (MARKLUND 1973).

5.1.2. Subzelluläre Lokalisation der Katalase

Die DAB-Reaktion zum cytochemischen Nachweis peroxidatischer Aktivität wurde in zahlreichen Untersuchungen eingesetzt, um *in situ* die subzelluläre Lokalisation der Katalase zu bestimmen. Die Ergebnisse dieser Untersuchungen führten in der Regel zu der Aussage, daß das Enzym in den Microbodies lokalisiert ist (Abb. 5.1.). Dieser Befund stimmt damit überein, daß nach Fraktionierung tierischer oder pflanzlicher Zellen partikuläre Katalaseaktivität nur in den Peroxisomen nachzuweisen ist, die aufgrund ihrer

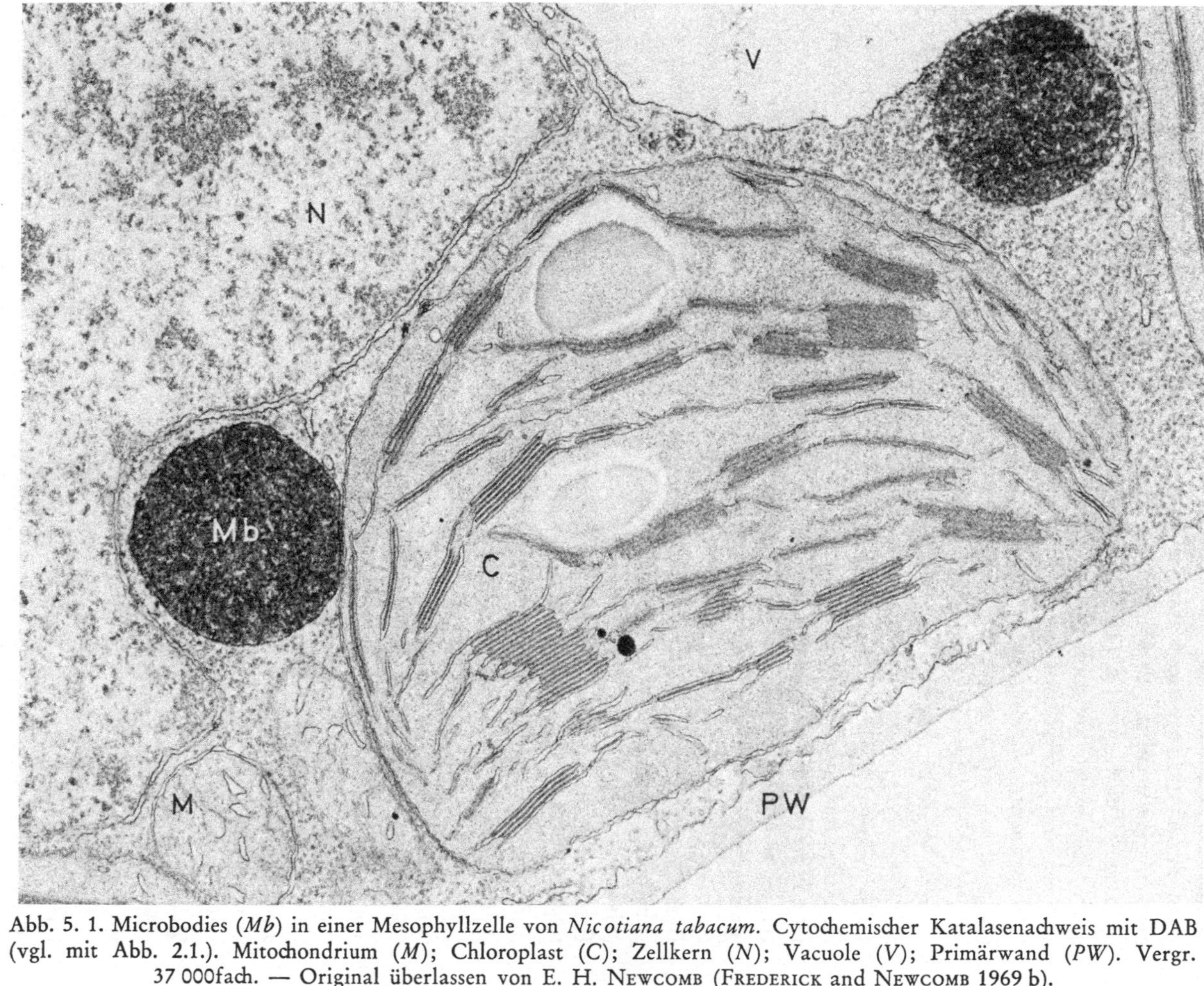

Abb. 5. 1. Microbodies (*Mb*) in einer Mesophyllzelle von *Nicotiana tabacum.* Cytochemischer Katalasenachweis mit DAB (vgl. mit Abb. 2.1.). Mitochondrium (*M*); Chloroplast (*C*); Zellkern (*N*); Vacuole (*V*); Primärwand (*PW*). Vergr. 37 000fach. — Original überlassen von E. H. NEWCOMB (FREDERICK and NEWCOMB 1969 b).

Struktur den Microbodies zuzuordnen sind (Kap. 1.1.). — Aufgrund der Tatsache, daß Microbodies generell (Ausnahmen s. Kap. 1.1.) als der intrazelluläre Lokalisationsort der (partikulär gebundenen) Katalase anzusehen sind, wird der cytochemische Katalasenachweis andererseits auch dazu herangezogen, eine Zellstruktur als Microbody zu identifizieren.

OAKLEY und DODGE (1974) führen aufgrund verschiedener Kontrollversuche die DAB-Oxidation in den Microbodies der Rotalge *Porphyridium purpureum* auf Peroxidase zurück. Da Peroxidasen in isolierten Microbodies (Peroxisomen) bisher grundsätzlich nicht nachgewiesen werden konnten (Kap. 1.1.), erfordert diese Angabe der Lokalisation einer Peroxidase in Microbodies unbedingt eine Überprüfung an den isolierten Organellen.

In zahlreichen Algen (GERHARDT und BERGER 1971, GIROUD und CZANINSKI 1971, GRAVES *et al.* 1971, BIBBY und DODGE 1973, SILVERBERG und SAWA 1973, VIGIL 1973, SILVERBERG 1975 a) zeigten die Microbodies keine positive Reaktion im cytochemischen Katalasetest. Aus einigen dieser Algen wurden jedoch katalasetragende Organellen isoliert, die an Saccharose-Dichtegradienten in dem für Peroxisomen typischen Dichtebereich sedimentierten und die auch enzymatisch als Peroxisomen charakterisiert wurden (Kap. 9.1.; GERHARDT, 1971, GERHARDT und BERGER 1971, STABENAU 1974, STABENAU und BEEVERS 1974). Die Identität der Peroxisomen mit den Microbodies der entsprechenden Algen wurde anhand morphologischer Kriterien nachgewiesen (GERHARDT und BERGER 1971, STABENAU und BEEVERS 1974). Aus negativen Ergebnissen des cytochemischen Katalasenachweises an Microbodies kann daher ohne entsprechende Untersuchungen an den isolierten Organellen nicht auf das Vorliegen katalasefreier Microbodies (≠ Peroxisomen) geschlossen werden. In einigen Fällen konnte durch abgeänderte Reaktionsbedingungen (oder Wachstumsbedingungen; GRAVES, zit. nach BRODY und WHITE 1973, SILVERBERG und SAWA 1974) inzwischen auch cytochemisch Katalase in den Microbodies von Algen nachgewiesen werden, für die bisher negative Befunde vorlagen (SILVERBERG 1975 a, 1975 b). — Das Vorkommen katalasefreier Microbodies in pflanzlichen Zellen ist eindeutig nur für *Euglena gracilis* belegt, und zwar in den Fällen, in denen im Gesamtorganismus keine Katalase nachzuweisen ist (Kap. 9.1.; GRAVES *et al.* 1971, 1972, BRODY und WHITE 1973, vgl. auch COLLINS und MERRETT 1975 a, BROWN *et al.* 1975).

Befunde über negativen Ausfall der DAB-Reaktion in den Microbodies der Zellen höherer Pflanzen wurden entweder unter stark abweichenden Reaktionsbedingungen erhalten (HALL und SEXTON 1972) oder konnten an den isolierten Microbodies nicht bestätigt werden (BERGER und GERHARDT 1971).

In Microbodies von Pilzhyphen wurde eine positive DAB-Reaktion bisher nicht erhalten (COFFEY *et al.* 1972, WERGIN 1972, MENDGEN 1973 b, MAXWELL *et al.* 1975), obwohl Katalase in den Hyphen nachgewiesen wurde. Die Ursache dieses einheitlichen Befundes ist unbekannt (Vorfixierungen mit Glutaraldehyd, s. u.). Enzymatische Untersuchungen an isolierten Microbodies liegen für die Arten, an denen die cytochemischen Untersuchungen durchgeführt wurden, nicht vor. Doch wurden Peroxisomen aus den sphäroplastenähnlichen „Hyphen"-Zellen einer zellwandfreien Mutante von *Neurospora crassa* isoliert (Kap. 10.1.; THEIMER 1973).

Voříšek und Volvofá (1975) kommen aufgrund ihrer cytochemischen Untersuchungen zur Lokalisation der Katalase und zur Differenzierung zwischen Katalase und Peroxidase in *Candida boidinii* zu dem Schluß, daß in der Hefe Katalase ein mitochondriales Enzym sei. Voříšek und Volvofá (1975) verwendeten zur Vorfixierung der intakten Hefezellen eine Glutaraldehyd/Formaldehyd-Mischung. Nach van Dijken *et al.* (1975 b) zeigen die Mircobodies in *Hansenula polymorpha* — im Gegensatz zu den Mitochondrien — jedoch dann keine positive DAB-Reaktion, wenn die Vorfixierung der Hefe statt in Glutaraldehyd in einer Glutaraldehyd/Formaldehyd-Mischung erfolgt. Microbodies der Hefen zeigen außerdem eine ausgeprägtere DAB-Oxidation und einen besseren strukturellen Erhaltungszustand, wenn in den Untersuchungen mit Sphäroplasten statt mit ganzen Zellen gearbeitet wird (Fukui *et al.* 1975 b, van Dijken *et al.* 1975 b). Diese Befunde können das Ausbleiben einer DAB-Oxidation in den Microbodies von *C. boidinii* erklären. Auch konnten Roggenkamp *et al.* (1975) für einen anderen Stamm von *C. boidinii* partikuläre Katalase nur in den Peroxisomen nachweisen (Abb. 10.5.; vgl. auch Fukui *et al.* 1975 a). Unter zusätzlicher Berücksichtigung der Unsicherheiten, die bei einer cytochemischen Differenzierung zwischen Katalase und Peroxidase gegeben sind (Kap. 5.1.1.), erscheint daher eine Lokalisation der Katalase in den Mitochondrien statt in den Microbodies bei *C. boidinii* doch nicht vorzuliegen.

Todd und Vigil (1972) konnten in *Saccharomyces cerevisiae* nach Anzucht der Hefe auf Glucose oder Galactose Microbodies nicht nachweisen und die Katalaseaktivität der Hefe cytochemisch nicht lokalisieren (Glutaraldehyd-Vorfixierung, intakte Zellen). Im Gegensatz dazu wiesen Hoffmann *et al.* (1970) für *S. cerevisiae* — angezogen ebenfalls auf Glucose und im gleichen Entwicklungsstadium untersucht — Microbodies nach und lokalisierten eine durch Aminotriazol hemmbare (katalaseabhängige) DAB-Oxidation in diesen Organellen.

Die Ergebnisse von Todd und Vigil (1972) zur Lokalisation der Katalase in *S. cerevisiae* werden von Vigil (1973) als Ausdruck einer — unter bestimmten Bedingungen gegebenen — Lokalisation der Katalase im Cytoplasma der Hefe gewertet. Longo *et al.* (1972) lokalisieren die Katalase des Maisscutellums z. T. ebenfalls im Cytoplasma, da dieses eine schwach positive DAB-Reaktion ergab und aus Untersuchungsergebnissen an Zellfraktionen des Scutellums auf eine teilweise Lokalisation des Enzyms in der löslichen Fraktion geschlossen werden kann (Longo und Longo 1970 b; Kap. 11.3.1.1.2.). Das Vorkommen nicht-partikulär gebundener Katalase im Cytoplasma ist aber z. Zt. nicht weiter belegt. Diffusionsartefakte, die bei Ausführung der DAB-Reaktion zur Bestimmung der subzellulären Lokalisation der Katalase auftreten können, wurden von Fahimi (1973, 1974) beschrieben und auf ihre Ursachen hin untersucht. — Aus dem Auftreten der Katalase in der löslichen Fraktion einer Zellfraktionierung kann nicht auf das Vorliegen einer cytoplasmatischen Katalase *in vivo* geschlossen werden, da zumindest mit einer teilweisen Zerstörung der Microbodies beim Zellaufschluß und bei der Organellenisolierung gerechnet werden muß (Kap. 6.). Auch das fast ausschließliche Auftreten der Katalase in der löslichen Fraktion des Scutellums während der

Reifung der Maiskaryopse (SCANDALIOS 1974 b) ist kein eindeutiges Indiz für eine Lokalisation des Enzyms im Cytoplasma in dieser Entwicklungsphase, solange nicht gleichzeitig nachweislich intakte Microbodies aus dem Gewebe isoliert wurden. Grundsätzlich ist z. Zt. weder ein Vorkommen der Katalase in Microbodies und Cytoplasma noch eine alleinige Lokalisation des Enzyms in den Microbodies auszuschließen. Doch wird allgemein eher eine ausschließliche Lokalisation der Katalase in den Microbodies angenommen.

In *Chlamydomonas dysosmos* beobachteten SILVERBERG und SAWA (1974) unterschiedliche Reaktivität der Microbodies gegenüber DAB. Dieser Befund kann als Ausdruck einer physiologisch-biochemischen Heterogenität der Microbody-Population dieser Zellen diskutiert werden, doch fehlen irgendwelche weiteren diesbezüglichen Anhaltspunkte. Für fettreiche Kotyledonen, in denen beim Ergrünen eine Änderung der Stoffwechselfunktion der Peroxisomen eintritt (Kap. 11.3.1.2.), ergaben cytochemischen Untersuchungen (Kap. 5.2.3., 11.3.1.2.) keine Hinweise darauf, daß während der Übergangsphase von heterotropher zu autotropher Ernährung in den Mesophyllzellen zwei unterschiedliche Microbody-Populationen vorliegen.

5.2. Subzelluläre Lokalisation weiterer charakteristischer Peroxisomenenzyme auf Grund cytochemischer Nachweise

5.2.1. H_2O_2-bildende Oxidasen

In cytochemischen Untersuchungen zur subzellulären Lokalisation der Katalase wurde verschiedentlich auch dann eine DAB-Oxidation (Kap. 5.1.1.) in den Microbodies beobachtet, wenn dem Reaktionsansatz kein H_2O_2 zugesetzt worden war. Dieses Ergebnis wird allgemein mit dem Vorliegen von intrazellulärem H_2O_2 erklärt. Einige Befunde stützen diese Auffassung. FAHIMI (1969) beobachtete bei Verwendung eines Reaktionsmediums ohne H_2O_2 eine positive DAB-Reaktion der Microbodies erst nach 4—6fach verlängerter Inkubationszeit im Vergleich zu einem Testansatz mit H_2O_2. Inkubation von Blattgeweben in einem Reaktionsmedium ohne H_2O_2 unter anaeroben Bedingungen verringerte stark die Intensität der DAB-Reaktion in den Microbodies (FREDERICK und NEWCOMB 1969 b). Pyruvat (2 mM), das die endogene H_2O_2-Bildung durch Oxidasen hemmt[1], unterband in einem DAB-Reaktionsmedium ohne H_2O_2 die Ausbildung der Microbody-„Färbung" (FAHIMI, 1969, VIGIL 1970).

Bei positiver DAB-Reaktion der Microbodies nach Inkubation eines Gewebes in einem Testansatz ohne H_2O_2 ist eine Diffusion von H_2O_2 zu den Microbodies von einem anderen intrazellulären Bildungsort grundsätzlich nicht auszuschließen. Doch könnte eine positive DAB-Reaktion der Microbodies unter diesen Testbedingungen — zusätzlich zum Katalasenachweis —

---

[1] Die Hemmung der H_2O_2-Bildung durch Pyruvat in einem Reaktionssystem, das entsprechende Substrate sowie H_2O_2-bildende Oxidasen enthält und Pyruvat oxidieren kann (AEBI *et al.* 1962, 1963), ergibt sich aus der Konkurrenz von Pyruvatoxidation und Oxidasen um den (intrazellulären) Sauerstoff und der relativ geringen Affinität der H_2O_2-bildenden Oxidasen zu O_2.

auch ein indirekter cytochemischer Nachweis für die Lokalisation einer H_2O_2-bildenden Oxidase in diesen Organellen sein. In den Microbodies der auf Methanol wachsenden Hefe *Hansenula polymorpha* wurde eine positive DAB-Reaktion auch dann erzielt, wenn dem Inkubationsmedium statt H_2O_2 Methanol zugesetzt wurde (VAN DIJKEN *et al.* 1975 b). Die intrazelluläre Bereitstellung von H_2O_2 für die DAB-Oxidation aus der Oxidation des Methanols ergab sich aus dem Nachweis, daß die vorfixierten Hefezellen zur Methanoloxidation noch befähigt waren. Die für die Methanoloxidation verantwortliche Alkoholoxidase wurde in zwei anderen Methanol verwertenden Hefen in den Peroxisomen lokalisiert (Kap. 10.3.; FUKUI *et al.* 1975 a, ROGGENKAMP *et al.* 1975). Es kann daher angenommen werden, daß die für die positive DAB-Reaktion der Microbodies von *Hansenula polymorpha* erforderliche H_2O_2-Bildung aus Methanol ebenfalls in den katalasetragenden Organellen (Peroxisomen), den Microbodies erfolgte. — Isolierte Microbodies des Mais-scutellums reagierten im cytochemischen Katalasetest bei Verwendung eines DAB-Reaktionsmediums ohne H_2O_2 dann schwach positiv, wenn dem Inkubationsmedium Glycolat zugesetzt wurde, d. h. wenn über die in diesen Organellen lokalisierte Glycolatoxidase intrapartikulär H_2O_2 gebildet werden konnte (LONGO *et al.* 1972).

5.2.2. L-α-Hydroxysäureoxidase

Die Oxidation von L-α-Hydroxysäuren zu α-Ketosäuren unter Übertragung der Elektronen auf O_2 und Bildung von H_2O_2 wird durch ein peroxisomales Flavinenzym katalysiert. Die Spezifität des Enzyms hinsichtlich der bevorzugt oxidierten α-Hydroxysäure variiert in Peroxisomen tierischer Zellen (MCGOARTY *et al.* 1974). Die α-Hydroxysäureoxidase der Peroxisomen pflanzlicher Zellen ist — soweit die Spezifität der Oxidase genauer untersucht wurde — eine Glycolatoxidase.

Ein cytochemischer Nachweis für α-Hydroxysäureoxidaseaktivität, der auch in der Elektronenmikroskopie eingesetzt werden kann, wurde von SHNITKA und TALIBI (1971, vgl. auch HAND 1975) ausgearbeitet. Er basiert auf dem in der Cytochemie verschiedentlich verwendeten Einsatz von Ferricyanid als Elektronenakzeptor und der Bildung des unlöslichen, elektronenoptisch dichten Kupfercyanoferrats $Cu_2[Fe(CN)_6]$ aus Ferrocyanid und Kupfersulfat. Die elektronenoptische Dichte am Lokalisationsort der Reaktion kann unter Ausnutzung der Tatsache verstärkt werden (HANKER *et al.* 1972), daß Übergangselemente die Polymerisation von 3,3'-Diaminobenzidin (DAB) katalysieren und daß das gebildete unlösliche Polymerisationsprodukt mit OsO_4 unter Bildung des elektronenoptisch dichten Osmiumschwarz reagiert (Kap. 5.1.1.). — Sowohl SHNITKA und TALIBI (1971) als auch HAND (1975) beobachteten eine starke Hemmung der α-Hydroxysäureoxidaseaktivität bei Verwendung von Glutaraldehyd zur Vorfixierung des Gewebes. Vorfixierung mit Formaldehyd führte zu einer bedeutend geringeren Hemmung der Enzymaktivität, doch weisen nach Formaldehyd-Fixierung die Zellstrukturen einen wesentlich schlechteren Erhaltungszustand auf (HAND 1975).

Die subzelluläre Lokalisation der α-Hydroxysäureoxidaseaktivität *in situ*

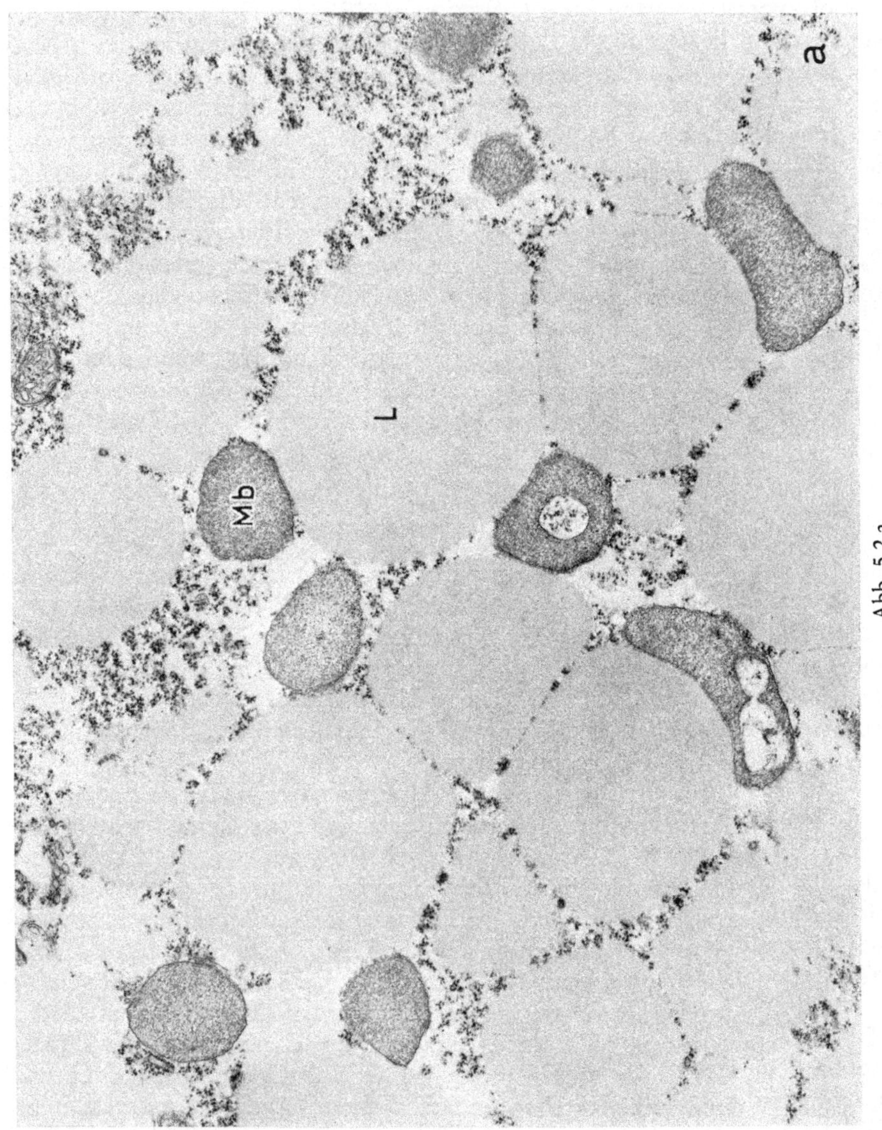

Abb. 5.2 a.

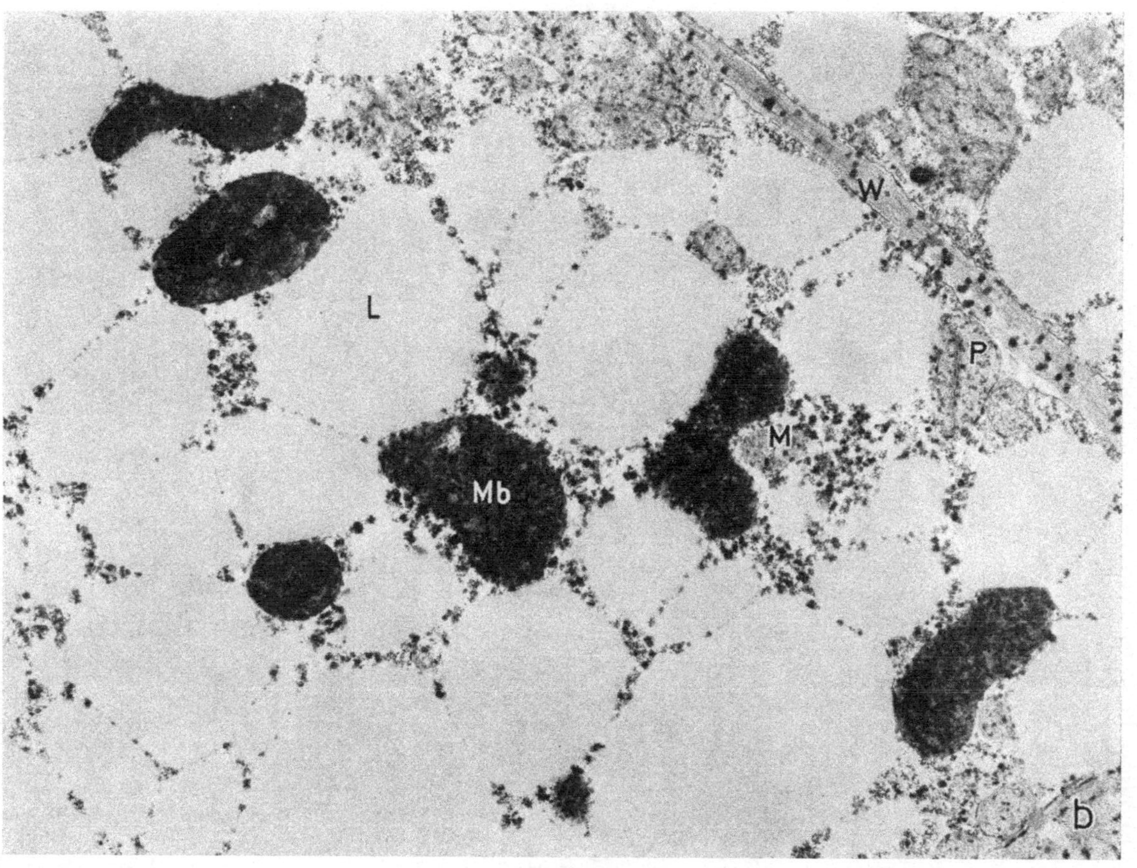

Abb. 5.2 b.

Abb. 5.2. Microbodies (*Mb*) in einer Keimblattzelle eines Keimlings von *Cucumis sativus*. *a* Kontrolle; *b* cytochemischer Nachweis der Malatsynthetase. Mitochondrium (*M*); Plastid (*P*); Lipidkörper (*L*); Zellwand (*W*). Vergr.: *a* 20 000fach; *b* 15 000fach. — Originale überlassen von R. N. Trelease (Trelease *et al.* 1974).

wurde bisher nur in wenigen Fällen untersucht. Für Zellen der Rattenleber geben SHNITKA und TALIBI (1971) eine spezifische „Färbung" der Microbodies im cytochemischen Test auf α-Hydroxysäureoxidase an. HAND (1975) fand in Zellen der Rattenleber — besonders nach Fixierung mit Glutaraldehyd — das Reaktionsprodukt des cytochemischen Nachweises außer in Microbodies auch in anderen Zellkompartimenten und an Zellmembranen; doch nur die „Färbung" der Microbodies zeigte Abhängigkeit von einer enzymatischen Reaktion.

In den Microbodies pflanzlicher Zellen wurde α-Hydroxysäureoxidase cytochemisch ebenfalls lokalisiert. Nach SHNITKA und SELIGMAN (1971) liegen Befunde an Kotyledonen von *Cucurbita* und an Laubblättern von *Amaranthus* vor. BURKE und TRELEASE (1975) wiesen Glycolatoxidase cytochemisch in den Microbodies der Kotyledonen von *Cucumis sativus* nach.

5.2.3. Malatsynthetase

Malatsynthetase ist Leitenzym für den glyoxysomalen Funktionstyp der Peroxisomen (Kap. 1.1., 8.1.). Ein cytochemischer Nachweis für das Enzym wurde von TRELEASE und BECKER (1972), TRELEASE *et al.* (1974) ausgearbeitet. Marker für die subzelluläre Lokalisation des Enzyms ist wie beim cytochemischen Nachweis der α-Hydroxysäureoxidase (Kap. 5.2.2.) Kupfercyanoferrat ($Cu_2[Fe(CN)_6]$). Die Spezifität des Nachweises liegt bei dem Elektronendonator für die Reduktion des eingesetzten Ferricyanids. Die Reduktion erfolgt durch CoA-SH, das in der Malatsynthetasereaktion aus dem eingesetzten Acetyl-CoA freigesetzt wird. Da Deacylasen der Zelle aus Acetyl-CoA ebenfalls CoA-SH freisetzen, ist der cytochemische Test für Malatsynthetase nicht absolut spezifisch.

Nach Ausführung des cytochemischen Nachweises für Malatsynthetase an Gewebeschnitten der Kotyledonen von *Cucumis sativus* und von *Helianthus annuus* ergab sich im elektronenmikroskopischen Bild eine eindeutige Lokalisation des Reaktionsproduktes in den Microbodies (Abb. 5.2.; TRELEASE *et al.* 1974). Doch auch in anderen Zellkomponenten trat eine leichte „Färbung" auf (Abb. 5.2 b.). Während die „Färbung" der Microbodies aber strikte Abhängigkeit von Glyoxylat zeigte, war die „Färbung" der anderen Zellkomponenten auch dann zu beobachten, wenn dem Reaktionsmedium kein Glyoxylat zugesetzt wurde. Sie könnte daher durch Deacylasen verursacht sein. Eine Malatsynthetasereaktion als Ursache der „Färbung" außerhalb der Microbodies ist jedoch nicht absolut einwandfrei auszuschließen unter der Annahme, daß nach Inkubation in einem Reaktionsmedium ohne Glyoxylat endogenes, ausschließlich außerhalb der Microbodies vorliegendes Substrat einen Reaktionsablauf ermöglichte (TRELEASE *et al.* 1974). Doch daß die Membran der Microbodies für Glyoxylat eine Diffusionsbarriere darstellen soll, erscheint nach den Ergebnissen des normal ausgeführten Tests sehr unwahrscheinlich.

Die cytochemischen Nachweise für Malatsynthetase, Glycolatoxidase und Katalase wurden von BURKE und TRELEASE (1975) kombiniert eingesetzt, um die Entwicklung der Glyoxysomen beim Ergrünen fettreicher Kotyledonen, d. h. beim Übergang der Microbodies von glyoxysomaler zu blatt-peroxisomaler Funktion zu verfolgen (Kap. 11.3.1.2.). An Microbody-Präparationen, die aus Kotyledonen von *Cucumis sativus* während des Funktionswechsels der Microbodies gewonnen wurden, untersuchten die Autoren cytochemisch das Vorkommen der drei Enzyme. Die isolierten Microbodies ergaben für alle drei Enzyme einheitlich positive Reaktion, d. h. eine Zusammensetzung der Microbody-Population der Kotyledonen aus Organellen mit ausschließlich glyoxysomalem oder blatt-peroxisomalem Charakter war nicht nachzuweisen (Kap. 11.3.1.2.).

5.3. Cytochemischer Nachweis von nicht-spezifisch peroxisomalen Enzymen in Microbodies

Die cytochemischen Nachweise für Katalase, α-Hydroxysäureoxidase und Malatsynthetase sind auf Enzyme ausgerichtet, die charakteristisch für Peroxisomen sind. Sie werden zur Identifizierung der Peroxisomen *in situ* bzw. zum Nachweis der Lokalisation der peroxisomalen Enzyme in den Microbodies der Zelle eingesetzt. Außer den peroxisomalen Leitenzymen wurden in Microbodies auch einige weitere Enzyme cytochemisch lokalisiert. Bestätigungen dieser Angaben durch enzymatische Untersuchungen an isolierten Peroxisomen liegen nicht vor bzw. hinsichtlich der Hydrolasen stehen diese Angaben in Widerspruch zu den Befunden an den isolierten Organellen.

Glutamat-Oxalacetat-Aminotransferase. Glutamat-Oxalacetat-Aminotransferase ist in verschiedenen Kompartimenten der Zelle lokalisiert. Sie wurde auch in Peroxisomen pflanzlicher Zellen nachgewiesen (Kap. 7.3.11., 8.1.1.2.3., 8.2.2.). Für tierische Zellen liegen keine Angaben über das Vorkommen des Enzyms in Peroxisomen vor [2]. Cytochemische Untersuchungen zur Lokalisation der Glutamat-Oxalacetat-Aminotransferase in Leberzellen der Ratte (LEE und TORACK 1968) bzw. der Maus (PAPADIMITRIUO und VAN DUIJN 1970) ergaben u. a. auch einen positiven Befund für die Microbodymembran. Der Befund wird unter dem Gesichtspunkt diskutiert, daß — neben anderen Zellmembranen — auch die Microbodymembran *in vivo* ein Lokalisationsort des Isoenzyms der Glutamat-Oxalacetat-Aminotransferase sei, das nach Zellfraktionierung in der löslichen Fraktion auftritt (LEE und TORACK 1968, PAPADIMITRIOU und VAN DUIJN 1970). Durch Kontrollexperimente mit D-Asparaginsäure als Aminogruppendonator oder mit L-Asparaginsäure in Abwesenheit eines Aminogruppenakzeptors wurden Aminosäureoxidasen und insbesondere die in Peroxisomen lokalisierte D-Aminosäureoxidase als Verursacher der Microbody-„Färbung" ausgeschlossen.

Saure Phosphatase, Arylsulfatase. Für Microbodies in *Nitella flexilis* wird außer dem Nachweis der Katalase (SILVERBERG 1975 a) auch angegeben, daß im Degradationsstadium der Organellen in diesen saure Phosphatase und Arylsulfatase cytochemisch nachzuweisen seien (SILVERBERG und SAWA 1973). Der — isoliert stehende — Befund wird als ein Hinweis auf einen autolytischen Abbau der Microbodies gewertet. Aus cytochemischen Untersuchungen

---

[2] In Peroxisomen der Rattenleber sind die Aminotransferasen Glutamat-Glyoxylat-Aminotransferase (VANDOR und TOLBERT 1970) und Alanin-Glyoxylat-Aminotransferase (VANDOR und TOLBERT 1970, vgl. aber ROWSELL *et al.* 1972) nachgewiesen.

zur subzellulären Lokalisation der sauren Phosphatase, die als ein Leitenzym für lytische Kompartimente gilt, liegen ansonsten keine Anzeichen für ein Vorkommen des Enzyms in Microbodies vor und z. T. wird dieses ausdrücklich verneint (MAUNSBACH 1966, VILLIERS 1967, NOVIKOFF und NOVIKOFF 1972, CITKOWITZ und HOLTZMAN 1973, ARMENTROUT *et al.* 1976). — Einzige Hydrolase, die in Peroxisomen sicher nachgewiesen wurde, ist die Lipase der Glyoxysomen des *Ricinus*-Endosperms (Kap. 7.4.2., 8.1.1.2.2.). Die Angabe von GRAY *et al.* (1970) über das Vorkommen einer neutralen Protease in den Peroxisomen der Rattenleberzelle konnte durch die Arbeitsgruppe von DE DUVE nicht bestätigt werden (DE DUVE 1973).

Thiaminpyrophosphatase. Thiaminpyrophosphatase wird als ein Leitenzym für Dictyosomen tierischer Zellen gewertet (MORRÉ *et al.* 1974), doch wurde Thiaminpyrophosphataseaktivität auch für andere Zellkomponenten der Rattenleberzelle nachgewiesen (CHEETHAM *et al.* 1971). In Dictyosomen pflanzlicher Zellen tritt Thiaminpyrophosphatase nicht oder nur mit schwach ausgeprägter Aktivität auf (MORRÉ *et al.* 1974). — SILVERBERG und SAWA (1973) geben an, daß die Microbodies in *Nitella flexilis* im cytochemischen Test auf Thiaminpyrophosphatase positiv reagierten.

6. Isolierung der Peroxisomen aus pflanzlichen Zellen

Peroxisomen pflanzlicher Zellen wurden erstmals in der Arbeitsgruppe von H. BEEVERS (BREIDENBACH und BEEVERS 1967, BREIDENBACH *et al.* 1968) aus dem Endosperm keimender *Ricinus*-Samen (Kap. 8.1.) und kurz danach von TOLBERT und Mitarbeitern (TOLBERT *et al.* 1968) aus Spinatblättern (Kap. 8.2.) isoliert und biochemisch charakterisiert. Die Tabellen 8.2., 8.5., 8.7., 9.1. und 10.1. geben eine Übersicht über pflanzliche Gewebe und Mikroorganismen, aus denen Peroxisomen isoliert wurden — wobei sich die Angaben mitunter nur auf den Nachweis partikulärer Katalase an einem Dichtegradienten stützen.

Die Methoden zur Isolierung von Peroxisomen aus pflanzlichen Zellen, die in Abhängigkeit vom untersuchten Objekt und von der Arbeitsgruppe mehr oder weniger stark variieren, werden im folgenden in Einzelheiten nicht behandelt, sondern es sollen nur einige allgemeine Gesichtspunkte angeschnitten werden, die die Isolierung der Organellen betreffen. Die aufgeführten Literaturangaben stehen daher nur als einige Beispiele. — Eine allgemeine, kurze Einführung in die Zellfraktionierung und die Isolierung von Zellorganellen liegt von JACOBI (1974) vor. Speziell für pflanzliche Gewebe wurden diese Aspekte von PRICE (1974) behandelt. Die Isolierung der Glyoxysomen aus dem *Ricinus*-Endosperm ist eingehend von BEEVERS und BREIDENBACH (1974), die Isolierung von Blatt-Peroxisomen in einer ausführlichen Arbeit von TOLBERT (1971 c, vgl. auch TOLBERT 1974 b) beschrieben worden. Einige ausgewählte Methoden zur Isolierung von Glyoxysomen und Blatt-Peroxisomen wurden von BEEVERS *et al.* (1974) zusammengefaßt.

Zell- bzw. Gewebeaufschluß und Abtrennung der Zellbestandteile eines Homogenats voneinander sind die zwei grundlegenden Arbeitsschritte zur

Isolierung von Zellorganellen. Der Aufschluß pflanzlicher Zellen wird durch das Vorhandensein der Zellwand wesentlich erschwert. Vom Zerschneiden eines Gewebes mit Rasierklingen bis zum Zerschlagen eines Gewebes in einem Mixer stehen verschieden stark wirkende mechanische Aufschlußmethoden zur Wahl. Enzymatischer Abbau der Zellwand und anschließender mechanischer oder osmotischer Aufbruch der erhaltenen Protoplasten werden als routinemäßiges Verfahren des Zellaufschlusses bisher nur bei Hefen eingesetzt. Zur schonenden Isolierung von Zellorganellen aus *Neurospora crassa* steht eine zellwandfreie Mutante des Pilzes zur Verfügung (THEIMER 1973).

Die Ausbeute an intakten Zellorganellen ist außer von der Art des Zellaufschlusses auch von der Zusammensetzung des Homogenisationsmediums abhängig (GERHARDT und BEEVERS 1970). Für die Isolierung von Peroxisomen enthalten die gepufferten (pH 7,0—7,8) Homogenisationsmedien in der Regel Saccharose (0,4—0,8 M) als Osmoticum sowie ein- und zweiwertige Metallionen, Thiolverbindungen und andere Schutzreagenzien (z. B. Rinderserumalbumin, Ficoll, Polyvinylpyrrolidon) zur Stabilisierung von Enzymaktivitäten und Struktur. BAKER *et al.* (1973) erzielten nach Zusatz von 0,2% Glutaraldehyd zum Homogenisationsmedium oder nach kurzzeitiger Vorfixierung des Gewebes (Fruchtfleisch der Tomate) in 2,5% Glutaraldehyd eine bessere Ausbeute an partikulärer Katalase. Dieses Verfahren ist in seiner Anwendbarkeit jedoch dadurch begrenzt, daß z. B. α-Hydroxysäureoxidasen durch Glutaraldehyd in ihrer Aktivität stark gehemmt werden (Kap. 5.2.2.).

Der Prozentsatz der nach Differentialzentrifugation(en) partikulär erhaltenen Aktivität peroxisomaler Leitenzyme schwankt stark in Abhängigkeit vom Objekt. Er kann 70—90% der im Homogenat enthaltenen Gesamtaktivität betragen, kann aber auch bei 10—20% liegen. Die Frage, inwieweit lösliche Aktivität der charakteristischen Peroxisomenenzyme auf ein Aufbrechen der Organellen während des Zellaufschlusses oder auf das Vorliegen eines löslichen Pools dieser Enzyme *in situ* zurückzuführen ist, kann bisher nicht eindeutig beantwortet werden (vgl. auch Kap. 5.1.2.). Konstantes Verhältnis von löslicher zu partikulärer Aktivität eines Enzyms auch unter verschiedenen Bedingungen der Organellenisolierung ist z. B. kein ausreichendes Argument gegen eine ausschließlich partikuläre Lokalisation des Enzyms, zumal aus cytochemischen Untersuchungen (FAHIMI 1974) Hinweise auf eine uneinheitliche Stabilität der Peroxisomenmembran vorliegen. Das Auftreten unterschiedlicher Isoenzyme eines Enzyms in der löslichen und partikulären Fraktion eines Zellaufschlusses muß nicht grundsätzlich auf das Vorliegen kompartimentspezifischer Isoenzyme *in vivo* zurückgehen. Es kann dadurch bedingt sein, daß bei der Zerstörung einer Struktureinheit die Solubilisierung des an sich partikulär gebundenen Enzyms zu einer Modifikation physiko-chemischer Eigenschaften des Enzyms führt.

Die Abtrennung der Peroxisomen von anderen Zellbestandteilen nach Homogenisation eines Gewebes erfolgt auf der Grundlage unterschiedlicher Dichte und Sedimentationsgeschwindigkeit der Zellkomponenten. Geeignete Differentialzentrifugationen werden eingesetzt, um eine an Peroxisomen angereicherte Partikelfraktion („grobe Partikelfraktion") zu erhalten. Die Auftrennung der Komponenten dieser Fraktion erfolgt anschließend an Dichtegradienten, wobei in der Regel mit isopyknischer Zentrifugation (s. u.) gearbeitet wird. Verschiedentlich wird ohne den Zwischenschritt der Gewinnung einer groben Partikelfraktion gearbeitet und eine nur von größeren Bestandteilen (nicht aufgeschlossene Zellen, Zellwandbruchstücke, Zellkerne, Stärkekörner usw.) gereinigte Fraktion unmittelbar auf den Gradienten aufgetragen. Auf diese Weise kann einerseits eine Beschädigung der Organellen beim Resuspendieren der groben Partikelfraktion vermieden werden, andererseits können bei geeigneter Wahl des Gradienten gleichzeitig auch Zellkomponenten isoliert werden, die bei der Gewinnung einer groben Partikelfraktion verworfen werden.

Die Wanderungsgeschwindigkeit einer Partikel in einem gegebenen Medium im Zentrifugalfeld einer Zentrifuge ist u. a. von der Dichtedifferenz zwischen Partikel und Medium sowie von Größe und Form der Partikel abhängig. Es gilt:

$$u = \frac{dx}{dt} = \frac{V(\rho_p - \rho_m)}{f}\,\omega^2 x$$

wobei u = Wanderungsgeschwindigkeit der Partikel [cm/sec], x = Abstand der Partikel von der Rotationsachse [cm], V = Partikelvolumen [cm^3], ρ_p = Dichte der Partikel [g/cm^3], ρ_m = Dichte des Mediums [g/cm^3], ω = Winkelgeschwindigkeit der Rotation [1/sec], f = Reibungskoeffizient = $k \cdot T/D$, k = Boltzmann-Konstante [g $\cdot$ cm^2/sec^2 $\cdot$ Grad], T = absolute Temperatur [Grad], D = Diffusionskoeffizient der untersuchten Partikel im Medium [cm^2/sec] [1].

Da u proportional $(\rho_p - \rho_m)$, wird $u = 0$, wenn $(\rho_p - \rho_m) = 0$ oder $\rho_p = \rho_m$. Im Schwerefeld einer Ultrazentrifuge wandern daher die verschiedenen Partikeln einer Fraktion durch die ansteigende Dichte des Dichtegradienten bis sie die Zone erreichen, die ihrer eigenen Dichte entspricht (isopyknische Zentrifugation).

Der Aufbau der Dichtegradienten erfolgt in der Regel mit Saccharose. In Saccharose-Dichtegradienten erreichen Peroxisomen höherer Pflanzen — abgesehen von wenigen, unbestätigten Ausnahmen (u. a. Glyoxysomen des Tabakendosperms: SPICHIGER 1969) — ihre Gleichgewichtslage bei einer höheren Dichte als Mitochondrien und Plastiden. Die Organellen sedimentieren in der Regel in folgenden Bereichen: Mitochondrien: 1,18—1,21 g/cm^3; Proplastiden, intakte Chloroplasten: 1,21—1,22 g/cm^3; Peroxisomen 1,23 bis 1,27 g/cm^3 (Tab. 8.2., 8.4.). Für Peroxisomen aus Algen und Pilzen wurden verschiedentlich geringere Dichten von 1,20—1,22 g/cm^3 bestimmt (Tab. 9.1., 10.1.), doch sind auch diese stets — wenn z. T. auch nur geringfügig — höher als die der Mitochondrien (Ausnahme: Peroxisomen der Hefe nach AVERS

---

[1] Für ideale Partikeln, d. h. für sphärische, nicht elastische Partikeln, die eine glatte Oberfläche besitzen und ungeladen, nicht hydratisiert und osmotisch inaktiv sind, ist $V = 4/3\pi r^3$ und $f = 6\pi\eta r$ (Stockessches Gesetz; η = Viskosität [g/cm $\cdot$ sec]). Mit $\omega = 2\pi$ (Umdrehungen pro Minute)/60 ergibt sich für eine ideale Partikel:

$$u = \frac{2}{9} \cdot \frac{r^2(\rho_p - \rho_m)}{\eta} \cdot \frac{4\pi^2(\text{UpM})^2}{3600} \cdot x$$

1971, vgl. aber PARISH 1975 c). — Anstelle von Saccharose-Dichtegradienten werden auch Sorbit-Dichtegradienten (SZABO und AVERS 1969) und Sorbit-Ficoll-Saccharose-Dichtegradienten (PARISH 1971, 1975 a, 1975 b) eingesetzt, um eine bessere Erhaltung der Peroxisomen zu erzielen. Eine an sich günstige ausschließliche Verwendung von osmotisch inaktiven Polymeren (z. B. Ficoll [ANGELO und ORY 1970], Dextran, Carbowax) zum Aufbau von Dichtegradienten ist unpraktikabel wegen der bei hohen Konzentrationen (Dichten) dieser Substanzen auftretenden hohen Viskosität.

Die Verwendbarkeit von Silicasol-Dichtegradienten, an denen nur gering osmotische Effekte auftreten und die wegen guter Trenneigenschaft vorwiegend zur Abtrennung morphologisch intakter von geschädigten Chloroplasten eingesetzt wurden (u. a. LYTTLETON 1970, SCHMITT *et al.* 1974), ist in biochemisch-enzymatischen Untersuchungen begrenzt, da Silicasole auf zahlreiche Enzyme toxisch wirken (u. a. SCHMITT *et al.* 1974). Untersuchungen zur Beeinflussung peroxisomaler Enzymaktivitäten durch Silicasole liegen nicht vor. ZSCHOCHE und TING (1973) konnten Peroxisomen am Silicasol-Dichtegradienten über Katalase und Malatdehydrogenase lokalisieren. — Dem Einsatz von Silicasolen als Gradientenmaterial eröffnen sich neue Möglichkeiten nach den Untersuchungsergebnissen von MORGENTHALER *et al.* (1974, 1975). Aus einer Mischung von Silicasol, Polyäthylenglykol, Ficoll und Serumalbumin lassen sich Dichtegradienten mit gleich guter Trenneigenschaft (hinsichtlich Chloroplasten, s. o.) aufbauen wie aus Silicasol allein; doch im Gegensatz zu Silicasol wirkt diese Mischung nicht hemmend auf die photosynthetische Aktivität der isolierten Chloroplasten. Eine nach bisherigen Befunden nicht toxische (HÜTTERMANN und GÜNTERMANN 1975) Substanz mit günstigen physikalischen und chemischen Eigenschaften für Dichtegradienten wurde in jüngster Zeit in Metrizamid entdeckt, einem jodierten Benzamid-Derivat der Glucose (Zusammenfassung: RICKWOOD und BIRNE 1975).

Die im Vergleich zu anderen Zellorganellen erst bei relativ hoher Dichte eintretende Gleichgewichtslage der Peroxisomen am Saccharose-Dichtegradienten kann nach DE DUVE (1965 a) dadurch erklärt werden, daß die Peroxisomen, die in 0,25 M Saccharoselösung 50% mehr Wasser pro g Trockengewicht enthalten als Mitochondrien, keinen „*osmotic space*", aber einen großen „*sucrose space*" besitzen[2]. Das heißt, Wasser würde in den Peroxisomen osmotisch nicht gehalten werden und die Membran der Peroxisomen wäre für niedermolekulare Substanzen wie Saccharose permeabel. Bei der Wanderung einer Partikel durch einen Saccharose-Dichtegradienten wird ständig Saccharose im Konzentrationsausgleich in den „*sucrose space*" und im Austausch gegen das Wasser dieses Raumes aufgenommen, und die Dichte der Partikel steigt infolgedessen an. Da bei den Peroxisomen ein „*osmotic space*" als gegengerichtete Auftriebskomponente entfällt, steigt die Dichte der Partikeln durch Saccharoseaufnahme in den „*sucrose space*" solange an, bis die Peroxisomen eine Position am Gradienten erreichen, die — die Membran nicht berücksichtigt (Kap. 7.1.) — nur durch die Dichte der hydratisierten Matrix ($\varrho \approx 1{,}25$ g/

---

[2] Mitochondrien und Plastiden besitzen einen großen „*osmotic space*" ($\triangleq$ Matrix) und nur einen geringen „*sucrose space*" ($\triangleq$ Raum zwischen den beiden Hüllmembranen).

cm³) bestimmt wird bzw. dieser entspricht. Die Dichte wasserfreier Peroxisomen der Rattenleberzelle wurde zu 1,32 g/cm³ bestimmt, die der wasserfreien Mitochondrien zu 1,315 g/cm³ (DE DUVE 1965 a, DE DUVE und BAUDHUIN 1966). — Mit der Vorstellung, daß Peroxisomen nicht einem Osmometer entsprechen, steht der Befund in Übereinstimmung, daß Peroxisomen der Rattenleberzelle bei Überführung in Wasser nicht aufbrechen (Kap. 7.1.; DE DUVE 1965 a, DE DUVE und BAUDHUIN 1966).

Entsprechend der oben dargelegten Vorstellung zur physiko-chemischen Eigenschaft der Peroxisomen [3] weisen Blatt-Peroxisomen an Ficoll-Dichtegradienten eine geringere Dichte auf als die Mitochondrien ($\varrho = 1{,}21{-}1{,}23$ g/cm³; TOLBERT 1971 c), und wurden Blatt-Peroxisomen, die am Silicasol-Dichtegradienten isoliert wurden, bei gleicher Dichte wie nach Isolierung am Saccharose-Dichtegradienten erhalten (ZSCHOCHE und TING 1973). Andere Befunde an Peroxisomen pflanzlicher Zellen lassen sich dagegen nicht unmittelbar mit jener Vorstellung in Einklang bringen. ANGELO und ORY (1970) erhielten die Glyoxysomen des *Ricinus*-Endosperms an einem Ficoll-Dichtegradienen (Stufengradient) bei etwa der gleichen Dichte, wie sie am Saccharose-Dichtegradienten für Glyoxysomen charakteristisch ist, und bei einer höheren Dichte als die Mitochondrien (Dichte der Glyoxysomen $> 1{,}23$ g/cm³ $>$ Dichte der Mitochondrien $> 1{,}14$ g/cm³). ROCHA und TING (1970 a) bestimmten den mittleren Durchmesser der Microbodies des Spinatblattes *in situ* zu 0,85 μm und nach Isolierung der Organellen an einem Saccharose-Dichtegradienten zu 0,35 μm. Das entspricht bei einer sphärischen Partikel einer Volumenabnahme (Schrumpfung) von 93% während der Isolierung. Isolierte Peroxisomen pflanzlicher Zellen sind ferner extrem labil gegenüber einem osmotischen Schock (Kap. 7.1.), d. h. die Saccharosepermeabilität der Membran müßte gering sein. LONGO *et al.* (1975) sehen die Labilität der isolierten Peroxisomen allerdings nicht in der Permeabilitätseigenschaft der Membran begründet, sondern allein in einer mechanischen Schädigung der Organellen während der Isolierung. Daß mechanische Schädigungen von Zellorganellen bzw. Veränderungen an Biomembranen bei der Dichtegradientenzentrifugation eintreten können — bedingt durch den hydrostatischen Druck besonders bei hohen Zentrifugalkräften — ist bekannt (WATTIAUX *et al.* 1971, BRONFMAN und BEAUFAY 1973). Doch da in den Untersuchungen von LONGO *et al.* (1975) die Peroxisomen als Pellet an einem Gradienten isoliert wurden, resuspendiert werden mußten und dabei mechanisch geschädigt werden konnten, kann nach den Befunden dieser Autoren nicht eindeutig entschieden werden, ob die Labilität der Peroxisomen pflanzlicher Zellen auf ihrer mechanischen Schädigung während der Isolierung beruht oder auf Permeabilitätseigenschaften ihrer Membran. Außerdem sind die Angaben dieser Autoren widersprüchlich, da das Aufbrechen der Peroxisomen als eine Sensitivität gegenüber osmotischem Schock interpretiert wird, wenn die Peroxisomen nicht

---

[3] Untersuchungen zu den physiko-chemischen Eigenschaften der Peroxisomen pflanzlicher Zellen wurden bisher nicht durchgeführt. Weitere Angaben über physiko-chemische Eigenschaften der Peroxisomen der Rattenleberzellen finden sich bei DE DUVE (1965 a) sowie DE DUVE und BAUDHUIN (1966).

als Pellet, sondern wie üblich als Bande in einem Dichtegradient isoliert wurden. — Spezielle Untersuchungen zu den Permeabilitätseigenschaften der Peroxisomenmembran liegen nicht vor.

Für die Isolierung der Peroxisomen an Dichtegradienten werden sowohl diskontinuierliche Gradienten (Stufengradienten) als auch kontinuierliche Gradienten linearen sowie nicht-linearen Aufbaues eingesetzt. Diskontinuierliche

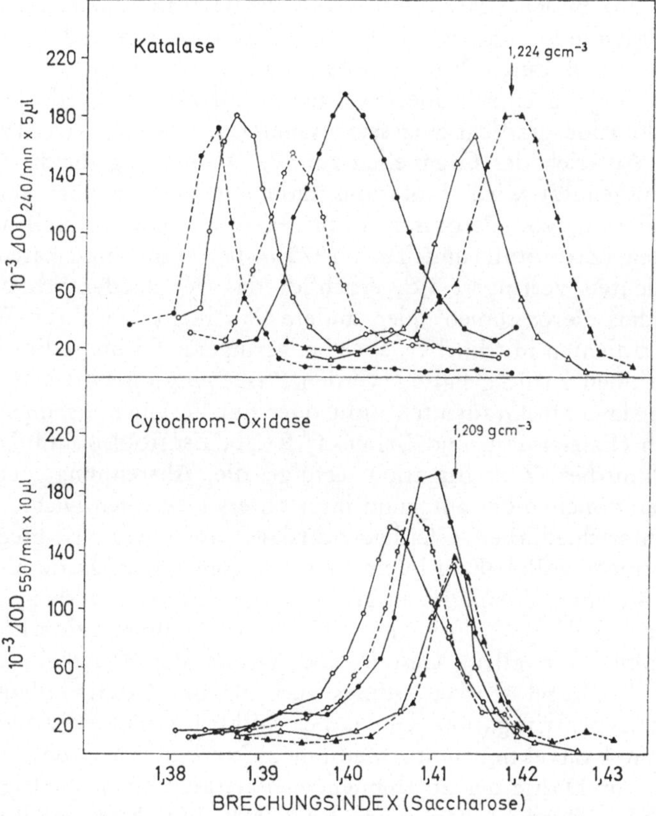

Abb. 6.1. Verteilungsprofile von Katalase (peroxisomales Leitenzym) und Cytochromoxidase (mitochondriales Leitenzym) am linearen Saccharose-Dichtegradienten nach Zentrifugation einer Partikelfraktion aus *Polytomella caeca* bei diskontinuierlicher Erhöhung der Zentrifugationszeit und der g-Zahl. Übergang von Geschwindigkeitszentrifugation zu isopyknischer Zentrifugation. ●-------● 15 Minuten, 30 000 ×g; ○————○ 30 Minuten, 30 000 ×g; ○--------○ 60 Minuten, 30 000 ×g; ●————● 120 Minuten, 30 000 ×g; △————△ 300 Minuten, 60 000 ×g; ▲-------▲ 900 Minuten, 60 000 ×g. — Aus: GERHARDT 1971.

Gradienten haben gegenüber kontinuierlichen Gradienten den Vorteil, daß an ihnen etwa die 10fache Materialmenge aufgetrennt werden kann. Ein Nachteil dieser Gradienten besteht darin, daß sich an den Grenzflächen zwischen zwei Stufen alle Partikeln sammeln, deren Dichte größer als die der vorangegangenen Stufe, aber niedriger als die der folgenden Stufe ist, und daß daher die einzelnen Fraktionen erhebliche Verunreinigungen enthalten können.

Die Sauberkeit einer Fraktion steigt mit der Zahl der Stufen und erreicht ihr theoretisches Maximum am kontinuierlichen Gradienten. Bei Kenntnis der Dichte der zu trennenden Organellen — aufgrund von Untersuchungen an kontinuierlichen Gradienten — lassen sich aber entsprechend aufgebaute diskontinuierliche Gradienten vorteilhaft zur Gewinnung größerer, reiner Partikelfraktionen einsetzen. — Der Dichtebereich eines Gradienten sollte nicht so gewählt werden, daß sich die zu isolierende Organellenfraktion als Niederschlag am Boden des Zentrifugenröhrchens ansammelt. Ein derartiges Verfahren birgt die Gefahr in sich, daß die Fraktion durch schwere Partikeln — Peroxisomen z. B. durch Proteinkörper — verunreinigt wird.

Zur Nachreinigung einer isolierten Organellenfraktion wurde insbesondere der lineare Flotationsgradient eingesetzt (GERHARDT und BEEVERS 1969, 1970), bei dem der Auftrieb der Organellen für die Wanderung durch den Dichtegradienten ausgenutzt wird. Flotationsgradienten können aber auch vorteilhaft zur Isolierung von Peroxisomen aus einer groben Partikelfraktion eingesetzt werden (ZSCHOCHE und TING 1973, GERHARDT, unveröffentlicht). In diesen Gradienten verringert sich erheblich das verschiedentlich beobachtete Phänomen, daß Peroxisomen oder andere Partikeln bei ihrer Wanderung durch den Gradienten in schneller, aber bei geringerer Dichte sedimentierenden Partikelfraktionen zurückgehalten werden (*"trapping effect"*) und somit ihre Gleichgewichtslage am Gradienten nicht oder nur zu einem geringen Prozentsatz erreichen (FEIERABEND und BEEVERS 1972 b, ZSCHOCHE und TING 1973).

Bei isopyknischer Zentrifugation erfolgt die Abtrennung verschiedener Zellorganellen voneinander aufgrund ihrer unterschiedlichen Dichte und damit aufgrund unterschiedlicher Gleichgewichtslage an einem Dichtegradienten. Werden verschiedene Partikeln in ein Medium konstanter Dichte hineinzentrifugiert, erfolgt ihre Trennung aufgrund ihrer unterschiedlichen Sedimentationsgeschwindigkeit bzw. ihres unterschiedlichen Sedimentationskoeffizienten $s = u/\omega^2$, wobei vor allem Gestalt und Größe der Partikeln eine Rolle spielen [4]. In der Regel wird allerdings auch bei der Geschwindigkeitszentrifugation (Zonenzentrifugation) ein flacher Dichtegradient verwandt, um das Auftreten von Konvektionen im Medium zu verhindern, wobei dieser aber im Vergleich zur Dichte der zu trennenden Partikeln einen niedrigen Dichtebereich umfaßt. Durch Ausführung der Geschwindigkeitszentrifugation an Dichtegradienten unterschiedlicher Ausbildung oder durch Variation des Produktes von Zentrifugationszeit und eingesetzter g-Zahl bei Zentrifugation an einem Dichtegradienten können entsprechend den Erfordernissen beliebige Übergänge zwischen Geschwindigkeitszentrifugation und isopyknischer Zentrifugation eingestellt werden (Abb. 6.1.). Die erforderlichen Zentrifugationszeiten zur Abtrennung bestimmter Zellorganellen voneinander sind bei Geschwindigkeitszentrifugation wesentlich kürzer als bei isopyknischer Zentrifugation. Doch führt isopyknische Zentrifugation hinsichtlich der Isolierung

---

[4] Im Gegensatz zu Makromolekülen, für die grundsätzlich der Sedimentationskoeffizient als eine charakteristische Größe angegeben wird, werden Zellorganellen durch Angabe ihrer Dichte und nicht ihres Sedimentationskoeffizienten charakterisiert. Das ist darin begründet, daß die Isolierung von Zellorganellen in der Regel über isopyknische Zentrifugation erfolgt(e).

von Peroxisomen in der Regel zu saubereren Fraktionen aufgrund der hohen
Dichte der Peroxisomen am Saccharose-Gradienten. Eine Abtrennung der
Peroxisomen von anderen Zellorganellen durch Geschwindigkeitszentrifugation ist z. B. dann angebracht, wenn die Dichteunterschiede zu gering sind
(insbesondere zwischen Mitochondrien und Peroxisomen der Algen und Pilze),
als daß eine einwandfreie Abtrennung der Peroxisomen über isopyknische
Zentrifugation erzielt werden könnte (GERHARDT 1971); eine Verbesserung der
Trennung der Organellen kann in solchem Falle aber auch durch kontinuierliche konkave Dichtegradienten erzielt werden (FEIERABEND und BEEVERS
1972 b). Für die Zellorganellen der Mesophyllzellen des Spinats geben ROCHA
und TING (1970 a, TING et al. 1971) folgende Abstufungen in der Sedimentationsgeschwindigkeit an: Mitochondrien < Peroxisomen < „broken chloroplasts" < intakte Chloroplasten. Von anderen Autoren wurde für Peroxisomen eine geringere Sedimentationsgeschwindigkeit als für Mitochondrien
festgestellt (DE DUVE 1969 a, AVERS 1971, GERHARDT 1971). Nach PRICE
(1974) besitzen Mitochondrien und Peroxisomen etwa gleichen Sedimentationskoeffizienten. Die hohe Sedimentationsgeschwindigkeit der Plastiden kann zur
Vorreinigung einer groben Partikelfraktion und zur Isolierung dieser Organellen vorteilhaft ausgenutzt werden (ROCHA und TING 1970 a, MIFLIN und
BEEVERS 1974).

PARISH (1975 b) erzielte eine Abtrennung der Mitochondrien und Peroxisomen aus *Dictyostelium discoideum* am Saccharose-Dichtegradienten dadurch,
daß er den geringen Dichteunterschied zwischen beiden Organellen experimentell vergrößerte, indem er die Dichte der Mitochondrien durch intrapartikuläre Formazanbildung erhöhte (Reduktion eines Tetrazoliumfarbstoffes mit
Succinat an der Succinatdehydrogenase).

Der Einsatz der trägerfreien kontinuierlichen Elektrophorese zur Isolierung
von Zellorganellen aus Rattenleberzellen ergab keine Trennung von Mitochondrien und Peroxisomen (HANNING et al. 1969). Ebenfalls keine Auftrennung zwischen Mitochondrien und Peroxisomen (Glyoxysomen des *Ricinus*-
Endosperms) konnte mit der Trägerelektrophorese an Saccharose-Dichtegradienten erzielt werden (THEIMER und THEIMER 1975). — WELLBURN und
WELLBURN (1971), die intakte Etioplasten aus einem Homogenat etiolierter
Haferblätter durch Chromatographie an Sephadex G 50 (*coarse*) isolierten,
beobachteten die Abtrennung einer Microbodyfraktion während der Chromatographie. Die Möglichkeit des Einsatzes von Molekülsieben zur Isolierung
von Zellorganellen (HONDA 1974) wurde für Peroxisomen bisher aber nicht
weiter untersucht bzw. ausgebaut.

Versuche, Peroxisomen nach der Methode der nicht-wäßrigen Isolierung von
Zellorganellen (HEBER und TYSZKIEWICZ 1962, STOCKING 1971) zu isolieren,
um den Verlust wasserlöslicher Substanzen zu verhindern, führten bisher zu
keinem Erfolg (TOLBERT 1971 c, KOBR und BEEVERS, unveröffentlicht).

Die Lokalisation eines Zellorganells, d. h. sein Auffinden in den Fraktionen
eines Trennverfahrens, erfolgt in der Regel über die Verteilungsprofile seiner
Leitenzyme. Die Verteilungsprofile können für die absolute Aktivität der
Enzyme und/oder ihre spezifische Aktivität aufgenommen werden. Allgemeine
Leitenzyme für Peroxisomen sind Katalase, Uricase und L-α-Hydroxysäure-

oxidase, Leitenzyme speziell für Glyoxysomen sind Isocitratlyase und Malat-synthetase (Kap. 8.1.), für Blatt-Peroxisomen Glycolatoxidase und Hydro-xypyruvatreduktase (Kap. 8.2.).

Bei der Isolierung der Peroxisomen wird in der Regel keine absolut reine Peroxisomenfraktion erhalten. In Abhängigkeit vom Objekt ist mit unter-schiedlicher Verunreinigung der Peroxisomenfraktion durch andere Zellkom-ponenten zu rechnen. Im wesentlichen kommen Verunreinigungen der Peroxi-somenfraktion durch Mitochondrien, durch intakte Plastiden und/oder durch Proteinkörper (Dichte 1,26—1,36 g/cm³; RUIS 1972, SCHNARRENBERGER *et al.* 1972 a, TALLY und BEEVERS 1975) in Frage. Rückschlüsse auf die Verun-reinigung der Peroxisomenfraktion bzw. die Verunreinigung anderer Fraktio-nen durch Peroxisomen können aus der Überlappung der Verteilungsprofile peroxisomaler Leitenzyme mit den Verteilungsprofilen der Leitenzyme anderer Zellorganellen gezogen werden. Als Leitenzyme für Mitochondrien werden allgemein Cytochromoxidase, Succinatdehydrogenase und Fumarase verwandt. Chlorophyll ist Marker für die Lokalisation von „*broken chloroplasts*" und intakten Chloroplasten; Triosephosphatisomerase wird als einfach zu testen-des Leitenzym für intakte Plastiden benutzt (LATZKO und GIBBS 1968, SCHNARRENBERGER *et al.* 1972 b, MIFLIN und BEEVERS 1974). — Aufschluß über die Verunreinigung der Peroxisomenfraktion z. B. durch Mitochondrien erhält man auch durch Bestimmung der spezifischen Aktivität eines mitochondrialen Leitenzyms in der Peroxisomenfraktion relativ zu der spezifischen Aktivität dieses Leitenzyms in der Mitochondrienfraktion. Entsprechend kann die pro-zentuale Verunreinigung irgendeiner Fraktion B durch irgendeine andere Zell-komponente A bestimmt werden nach:

$$\frac{\text{spezifische Aktivität des Leitenzyms a in Fraktion B}}{\text{spezifische Aktivität des Leitenzyms a in Fraktion A}} \times 100.$$

Für ein Enzym y, das in den Organellen A und B auftritt, kann der Pro-zentsatz an der Gesamtaktivität des Enzyms in der Organellenfraktion A, der auf eine Verunreinigung dieser Fraktion mit Partikeln B zurückzuführen ist, bestimmt werden nach

$$\frac{\text{Aktivität des Leitenzyms a in Fraktion A}}{\text{Aktivität des Leitenzyms a in Fraktion B}} \times \frac{\text{Enzymaktivität y in Fraktion B}}{\text{Enzymaktivität y in Fraktion A}} \times 100.$$

Ein mathematischer Ansatz zur Berechnung der *spezifischen* Aktivität eines beliebigen Enzyms für Partikel a und Partikel b, die in der Fraktion A bzw. in der Fraktion B gegenseitiger Verunreinigung unterliegen, wurde von GRAVES und BECKER (1974) entwickelt.

Die Reinheitsprüfung einer Peroxisomenfraktion unter Einsatz der Elektro-nenmikroskopie (Abb. 6.2.) erfolgte in relativ wenigen Fällen. — BIEGLMAYER *et al.* (1974 b) wiesen über den cytochemischen Katalasetest für die aus dem *Ricinus*-Endosperm am Saccharose-Dichtegradienten isolierte Glyoxysomen-fraktion eine Reinheit $> 90^0/_0$ nach.

Die z. B. am Saccharose-Dichtegradienten für mehrere Leitenzyme eines Organells aufgenommenen Verteilungsprofile müssen übereinstimmen. Abweichungen von diesem Postulat wurden für die Verteilungsprofile peroxisomaler Leitenzyme bei der Isolierung von Peroxisomen aus pflanzlichen Zellen wiederholt beobachtet. Sie sind durch die relativ geringe Stabilität der Orga-

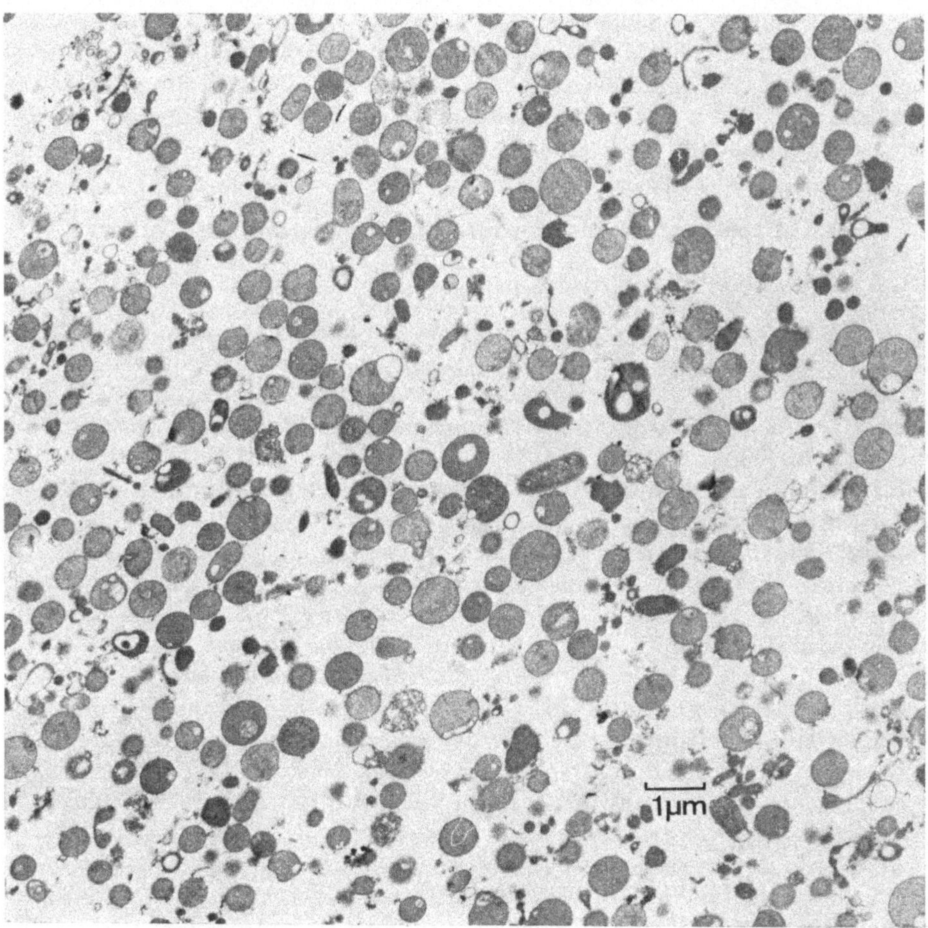

Abb. 6.2. Am Saccharose-Dichtegradienten durch isopyknische Zentrifugation isolierte Glyoxysomen des Endosperms keimender *Ricinus*-Samen. — Original überlassen von H. Ruis (Bieglmayer *et al.* 1973).

nellen bedingt. Gerhardt und Beevers (1970) fanden z. B. bei der Isolierung der Glyoxysomen aus dem *Ricinus*-Endosperm für Katalase und Isocitratlyase übereinstimmende Verteilungsprofile; das Verteilungsprofil der Malatsynthetase wies aber außer einem zum Maximum der Isocitratlyase- und Katalaseaktivität korrespondierenden Aktivitätsmaximum noch ein zweites, ausgeprägteres Aktivitätsmaximum im Bereich niederer Dichte auf. Es konnte nachgewiesen werden (Gerhardt und Beevers 1970, Huang und Beevers

1973, Bieglmayer *et al.* 1973), daß dieses zweite Aktivitätsmaximum der Malatsynthetase auf aufgebrochene Glyoxysomen (Glyoxysomenmembranen) zurückzuführen ist. Diese enthalten nicht mehr die Matrix-Enzyme Isocitrat-lyase und Katalase, werden aber über die membrangebundene Malatsynthetase noch erfaßt (Kap. 7.4.2.).

Eine sichere Beweisführung für die Lokalisation einer Enzymaktivität in einem bestimmten Organell A ist gegeben, wenn gezeigt wird, daß unter verschiedenen Bedingungen der Organellenisolierung (z. B. isopyknische Zentrifugation und Geschwindigkeitszentrifugation) das Verteilungsprofil dieser Enzymaktivität stets mit den Verteilungsprofilen der Leitenzyme des Organells A übereinstimmt.

7. Komponenten der Peroxisomen pflanzlicher Zellen

7.1. Die Membran der Peroxisomen

An Saccharose-Dichtegradienten isolierte Peroxisomen pflanzlicher Zellen sind in hypotonischem Medium nicht stabil (Gerhardt und Beevers 1970, Tolbert 1971 a, c)[1]. Diese Eigenschaft der Organellen bildet allgemein die Basis für die Isolierung von Peroxisomenmembranen (Bieglmayer *et al.* 1973, Huang und Beevers 1973, Brown *et al.* 1974, Ludwig und Kindl 1976). Die isolierten Peroxisomen werden osmotisch aufgebrochen und liefern nach Zentrifugation (ca. 50 000 $\times$ g, 30 Min.) zwei Fraktionen: die lösliche oder „Matrix"-Fraktion und eine partikuläre Fraktion, die die Membranen enthält („Membran"-Fraktion). Die ungereinigte Membranfraktion kann durch nicht aufgebrochene Organellen (Gerhardt und Beevers 1970) und bis zu 50% durch lösliche Proteine (Bieglmayer *et al.* 1973) verunreinigt sein. Die Fraktion wird daher durch Zentrifugation an einem Saccharose-Dichtegradienten gereinigt (Bieglmayer *et al.* 1973). — Latenzuntersuchungen an der membrangebundenen Malatsynthetase der Glyoxysomen des *Ricinus*-Endosperms ergaben (Kap. 7.4.), daß die Membran der Glyoxysomen beim osmotischen Aufbrechen der Organellen nicht umgestülpt wird, d. h. ihre Innenseite nicht zur Außenseite wird (Bieglmayer *et al.* 1974).

Die Gleichgewichtslage der Glyoxysomenmembran am Saccharose-Dichtegradienten wird für die Organellen des *Ricinus*-Endosperms von Bieglmayer *et al.* (1973) für die Dichte 1,194 g/cm³, von Huang und Beevers (1973, vgl. auch Gerhardt und Beevers 1970) für die Dichte 1,21—1,22 g/cm³ angegeben. Huang (1975 b) bestimmte für die Membranfraktion der Glyoxysomen aus den Kotyledonen der Erdnuß eine Gleichgewichtsdichte von 1,21 g/cm³. Die partikuläre Fraktion osmotisch aufgebrochener Blatt-Peroxisomen des Weizens sedimentierte bei einer Dichte von 1,20 g/cm³ (Feierabend und Beevers 1972 b). Aus diesen relativ hohen Dichtewerten ist auf einen hohen Proteingehalt der Peroxisomenmembranen zu schließen.

---

[1] Peroxisomen tierischer Zellen widerstehen einem osmotischen Schock (Kap. 6.). Sie werden durch Überführung in ein alkalisches Medium aufgebrochen (10 mM Pyrophosphat, pH 9; Leighton *et al.* 1969).

Hock (1974 a) gewann die Membranen der Glyoxysomen aus Kotyledonen der Wassermelone durch Ultraschallbehandlung der isolierten, intakten Organellen und Chromatographie der aufgebrochenen Glyoxysomen an Sepharose-2 B. Die mit der Ausschlußgrenze des Gels ($20-30 \times 10^6$) zusammenfallende Proteinfraktion enthielt die Organellenmembranen. Diese dienten als Antigen zur Gewinnung von Antikörpern gegen Glyoxysomenmembranen (Kap. 11.1.).

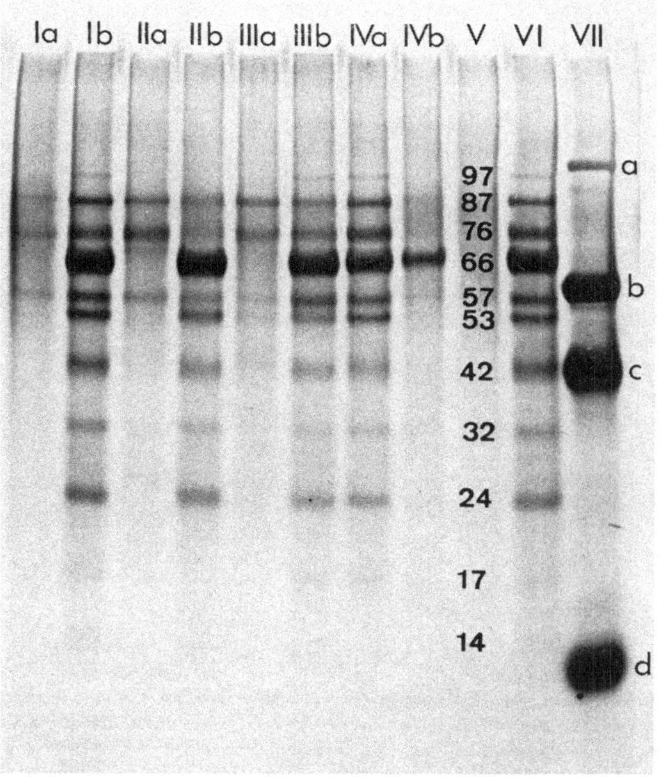

Abb. 7.1. Polypeptidmuster nach SDS-Polyacrylamidgel-Elektrophorese der Membran der Glyoxysomen des *Ricinus*-Endosperms. VI: unbehandelte Membranen; V: Molekulargewichte der Membranproteine. I—IV: Solubilisierte Membranproteine (*a*) und nicht-solubilisierte Membranproteine (*b*) nach Behandlung der Membranen mit: I: Na-Cholat (Protein/Cholat = 1/0,5); II: Na-Cholat (Protein/Cholat = 1/3); III: 1,0 M KCl; IV: Na-Cholat + 1,0 M KCl. VII: Vergleichsproteine: *a* Phosphorylase, *b* Katalase, *c* Eialbumin, *d* Cytochrom c. — Original überlassen von H. Ruis (Bieglmayer und Ruis 1974).

Sowohl aus den immunologischen Untersuchungen von Hock (1974 a) als auch aufgrund der Ergebnisse biochemischer Untersuchungen vor allem der Arbeitsgruppe von H. Beevers sowie durch Bowden und Lord (1976 a, 1976 b) zum Aufbau und zur Biogenese der Peroxisomenmembranen ist dem Endoplasmatischen Reticulum eine funktionelle Rolle bei der Biogenese der

Membran der Peroxisomen zuzuordnen (Kap. 11.1.). Als einfachster Fall wäre eine direkte Abstammung der Organellenmembran vom Endoplasmatischen Reticulum anzunehmen.

Untersuchungen zu den Permeabilitätseigenschaften der Peroxisomenmembran liegen nicht vor (Kap. 6.). Aus dem Verhalten der Peroxisomen am Saccharose-Dichtegradienten wird auf eine hohe Permeabilität ihrer Membran für

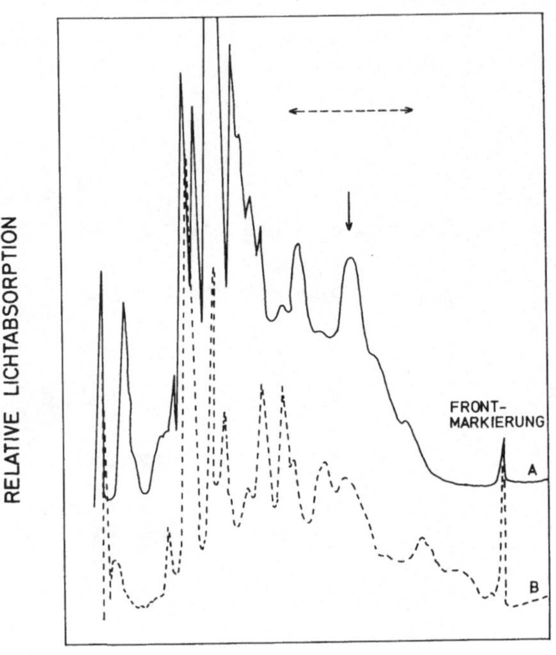

Abb. 7.2. Densitogramme der Polypeptidmuster von Glyoxysomenmembranen nach SDS-Polyacrylamidgel-Elektrophorese. *A* Membranen der Glyoxysomen des *Ricinus*-Endosperms; *B* Membranen der Glyoxysomen aus Kürbiskotyledonen. ←·······→ Molekulargewichtsbereich 16 000—42 000; ↓ Polypeptid des Molekulargewichts 28 000. — Nach: BROWN *et al.* 1974.

niedermolekulare, nicht-ionische Substanzen wie z. B. Saccharose geschlossen. Doch steht zu dieser Vorstellung u. a. die Instabilität der Peroxisomen pflanzlicher Zellen in hypotonischen Medien in gewissem Widerspruch (Kap. 6.).

7.1.1. Proteinkomponenten der Peroxisomenmembran

Die in diesem Kapitel dargelegten Befunde zur Fraktionierung der Membranproteine von Peroxisomen umfassen nur Auftrennungen der Membranproteine durch SDS-Gelelektrophorese[2]. Membrangebundene Enzymaktivitäten werden in Kap. 7.4. behandelt.

Aus Untersuchungen zur subpartikulären Lokalisation der Enzyme in Glyoxysomen des *Ricinus*-Endosperms ist bekannt, daß ionisch gebundene

---

[2] SDS = Na-Dodecylsulfat.

Proteine (Enzyme) der Organellenmembran durch 0,2 M KCl solubilisiert werden (Kap. 7.4.2.). Daß durch die KCl-Behandlung der Membranen selektiv Proteine aus diesen entfernt werden, wurde unter Verwendung von ^{14}C-Cholin als Marker für den Lecithinanteil der Membran gezeigt. Untersuchungen von HUANG und BEEVERS (1973) sowie BROWN *et al.* (1974) ergaben, daß mit Puffer gewaschene Membranfraktionen $\geq$ 95% bzw. 93% der ^{14}C-Markierung der intakten Glyoxysomen enthielten, daß nach Behandlung der Membranfraktionen mit 0,15 M KCl dieser Prozentsatz sich nur auf 88% bzw.

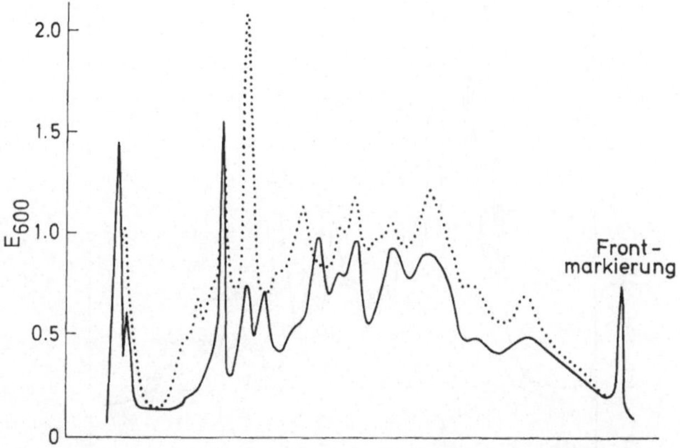

Abb. 7.3. Densitogramme der Polypeptidmuster nach SDS-Polyacrylamidgel-Elektrophorese der Membranen der Glyoxysomen (———————) und der Blatt-Peroxisomen (　　　　) aus Kürbiskotyledonen. Membranen mit 0,15 M KCl gewaschen. — Aus: BROWN *et al.* 1974.

80% verringerte und daß nach Behandlung mit 1 M KCl noch 80% bzw. 64% der anfänglichen Membranmarkierung in den Membranfraktionen nachzuweisen waren.

Die für isolierte, unbehandelte Membranen der Glyoxysomen des *Ricinus*-Endosperms nach SDS-Gelelektrophorese erhaltenen Polypeptidmuster zeigen in etwa Übereinstimmung in der Anordnung sowie der relativen Farbintensität der Banden (Abb. 7.1., 7.2., BIEGLMAYER und RUIS 1974, BROWN *et al.* 1974). BOWDEN und LORD (1976 a), die die Glyoxysomenmembranen in Gegenwart von 0,2 M KCl (s. o.) isolierten, erhielten ein Polypeptidmuster (Abb. 7.4.), das nahezu identisch war mit dem, das BROWN *et al.* (1974) für unbehandelte Membranen erhielten. Diese Übereinstimmung entspricht dem Befund von BIEGLMAYER und RUIS (1974), daß im Polypeptidmuster der Membranen, die mit 1,0 M KCl (oder 0,5% Cholat) gewaschen worden waren, trotz einiger Solubilisierung von Protein keine Veränderungen gegenüber dem Polypeptidmuster unbehandelter Membranen zu erkennen waren (Abb. 7.1.). Demgegenüber erhielten BROWN *et al.* (1974) nach KCl-Behandlung (0,15—1,0 M) der Membranen eine starke Intensitätsabnahme einzelner Banden bis zum Fehlen einiger Banden im Polypeptidmuster der KCl-behandelten Membranen. Keinen Einfluß zeigte die KCl-Behandlung der Membranen auf die Bande eines Polypeptids mit dem Molekulargewicht 28 000. Auch die KCl-lösliche Fraktion der Membranproteine in den Untersuchungen von BIEGLMAYER und RUIS (1974) wies nach SDS-Gelelektrophorese keine niedermolekularen Polypeptide auf (Abb. 7.1.). Aufgrund der Ergebnisse, die sie nach KCl-Behandlung isolierter Membranen erhielten, vermuten BROWN *et al.* (1974) in dem Polypep-

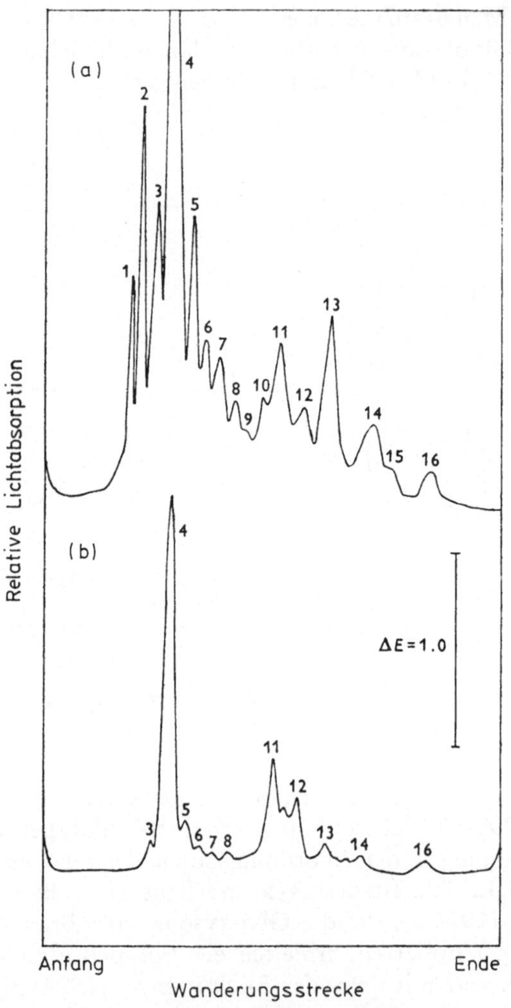

Abb. 7.4. Densitogramme des Polypeptidmusters von Membranen der Glyoxysomen des *Ricinus*-Endosperms nach SDS-Polyacrylamidgel-Elektrophorese. *a* Membranen isoliert in Gegenwart von 0,2 M KCl; *b* Membranen isoliert in Gegenwart von 0,2 M KCl und behandelt mit 0,5% Na-Deoxycholat. Bande 4: Polypeptid des Molekulargewichts 55 000. — Aus: BOWDEN und LORD 1976 a.

tid des Molekulargewichts 28 000, das auch in dem Bandenmuster der Membranen von Glyoxysomen und Blatt-Peroxisomen aus Kürbiskotyledonen auftrat (Abb. 7.2., 7.3.), eine Hauptkomponente des Strukturproteins der Peroxisomenmembran. Demgegenüber sehen sowohl BIEGLMAYER und RUIS (1974)

als auch Bowden und Lord (1976 a) die Hauptkomponente des Strukturproteins der Glyoxysomenmembran in einem höhermolekularen Polypeptid
(Molekulargewichte 66 000 bzw. 55 000; vgl. auch Ludwig und Kindl 1976).
Dieses (identische?) Polypeptid, das der Hauptbande im Polypeptidmuster
unbehandelter bzw. KCl-behandelter Membranen entsprach (Abb. 7.1., 7.4.),
war im Gegensatz zu den anderen Membranproteinen durch 0,5% Na-
Deoxycholat nicht zu solubilisieren (Abb. 7.1., 7.4.) (ein Befund, der auch für

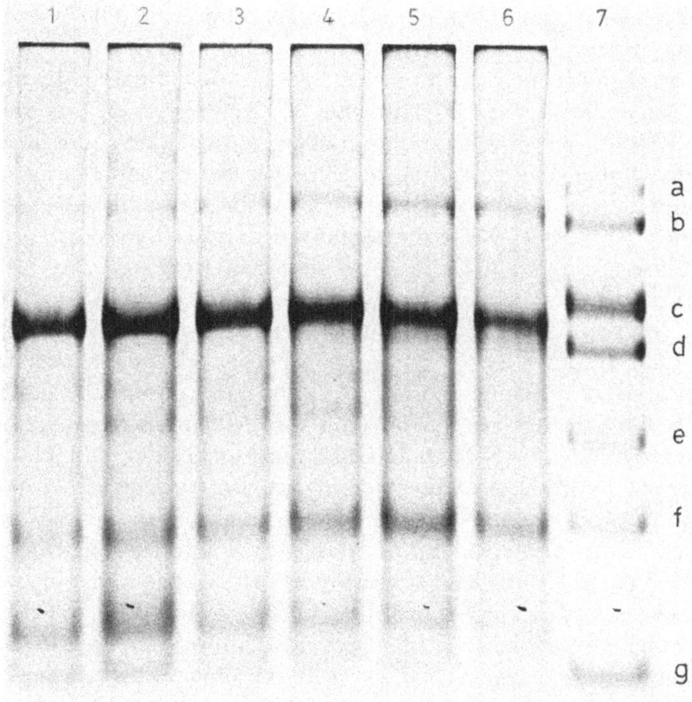

Abb. 7.5. Polypeptidmuster nach SDS-Polyacrylamidgel-Elektrophorese der Membranen der
Blatt-Peroxisomen aus Laubblättern von *Lens culinaris*. Gele 1—6: Membranen, die nach
Auftrennung einer Partikelfraktion am Saccharose-Dichtegradienten aus den Fraktionen mit
höchster Katalaseaktivität gewonnen wurden; Maximum der Katalaseaktivität in den Fraktionen 2—4. Gel 7: Vergleichsproteine: *a* β-Galactosidase (130 000), *b* Phosphorylase
(96 000), *c* Rinder-Serumalbumin (68 000), *d* Katalase (58 000), *e* Alkoholdehydrogenase
(37 000), *f* Carbonatdehydratase (29 000), *g* Cytochrom c (12 400). — Original überlassen
von H. Kindl (Ludwig und Kindl 1976).

die niedermolekulareren Polypeptide 11 und 12 in dem von Bowden und
Lord [1976 a] veröffentlichten Densitogramm zutrifft; Abb. 7.4.). Mit 1,0 M
KCl + 0,5% Cholat konnten Bieglmayer und Ruis (1974) das Haupt-
polypeptid ihrer Membranfraktionen weitgehend solubilisieren (Abb. 7.1.). —
Bowden und Lord (1976 a), die das Polypeptidmuster nach SDS-Gelelektrophorese für Glyoxysomenmembran, Endoplasmatisches Reticulum und Mitochondrienmembranen vergleichend untersuchten, fanden weitgehende Überein-

stimmung zwischen den Polypeptidmustern von Glyoxysomenmembran und Endoplasmatischem Reticulum sowie dem Verhalten der Polypeptide dieser Membranen gegenüber Na-Desoxycholat (Kap. 11.1.).

Membranen der Glyoxysomen fettreicher Gewebe anderer Pflanzenarten sowie der Blatt-Peroxisomen ergrünter Kotyledonen ergaben nach BIEGLMAYER und RUIS (1974) Polypeptidmuster am SDS-Gel, die dem ganz ähnlich waren, das für die Membran der Glyoxysomen des *Ricinus*-Endosperms erhalten wurde. Übereinstimmungen zwischen den Polypeptidmustern der Membranen von Glyoxysomen des *Ricinus*-Endosperms und von Glyoxysomen sowie Blatt-Peroxisomen der Kürbiskotyledonen sehen BROWN *et al.* (1974) vor allem — wenn auch nicht ausschließlich — bei den niedermolekularen Polypeptiden (Molekulargewicht 16 000—42 000; Abb. 7.2., 7.3.).

Gegenüber den bisher behandelten und prinzipiell doch zumindest teilweise übereinstimmenden Polypeptidmustern der Peroxisomenmembranen erhielten LUDWIG und KINDL (1976) ein stärker abweichendes und wesentlich bandenärmeres Polypeptidmuster für die Membran der Blatt-Peroxisomen aus Blättern der Linse (Abb. 7.5.). Die Hauptkomponente (SP-63) dieses Polypeptidmusters entspricht im Molekulargewicht (63 000) jedoch der Hauptkomponente des Polypeptidmusters, das BIEGLMAYER und RUIS (1974) für die Membran der Glyoxysomen des *Ricinus*-Endosperms erhalten hatten (Abb. 7.1.). Das dem Polypeptid SP-63 zuzuordnende Protein konnte u. a. durch 1 M KCl oder 0,1% Cholat nur zu ≤ 10% aus der Membran herausgelöst werden, wurde jedoch durch 1% SDS, 6 M Guanidinchlorid oder 8 M Harnstoff solubilisiert. Diese Befunde charakterisieren nach LUDWIG und KINDL (1976) das Polypeptid SP-63 als eine Komponente des Strukturproteins der untersuchten Membranen. Das Polypeptid SP-63, das nach Solubilisierung weiter gereinigt wurde und wahrscheinlich kein Glycoprotein ist, wurde auch für die Membran der Blatt-Peroxisomen aus Sonnenblumenblättern nachgewiesen. Ein Polypeptid des Molekulargewichts 63 000 trat als Hauptkomponente ebenfalls im Polypeptidmuster der Membran der Glyoxysomen aus Gurkenkotyledonen auf. Doch ist nach LUDWIG und KINDL (1976) in diesem Falle die Zuordnung des Polypeptids zu einem Strukturprotein fraglich, da die Membran nicht frei von Enzymprotein (Malatsynthetase) erhalten wurde und dieses bei SDS-Gelelektrophorese ähnliche Mobilität aufwies wie das Polypeptid SP-63. Das Polypeptid SP-63 fand sich weder im Polypeptidmuster der Matrix der Blatt-Peroxisomen der Linse noch im Polypeptidmuster der Mitochondrien- oder Plastidenmembranen, konnte aber auch nicht für das Endoplasmatische Reticulum nachgewiesen werden (LUDWIG und KINDL 1976, vgl. aber BOWDEN und LORD 1976 a).

7.1.2. Lipidkomponenten der Peroxisomenmembran

Fettsäuren. DONALDSON und BEEVERS (1974) bestimmten für die Membran der Glyoxysomen des *Ricinus*-Endosperms die in Tabelle 7.1. wiedergegebene Fettsäurezusammensetzung. Der Hauptanteil der Linolsäure (≙ ca. 30% der gesamten Fettsäuren) fand sich in der Fraktion der Neutralfette. Gesättigte Fettsäuren (Palmitinsäure, Stearinsäure) traten in Phosphatidylcholin und

Phosphatidyläthanolamin zu einem größeren Anteil auf als ihrem Prozentsatz an der Fettsäurezusammensetzung der gesamten Membran entsprach. Die Neutralfette der Membran enthielten keine Ricinoleinsäure, die über 90% der Fettsäuren des Speicherfetts im *Ricinus*-Endosperm ausmacht.

Phospholipide. Die vorliegenden Untersuchungen zur Zusammensetzung der Phospholipidfraktion von Peroxisomenmembranen erfolgten an den ganzen Organellen und nicht an den isolierten Membranen (DONALDSON *et al.* 1972).

Tabelle 7.1. *Fettsäure-Zusammensetzung der Membran der Glyoxysomen des Ricinus-Endosperms* (nach DONALDSON und BEEVERS 1974)

	Prozent der Gesamtfettsäure
Linolsäure	47
Palmitinsäure	22
Ölsäure	15
Stearinsäure	9
Linolensäure	4

Tabelle 7.2. *Zusammensetzung der Phospholipid-Fraktion der Glyoxysomen, Mitochondrien und Mikrosomen aus dem Ricinus-Endosperm* (nach DONALDSON *et al.* 1972)

	Glyoxysomen	Mitochondrien	Mikrosomen
mg Phospholipid/mg Protein	0,031	0,220	0,126
	Prozent des Gesamtphospholipids		
Phosphatidylcholin	49,0	36,9	50,0
Phosphatidyläthanolamin	31,4	30,9	26,6
Phosphatidylinosit und Sphingophosphatidylcholin	6,1	14,3	18,9
Phosphatidylserin	0,0	4,1	1,8
Nicht identifiziertes Phospholipid	11,4	0,2	0,0
Diphosphatidylglycerin	2,4	13,7	2,7

Membranen der Peroxisomen des *Ricinus*-Endosperms, des Spinatblattes und der Rattenleberzelle enthalten mit 30—90 µg Phospholipid/mg Organellenprotein im Vergleich zu anderen Zellkomponenten relativ wenig Phospholipid. Hauptkomponenten der Phospholipidfraktion sind Phosphatidylcholin (Lecithin) und Phosphatidyläthanolamin, die 70—80% des gesamten Phospholipids ausmachen (Tab. 7.2.). Phosphatidylserin konnte in signifikanter Menge nur für die Peroxisomen der Rattenleber nachgewiesen werden. In der Phospholipidfraktion der Glyoxysomen des *Ricinus*-Endosperms trat zusätzlich ein nicht identifiziertes Phospholipid auf. Der Nachweis gewisser Mengen von Diphosphatidylglycerin (Cardiolipin) — des für die innere Mitochondrienmembran charakteristischen Phospholipids — in der Phospholipidfraktion der untersuchten Peroxisomen sowie das zusätzliche Auftreten geringer Mengen Phosphatidylglycerins — eines für Chloroplastenmembranen charakteristischen Phospholipids — in der Peroxisomenfraktion aus Spinatblättern werden von DONALDSON *et al.* (1972) auf eine Verunreinigung der Peroxisomenfraktionen mit Mitochondrien bzw. zusätzlich mit Chloroplasten zurückgeführt.

Für das *Ricinus*-Endosperm wurde durch Markierungsexperimente (*pulse-chase*-Experimente) und durch Untersuchungen zur Lokalisation der Enzyme der Phospholipid-Biosynthese nachgewiesen, daß die Synthese der in der Glyoxysomenmembran nachgewiesenen Phospholipide am Endoplasmatischen Reticulum erfolgt (LORD *et al.* 1972, 1973, KAGAWA *et al.* 1973, MOORE *et al.* 1973, BOWDEN und LORD 1975). Dieser Befund sowie die weitgehende Übereinstimmung in der Phospholipid-Zusammensetzung zwischen Peroxisomenmembranen und Microsomenmembranen (Tab. 7.2; DONALDSON *et al.* 1972) können Hinweis auf eine Biogenese der Peroxisomenmembran vom Endoplasmatischen Reticulum sein (Kap. 11.1.).

7.2. Matrix und Einschlüsse der Peroxisomen

Angaben zur chemischen Charakterisierung der Matrix der Peroxisomen pflanzlicher Zellen liegen nicht vor. Hauptbestandteil der Matrix der Peroxisomen ist sicherlich Protein — darauf weist schon die hohe Dichte der Organellen am Saccharose-Dichtegradienten hin (Kap. 6.). Auf das Matrixprotein der Glyoxysomen des *Ricinus*-Endosperms entfallen ca. 70% des Gesamtproteins der Organellen, da in der gereinigten Membranfraktion die membrangebundenen Enzyme gegenüber den intakten Organellen 2—3fach angereichert vorliegen (Kap. 7.4.2.; BIEGLMAYER *et al.* 1973). In Übereinstimmung damit steht der Befund, daß die Membran der Peroxisomen einen hohen Proteinanteil besitzt (Kap. 7.1.). In der Matrix der Peroxisomen sind die löslichen Enzyme der Organellen lokalisiert (Kap. 7.4.). Untersuchungsbefunde zum Vorkommen von Nucleinsäuren in Peroxisomen werden in Kap. 11.2. behandelt. — Nach cytochemischen Befunden von PERRIN (1972) soll in Epithemzellen von *Cichorium intybus* die Matrix der Microbodies durch Pepsin nicht angegriffen werden, während die Einschlüsse der Organellen durch das Enzym aufgelöst werden.

Die Einschlüsse in der Matrix der Microbodies/Peroxisomen (Kap. 2.2.) besitzen in vielen Fällen mit Sicherheit zumindest teilweise Proteinnatur. Kristalloide und fibrilläre Strukturen der Microbodies reagieren im cytochemischen Test auf Katalase positiv, d. h. mit diesen Einschlüssen ist Katalase assoziiert (Kap. 7.4.1.). In Epithemzellen von *Cichorium intybus* konnten die Kristalloide der Microbodies durch Behandlung der Gewebeschnitte mit Pepsin aufgelöst werden (PERRIN 1972). Für die amorphen Einschlüsse in den Microbodies verschiedener Gewebe ergab der cytochemische Katalasenachweis widersprüchliche Resultate (Kap. 7.4.1.). In *Nitella flexilis* soll der amorphe Einschluß der Microbodies nicht durch Pepsin oder Protease, wohl aber durch α-Amylase angegriffen werden (SILVERBERG und SAWA 1973). — Die Entwicklung bzw. das Wachstum des amorphen Einschlusses in den Microbodies von *Fusarium oxysporum* wird als eine Kondensation des Matrixmaterials beschrieben (WERGIN 1973).

Gezielte Untersuchungen zur Isolierung und biochemischen Charakterisierung der Einschlüsse der Peroxisomen pflanzlicher Zellen wurden bisher nicht unternommen. Für die Peroxisomen der Rattenleberzelle wurde der Anteil des kristalloiden Einschlusses am Proteingehalt des Organells zu 10% bestimmt (LEIGHTON *et al.* 1969). Etwa 25% des Proteingehaltes des Kristalloids werden für Uricase angesetzt, die in Peroxisomen tierischer Zellen mit dem Kristalloid assoziiert ist (Kap. 7.4.1.). Vom löslichen Protein der Peroxisomen der Rattenleberzelle entfallen auf Katalase $\leq$ 18%, auf α-Hydroxysäureoxidase $\leq$ 3%, auf D-Aminosäureoxidase $\leq$ 2% (LEIGHTON *et al.* 1969).

7.3. Charakterisierung peroxisomaler Enzyme

In den folgenden Abschnitten sind Daten zur Charakterisierung einiger peroxisomaler Enzyme pflanzlicher Zellen zusammengestellt. Angaben über die ausschließliche Lokalisation eines Enzyms in den Peroxisomen der Zelle bedeuten streng genommen nur, daß partikuläre Aktivität dieses Enzyms ausschließlich für die Peroxisomen nachgewiesen wurde, da aus methodischen Gründen zwischen dem Vorliegen löslicher Aktivität *in vivo* und der Solubilisierung einer Enzymaktivität während der Zellfraktionierung nicht einwandfrei unterschieden werden kann (Kap. 5.1.2., 6.). Multiple Formen eines Enzyms werden in den folgenden Abschnitten allgemein als Isoenzyme bezeichnet und nicht nur die multiplen Formen, die nachweislich durch Allele eines Gens oder durch verschiedene Gene codiert werden. Zur Unterscheidung zwischen einer Molekulargewichtsbestimmung nach MARTIN und AMES (1961) in der präparativen Ultrazentrifuge und einer Molekulargewichtsbestimmung aufgrund des Sedimentationsverhaltens eines Enzyms in der analytischen Ultrazentrifuge werden in den Tabellen 7.3.—7.12. die Begriffe Zonenzentrifugation und Ultrazentrifugation verwandt.

7.3.1. Katalase

Katalase ist ein Leitenzym der Peroxisomen. Aufgrund zahlreicher Befunde zur subzellulären Lokalisation der Katalase kann eine Lokalisation des Enzyms in anderen partikulären Zellkomponenten ausgeschlossen werden. Definitiv weder belegt noch widerlegt werden konnte bisher die verschiedentlich vertretene Auffassung (LONGO und LONGO 1970 b, HOLMES und MASTERS 1972, LONGO *et al.* 1972, JONES und MASTERS 1974, 1975, SCANDALIOS 1974 b), daß Katalase außer in Peroxisomen auch im Grundplasma der Zelle lokalisiert sei.

Katalase wird aus vier Untereinheiten aufgebaut, die Hämin (Fe^{3+}-Protoporphyrin) als prosthetische Gruppe enthalten. Das Enzym, das ein von der Norm abweichendes kinetisches Verhalten zeigt (Zusammenfassung: SIES 1974), setzt H_2O_2 sowohl in einer katalatischen als auch in einer peroxidatischen Reaktion um:

Katalatische Reaktion:

$$\text{Katalase} + H_2O_2 \rightleftharpoons \text{Katalase-}H_2O_2 \text{ (Komplex I)}$$
$$\text{Katalase-}H_2O_2 + H_2O_2 \rightarrow \text{Katalase} + 2\,H_2O + O_2$$

Peroxidatische Reaktion:

$$\text{Katalase} + H_2O_2 \rightleftharpoons \text{Katalase-}H_2O_2 \text{ (Komplex I)}$$
$$\text{Katalase-}H_2O_2 + RH_2 \rightarrow \text{Katalase} + 2\,H_2O + R$$

Die peroxidatische Reaktion wird durch steigende Konzentrationen eines Wasserstoffdonators RH_2 sowie durch abnehmende Werte des Quotienten aus H_2O_2-Bildungsgeschwindigkeit und Konzentration an Gesamtkatalasehämin gefördert.

In den Peroxisomen der Rattenleber liegen Reaktionsbedingungen vor, die die peroxidatische Reaktion im Vergleich zur katalatischen begünstigen (Zusammenfassung: SIES 1974). Die endogenen Wasserstoffdonatoren für die peroxidatische Reaktion, zu denen wahrscheinlich Äthanol und Methanol gehören, sind aber noch weitgehend unbekannt. Für Glyoxysomen und Blatt-Peroxisomen wird die Katalasereaktion entsprechend einem katalatischen Reaktionsablauf formuliert, ohne daß jedoch nachgewiesen ist, daß in diesen Funktionstypen des Peroxisoms *in vivo* entsprechende Reaktionsbedingungen vorliegen. Katalatische Reaktion der Katalase liegt zumindest in isolierten Glyoxysomen vor, wie sich aus dem stöchiometrischen Verhältnis von O_2-Aufnahme (H_2O_2-Bildung) und O_2-Abgabe (Katalasereaktion) isolierter Glyoxysomen ergibt (Kap. 8.1.1.2.3.). Ein Wasserstoffdonator für eine peroxidatische Reaktion der Katalase in Glyoxysomen und Blatt-Peroxisomen wurde bisher nicht bekannt. Der Quotient aus H_2O_2-Bildungsgeschwindigkeit und Gesamthäminkonzentration ist für Glyoxysomen und Blatt-Peroxisomen *in situ* wahrscheinlich 10—100fach höher als für die Peroxisomen der Rattenleber. Die H_2O_2-Bildungsgeschwindigkeit in den Glyoxysomen des *Ricinus*-Endosperms beträgt ca. 1,5 µMole H_2O_2/min/g Endosperm [3], in den Blatt-Peroxisomen des Tabaks ca. 1 µMol H_2O_2/min/g Blattgewebe [4]. Die endogene H_2O_2-Bildungsgeschwindigkeit der isolierten Rattenleber wurde zu ca. 0,05 µMole H_2O_2/min/g Leber bestimmt (experimentell konnte die Rate auf 1,3 µMole/min/g gesteigert werden; OSHINO *et al.* 1973). Der Katalasegehalt der Rattenleber wird — bezogen auf das Katalasehämin — mit 13—24 nMolen/g Leber angegeben (OSHINO *et al.* 1973, SIES 1974). Im *Ricinus*-Endosperm und im Blattgewebe liegt der Katalasegehalt niedriger als in der Leber (ca. 1—5 nMole Katalasehämin/g Gewebe) bei etwa gleicher spezifischer Aktivität des Enzyms, bezogen auf das Peroxisomenprotein (ca. 10 mMole/min/g: Tab. 8.1., 8.4.; TOLBERT 1973 a).

Reinigung und Charakterisierung der Katalase höherer Pflanzen erfolgten bisher nur in wenigen Fällen (Tab. 7.3.). Der Hämingehalt des Spinatenzyms

---

[3] Der Wert errechnet sich aus der Rate der Hexosebildung im Endosperm, zu der die H_2O_2-Bildung bei der Reoxidation des FAD der Acyl-CoA-dehydrogenase im Verhältnis 1 : 4 steht (Kap. 8.1.1.2.1./3.).

[4] Der Wert errechnet sich auf Grund einer Glycolatbildung von 70—80 µMolen Glycolat/ Stunde/g Tabakblatt (ZELITCH 1975 a) und auf Grund des Befundes, daß Glycolat in Blättern nicht akkumuliert, d. h. die unter H_2O_2-Bildung erfolgende Glycolatoxidation *in situ* mit gleicher Geschwindigkeit wie die Glycolatsynthese abläuft.

wird mit 0,93% angegeben (GREGORY 1968), was bei einem tetrameren Aufbau des Enzyms einer Hämingruppe pro Untereinheit entspricht.

Das Isoenzymmuster, das für die Katalaseaktivität eines Rohextraktes oder für gereinigte Katalase erhalten wurde, kann gewebs- und/oder entwicklungsspezifisch variieren (DRUMM und SCHOPFER 1974, SCANDALIOS 1974 a, SINGH und SINGH 1974), es kann aber auch für verschiedene Gewebe einer Pflanze und/oder die Entwicklungsstadien eines Gewebes konstant sein (CHERRY und

Tabelle 7.3. Reinigung und Eigenschaften der Katalase pflanzlicher Zellen

	Spinacia oleracea Blätter GREGORY 1968	*Lens culinaris* Blätter SCHIEFER *et al.* 1976	*Helianthus annuus* Kotyledonen BETSCHE 1975	*Zea mays* Scutellum SCANDALIOS *et al.* 1972	*Saccharomyces cerevisiae* Katalase T SEAH und KAPLAN 1973	Katalase A SEAH *et al.* 1973
Reinigung Anreicherung Ausbeute	16%	250 10%	> 200 4%		77 10%	
Spez. Aktivität [μMole/ min/mg Protein]	10 000	30 000	25 000	100	75 000	44 000
E_{405}/E_{280}	1,01	0,66	0,75		0,93	0,19
Molekulargewicht	300 000 (Ultrazentrifugation) Monomer: 72 000	225 000 (Zonenzentrifugation) Monomer: 54 000 (SDS-Gelelektrophorese)	280 000 (Zonenzentrifugation) 250 000 (Gelfiltration)	280 000 (Zonenzentrifugation)	248 000 [a] (Ultrazentrifugation) Monomer: 61 000 (SDS-Gelelektrophorese)	140 000 [b] (Ultrazentrifugation) 190 000 (Gelfiltration) Monomer: 45 000 (SDS-Gelelektrophorese)
pH-Optimum		7,5—9,5 [c]	7—8 [c]	6—8	6—7; 9,5	
Isoelektrischer Punkt		5,5		5,7—5,9		
Isoenzyme	1	1	5	5	1	1

[a] Fe-Gehalt: 0,096%.
[b] Fe-Gehalt: 0,12%.
[c] Starker Aktivitätsabfall bei pH-Werten < 7,0.

ORY 1973, DRUMM und SCHOPFER 1974, SCANDALIOS 1974 a, BETSCHE, 1975, SCHIEFER *et al.* 1976). Für die Katalase der Maiskaryopse wurde nachgewiesen, daß die auftretenden Isoenzyme sowohl die Ausprägung eines allelischen Gens als auch zweier unterschiedlicher Gene sind (Zusammenfassung:

SCANDALIOS 1974 a) [5]. Die beiden Gene Ct_1 und Ct_2 werden unabhängig voneinander vererbt. Ct_1, für das multiple Allelie nachgewiesen wurde, kontrolliert die Katalasesynthese im Verlauf der Reifung der Karyopse und erlischt in seiner Aktivität zu Keimungsbeginn. Die vom Gen Ct_2 codierte Katalase tritt erstmals in der reifen Karyopse auf und ist vor allem während der Keimung nachzuweisen. Die beiden durch Ct_1 und Ct_2 codierten Isoenzyme der Katalase unterscheiden sich in physiko-chemischen und kinetischen Eigenschaften (SCANDALIOS et al. 1972) und besitzen unterschiedliche Halbwertszeiten (QUAIL und SCANDALIOS 1971). Während der ersten Keimungstage, wenn beide Gene aktiv sind, können in der Karyopse einer für Ct_1 homozygoten Linie maximal 5 Katalase-Isoenzyme nachgewiesen werden. Diese ergeben sich, da die von den Genen Ct_1 (homozygot) und Ct_2 codierten Untereinheiten nach $(a + b)^4$ in 5 möglichen Kombinationen zum aktiven Tetramer zusammentreten können. — Dem Katalase-Isoenzymmuster des Maisscutellums entsprach das Katalase-Isoenzymmuster der aus dem Scutellum isolierten Glyoxysomen (SCANDALIOS 1974 a, 1974 b). Abweichungen zwischen dem Katalase-Isoenzymmuster isolierter Peroxisomen und dem des entsprechenden Gewebes wurden bei Pflanzen auch sonst nicht beobachtet (DRUMM und SCHOPFER 1974, BETSCHE 1975, SCHIEFER et al. 1976).

SEAH et al. (1973) isolierten aus *Saccharomyces cerevisiae* außer einer typischen Katalase (Katalase T) auch ein Protein mit hoher katalatischer Aktivität, das im Vergleich zur Katalase T durch niedrigen Hämingehalt und geringes Molekulargewicht charakterisiert ist (Tab. 7.3.) und mit Antikörpern gegen Katalase T nicht reagiert. Die Aktivität dieses als Katalase A (atypisch) bezeichneten Proteins betrug ca. 30% der Gesamtkatalaseaktivität einer wachsenden oder stationären Hefekultur. Eine spezifische Funktion der atypischen Katalase wurde bisher nicht bekannt.

7.3.2. Uricase

Charakterisierungen der Uricase höherer Pflanzen liegen für das Enzym der Glyoxysomen des *Ricinus*-Endosperms (THEIMER und BEEVERS 1971) und für das Enzym aus Wurzeln der Sojabohne (TAJIMA und YAMAMOTO 1975) vor. Die pH-Optima werden mit 8,9 und 7,0, die K_m-Werte für Harnsäure mit 7,4 µM und 8,1 µM angegeben. Beide Enzyme unterliegen einer Substrathemmung (Harnsäurekonzentration > 120 µM, THEIMER und BEEVERS 1971), werden als Cuproproteine durch KCN und kompetitiv (?) durch die Purine Xanthin und Hypoxanthin gehemmt. Für das Enzym der Glyoxysomen des *Ricinus*-Endosperms wurde nachgewiesen, daß es nicht mit Dichlorphenolindophenol als Elektronenakzeptor anstelle von O_2 arbeiten kann, d. h. keine Dehydrogenaseaktivität besitzt (THEIMER und BEEVERS 1971). Nach Untersuchungen an der Uricase der Rattenleber verläuft die H_2O_2-Bildung in der Uricasereaktion — wie auch in den Reaktionen der anderen peroxisomalen Oxidasen (D-Aminosäureoxidase, Glycolatoxidase) — nicht über ein freies Superoxidradikal als Zwischenprodukt (ROTILIO et al. 1973).

---

[5] Für die Katalase der Mäuseleber wird das Vorliegen multipler Formen auf eine epigenetische Modifikation der Untereinheit des Enzyms zurückgeführt (HOLMES und MASTERS 1970, JONES und MASTERS 1975).

Für die Uricase aus *Dictyostelium discoideum* wurden ein pH-Optimum 8,5, ein K_m-Wert von 12,5 µM und kompetitive Hemmung durch 2,6,8-Trichlorpurin ($K_I = 1,0$ µM) bestimmt (PARISH 1975 b).

7.3.3. Isocitratlyase

Tabelle 7.4. gibt eine Übersicht über Eigenschaften der Isocitratlyasen höherer Pflanzen, Algen und Pilze. Die Lokalisation der charakterisierten Isocitratlyasen in Glyoxysomen ist für die Enzyme aus höheren Pflanzen nachgewiesen (Kap. 8.1.), für die Enzyme der Algen und Pilze in den meisten Fällen aber nicht belegt. Glyoxysomen wurden in *Neurospora crassa* nachgewiesen, und auch für *Saccharomyces cerevisiae* liegen Angaben über eine Lokalisation der Isocitratlyase in den Peroxisomen der Hefe vor (Kap. 10.2.). Eine Lokalisation der Isocitratlyase in den Peroxisomen der Chlamydomonaceen *Chlorogonium elongatum* und *Polytomella caeca* sowie in den Peroxisomen einer chlorophyllfreien Mutante von *Chlorella vulgaris* konnte dagegen nicht nachgewiesen werden (Kap. 9.2.). In dem von HARROP und KORNBERG (1966) untersuchten *Chlorella vulgaris*-Stamm ist die Isocitratlyase nur nach Anzucht auf Acetat partikelgebunden. Für *Chlorella fusca* (Microbodies nachgewiesen) und *Gloeomonas*, eine Chlamydomonacee, liegen keine Untersuchungen zum Vorkommen von Peroxisomen in den Organismen vor. Die Isocitratlyase in *Candida guilliermondii* sehen HILDEBRANDT und WEIDE (1973) als ein lösliches Enzym an.

Isoenzyme der Isocitratlyase wurden bisher nur bei *Neurospora crassa* nachgewiesen (SJOGREN und ROMANO 1967, FLAVELL und WOODWARD 1971). Die durch Chromatographie an DEAE-Cellulose zu trennenden zwei Isoenzyme (Isocitratlyase-1, Isocitratlyase-2) stellen wahrscheinlich das Produkt je eines Gens dar (FLAVELL und WOODWARD 1971). Beim Wechsel der Kohlenstoffquelle von Saccharose zu Acetat zeigt nur die thermostabilere und durch Phosphoenolpyruvat weniger stark zu hemmende Isocitratlyase-1 einen deutlichen Aktivitätsanstieg, und ca. 80⁰/o der Isocitratlyasegesamtaktivität entfallen bei Acetatanzucht auf dieses Isoenzym. Nur für Isocitratlyase-1 wird eine Lokalisation in den Glyoxysomen des Pilzes angenommen (FLAVELL und WOODWARD 1971). Die von JOHANSON *et al.* (1974) besonders eingehend charakterisierte Isocitratlyase aus *N. crassa* ist nach ihrem Eluationsverhalten an DEAE-Cellulose das Isoenzym-1.

In dem von HARROP und KORNBERG (1966) untersuchten *Chlorella vulgaris*-Stamm war — im Gegensatz zu anderen Stämmen dieser Art und zu anderen Arten dieser Gattung — Isocitratlyase ein konstitutives Enzym mit gleicher spezifischer Aktivität bei Wachstum der Alge auf Glucose, auf Acetat oder mit CO_2 als Kohlenstoffquelle. Nach Anzucht der Alge auf Glucose fand sich das Enzym ausschließlich in der löslichen Fraktion, nach Acetatanzucht vorwiegend in der partikulären Fraktion eines Zellaufschlusses. Anhaltspunkte für das Vorliegen von Isoenzymen ergaben sich jedoch nicht. Nach Anzucht der Alge auf Glucose oder auf Acetat zeigte die Isocitratlyase identisches Eluationsverhalten an DEAE-Cellulose, gleiches Molekulargewicht, gleichen K_m-Wert und gleiche Hemmbarkeit durch Phosphoenolpyruvat. — Die Iso-

Tabelle 7.4. *Reinigung und Eigenschaften der Isocitratlyase pflanzlicher Zellen*

	Reinigung		Molekulargewicht	pH-Optimum	K_m-Wert [µM]
	Anreicherung; Ausbeute	Spez. Aktivität [µMole/min/ mg Protein]			
Ricinus communis, Endosperm CARPENTER und BEEVERS 1959	30; 30%	2,6	225 000 [a] (Zonenzentrifugation)	7,5	320 170 [b, c]
Pinus pinea, pr. Endosperm ZANOBINI und FIRENZUOLI 1972	35	1,3		7,8	14 [c]
Citrullus vulgaris, Kotyledonen HOCK 1970 b	72; 24%	23		7,4	95
Neurospora crassa SJOGREN und ROMANO 1967 IL-1				6,8	1 850
IL-2				7,0	3 300
JOHANSON *et al.* 1974 IL-1	80; 31%	16 [d]	270 000 (Tetramer) (Gelfiltration)	6,8	50
Saccharomyces cerevisiae OLSON 1959	70	1,5		6,0	1 200
HANOZET und GUERRITORE 1972				6,8	260
Chlorella vulgaris HARROP und KORNBERG 1966	120; 70%	3,0	120 000 (Gelfiltration)		50 [c]
Chlorella fusca (C. pyrenoidosa) JOHN und SYRETT 1967, 1968 a	14; 16%	35	170 000 [e] (Ultrazentrifugation)	7,3—7,6	23
Gloeomonas spec. (Chlamydomonas segnis) FOO *et al.* 1971	50; 185%	0,3			1 140 [c]
Candida guilliermondii HILDEBRANDT und WEIDE 1973, 1974 a	4; 5%		250 000— 270 000 (Gelfiltration)	6,8	300

[a] BREIDENBACH 1969.

[b] TANNER und BEEVERS 1965 a.

[c] Keine eindeutige Angabe, ob der K_m-Wert für threo-D-Isocitronensäure oder ein Gemisch der Stereoisomeren gilt.

[d] Homogenität des Proteins nach Polyacrylamidgel- und SDS-Polyacrylamidgel-Elektrophorese.

[e] Homogenität des Proteins nach analytischer Ultrazentrifugation.

citratlyase aus *Gloeomonas* zeigte nach photoautotropher Anzucht der Algen und nach photoheterotropher Anzucht mit Acetat, die die Aktivität des Enzyms steigerte, ebenfalls gleiches Eluationsverhalten an DEAE-Cellulose und gleichen K_m-Wert (Foo *et al.* 1971). Die Hemmbarkeit des Enzyms durch eine Reihe von Metaboliten war in einigen Fällen (Ribulose-5-phosphat, Phosphoenolpyruvat, Acetylphosphat, NAD^+) bei dem Enzym aus autotroph angezogenen Algen erhöht.

Tabelle 7.5. *Hemmung der Aktivität der Isocitratlyase durch Metabolite* [a]

Metabolit	Objekt [b]	K_I [mM]	Hemmungstyp
Succinat	*P. pinea*	1,0	nichtkompetitiv
	N. crassa	0,5	nichtkompetitiv
	C. fusca	0,6	kompetitiv
	Gloeomonas	1,3	kompetitiv
	C. guilliermondii	1,3	unkompetitiv
Glyoxylat	*N. crassa*	0,1	kompetitiv
Phosphoenolpyruvat	*P. pinea*	0,4	nichtkompetitiv
	N. crassa	0,2	nichtkompetitiv
	S. cerevisiae	1—4	nichtkompetitiv
	C. guilliermondii	1,6	unkompetitiv
Pyruvat	*C. fusca*	0,1	kompetitiv
	C. guilliermondii	0,8	unkompetitiv
3-Phosphoglycerat	*Gloeomonas*	2,7	nichtkompetitiv
Oxalacetat	*C. fusca*	0,04	kompetitiv
	C. guilliermondii	0,05	kompetitiv
Malat	*P. pinea*	5,0	nichtkompetitiv
	N. crassa	1,3	nichtkompetitiv
Fumarat	*P. pinea*	3,0	kompetitiv
	N. crassa	1,0	kompetitiv
Glycolat	*Gloeomonas*	0,3	kompetitiv
Glucose-6-phosphat	*C. guilliermondii*	5,0	kompetitiv
6-Phosphogluconat	*S. cerevisiae*	0,8	kompetitiv
Fructose-1,6-diphosphat	*N. crassa*	1,5	nichtkompetitiv
Isocitrat	*C. guilliermondii*	60,0	

[a] In der Tabelle sind nur Metabolite bzw. Objekte aufgeführt, für die ein K_I-Wert $\leq$ 5 mM bestimmt wurde.

[b] *Pinus pinea*, pr. Endosperm: Zanobini und Firenzuoli 1972; *Neurospora crassa:* Johanson *et al.* 1974 a; *Saccharomyces cerevisiae:* Hanozet und Guerritore 1972; *Chlorella fusca:* John und Syrett 1968 a, Syrett und John 1968; *Gloeomonas* spec.: Foo *et al.* 1971; *Candida guilliermondii:* Hildebrandt und Weide 1974 a.

Substrat der Isocitratlyase ist threo-D_s-Isocitrat [6]. Das Stereoisomer threo-L_s-Isocitrat hat keinen Einfluß auf die Kinetik des Enzyms (JOHANSON *et al.* 1974 a) oder zeigt nur eine geringe Hemmwirkung im Bereich niederer Konzentrationen von threo-D_s-Isocitrat (CARPENTER und BEEVERS 1959). Die Isocitratlyase der Hefen *S. cerevisiae* und *C. guilliermondii* besitzt ein aktives Zentrum pro Enzymmolekül (Hill-Koeffizient n = 1; HANOZET und GUERRITORE 1972, HILDEBRANDT und WEIDE 1973). Für das Enzym aus *Chlorella vulgaris* werden $\geq$ 2 Bindungsstellen für das Substrat und zwei allosterische Zentren für den Inhibitor Phosphoenolpyruvat angegeben (Hill-Koeffizient n jeweils $>$ 1; HARROP und KORNBERG 1967, vgl. auch HANOZET und GUERRITORE 1972). Die Wechselzahl der Isocitratlyase aus *Chlorella fusca* wurde zu 6000 bestimmt (JOHN und SYRETT 1967). — JOHANSON *et al.* (1974 b) klärten die Aminosäurenzusammensetzung der Isocitratlyase aus *Neurospora crassa* auf. Bezogen auf die Molprozente der einzelnen Aminosäuren im Molekül zeigt das Enzym sehr starke Übereinstimmung mit der Isocitratlyase aus *Pseudomonas indigofera*. Die C-terminale Aminosäure ist Histidin, gefolgt von Phenylalanin. Dem C-terminalen Histidin wird eine wesentliche Funktion für die Enzymaktivität zugeschrieben, da im Enzympräparat die Enzymaktivität parallel dem Verlust an C-terminalem Histidin abfiel.

Isocitratlyase zeigt ausgeprägte Abhängigkeit in ihrer Aktivität von divalenten Metallionen (insbesondere von Mg^{++}) und reduzierten Thiolverbindungen (Glutathion, Dithioerythrit). Substanzen, die mit -SH-Gruppen reagieren (z. B. p-Chlormercuribenzoat), hemmen entsprechend das Enzym.

Die Beeinflußbarkeit der Isocitratlyaseaktivität durch Zwischenprodukte der Glycolyse, des Citratzyklus, des Glyoxylatzyklus sowie des oxidativen und reduktiven Pentosephosphatzyklus wurde an dem Enzym aus verschiedenen Organismen eingehend untersucht. Ein gesichertes, allgemein gültiges Modell für die Regulation der Isocitratlyaseaktivität *in vivo* läßt sich aber (noch) nicht aufstellen. Metabolite, für die sich ein K_I-Wert $\leq$ 5 mM ergab, sind in Tabelle 7.5. zusammengestellt. Neben einer ausgeprägten Produkthemmung ist wohl *in vivo* vor allem auch mit einer regulatorischen Beeinflussung der Enzymaktivität durch Oxalacetat, Phosphoenolpyruvat und Pyruvat zu rechnen. Keine Wirkung zeigte Phosphoenolpyruvat auf die Isocitratlyase aus photoheterotroph angezogener *Gloeomonas* (FOO *et al.* 1971).

Von den insgesamt 36 Verbindungen (1—10 mM) des Kohlenhydratstoffwechsels, die in jeweils unterschiedlicher Auswahl in ihrer Wirkung auf Isocitratlyase getestet wurden (s. bes. JOHN und SYRETT 1968, FOO *et al.* 1971, HANOZET und GUERRITORE 1972), ergaben zusätzlich zu den in Tabelle 7.5. aufgeführten Metaboliten noch folgende Substanzen eine Aktivitätshemmung $\geq$ 30% bei mindestens einer Isocitratlyase: Oxalat, α-Ketoglutarat, cis-Aconitat und Ribulose-1,5-diphosphat. Stimulierende Wirkung auf die Isocitratlyaseaktivität wurden für das Enzym aus *Gloeomonas* durch Succinyl-CoA (1 mM; FOO *et al.* 1971), für das Enzym aus *C. guilliermondii* (HILDEBRANDT und WEIDE 1974 a) durch Glucose-6-Phosphat ($<$ 0,3 mM) und NAD^+ (0,33 mM) beobachtet. Aminosäuren (5—10 mM) zeigten keinen

---

[6] Zur Nomenklatur der Stereoisomere der Isocitronensäure s. VICKERY 1962.

Effekt auf die Aktivität der Isocitratlyase *in vitro* (Foo *et al.* 1971, Hanozet und Guerritore 1972, Johanson *et al.* 1974 a). ATP (3,5 mM) hemmte die Aktivität der Isocitratlyase aus *C. guilliermondii* (Hildebrandt und Weide 1974 a), ADP (10 mM) die Aktivität des Enzyms aus *Gloeomonas* (Foo *et al.* 1971). Die Isocitratlyase aus *N. crassa* wurde durch verschiedene Konzentrationsverhältnisse von ATP, ADP und AMP in ihrer Aktivität nicht beeinflußt (Johanson *et al.* 1974 a). HPO_4^{2-}, SO_4^{2-}, Cl^- und NO_3^- hemmten kompetitiv die Isocitratlyase aus *N. crassa* (Johanson *et al.* 1974 a).

Die Katalyse der Bildung von Isocitrat aus Succinat und Glyoxylat durch Isocitratlyase (Rückreaktion) wurde für das Enzym aus dem *Ricinus*-Endosperm (Carpenter und Beevers 1959) und aus *N. crassa* (Johanson *et al.* 1974 a) nachgewiesen. Die K_m-Werte betragen beim Enzym aus *N. crassa* für Glyoxylat und Succinat 0,14 mM bzw. 0,44 mM. Bei Glyoxylatkonzentrationen $> 0,2$ mM und bei Succinatkonzentrationen $> 1,0$ mM ergab sich Substrathemmung.

7.3.4. Malatsynthetase

Daten zur Charakterisierung der Malatsynthetase aus Geweben höherer Pflanzen sowie aus eukaryotischen Mikroorganismen sind in Tabelle 7.6. zusammengestellt. In jedem Fall ist die Lokalisation des Enzyms in Peroxisomen (Glyoxysomen) nachgewiesen (Kap. 8.1., 9.2., 10.2.).

Die Malatsynthetase des *Ricinus*-Endosperms und der Hefe besitzen ausgeprägte Spezifität für die Substrate Glyoxylat und Acetyl-CoA (Yamamoto und Beevers 1961, Dixon und Kornberg 1962). Das Enzym des *Ricinus*-Endosperms zeigt keine Deacylaseaktivität (Yamamoto und Beevers 1961). Die Aktivität der Malatsynthetase ist abhängig von Mg-Ionen, und Untersuchungen an dem Enzym aus Hefe (Schmid *et al.* 1974) führten zu dem Schluß, daß Mg^{++} für die Bindung des Glyoxylats — aber nicht für die Bindung des Acetyl-CoA — am Enzym erforderlich ist und daß in Abhängigkeit von dieser Bindung ein Konformationswechsel des Enzymproteins erfolgt, der ein katalytisches Zentrum des Enzyms freilegen könnte. Verbindungen, die mit SH-Gruppen reagieren, haben keine Wirkung auf die Enzymaktivität (Dixon und Kornberg 1962).

Unter dem Gesichtspunkt, möglicherweise eine regulatorische Wirkung auf die Aktivität der Malatsynthetase auszuüben, wurden außer den in Tabelle 7.6. aufgeführten Verbindungen noch weitere Zwischenprodukte des Kohlenhydrat- und des Aminosäurestoffwechsels getestet. Geringere Hemmwirkung ergab sich noch für Glucose, Malat, Isocitrat, Fructose-1,6-diphosphat und 3-Phosphoglycerat (Cook 1970) sowie für ADP und AMP (Servettaz *et al.* 1973). Acetat zeigte in niedriger Konzentration (1 µM) eine stimulierende Wirkung auf die Aktivität der Malatsynthetase (Cook 1970).

Das ΔG^0 der durch Malatsynthetase katalysierten Reaktion in Richtung Malatsynthese beträgt ca. -12 kcal/Mol. Eine durch das Enzym katalysierte Spaltung von Malat (Rückreaktion) konnte mit der Malatsynthetase aus Hefe nicht nachgewiesen werden (Dixon und Kornberg 1962). — Ausführliche Untersuchungen von Cornforth *et al.* (1970) zur Stereochemie der Malatsynthetasereaktion mit dem Enzym aus *Saccharomyces cerevisiae* zeigten, daß die Reaktion mit einer Inversion der Konfiguration an der Methylgruppe des Acetyl-CoA verbunden ist (R-Acetat → S-Malat).

Nach Elektrophorese der gereinigten Malatsynthetase des Maisscutellums an Polyacrylamidgel ergaben sich zwei Proteinbanden, die sich sehr stark in ihrer Mobilität unterschieden und die beide Malatsynthetaseaktivität aufwiesen (keine Kontrolle auf Deacylasen durchgeführt; SERVETTAZ et al. 1973).

Tabelle 7.6. *Reinigung und Eigenschaften der Malatsynthetase pflanzlicher Zellen*

	Ricinus communis Endosperm YAMAMOTO und BEEVERS 1961	*Zea mays* Scutellum SERVETTAZ *et al.* 1973	*Euglena gracilis* COOK 1970	*Saccharomyces cerevisiae* DIXON und KORNBERG 1962
Reinigung Anreicherung Ausbeute	300 1—10%	250	20 60%	200 33%
Spezif. Aktivität [μMole/min/mg Protein]	3,5	20	1,5	8 (25 [a])
Molekulargewicht	600 000 [b] (Zonen- zentrifugation)	500 000 (Zonen- zentrifugation, Gelfiltration)		170 000 (Tetramer) [a] (Zonenzentrifugation, Ultrazentrifugation, Dünnschicht- Gelchromatogr.)
pH-Optimum	7,2	7,6	7,0	8,5
K_m-Wert [μM] für Glyoxylat für Acetyl-CoA	85 67	20	40 40	93 < 10
Inhibitoren	Oxalat, Glycolat	kompetitiv zu Glyoxylat: Oxalat, Glycolat	Glycolat	kompetitiv zu Glyoxylat: Oxalat (K_I = 19 μM), Glycolat (K_I = 308 μM)

[a] SCHMID *et al.* 1974 (elektrophoretisch reines Enzym).
[b] BREIDENBACH 1969 (von der Glyoxysomenmembran solubilisiertes Enzym).

Da bei der Bestimmung des Molekulargewichtes des Enzyms (Zonenzentrifugation, Gelfiltration) stets nur ein scharfer Aktivitätsgipfel erhalten wurde, werden die zwei Aktivitätsbanden nach Elektrophorese nicht auf Differenzen im Molekulargewicht, sondern auf Ladungsunterschiede der Proteine zurückgeführt. Nur eine Bande mit Malatsynthetaseaktivität ergab sich nach Polyacrylamidgel-Elektrophorese der Proteine einer löslichen Fraktion, die durch Ultraschallbehandlung einer Partikelfraktion aus den Kotyledonen von *Cucumis sativus* erhalten worden war (VOLK *et al.* 1974).

7.3.5. Citratsynthetase

Eigenschaften der glyoxysomalen und der mitochondrialen Citratsynthetase des *Ricinus*-Endosperms (AXELROD und BEEVERS 1972, HUANG *et al.* 1974) sowie des Maisscutellums (BARBARESCHI *et al.* 1974) sind in Tabelle 7.7. zum Vergleich gegenübergestellt. Im Gegensatz zum mitochondrialen Enzym, das in der Matrix der Mitochondrien lokalisiert ist (GREVILLE 1969), liegt die Citratsynthetase in den Glyoxysomen membrangebunden vor (Kap. 7.4.2.).

Tabelle 7.7. *Vergleich einiger Eigenschaften der Citratsynthetase aus Glyoxysomen und Mitochondrien des Ricinus-Endosperms sowie des Maisscutellums*

	Ricinus communis, Endosperm [a]		*Zea mays,* Scutellum [b]	
	mitochondriale Citratsynthetase	glyoxysomale Citratsynthetase	glyoxysomale Citratsynthetase	mitochondriale Citratsynthetase
Molekulargewicht		225 000 [c] (Zonenzentrifugation)	65 000 (Gelfiltration)	95 000
pH-Optimum			7,5—9,0	8,5—9,0
K_m-Wert [µM]				
für Acetyl-CoA	21 (18 [d])	80 (150 [d])	4	29
für Oxalacetat	19	7	34	100
Inhibitoren				
ATP	kompetitiv [e] kompetitiv [d, e]	kompetitiv [e] keine Hemmung [d, e]	nichtkompetitiv [e]	kompetitiv [e]
ADP AMP CTP			} Hemmung	> Hemmung
Thermostabilität			Stabilität	< Stabilität

[a] HUANG *et al.* 1974. [b] BARBARESCHI *et al.* 1974. [c] BREIDENBACH 1969. [d] AXELROD und BEEVERS 1972. [e] Hinsichtlich Acetyl-CoA.

BARBARESCHI *et al.* (1974) sowie HUANG *et al.* (1974, BREIDENBACH 1969) solubilisierten daher für ihre Untersuchungen die glyoxysomale Citratsynthetase durch Behandlung der isolierten Glyoxysomen mit Ultraschall bzw. 0,2 M KCl. AXELROD und BEEVERS (1972) setzten dagegen die isolierten Glyoxysomen unmittelbar in ihren Untersuchungen ein, so daß das Enzym im Testansatz in den „*ghosts*" der Organellen vorlag (Kap. 6., 7.4.2.). Indem die glyoxysomale Citratsynthetase so möglicherweise durch die Membran gegen den Zutritt von ATP abgeschirmt war, könnte sich erklären, weshalb AXELROD und BEEVERS (1972) eine Hemmung der glyoxysomalen Citratsynthetase durch ATP nicht beobachteten. Trifft diese Erklärung zu, käme dem Befund von AXELROD und BEEVERS (1972) wesentliche Bedeutung zu. — Das für die glyoxysomale Citratsynthetase des *Ricinus*-Endosperms angegebene Molekulargewicht könnte auf eine Aggregationsform des Enzyms zurückgehen (vgl. Malatdehydrogenase, Kap. 7.3.8.), da das Molekulargewicht der Citratsynthetasen eukaryotischer Zellen allgemein zu $\leq$ 100 000 bestimmt wurde.

Für die Citratsynthetase der Glyoxysomen und der Mitochondrien des Maisscutellums wurden nach Stärkegel-Elektrophorese des Enzyms je drei anodisch wandernde Banden erhalten (BARBARESCHI *et al.* 1974). Zwei der Banden der beiden organellspezifischen Enzyme entsprachen einander in ihrer elektrophoretischen Mobilität. — Mit einem Antikörper, der gegen die glyoxysomale Citratsynthetase des *Ricinus*-Endosperms gebildet worden war, reagierte auch die mitochondriale Citratsynthetase des Gewebes (HUANG *et al.* 1974). Die mitochondriale Citratsynthetase des Rinderherzens zeigte keine Reaktion mit diesem Antikörper.

7.3.6. Enzyme der β-Oxidation

Eine eingehendere Charakterisierung der glyoxysomalen Enzyme der β-Oxidation liegt bisher nicht vor. Die in den Glyoxysomen des *Ricinus*-Endosperms nachgewiesenen Thiokinasen für Acetat und langkettige Fettsäuren (COOPER 1971) sind abhängig von ATP und zeigen keine Aktivität mit GTP. Für die Acetoacetyl-CoA-thiolase wird ein K_m-Wert von 87 µM angegeben (COOPER und BEEVERS 1969 b). Das Molekulargewicht der β-Hydroxyacyl-CoA-dehydrogenase wurde zu 70 000 bestimmt (Zonenzentrifugation; BREIDENBACH 1969).

YOUNG und ANDERSON (1974 a, 1974 b) charakterisierten eine Thiokinase für kurzkettige Fettsäuren aus dem fetthaltigen primären Endosperm der Samen von *Pinus radiata*. Dem Enzym wird keine wesentliche Funktion bei der Fettmobilisierung zugeordnet, da seine Aktivität nicht mit dem Fettabbau während der Keimung korreliert ist. Die subzelluläre Lokalisation des Enzyms wurde nicht bestimmt. Glyoxysomen sind für das primäre Endosperm verschiedener *Pinus*-Arten nachgewiesen (Tab. 8.2.).

7.3.7. Alkalische Lipase

Die alkalische Lipase der Glyoxysomen des *Ricinus*-Endosperms wurde von MUTO und BEEVERS (1974) charakterisiert. Da das Enzym fest membrangebunden ist (Kap. 7.4.2.), erfolgten die Untersuchungen an gereinigten Glyoxysomenmembranen. Das Enzym hydrolysiert ausschließlich Monoglyceride und zeigt abnehmende Aktivität mit zunehmender Kettenlänge ($C_{12} \rightarrow C_{20}$) des gesättigten Fettsäurerestes des Monoglycerids. Eine Positionsspezifität wurde für das Enzym nicht beobachtet. Der K_m-Wert beträgt für Monopalmitin 270 µM, für das Modellsubstrat N-Methylindoxylmyristat 230 µM. Das pH-Optimum der alkalischen Lipase liegt bei pH 9,5 (mit Monopalmitin als Substrat). Ca^{++} (1 mM), Mg^{++} (1 mM) und p-Chlormercuribenzoat (0,1 mM) hemmen die Aktivität des Enzyms ($\geq 80\%$).

Die in Membranfraktionen des Endoplasmatischen Reticulums des *Ricinus*-Endosperms nachgewiesene alkalische Lipase (ca. 30% der Gesamtaktivität des Gewebes) zeigte gleiches pH-Optimum und gleichen K_m-Wert für N-Methylindoxylmyristat wie das Enzym der Glyoxysomen (MUTO und BEEVERS 1974).

Eine alkalische Lipase aus reifenden und keimenden Erdnußsamen charakterisierten SANDERS und PATTEE (1975). Die subzelluläre Lokalisation des Enzyms ist nicht bekannt, doch sind in den fettreichen Kotyledonen der Erdnuß Glyoxysomen nachgewiesen (Tab. 8.2.). Im Gegensatz zur alkalischen Lipase der Glyoxysomen des *Ricinus*-Endosperms hydrolysiert das Enzym der Erdnußsamen Triglyceride. Der K_m-Wert für Tributyrin beträgt 260 µM. Das pH-Optimum der Hydrolyse von Tributyrin liegt bei pH 8,5. Gegenüber Triglyceriden mit langkettigen Fettsäureresten weist das Enzym geringere Aktivität auf als gegenüber Triglyceriden mit kurzkettigen Fettsäureresten. Die Enzymaktivität wird durch 15 µM $HgCl_2$ zu über 50% gehemmt. Das Molekulargewicht des Enzyms beträgt 55 000 (Gelfiltration).

Die im Endosperm des *Ricinus*-Samens vorliegende saure Lipase (pH-Optimum 4—5; ORY 1969, ORY *et al.* 1962, MUTO und BEEVERS 1974) ist mit der Membran der Lipidkörper assoziiert. Das Enzym hydrolysiert Triglyceride zu Glycerin und Fettsäuren, besitzt keine Positionsspezifität (NOMA und BORGSTRÖM 1971) und zeigt mit dem Speicherfett des *Ricinus*-Endosperms Triricinolin nur 50% der Aktivität, die es gegenüber Triglyceriden mit gesättigten Fettsäureresten der Kettenlänge C_4 bis C_8 aufweist.

7.3.8. NAD-abhängige Malatdehydrogenase

NAD-abhängige Malatdehydrogenase (MDH) tritt in pflanzlichen — wie tierischen — Zellen mit kompartimentspezifischen Isoenzymen auf. Kompartimente, in denen MDH grundsätzlich lokalisiert ist, sind Mitochondrien und Grundplasma. In verschiedenen pflanzlichen Zellen findet sich MDH außerdem in den Peroxisomen. Für tierische Zellen ist das Vorkommen des Enzyms in Peroxisomen nicht bekannt. Plastiden enthalten nach neueren Untersuchungsergebnissen verschiedener Arbeitsgruppen keine NAD-abhängige Malatdehydrogenase (TOLBERT *et al.* 1969, YAMAZAKI und TOLBERT 1969, ROCHA und TING 1970 b, DAVIS und MERRETT 1973, HOCK 1973 b, vgl. aber HEBER 1974, LEGRIS und TSAI 1975). Doch ist in den Chloroplasten der Mesophyllzellen von C_4-Pflanzen sowie in den Chloroplasten der C_3-Pflanzen eine NADP-abhängige Malatdehydrogenase lokalisiert (SLACK *et al.* 1969, JOHNSON und HATCH 1970, TING und ROCHA 1971). Angaben über das Vorkommen von NAD-abhängiger Malatdehydrogenase in Chloroplasten werden auf Verunreinigung der Chloroplastenfraktionen mit Blatt-Peroxisomen zurückgeführt (TOLBERT 1971 a).

Für Peroxisomen vom Funktionstyp des Glyoxysoms und des Blatt-Peroxisoms (Kap. 1.2.) ist MDH generell nachgewiesen worden (vgl. aber Kap. 12.1.). Dem Enzym in Blatt-Peroxisomen wird eine Funktion in einem Malat-Shuttle zugeordnet (Kap. 8.2.2.; TOLBERT 1973 a); in Glyoxysomen katalysiert das Enzym einen Schritt des Glyoxylatzyklus (Kap. 8.1.1.2.1.). Für *Neurospora crassa* konnte jedoch MDH in den Partikeln, die Träger der Schlüsselenzyme des Glyoxylatzyklus sind (Kap. 10.2.), nicht nachgewiesen werden (KOBR und VANDERHAEGHE 1973). — Zum Vorkommen von MDH in Peroxisomen nicht-spezialisierter Funktion (Kap. 1.2.) liegen unterschiedliche Befunde vor. Aus Wurzeln konnte eine peroxisomale MDH nicht isoliert werden (ZSCHOCHE und TING 1973 b, ZSCHOCHE *et al.* 1973, YANG and SCANDALIOS 1974; vgl. auch PARISH 1972 b), und nach LONGO und SCANDALIOS (1969) sowie YANG und SCANDALIOS (1974) ist eine peroxisomale MDH auch nicht im MDH-Isoenzymmuster des Maisendosperms sowie der Koleoptile und des Primärblattes etiolierter Maiskeimlinge festzustellen. MDH war ferner nicht nachzuweisen in den Peroxisomen des Spadix-Appendix der Araceen (BERGER und GERHARDT 1971, PARISH 1972 a) sowie in den Peroxisomen einer grünen Zellsuspensionskultur von *Nicotiana tabacum* (GERHARDT, unveröffentlicht). Widersprechende Befunde liegen zum Vorkommen peroxisomaler MDH im reifenden Maisendosperm vor (HAYDEN und COOK 1972, YANG und SCANDALIOS 1974), doch betrifft dies auch das Vorkommen partikulärer Katalase in diesem Gewebe (HAYDEN und COOK 1972, SCANDALIOS 1974 a). Peroxisomen nicht-spezialisierter Funktion, die MDH enthalten, wurden aus der Kartoffelknolle (RUIS 1971) und der Weizenkaryopse [7] (LEGRIS und TSAI 1975) isoliert.

Über den Anteil peroxisomaler MDH an der Gesamtaktivität der MDH eines Gewebes liegen nur wenige und dazu sehr unterschiedliche Angaben vor. LEGRIS und TSAI (1975) geben ihn für die Weizenkaryopse mit 3%, HAYDEN und COOK (1972) für das reifende Maisendosperm mit 35% an (mitochondriale MDH je ca. 60%). Der Anteil eines MDH-Isoenzyms aus etiolierten Maiskeimlingen, dessen peroxisomale Herkunft aufgrund seiner Thermolabilität (s. u.) angenommen wird (vgl. aber oben: YANG und SCANDALIOS 1974), wurde zu ca. 50% der Gesamtaktivität bestimmt (LESKOVAC *et al.* 1975). Die Aktivität der glyoxysomalen MDH des Maisscutellums wird von YANG und SCANDALIOS (1974) als sehr gering bezeichnet im Vergleich zu den Aktivitäten der löslichen und mitochondrialen MDH des Scutellums. Nach TOLBERT (1973 a) sind die Aktivitäten der peroxisomalen und mitochondrialen MDH in Blättern etwa gleich und höher als die der löslichen MDH.

Einige Eigenschaften peroxisomaler MDH verschiedener Herkunft sind in Tabelle 7.8. zusammengestellt. Bei der verschiedentlich beobachteten hochmolekularen Form peroxisomaler MDH handelt es sich offensichtlich um eine Aggregationsform (zu Aggregationsformen der MDH vgl. O'SULLIVAN und WEDDING [1972] sowie BENVISTE und MUNKRES [1973]). Bei Behandlung mit Deoxycholat (BREIDENBACH 1969) oder während Chromatographie an Sephadex (HAYDEN und COOK 1972) zerfällt die hochmolekulare Form in Einheiten vom Molekulargewicht 60 000—70 000. Dieses Molekulargewicht entspricht dem, das sonst für peroxisomale MDH und allgemein für Isoenzyme der MDH eukaryotischer Zellen bestimmt wurde. — Peroxisomale MDH zeigte Spezifität für das L-Stereoisomer des Malats in der Oxidationsreaktion (HAYDEN und COOK 1972, LEGRIS und TSAI 1975), Spezifität für Oxalacetat als α-Ketodicarbonsäure in der Reduktionsreaktion (LEGRIS und TSAI 1975) sowie Spezifität für NAD^+ bzw. NADH (YAMAZAKI und TOLBERT 1969, DAVIS und MERRETT 1973). Die für MDH vielfach beobachtete Substrathemmung durch Oxalacetat (vgl. Tab. 7.8.) konnte für die gereinigte MDH der Blatt-Peroxisomen des Spinats nicht nachgewiesen werden (ZSCHOCHE und TING 1973 a), doch wurde das Enzym durch andere α-Ketosäuren gehemmt. Aktivität und pH-Optimum der peroxisomalen MDH erwiesen sich als abhängig von der Ionenstärke des Mediums (ZSCHOCHE und TING 1973 a, vgl.

---

[7] Aleuronzellen enthalten wahrscheinlich Glyoxysomen (Kap. 8.1.2.).

auch YAMAZAKI und TOLBERT 1969). LEGRIS und TSAI (1975) bestimmten für die MDH-Isoenzyme der Weizenkaryopse die erforderlichen kinetischen Parameter, um den kinetischen Mechanismus der katalysierten bimolekularen Reaktion zu ermitteln. Dieser ist für die verschiedenen MDH-Isoenzyme wahrscheinlich gleich und ein Sequenz-Mechanismus (*„Ordered BiBi"* oder *„Rapid Equilibrium Random BiBi"*).

Tabelle 7.8. *Eigenschaften der peroxisomalen Malatdehydrogenase pflanzlicher Zellen*

| | *Spinacia oleracea*, Blatt-Peroxisomen | | | Peroxisomen anderer Gewebe | *Euglena gracilis*, Peroxisomen |
	YAMAZAKI und TOLBERT 1969	ROCHA und TING 1970 b, 1971	ZSCHOCHE und TING 1973 a		DAVIS und MERRETT 1973
Spezifische Aktivität [mMole/min/mg Protein]	25—39		3 000 [a]		0,1
Molekulargewicht		66 000 (Gelfiltration)	70 000 (Gelfiltration)	60 000— 70 000 [e, f, g] 200 000 [c, e, g]	
pH-Optimum	6,4—7,4	7,0		7,6 [c]	8,5
K_m-Wert [μM] [b] für Oxalacetat (pH 7,5)	14	39	60	60 [d] 132 [h] 300 [g]	24
für NADH (pH 7,5)		24	160		222
für L-Malat (pH 8,5)		2 840	3 330	4 100 [h]	
für NAD$^+$ (pH 8,5)		364	340		
Hemmung durch Oxalacetat	> 0,3 mM	> 0,4 mM	keine Hemmung	> 0,5 mM [d]	> 0,13 mM
Inaktivierung bei 55 °C ($t_{1/2}$)		0,17 min	0,33 min	4 min [h]	

[a] Elektrophoretisch homogenes Protein.
[b] Bestimmung der K_m-Werte bei konstanter Konzentration des zweiten Substrates der Reaktion.
[c] *Citrullus vulgaris*, etiolierte Kotyledonen (HOCK 1972, 1973 a, b).
[d] *Pisum sativum*, Blätter (ZSCHOCHE und TING 1973 b).
[e] *Ricinus communis*, Endosperm (BREIDENBACH 1969).
[f] *Triticum spec.*, Karyopse (LEGRIS und TSAI 1975).
[g] *Zea mays*, reifendes Endosperm (HAYDEN und COOK 1972).
[h] *Zea mays*, etiolierte Keimlinge (LESKOVAC et al. 1975).

Peroxisomale MDH zeigte nach Elektrophorese an Stärkegel oder Polyacrylamidgel mit einer Ausnahme keine Heterogenität, während lösliche und/oder mitochondriale MDH häufig Heterogenität aufweisen (Lit. vgl. Tab. 7.8.). Nur die glyoxysomale MDH des Maisscutellums trennte sich in zwei Banden auf (LONGO und SCANDALIOS 1969, YANG und SCANDALIOS 1974). — Zum isoelektrischen Punkt peroxisomaler MDH liegen zwei stark divergierende Angaben vor. ZSCHOCHE und TING (1973 a) ermittelten ihn bei pH 5.65 für das Enzym aus Spinatblättern über Stärkegel-Elektrophorese bei verschiedenem pH; HOCK (1973 b) bestimmte für die MDH aus Glyoxysomen des Wassermelonenkeimlings den isoelektrischen Punkt bei pH 8,7 über isoelektrische Fokussierung.

Für eine Unterscheidung peroxisomaler MDH von löslicher und/oder mitochondrialer MDH liegen — abgesehen von der Kompartimentierung — bisher kein eindeutiges, generell anwendbares Kriterium oder eine hinreichende Merkmalskombination vor. Zwar differieren die Enzyme der drei Kompartimente in der Regel in ihren Eigenschaften (u. a. elektrophoretische Mobilität, Thermostabilität, kinetische Konstanten, Reaktivität mit NAD-Analoga) und sind somit klar unterscheidbare Proteine, doch ergab sich für die peroxisomalen Malatdehydrogenasen verschiedener Herkunft bei keiner der untersuchten Eigenschaften ein einheitlich abweichendes Verhalten gegenüber mitochondrialer und/oder löslicher MDH (Lit. vgl. Tab. 7.8.). Beim Vergleich der MDH-Isoenzyme wurden für die MDH aus Glyoxysomen und Blatt-Peroxisomen noch am regelmäßigsten geringste elektrophoretische Mobilität an Stärkegel (pH 7,8—8,0) bzw. an Polyacrylamidgel (pH 8,9) und höchste Thermolabilität (bei 50—55 °C) beobachtet (BREIDENBACH 1969, ROCHA und TING 1970 b, 1971, HOCK 1972, 1973 a, b, HUANG et al. 1974, YANG und SCANDALIOS 1974, vgl. aber YAMAZAKI und TOLBERT 1969, ZSCHOCHE und TING 1973 b). Dieser Befund trifft aber für das peroxisomale Isoenzym der MDH nicht generell zu (vgl. HAYDEN und COOK 1972, DAVIS und MERRETT 1973, LEGRIS und TSAI 1975). — Werden die vorliegenden Daten zu den Eigenschaften peroxisomaler, mitochondrialer und löslicher MDH unter dem Gesichtspunkt verglichen, wie ausgeprägt insgesamt der Unterschied zwischen peroxisomaler MDH und einem der beiden anderen Isoenzyme ist, zeichnet sich am ehesten die Tendenz einer geringeren Differenzierung zwischen peroxisomaler und mitochondrialer MDH ab. Ein entsprechender Befund ergibt sich auch aus den serologischen Charakterisierungen der MDH-Isoenzyme. Antikörper gegen die MDH aus Glyoxysomen oder Blatt-Peroxisomen zeigten bei ≥ 75prozentiger Reaktion mit dem Antigen auch eine Reaktion von ≤ 20⁰/₀ mit der mitochondrialen MDH des gleichen Gewebes, aber niemals eine Reaktion mit der löslichen MDH (ZSCHOCHE und TING 1973 a, HOCK 1974 b, HUANG et al. 1974). Die Reaktion der Antikörper gegen die glyoxysomale MDH des *Ricinus*-Endosperms war mit der mitochondrialen MDH des *Ricinus*-Endosperms aber wesentlich geringer als mit der glyoxysomalen MDH anderer Herkunft oder der MDH aus Blatt-Peroxisomen des Spinats (HUANG et al. 1974). Das heißt, die peroxisomalen Malatdehydrogenasen verschiedener Gewebe zeigen mehr identische Determinanten bzw. stärkere Übereinstimmung als die kompartimentspezifischen MDH-Isoenzyme einer Zelle. — Aufgrund der serologischen Befunde an MDH-Isoenzymen kann die von O'SULLIVAN und WEDDING (1972) geäußerte Vermutung, MDH-Isoenzyme könnten Isolierungsartefakte darstellen, ausgeschlossen werden.

Eine genetische Charakterisierung peroxisomaler MDH liegt nicht vor. Mitochondriale und lösliche MDH der Maiskaryopse werden durch verschiedene, multiple Kerngene codiert und sind nicht epigenetische Modifikationen eines Genprodukts (LONGO und SCANDALIOS 1969, YANG und SCANDALIOS 1974).

7.3.9. Glycolatoxidase, Glycolatdehydrogenase

Für die Oxidation von Glycolat sind bei Pflanzen zwei Enzyme bekannt: Glycolatoxidase (Tab. 7.9.) und Glycolatdehydrogenase. Glycolatoxidase, ein Flavoprotein, das mit O_2 als unmittelbarem Elektronenakzeptor arbeitet, ist in den Blättern der Spermatophyten allgemein verbreitet (TOLBERT 1971 a) und wurde auch für Pteridophyten und Bryophyten (FREDERICK *et al.* 1973) sowie in einigen Grünalgen (KOWALLIK und SCHMID 1971, CODD *et al.* 1972, FREDERICK *et al.* 1973, STABENAU 1975 b) nachgewiesen. Glycolatdehydrogenase, die Elektronen nicht auf O_2, sondern auf einen anderen Akzeptor überträgt, wurde nur in Algen nachgewiesen, bei denen sie aber verbreiteter vorkommt als Glycolatoxidase (ZELITCH and DAY 1968, CODD *et al.* 1969, NELSON und TOLBERT 1970, FREDERICK *et al.* 1973, COLLINS und MERRETT 1975 a, PAUL und VOLCANI 1975, PAUL *et al.* 1975). Glycolatoxidase ist als L-α-Hydroxysäureoxidase bei höheren Pflanzen ein charakteristisches peroxisomales Enzym. Die Lokalisation der Glycolatoxidase bei Grünalgen in Peroxisomen wurde für das Enzym einer chlorophyllfreien Mutante von *Chlorella vulgaris* (CODD *et al.* 1972)[8] und für *Spirogyra* (STABENAU 1975 b) nachgewiesen. — Glycolatdehydrogenase wurde als peroxisomales Enzym nur[8] für *Euglena gracilis* nachgewiesen (GRAVES *et al.* 1972, COLLINS und MERRETT 1975 a, vgl. auch LORD und MERRETT 1971). Zusätzlich zur peroxisomalen Glycolatdehydrogenase liegt in *Euglena* aber auch eine mitochondriale Glycolatdehydrogenase vor, die wahrscheinlich nicht mit der D-Lactatdehydrogenase der Mitochondrien identisch ist (COLLINS und MERRETT 1975 a, vgl. auch GRAVES *et al.* 1972). In *Chlorogonium elongatum* (STABENAU 1974 a), *Chlamydomonas reinhardii* (STABENAU 1975 a, PAUL und VOLCANI 1976) sowie in Diatomeen (PAUL *et al.* 1975) konnte Glycolatdehydrogenase nur in den Mitochondrien lokalisiert werden. Untersuchungen zur Glycolatoxidation in Mitochondrien, die aus *Euglena gracilis* (COLLINS und MERRETT 1975 a, COLLINS *et al.* 1975) und aus Diatomeen (PAUL und VOLCANI 1975, PAUL *et al.* 1975) isoliert worden waren, ergaben, daß die Elektronen des Glycolats über die mitochondriale Glycolatdehydrogenase in die Atmungskette eingeschleust werden und daß die mitochondriale Glycolatoxidation daher indirekt O_2-abhängig ist. Nach den Ergebnissen aus Hemmstoffversuchen mit Antimycin A und Rotenon (vgl. auch PAUL und VOLCANI 1976) liegt die Eintrittsstelle der Elektronen in die Atmungskette im Bereich des Flavins (E'_0 für Glycolat/Glyoxylat $= -87$ mV; ZELITCH 1955 a). COLLINS *et al.* (1975) bestimmten außerdem ein P : O-Verhältnis von 1,7 für die mitochondriale Glycolatoxidation in *Euglena*. NELSON und TOLBERT (1970), die die Elektronenakzeptor-Spezifität der aus *Chlamydomonas reinhardii* isolierten Glycolatdehydrogenase untersuchten, konnten eine Elektronenübertragung von Glycolat nur auf die unphysiologischen Akzeptoren Dichlor-

---

[8] Nach FREDERICK *et al.* (1973) ist die Glycolatoxidase der *Chlorella vulgaris* aufgrund ihrer im Vergleich zu anderen Glycolatoxidasen geringen Aktivität mit O_2 als Elektronenakzeptor als eine Glycolatdehydrogenase einzustufen. Doch ist das Enzym durch KCN nicht hemmbar (s. u.; CODD *et al.* 1972).

Tabelle 7.9. *Reinigung und Eigenschaften der Glycolatoxidase pflanzlicher Zellen*

| | Reinigung | | Molekular-gewicht | pH-Optimum | K_m-Wert [µM] |
	Anreicherung; Ausbeute	Spezif. Aktivität [µMole/min/ mg Protein]			
Spinacia oleracea, Blätter ZELITCH und OCHOA 1953, ZELITCH 1955 b	500; 6%	20		8,3 (Glycolat) 8,0—8,5 (L-Lactat)	380 (Glycolat) 2 000 (L-Lactat)
FRIGERIO und HARBURY 1958	600 [a]; 14%	10	70 000 (Monomer? enzymatisch aktiv?) 140 000 (Dimer?) 270 000 (Tetramer?)	8,3 (Glycolat)	
TOLBERT 1971 b					380 (DCPIP)
Pisum sativum, Blätter CORBETT und WRIGHT 1971	27; 22%	0,6			262 (Glycolat)
KERR und GROVES 1975	600 [b]; 26%	30	50 000 (Monomer? enzymatisch aktiv?) (Gel-elektro-phorese, Gelfiltration, Ultrazentrifugation)		250 (Glycolat) 133 (O_2) 6 600 (L-Lactat)
Nicotiana tabacum, Blätter SCHMID 1969, CODD und SCHMID 1972	600; 3%	10		7,8—8,0 (Glycolat)	
Ricinus communis, Endosperm, Glyoxysomen SHIH und BREIDENBACH 1971				8,3	59 (Glycolat)

[a] Enzym kristallisiert; Homogenität des Proteins geprüft u. a. durch Elektrophorese, analyt. Ultrazentrifugation.

[b] 1 Proteinbande nach SDS-Polyacrylamidgel-Elektrophorese.

phenolindophenol und Phenazinmethosulfat, nicht aber auf Flavine, Pyridin-nucleotide, Cytochrom c oder O_2 nachweisen. Gleiche Befunde ergaben sich für die isolierte Glycolatdehydrogenase der Diatomee *Thallassiosira pseudonana* (PAUL und VOLCANI 1974). — Untersuchungen zur Natur des Elektronenakzeptors der peroxisomalen Glycolatdehydrogenase in *Euglena gracilis* bzw. zum Mechanismus der peroxisomalen Glycolatoxidation in diesem Organismus liegen nicht vor.

Glycolatoxidase und Glycolatdehydrogenase unterscheiden sich nach Befunden von TOLBERT und Mitarbeitern (NELSON und TOLBERT 1970, TOLBERT et al. 1971, FREDERICK et al. 1973) generell nicht nur aufgrund des Elektronenakzeptors und des Cofaktors FMN der Oxidase, sondern auch dadurch, daß die Glycolatoxidase im Gegensatz zur Glycolatdehydrogenase durch KCN (10^{-3} M; vgl. auch ZELITCH 1955 b, SCHMID 1969) und durch SH-Gruppen-Inhibitoren (vgl. auch NOLL und BURRIS 1954, FRIGERIO und HARBURY 1958) nicht gehemmt wird. Glycolatoxidase oxidiert als L-α-Hydroxysäureoxidase auch L-, aber nicht D-Lactat (s. u.), während die Glycolatdehydrogenase auch D-Lactat (V_{max} 50—350% des V_{max} für Glycolat; jedoch K_m für Glycolat $< K_m$ für D-Lactat), aber nicht L-Lactat oxidiert. Trotz der z. T. hohen D-Lactatdehydrogenaseaktivität der Glycolatdehydrogenase scheinen nach Befunden an *Chlorella* (GRUBER et al. 1974, TOLBERT 1974 a) und *Euglena* (GRAVES et al. 1972, COLLINS und MERRETT 1975 a) Glycolatdehydrogenase und D-Lactatdehydrogenase aber unterschiedliche Proteine zu sein. Im Gegensatz zu diesen allgemeinen Befunden wird die Glycolatdehydrogenase der Diatomeen durch KCN nicht gehemmt und dieses Enzym oxidiert bevorzugt L-Lactat (V_{max} für L-Lactat $> V_{max}$ für Glycolat $\gg V_{max}$ für D-Lactat; aber K_m für Glycolat $< K_m$ für L-Lactat; PAUL und VOLCANI 1974, 1975).

Zur Charakterisierung der Glycolat oxidierenden Enzyme führten CODD und SCHMID (1972) serologische Untersuchungen durch. Eingesetzt wurde ein Antiserum, das gegen die Glycolatoxidase des Tabakblattes hergestellt worden war. Nach den Ergebnissen des Ochterlony-Tests wiesen die Glycolatoxidase aus einer chlorophyllfreien Mutante von *Chlorella vulgaris* und die Glycolatdehydrogenase aus *Euglena gracilis* teilweise serologische Übereinstimmung mit der Glycolatoxidase des Tabakblattes auf; die beiden Algenenzyme waren untereinander serologisch identisch. Auf die Aktivität der Algenenzyme wirkte sich die Bindung des Antikörpers an das Enzymprotein unterschiedlich aus. Während die Aktivität der Glycolatdehydrogenase aus *Euglena* nicht beeinflußt wurde, ergab sich für die Aktivität des *Chlorella*-Enzyms — getestet mit O_2 und Dichlorphenolindophenol (s. u.) als Elektronenakzeptor — eine 30—50prozentige Hemmung. Die Aktivität der Glycolatoxidase des Tabaks wurde durch das Antiserum zu 100% gehemmt.

GRODINSKI und COLMAN (1972) untersuchten vergleichend das elektrophoretische Verhalten der Glycolatoxidasen höherer Pflanzen und der Glycolatdehydrogenase aus *Chlorella pyrenoidosa*. Für die Glycolatoxidase aus Tabak-, Spinat- und Maisblättern sowie dem *Ricinus*-Endosperm ergaben sich übereinstimmend zwei Aktivitätsbanden an Polyacrylamidgel (R_f-Wert ~ 0 und R_f-Wert > 0; vgl. isoelektrischen Punkt der Glycolatoxidase), wenn der Aktivitätsnachweis mit FMN im Testansatz ausgeführt wurde. Als Elektronenakzeptor in der Glycolatoxidation dienten O_2 oder artifizielle Elektronenakzeptoren (s. u.). Ohne FMN im Testansatz — Aktivitätsnachweis nur ausgeführt mit artifiziellen Elektronenakzeptoren — war dagegen nur die Aktivitätsbande mit dem R_f-Wert > 0 nachzuweisen. In identischer Position zu dieser Bande fand sich die Aktivitätsbande der Glycolatdehydrogenase aus *C. pyrenoidosa*, die aber im Gegensatz zur Bande der Glycolatoxidasen auch mit D-Lactat nachzuweisen war.

Cofaktor der Glycolatoxidase ist FMN (ZELITCH und OCHOA 1953, FRIGERIO und HARBURY 1958), das relativ leicht vom Enzym abdissoziiert. Das Apoenzym ist enzymatisch inaktiv, kann aber durch Zusatz von FMN reaktiviert werden. Eine Stimulierung der Aktivität einer Glycolatoxidase durch Zugabe von FMN wird dementsprechend vielfach beobachtet. — Die O_2-Aufnahme in der durch Glycolatoxidase katalysierten Glycolatoxidation erfolgt bei der Reoxidation des Cofaktors FMN, der autoxidabel in reduzierter Form mit O_2 unter Bildung von H_2O_2 reagiert. Die Reaktion verläuft (wie auch bei anderen peroxisomalen Oxidasen) nicht über ein freies Superoxidradikal $O_2{\cdot}^-$ (ROTILIO *et al.* 1973). O_2 als Elektronenakzeptor der Glycolatoxidase kann unter anaeroben, aber auch unter aeroben Bedingungen durch unphysiologische 2-Elektronen-Akzeptoren (Dichlorphenolindophenol: ZELITCH und OCHOA 1953, ZELITCH 1955 b, CODD und SCHMID 1971, TOLBERT 1971 c; Methylenblau: FRIGERIO und HARBURY 1958) ersetzt werden. Glycolatoxidase kann also fakultativ als aerobe Dehydrogenase arbeiten. Auf 1-Elektron-Akzeptoren (u. a. Fe^{3+}, Cytochrom c, Tetrazoliumsalze; FRIGERIO und HARBURY 1958) werden Elektronen durch die Glycolatoxidase nicht übertragen. CODD und SCHMID (1971) zeigten für die Glycolatoxidase aus Tabak, daß Phenazinmethosulfat als aktivitätsstimulierender Elektronenüberträger zwischen dem Enzym und O_2 fungiert und daß katalytische Mengen natürlich vorkommender Chinone *in vitro* die aerobe Dehydrogenaseaktivität der Glycolatoxidase steigern, also bessere Elektronenakzeptoren als O_2 darstellen. Diese Befunde werden unter dem Gesichtspunkt diskutiert, daß möglicherweise auch *in vivo* die Glycolatoxidase als Dehydrogenase arbeitet. ZELITCH (1955 a) berechnete für die Oxidation des Glycolats mit O_2 als direktem Elektronenakzeptor ein $\Delta G_0' = -41$ kcal/Mol. Mit NAD^+ als Elektronenakzeptor wäre die Glycolatoxidation stark endergonisch mit einem $\Delta G_0' = +20$ kcal/Mol.

Die Affinität der Glycolatoxidase gegenüber O_2 ist relativ gering (TOLBERT 1971 a). Das Enzym zeigt O_2-Sättigung bei etwa 60% O_2 (ANDREWS *et al.* 1973, vgl. auch FRIGERIO und HARBURY 1958). Der K_m-Wert für O_2 wurde zu 0,13 mM (KERR und GRAVES 1975) und 0,17 mM (GRODINSKI und BUTT 1976) bestimmt.

Glycolatoxidasen oxidieren außer Glycolat unverzweigte L-α-Hydroxysäuren bis zu einer Kettenlänge C_4 oder C_6 (u. a. CLAGETT *et al.* 1949, SHIH und BREIDENBACH 1971, KERR und GRAVES 1975). Mit L-Lactat als Substrat zeigten Glycolatoxidasen 40—100% der Aktivität der Glycolatoxidation, mit D-Lactat betrugen die Umsatzraten 0—20% der Aktivität mit Glycolat (u. a. FREDERICK *et al.* 1973). Die Glycolatoxidase einer chlorophyllfreien Mutante von *Chlorella vulgaris* oxidierte beide Stereoisomere des Lactats mit etwa gleicher Rate (= 40—50% der Glycolatoxidation; CODD *et al.* 1972). Für die Glycolatoxidase aus *Pisum sativum* wurde Aktivität auch mit α-Hydroxy-3-butenat nachgewiesen ($K_m = 2$ mM; JEWESS *et al.* 1975). L-α-Hydroxyisobutyrat wurde von Glycolatoxidasen nicht umgesetzt (CLAGETT *et al.* 1949, KERR und GRAVES 1975), während das Enzym aus Spinat L-α-Hydroxyisocapronat mit ca. 65% der Aktivität für Glycolat oxidierte (McGROARTY *et al.* 1974). — Glyoxylat kann von Glycolatoxidase weiter zu Oxalat oxidiert werden (K_m des Spinatenzyms für Glyoxylat = 5,4 mM; RICHARDSON und TOLBERT 1961, HALLIWELL und BUTT 1974, KERR und GRAVES 1975). Diese enzymatische Reaktion ist von der nicht-enzymatischen Oxidation des Glyoxylats durch (das in der Glycolatoxidation gebildete) H_2O_2 zu unterscheiden, die zu CO_2 und Formiat führt (HALLIWELL und BUTT 1974, GRODINSKI und BUTT 1976). — Aktivität und Stabilität der Glycolatoxidase aus Spinatblättern zeigten starke Abhängigkeit von der Ionenstärke des Mediums (FRIGERIO und HARBURY 1958).

Hemmstoffe der Glycolatoxidase sind α-Hydroxysulfonate (Aldehyd-Bisulfit-Additionsverbindungen; ZELITCH 1957, 1959, CORBETT und WRIGHT 1971), Aminomethansulfonate (CORBETT und WRIGHT 1971) und 2-Hydroxy-3-butinoat ($HC\equiv C\text{-}CHOH\text{-}COOH$; JEWESS *et al.* 1975). Untersuchungen zum Mechanismus der Hemmwirkung dieser Substanzen liegen von CORBETT und WRIGHT (1971) sowie JEWESS *et al.* (1975) vor. Eine Anzahl weiterer Verbindungen wurde von CORBETT und WRIGHT (1971) auf ihren Hemmstoffcharakter gegenüber Glycolatoxidase getestet. — An der Glycolatoxidase aus Tabak wies SCHMID (1969) eine Hemmung des Enzyms durch Blaulicht (150—200 erg/sec/cm²) nach. Die Hemmwirkung des Blaulichts beruht auf einer primären Photoaktivierung des Cofaktors FMN und einer anschließenden Inaktivierung des Enzymproteins durch das angeregte FMN.

Für die Glycolatoxidase aus Erbsenblättern (KERR und GRAVES 1975) wurde ein isoelektrischer Punkt pH > 9,5 bestimmt, und das gereinigte Enzym ergab bei Elektrophorese (pH 7) eine kathodisch wandernde Aktivitätsbande (vgl. auch FRIGERIO und HARBURY 1958). Demgegenüber erhielten GRODZINSKI und COLMAN (1972, s. o.) für teilweise gereinigte Glycolatoxidase verschiedener Herkunft nach Elektrophorese zwei Aktivitätsbanden mit den R_f-Werten ~ 0 und > 0 (anodisch). — Das minimale Molekulargewicht der Glycolatoxidase aus Spinat beträgt ca. 70 000, doch liegen auch Formen des Molekulargewichts 140 000 und 270 000 vor, die enzymatisch aktiv und ineinander umwandelbar sind und als Dimer und Tetramer aufgefaßt werden (FRIGERIO und HARBURY 1958). — Die Aminosäurenzusammensetzung einer Glycolatoxidase ist für das Enzym aus *Pisum sativum* bekannt (KERR und GRAVES 1975).

BAKER und TOLBERT (1966) beschrieben eine Glycolatoxidase aus etiolierten Weizenkeimlingen — deren Vorkommen auch für junge grüne Tabak- und Weizenblätter angegeben wird —, die nur in Gegenwart von Substrat stabil und empfindlich gegenüber $(NH_4)_2SO_4$ sei und die außer FMN auch Ferredoxin enthalten soll. Auf Ferredoxin als einer Komponente des Enzyms wurde aus dem Absorptionsspektrum des 500fach gereinigten Enzyms (spezifische

Aktivität: 3 µMole Umsatz/min/mg Protein) und aus der Aktivitätsstimulierung des Enzyms durch Ferredoxin geschlossen. Bestätigungen des Vorkommens einer ferredoxinhaltigen Glycolatoxidase liegen nicht vor.

7.3.10. Hydroxypyruvatreductase (NADH-Glyoxylatreductase; D-Glyceratdehydrogenase)

Aus Spinat- und Tabakblättern wurde von ZELITCH (1953, 1955 a) ein Enzym isoliert, das als eine NADH-Glyoxylatreductase charakterisiert wurde. LAUDAHN (1963) wies nach, daß dieses Enzym in kinetischen und anderen Eigenschaften mit der D-Glyceratdehydrogenase (Hydroxypyruvatreductase) aus Spinat übereinstimmt, die von HOLZER und HOLLDORF (1957) charakterisiert worden war. Die Identität von Hydroxypyruvatreductase und NADH-Glyoxylatreductase wurde dadurch bestätigt, daß die Aktivitäten von Hydroxypyruvat- und Glyoxylatreduktion durch isoelektrische Fokussierung, Polyacrylamidgel- und Stärkegel-Elektrophorese oder durch Chromatographie an Sephadex nicht voneinander zu trennen waren (TOLBERT et al. 1970). Aufgrund seiner größeren Affinität zu Hydroxypyruvat gegenüber Glyoxylat und der in der Regel höheren Reaktionsgeschwindigkeit mit Hydroxypyruvat (Tab. 7.10.) wird das Enzym heute als Hydroxypyruvatreductase bezeichnet. Hydroxypyruvatreductase ist ein typisches Enzym der Blatt-Peroxisomen, kommt aber — mit geringerer Aktivität — auch in anderen Peroxisomen vor (Kap. 8.2.). Sie konnte nicht nachgewiesen werden für Peroxisomen aus Maiswurzeln und aus der Kartoffelknolle (Kap. 8.3.).

Außer der NADH-abhängigen Glyoxylatreductase (Hydroxypyruvatreductase) wurde aus Spinat- und Tabakblättern auch eine NADPH-abhängige Glyoxylatreductase isoliert (ZELITCH und GOTTO 1962). Dieses Enzym unterscheidet sich von der Hydroxypyruvatreductase außer in der Pyridinnucleotidspezifität im wesentlichen noch durch einen niedrigeren K_m-Wert für Glyoxylat (Spinat-Enzym: 130 µM, Tabak-Enzym: 320 µM; ZELITCH und GOTTO 1962) und eine 5—17fach höhere Reaktionsgeschwindigkeit mit Glyoxylat gegenüber Hydroxypyruvat (ZELITCH und GOTTO 1962, TOLBERT et al. 1970). Die NADPH-Glyoxylatreductase ist in den Chloroplasten lokalisiert (TOLBERT et al. 1970).

Die Charakterisierung der Hydroxypyruvatreductase (Tab. 7.10.), die besonders eingehend für das Enzym aus Spinat von KOHN und Mitarbeitern (1970) durchgeführt wurde, erfolgte in den meisten Fällen an einer Enzympräparation, die aus Blattextrakten gewonnen worden war. Gegen eine wesentliche Verunreinigung der Präparationen durch NADPH-Glyoxylatreductase spricht, daß für die Enzympräparate eine absolute Spezifität für NADH (ZELITCH 1955 a, HOLZER und HOLLDORF 1957, LAUDAHN 1963, vgl. aber unten) bzw. ein äußerst geringer Umsatz mit NADPH (KOHN und WARREN 1970) angegeben wird. Da die NADPH-Glyoxylatreductase gegenüber $(NH_4)_2SO_4$ empfindlich ist (TOLBERT et al. 1970), ist außerdem mit einer Inaktivierung dieses Enzyms während Ammoniumsulfatfällungen bei der Reinigung der Hydroxypyruvatreductase zu rechnen. — Die mit Glyoxylat als Carbonylsubstrat bestimmte Gesamtaktivität der peroxisomalen Hydroxy-

Charakterisierung peroxisomaler Enzyme 83

	Spinacia oleracea, Blätter				Nicotiana tabacum, Blätter		Ricinus communis
	Blatt-Peroxisomen TOLBERT et al. 1970	HOLZER und HOLLDORF 1957	LAUDAHN 1963 [a]	KOHN et al. 1970 [a], KOHN und WARREN 1970 [a]	ZELITCH 1955 a	LAUDAHN 1963	Endosperm Glyoxysomen LORD und BEEVERS 1972
Reinigung Anreicherung; Ausbeute		400; 37% 60; 23% [b]			740; 26% 150; 42%		
Spezifische Aktivität [µMole/min/mg Protein]	47	28; 20 [b]	ca. 50	ca. 300	10 [d] 1,2 [c, d]		
Molekulargewicht				97 500 (Dimer) (Ultra-zentrifugation)			
pH-Optimum Reduktion von Hydroxypyruvat	6,2 (6,0—7,4)	6,2	6,4 (5,8—6,6)	6,4 (6,1—6,6)		6,4 (6,0—6,5)	6,5
Reduktion von Glyoxylat	6,2 (5,8—6,5)		6,4 (5,8—6,5)	6,4 (5,5—6,5)	6,4 (6,3—6,6)	6,4 (5,8—6,4)	
K_m-Wert [µM] [e] Hydroxypyruvat	120	120	120	50		161	33
Glyoxylat	$150{-}350 \times 10^2$	140×10^2	154×10^2	500×10^2	91×10^2 56×10^2 [c]	125×10^2	300×10^2
NADH				3,5/7,7 [f]			
Relative Reaktionsgeschwindigkeit Hydroxypyruvat : Glyoxylat	4—5 : 1	4—5 : 1	4 : 1	3—4 : 1	0,3 : 1	3 : 1	1 : 1
Anionen-Stimulierung der Hydroxypyruvatreduktion		$Br^- > NO_3^- >$ $SO_4^{2-}, Cl^-,$ $> J^- > F^-$	$PO_4^{3-}; Cl^-;$ $NO_3^-; J^-;$ SO_4^{2-}	$PO_4^{3-} > Cl^- >$ $Br^- > SO_4^{2-} >$ NO_3^-	$J^- > NO_3^- >$ $Br^- > SO_4^{2-},$ $Cl^- > PO_4^{3-}$	$PO_4^{3-}; Cl^-;$ $NO_3^-; J^-;$ SO_4^{2-}	
Kompetitive Hemmung Hydroxypyruvatreduktion		Pyruvat		Pyruvat $(K_I = 0,2\,\text{mM})$ Glyoxylat			
Glyoxylatreduktion				Pyruvat			

pyruvatreductase (NADH-Glyoxylatreductase) beträgt im Spinatblatt etwa das 10fache der Gesamtaktivität der plastidären NADPH-Glyoxylatreductase (TOLBERT *et al.* 1970).

An der Hydroxypyruvatreductase isolierter Blatt-Peroxisomen des Spinats konnten TOLBERT *et al.* (1970) nachweisen, daß — entgegen älteren Angaben (s. o.) — eine absolute Spezifität des Enzyms für NADH nicht besteht. Das Enzym zeigte auch Aktivität mit NADPH. Diese betrug bei dem pH-Optimum 5,1 der Reaktion mit NADPH ca. 1/10 der Aktivität, die mit NADH beim pH-Optimum 6,2 dieser Reaktion erhalten wurde. Die Aktivität der Hydroxypyruvatreductase mit NADPH bei pH 6,2 betrug nur 1/50—1/100 der Reaktionsgeschwindigkeit mit NADH. Durch isoelektrische Fokussierung, Elektrophorese an Polyacrylamidgel oder Stärkegel sowie Chromatographie an Sephadex G-200 konnten die Aktivitäten der Hydroxypyruvatreduktion mit NADPH oder NADH nicht voneinander getrennt werden (TOLBERT *et al.* 1970), so daß sie *einem* Enzym zugeordnet werden können. Nach KOHN und WARREN (1970) liegt V_{max} der Reduktion von Hydroxypyruvat mit NADH zumindest um den Faktor 10 höher als V_{max} der Hydroxypyruvatreduktion mit NADPH (pH 6,4). Der K_m-Wert für NADPH wurde mit 3 mM Hydroxypyruvat als Carbonylsubstrat zu $4 \times 10^2\ \mu M$, mit 50 mM Glyoxylat als Carbonylsubstrat zu $1 \times 10^2\ \mu M$ bestimmt. Für Hydroxypyruvat wurde in Gegenwart von 0,15 mM NADPH ein K_m-Wert von $14 \times 10^2\ \mu M$ gefunden; der K_m-Wert für Glyoxylat war nicht zu bestimmen (KOHN und WARREN 1970).

Die Analyse der kinetischen Daten der durch Hydroxypyruvatreductase katalysierten Reduktion von Hydroxypyruvat oder Glyoxylat ergab, daß die Reaktion die Bildung eines ternären Komplexes von Enzym, Carbonylverbindung und Pyridinnucleotid erfordert, d. h. nach einem „*Ordered BiBi*"-oder „*Random BiBi*"-Mechanismus abläuft (KOHN und WARREN 1970). — Die Katalyse der Rückreaktion (pH-Optimum 8,9; KOHN und WARREN 1970) mit D-Glycerat oder Glycolat und NAD^+ als Substraten wurde für Hydroxypyruvatreductase nachgewiesen (ZELITCH 1955 a, HOLZER und HOLLDORF 1957, LAUDAHN 1963, KOHN und WARREN 1970, TOLBERT *et al.* 1970). Angaben zu den kinetischen Daten der Rückreaktionen, die mit ca. 1/30 der Maximalgeschwindigkeit der Hinreaktionen verlaufen, finden sich bei KOHN und WARREN (1970). Die Gleichgewichtskonstante der Reaktion Hydroxypyruvat $+$ NADH $+$ H^+ $\leftrightarrows$ D-Glycerat $+$ NAD^+ wurde zu $1,6—3,0 \times 10^{12}$ bestimmt (ZELITCH 1955 a, HOLZER und HOLLDORF 1957, KOHN und WARREN 1970). Daraus errechnet sich ein $\Delta G_0{}' = -7$ kcal/Mol. Für die Reaktion Glyoxylat $+$ NADH $+$ H^+ $\leftrightarrows$ Glycolat $+$ NAD^+ wurde eine Gleichgewichtskonstante $3,8—6,1 \times 10^{14}$ bestimmt (ZELITCH 1955 a, KOHN und WARREN 1970), entsprechend einem $\Delta G_0{}' = -10$ kcal/Mol.

α- und β-Ketomonocarbonsäuren, Oxalacetat, α-Ketoglutarat, Aldehyde oder Serin werden in Gegenwart von NADH durch Hydroxypyruvatreductase nicht reduziert; Alkohole, Aldehyde, Phosphoglycerat, L-Glycerat, Lactat oder Malat werden in Gegenwart von NAD^+ durch das Enzym nicht oxidiert (ZELITCH 1955 a, HOLZER und HOLLDORF 1957, LAUDAHN 1963, KOHN und WARREN 1970). Pyruvat hemmt das Enzym kompetitiv (Tab. 7.10.); für andere α-Ketosäuren liegen widersprechende Befunde über eine Hemmwirkung vor.

Mit Hydroxypyruvat als Carbonylsubstrat zeigt Hydroxypyruvatreductase eine ausgeprägte, pH-abhängige Aktivitätsstimulierung durch Anionen (Tab. 7.10.). Diese schlägt in eine Aktivitätshemmung um, wenn eine für das einzelne Anion charakteristische optimale Konzentration überschritten wird (KOHN und WARREN 1970). Die Aktivität der Hydroxypyruvatreductase in der Glyoxylatreduktion wird durch Anionen nicht beeinflußt (ZELITCH 1955 a, HOLZER und HOLLDORF 1957, LAUDAHN 1963) oder vorwiegend gehemmt (KOHN und WARREN 1970). Die Hemmwirkung der Anionen ist kompetitiv hinsichtlich der Carbonylsubstrate, nichtkompetitiv bezüglich NADH. Anionen haben keinen Einfluß auf die Enzymaktivität in der Oxidation von D-Glycerat (ZELITCH 1955 a, KOHN und WARREN 1970).

Die Hydroxypyruvatreductase des Spinats ist aus zwei identischen Untereinheiten aufgebaut, die für sich enzymatisch inaktiv sind (KOHN 1970, KOHN et al. 1970). Diese können zu einem enzymatisch aktiven Protein reassoziiert werden, das sich in seinen physikalischen und kinetischen Eigenschaften nicht von dem nativen Enzym unterscheidet. Nach Untersuchungen von WARREN und KOHN (1970) besitzt jede Untereinheit ein katalytisches Zentrum, das zum katalytischen Zentrum der anderen Untereinheit in räumlicher Annäherung und in funktioneller Kooperation steht. Von den im Enzymmolekül nachgewiesenen 4 freien essentiellen SH-Gruppen, die nach tryptischer Hydrolyse des Proteins alle auf einem gleichen Peptidstück lokalisiert sind, werden je 2 den katalytischen Zentren zugeordnet. Denn durch Substrat kann das Enzym gegen eine Inaktivierung durch SH-Gruppen-Inhibitoren geschützt werden.

Für die aus Spinat gewonnene Hydroxypyruvatreductase wurden 3 Isoenzyme nachgewiesen (1 Hauptkomponente, 2 Nebenkomponenten; KOHN et al. 1970, KOHN und WARREN 1970). Diese unterscheiden sich voneinander u. a. in ihrer elektrophoretischen Mobilität, in ihrem isoelektrischen Punkt sowie in ihrer spezifischen Aktivität.

7.3.11. Aminotransferasen

In Peroxisomen pflanzlicher Zellen wurden drei Aminotransferasen nachgewiesen: L-Serin-Glyoxylat-Aminotransferase, Glutamat-Glyoxylat-Aminotransferase und Aspartat-α-Ketoglutarat-Aminotransferase. Da diese Enzyme auch mit anderen als den angegebenen Aminogruppendonatoren und -akzeptoren reagieren können, besitzen Peroxisomen ein weiteres Spektrum an Aminotransferaseaktivität als an Aminotransferasen (s. u.). Eingehender charakterisiert wurden von den peroxisomalen Aminotransferasen die beiden Glyoxylat-Aminotransferasen (Tab. 7.11., 7.12.).

Für Spinatblätter wurde partikuläre Aktivität der Serin-Glyoxylat-Aminotransferase (YAMAZAKI und TOLBERT 1970, REHFELD und TOLBERT 1972) und der Glutamat-Glyoxylat-Aminotransferase (KISAKI und TOLBERT 1969) ausschließlich in den Blatt-Peroxisomen lokalisiert; partikuläre Aktivität der Aspartat-α-Ketoglutarat-Aminotransferase wurde außer in Blatt-Peroxiso-

Tabelle 7.11. *Reinigung und Eigenschaften peroxisomaler Aminotransferasen pflanzlicher Zellen*

	Glutamat-Glyoxylat-Aminotransferase	Serin-Glyoxylat-Aminotransferase		
	Spinacia oleracea Blatt-Peroxisomen KISAKI und TOLBERT 1969	*Spinacia oleracea* Blatt-Peroxisomen REHFELD und TOLBERT 1972	*Avena sativa* Blätter BROCK et al. 1970	*Phaseolus vulgari* Blätter SMITH 1973, CAR: und SMITH 1974
Reinigung				
Anreicherung			55 [a]	105
spezifische Aktivität [μMole Umsatz/min/ mg Protein]	0,010; 2,4—2,8 [c]	1,5 [d]	1,2 [b]	7,0
pH-Optimum	7,0—7,5	7,0	8,5	8,2
Isoelektrischer Punkt	pH 5,8	pH 6,7		
K_m [μM]				
Aminogruppen-Donor	3 600	2 720		710
Aminogruppen-Akzeptor	4 400	150		600
Spezifität [e]				
Aminogruppen-Donor	L-Glutamat, L-Alanin [f]	L-Serin, L-Alanin	L-Serin (100), L-Alanin (0), L-Glutamat (0)	L-Serin (100), L-Alanin (4), L-Glutamat (0)
Aminogruppen-Akzeptor	Glyoxylat (100), Pyruvat (35), Hydroxypyruvat (20), Oxalacetat (15)	Glyoxylat (100), Pyruvat (10)	Glyoxylat (100), andere Ketosäuren (0) [g]	Glyoxylat (100), Pyruvat (6—16)
Inhibitoren [h]				
Hydroxylamin			0,03 mM: 95%	0,01 mM: 100%
Isonicotinylhydrazid	1 mM: 20% 10 mM: 50%		0,30 mM: 10%	
NH_4^+		10 mM: +	15 mM: +	0,1 mM: 40% 1,0 mM: 90%
PO_4^{3-}	70 mM: — [f]	70 mM: 80%		
D-Serin		40 mM: 85%		
Glyoxylat				1,0 mM
SH-Gruppen-Inhibitoren			—	1,0 mM: 40%
Komplexbildner			—	

[a] Eine 135fach gereinigte Präparation ergab nur eine Proteinbande nach Polyacrylamidgel-Elektrophorese; diese Präparation zeigte aber auch Aktivität mit L-Glutamat und L-Alanin (pH 7,0).

[b] Verwendung von Phosphatpuffer, der nach REHFELD und TOLBERT (1972) hemmend wirkt.

[c] YAMAZAKI und TOLBERT 1970, REHFELD und TOLBERT 1972.

[d] Vergl. aber TOLBERT 1971 a.

[e] Die Werte in Klammern hinter den Substraten geben die relative Reaktionsgeschwindigkeit mit diesem Substrat an.

[f] REHFELD und TOLBERT 1972.

[g] Bestimmt für die unter [a] genannte Präparation.

[h] Wirkung angegeben als Hemmung (+) oder keine Hemmung (—) bzw. in % zur Kontrollaktivität.

men auch in den Chloroplasten und Mitochondrien des Spinatblattes nachgewiesen (YAMAZAKI und TOLBERT 1970, REHFELD und TOLBERT 1972). Die Aspartat-α-Ketoglutarat-Aminotransferase-Aktivität in der Fraktion der Blatt-Peroxisomen ist aber nicht nur auf eine Verunreinigung der Fraktion durch Mitochondrien und/oder Chloroplasten zurückzuführen. Elektrophorese der löslichen Fraktion aus Chloroplasten, Mitochondrien oder Blatt-Peroxisomen an Polyacrylamidgelen ergab für Chloroplasten und Mitochondrien nur je eine, identische Bande mit Aspartat-α-Ketoglutarat-Aminotransferase-Aktivität. Für Blatt-Peroxisomen ergaben sich dagegen drei Aktivitätsbanden,

Tabelle 7.12. *Reaktionsgeschwindigkeit und kinetische Konstanten der von Serin-Glyoxylat-Aminotransferase katalysierten Reaktionen* (nach CARPE und SMITH 1974)

| | | | K_m [mM] | |
Transaminierungs-Reaktion	v [a]	V_{max} [b]	Aminogruppen-Donor	Aminogruppen-Akzeptor
Serin + Glyoxylat → Hydroxypyruvat + Glycin	1	1	0,71	0,60
Serin + Pyruvat → Hydroxypyruvat + Alanin	0,06	0,15	0,39	38,0 [c]
Glycin + Hydroxypyruvat → Glyoxylat + Serin	0,04	0,33	11,0	1,1
Alanin + Hydroxypyruvat → Pyruvat + Serin	0,07	0,33	20,0	0,63

[a] Reaktionsgeschwindigkeit eines Ansatzes mit 1 μMol jeden Substrates, ausgenommen 10 μMole Pyruvat. Reaktionsgeschwindigkeit 1 ≙ 2,5 μMole Umsatz/min/mg Protein.

[b] 1 ≙ 6 μMole Umsatz/min/mg Protein.

[c] 2,8 für das Enzym aus Spinat (REHFELD und TOLBERT 1972).

von denen die stärkste mit der einen Aktivitätsbande der anderen Organellen übereinstimmte (YAMAZAKI und TOLBERT 1970, REHFELD und TOLBERT 1972). Die Aktivität dieser Bande wird mit 40—50% der peroxisomalen Aspartat-α-Ketoglutarat-Aminotransferase-Gesamtaktivität angegeben. Sie lag damit deutlich über dem zu 15% bestimmten Prozentsatz der Aktivität, der auf die Verunreinigung der Peroxisomenfraktion durch Mitochondrien und Chloroplasten zurückzuführen war. An TEAE-Cellulose konnte die Aspartat-α-Ketoglutarat-Aminotransferase der Blatt-Peroxisomen ebenfalls in drei Isoenzyme aufgetrennt werden, die den drei Aktivitätsbanden nach Elektrophorese zugeordnet werden konnten (REHFELD und TOLBERT 1972).

In *Euglena gracilis* wurde nur Serin-Glyoxylat-Aminotransferase ausschließlich in den Peroxisomen lokalisiert (COLLINS und MERRETT 1975). Glutamat-Glyoxylat-Aminotransferase wird auch für die Mitochondrien angegeben (COLLINS und MERRETT 1975, vgl. auch LORD und MERRETT 1971), und Aspartat-α-Ketoglutarat-Aminotransferase zeigte subzelluläre Verteilung wie im Spinatblatt. Die Aktivität dieser beiden Aminotransferasen in der Peroxisomenfraktion war maximal zu 40% auf eine Verunreinigung der Fraktion durch Mitochondrien zurückzuführen. — Die vorliegenden Untersuchungsergebnisse am *Ricinus*-Endosperm (SCHNARRENBERGER *et al.* 1971) lassen keine ausschließliche Lokalisation einer der drei Aminotransferasen in den Glyoxysomen des Gewebes erkennen.

Aminotransferasen weisen häufig keine ausgeprägte Substratspezifität auf. Daß es sich bei den drei in Blatt-Peroxisomen des Spinats nachgewiesenen Aminotransferasen um unterschiedliche Proteine handelt, wurde durch isoelektrische Fokussierung der löslichen Fraktion isolierter Blatt-Peroxisomen nachgewiesen (REHFELD und TOLBERT 1972, vgl. auch YAMAZAKI und TOLBERT 1970). Auch an TEAE-Cellulose konnten die Serin-Glyoxylat-Aminotransferase-Aktivität und die Glutamat-Glyoxylat-Aminotransferase-Aktivität der Blatt-Peroxisomen des Spinats voneinander getrennt werden. Doch koinzidierte mit dem Eluationsprofil der Serin-Glyoxylat-Aminotransferase das Eluationsprofil eines der drei Isoenzyme der blattperoxisomalen Aspartat-α-Ketoglutarat-Aminotransferase (REHFELD und TOLBERT 1972). Da aber in Gegenwart von Serin + Aspartat als Aminogruppendonatoren der Enzymtest in den Fraktionen mit beiden Enzymaktivitäten den Additionswert der Aktivitäten mit jeweils einem der beiden Substrate ergab, kann das Vorliegen von zwei Enzymen in den Fraktionen mit Serin-Glyoxylat- und Aspartat-α-Ketoglutarat-Aminotransferase-Aktivität angenommen werden. BROCK *et al.* (1970) erhielten bei der Reinigung der Serin-Glyoxylat-Aminotransferase aus Haferblättern nach Behandlung des Enzyms mit Calciumphosphatgel und nach Chromatographie des Enzyms an DEAE-Cellulose ebenfalls ein Enzympräparat, das frei von Glutamat-Glyoxylat-Aminotransferase-Aktivität war. Außerdem gewannen die Autoren eine Glutamat-Glyoxylat-Aminotransferase (74fache Anreicherung), die frei von Serin-Glyoxylat-Aminotransferase-Aktivität war (Aspartat-α-Ketoglutarat-Aminotransferase-Aktivität für keine der beiden Aminotransferasen getestet). Merkwürdigerweise zeigte eine nach einem anderen — aber auch Chromatographie an DEAE-Cellulose einschließenden — Verfahren 2,5fach stärker angereicherte Serin-Glyoxylat-Aminotransferase Aktivität mit Glutamat als Aminogruppendonor, obwohl die Präparation nach Elektrophorese an Polyacrylamidgel ein homogenes Protein darstellte. — Die von SMITH (1973) aus Bohnenblättern gereinigte Serin-Glyoxylat-Aminotransferase zeigte ebenfalls keine Glutamat-Glyoxylat-Aminotransferase-Aktivität.

In Blatt-Peroxisomen des Spinats wurde auch L-Alanin-Glyoxylat-Aminotransferase-Aktivität nachgewiesen. REHFELD und TOLBERT (1972) führen diese Aminotransferase-Aktivität anhand folgender Befunde auf eine Unspezifität der Serin-Glyoxylat- und der Glutamat-Glyoxylat-Aminotransferase hinsichtlich des Aminogruppendonors zurück: Nach isoelektrischer Fokussierung der löslichen Fraktion von Blatt-Peroxisomen entsprach von den zwei auftretenden Maxima der Alanin-Glyoxylat-Aminotransferase-Aktivität eines dem Aktivitätsmaximum der Serin-Glyoxylat-Aminotransferase und das andere dem der Glutamat-Glyoxylat-Aminotransferase. Die Aktivität mit Serin + Alanin bzw. Glutamat + Alanin als Aminogruppendonatoren entsprach nicht dem additiven Wert der Aktivitäten, die mit Serin und Alanin bzw. Glutamat und Alanin als jeweils alleinigem Donor erhalten wurden. Für eine über TEAE- bzw. DEAE-Cellulose gereinigte Serin-Glyoxylat-Aminotransferase konnte allerdings kein Umsatz von L-Alanin nachgewiesen werden (REHFELD und TOLBERT 1972, BROCK *et al.* 1970). Aufgrund des Befundes, daß sich das Verhältnis der Glyoxylat-Aminotransferase-Aktivität mit Serin, Alanin und Glutamat als Donor während der Reinigung der Serin-Glyoxylat-Aminotransferase zueinander änderte, nimmt SMITH (1973) an, daß den drei Aktivitäten drei gesonderte Enzyme entsprechen.

Während noch nicht eindeutig geklärt ist, ob für die Aminogruppenübertragung auf Glyoxylat zwei oder drei Enzyme in den Blatt-Peroxisomen vorliegen, besteht Übereinstimmung der Untersuchungsergebnisse darin, daß die Serin-Pyruvat-Aminotransferase-Aktivität in Blatt-Peroxisomen auf einer Unspezifität der Serin-Glyoxylat-Aminotransferase hinsichtlich des Aminogruppenakzeptors beruht (Tab. 7.12.). Die Identität von Serin-Glyoxylat- und Serin-Pyruvat-Aminotransferase ergab sich aus dem konstanten Verhältnis der Aktivitäten während der Reinigung der Serin-Glyoxylat-Aminotransferase (SMITH 1973), der Übereinstimmung der Aktivitätsprofile nach isoelektrischer Fokussierung oder nach TEAE-Cellulose-Chromatographie der löslichen Fraktion von Blatt-Peroxisomen, dem übereinstimmenden Aktivitätsverlust bei Hitzedenaturierung und der übereinstimmenden Hemmbarkeit durch Phosphat oder D-Serin (REHFELD und TOLBERT 1972). Die Aktivität der Serin-Glyoxylat-Aminotransferase mit Pyruvat als Akzeptor liegt für das Enzym aus Blatt-Peroxisomen bei 5—10⁰/o der Aktivität mit Glyoxylat (REHFELD und TOLBERT 1972, SMITH 1973, CARPE und SMITH 1974), für das Enzym der Peroxisomen aus *Euglena gracilis* bei 50⁰/o (COLLINS und MERRETT 1975). Keine Reaktion der Serin-Glyoxylat-Aminotransferase mit Pyruvat als Aminogruppenakzeptor erhielten BROCK *et al.* (1970) für das Enzym aus Hafer. — KISAKI und TOLBERT (1969) beobachteten eine Aminogruppenübertragung von Glutamat auf Pyruvat in Blatt-Peroxisomen des Spinats, die auf die Aktivität der Glutamat-Glyoxylat-Aminotransferase zurückgeführt wird.

Mit spektrophotometrischer Bestimmungsmethode konnten REHFELD und TOLBERT (1972) für die in Peroxisomen nachgewiesenen Glyoxylat-Aminotransferasen keine Katalyse der Rückreaktion demonstrieren. Ein gleicher Befund wird für die Serin-Glyoxylat-Aminotransferase auch von BROCK *et al.* (1970) und für die Glutamat-Glyoxylat-Aminotransferase von KISAKI und TOLBERT (1969; keine Angaben zur Bestimmungsmethode) berichtet. Andererseits liegen aber Angaben über eine Alanin-Hydroxypyruvat-Aminotransferase-Aktivität ($\hat{=}$ Rückreaktion der Serin-Pyruvat-Aminotransferasereaktion) in Blättern vor (WILLIS und SALLACH 1963, CHEUNG *et al.* 1968). Die Spezifität des angereicherten Enzyms (ca. 15 nMole Umsatz/min/mg Protein) für den Aminogruppendonator wurde mit L-Alanin (100⁰/o Aktivität) > Glycin (50⁰/o) > Glutamat, Aspartat (0⁰/o) bestimmt, und es konnte auch die Katalyse der Rückreaktion nachgewiesen werden (WILLIS und SALLACH 1963). Bei Einsatz der empfindlicheren radiochemischen Bestimmungsmethode zum Nachweis einer von der Serin-Glyoxylat-Aminotransferase katalysierten Rückreaktion erhielten REHFELD und TOLBERT (1972) eine geringe Auswechselreaktion zwischen Glycin und Glyoxylat. Für die aus

Bohnenblättern gereinigte Serin-Glyoxylat-Aminotransferase konnten CARPE und SMITH (1974) anhand der radiochemischen Bestimmungsmethode eindeutig die Katalyse der Rückreaktion nachweisen, und diese Autoren untersuchten auch eingehender deren Kinetik (Tab. 7.12.). Die Bestimmung der Gleichgewichtskonstante der Reaktion Serin + Glyoxylat $\rightleftharpoons$ Hydroxypyruvat + Glycin ergab einen Wert zwischen 32 und 119, d. h. eine Gleichgewichtslage bei 85—91% abgelaufener Hinreaktion (CARPE und SMITH 1974). — Die Reaktion an der Serin-Glyoxylat-Aminotransferase verläuft wie allgemein bei Aminotransferasen nach dem „*Ping-Pong*"-Mechanismus (BROCK *et al.* 1970, SMITH 1973).

7.3.12. Alkohol-(Methanol-)oxidase

In Hefen, die Methanol als Kohlenstoff- und Energiequelle zu verwerten vermögen, wird die Oxidation des Methanols zu Formaldehyd, d. h. die Eingangsreaktion sowohl in den assimilatorischen als auch in den dissimilatorischen Methanolstoffwechsel, durch eine Alkoholoxidase katalysiert (REUSS *et al.* 1974). Das Enzym ist in den Peroxisomen der Hefen lokalisiert (Kap. 10.3.; FUKUI *et al.* 1975 b, ROGGENKAMP *et al.* 1975). SAHM und WAGNER (1973 a, vgl. auch REUSS *et al.* 1974) charakterisierten die Alkoholoxidase aus *Candida boidinii* (spezifische Aktivität: 3,5 µMole Umsatz/min/mg Protein; 10fache Anreicherung). Das Enzym enthält FAD als Cofaktor und überträgt die Elektronen auf Sauerstoff, der zu H_2O_2 reduziert wird. Außer Methanol (100% Aktivität; $K_m = 2{,}0$ mM) werden auch Äthanol (75%; $K_m = 4{,}5$ mM), Allylalkohol (65%), n-Propanol (25%) und n-Butanol (15%) oxidiert. Das pH-Optimum der Reaktion liegt bei pH 7,5—9,7. Das Molekulargewicht des Enzyms wurde mit 600 000 bestimmt, das seiner Untereinheiten mit 74 000.

7.4. Intrapartikuläre Kompartimentierung der Enzyme

Die Enzyme der Peroxisomen können innerhalb der Organellen prinzipiell an drei verschiedenen Orten lokalisiert sein: sie können als „lösliche" Enzyme in der Matrix der Peroxisomen vorliegen, sie können membrangebunden auftreten oder mit einem Einschluß der Organellen assoziiert sein.

Für die Peroxisomen tierischer Zellen liegen Untersuchungen zur Kompartimentierung der Enzyme innerhalb dieser Organellen im wesentlichen für die Peroxisomen der Rattenleber vor. Nach Aufbrechen der Peroxisomen in alkalischem Medium (Kap. 7.1.) sind in der löslichen Fraktion (Matrixfraktion) Katalase, D-Aminosäureoxidase, Isocitratdehydrogenase und Carnitin-acetyltransferase enthalten (LEIGHTON *et al.* 1969, HAYASHI *et al.* 1973, MARKWELL *et al.* 1973). Doch zeigen Carnitin-acetyltransferase und D-Aminosäureoxidase beim Aufbrechen der Peroxisomen gegenüber Katalase eine langsamere Solubilisierung, so daß für D-Aminosäureoxidase auch eine lose Assoziierung mit dem kristalloiden Einschluß der Peroxisomen diskutiert wird (HAYASHI *et al.* 1973). Mit dem kristalloiden Einschluß der Peroxisomen fest assoziiert ist die Uricase (LEIGHTON *et al.* 1969, HAYASHI *et al.* 1973), und das Vorkommen von Uricase ist generell mit dem Auftreten eines kristalloiden Einschlusses in den Peroxisomen der Leberzellen korreliert (SHNITKA 1966, HRUBAN und RECHCIGL 1969). Nach cytochemischen Befunden liegt α-Hydroxysäureoxidase in den Peroxisomen der Rattenleber sowohl in Assoziierung mit dem Kristalloid als auch in der Matrix vor (HAND 1975), in den uricasefreien Peroxisomen der Rattenniere vorwiegend in Assoziierung mit dem amorphen Einschluß (SHNITKA und TALIBI 1971). — Als membrangebundenes Enzym ist für die Peroxisomen der Rattenleber nur NADH-Cytochrom c-Reductase

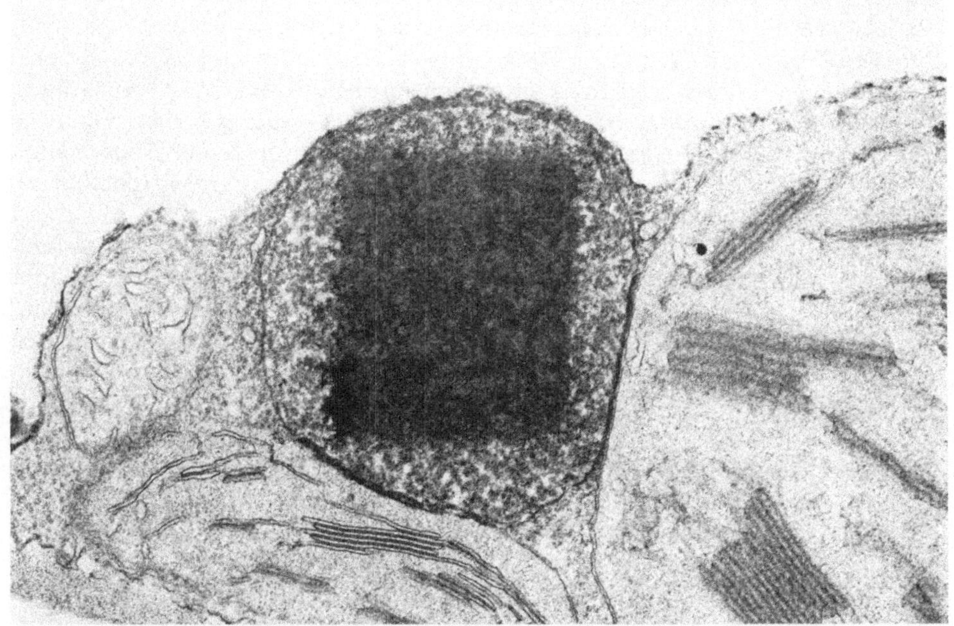

Abb. 7.6. Teil einer Mesophyllzelle von *Nicotiana tabacum* nach ausgeführter DAB-Reaktion (cytochemischer Katalasenachweis). Der Microbody enthält einen Kristalloid, der gegenüber der Matrix bevorzugt eine „Färbung" zeigt. Vergr. 44 000fach. — Original überlassen von E. H. NEWCOMB (FREDERICK und NEWCOMB 1969 b).

bekannt (DONALDSON *et al.* 1972, Kap. 11.1.). — In den Peroxisomen von *Tetrahymena pyriformis* liegt Isocitratlyase membrangebunden vor (MÜLLER 1975).

Gegenüber den Peroxisomen tierischer Zellen bestehen für die Peroxisomen pflanzlicher Zellen Unterschiede in der intrapartikulären Kompartimentierung gleicher Enzyme.

7.4.1. Assoziierung von Enzymen mit dem Einschluß der Peroxisomen

Nach zahlreichen cytochemischen Befunden ist mit den kristalloiden (Abb. 7.6.; u. a. FREDERICK und NEWCOMB 1969 b, VIGIL 1969 a) und fibrillären Strukturen (FREDERICK und NEWCOMB 1971, HILLIARD *et al.* 1971) der Microbodies pflanzlicher Zellen Katalase assoziiert. Doch reagiert auch die

Matrix der Organellen positiv im cytochemischen Test auf Katalase. Zur „Färbungs"-Intensität der Matrix in kristalloidhaltigen Microbodies wird verschiedentlich angegeben, daß diese im umgekehrten Verhältnis zur Größe des Kristalloids steht, und es wird darin eine fortschreitende Kondensation der löslichen Katalase gesehen (NEWCOMB und FREDERICK 1971, VIGIL 1969 a, 1970). Nach anderen Beobachtungen (u. a. MOLLENHAUER und TOTTEN 1970) liegt eine intensivere DAB-Reaktion (Kap. 5.1.) der Kristalloide gegenüber der Matrix nicht vor. Kristalloide tierischer Microbodies reagieren im cytochemischen Test auf Katalase negativ (vgl. o.; BEARD und NOVIKOFF 1969, FAHIMI 1969). — Für amorphe Einschlüsse der Microbodies wurde u. a. von MOLLENHAUER und TOTTEN (1970) an den Organellen des *Ricinus*-Endosperms eine positive Reaktion im cytochemischen Katalasetest beobachtet. Negative Reaktion im cytochemischen Katalasetest — bei positiver Reaktion der Matrix — wird dagegen für die amorphen Einschlüsse der Microbodies des Tabakblattes (NEWCOMB und FREDERICK 1971) und der Microbodies in *Nitella flexilis* (SILVERBERG 1975 a) angegeben.

Gezielte Untersuchungen zur Isolierung und enzymatischen Charakterisierung der Einschlüsse der Peroxisomen pflanzlicher Zellen liegen nicht vor. Eine Assoziierung der Uricase mit Kristalloiden — analog den Befunden an Peroxisomen tierischer Zellen — ist aufgrund der leichten Solubilisierung des Enzyms aus Peroxisomen pflanzlicher Zellen zunächst nicht anzunehmen (THEIMER und BEEVERS 1971, Tab. 7.13.).

Katalase — nach den cytochemischen Befunden mehr oder weniger ausgeprägt mit den Kristalloiden der Microbodies pflanzlicher Zellen assoziiert — tritt bei der Fraktionierung isolierter Peroxisomen überwiegend in der löslichen (Matrix-)Fraktion auf (Kap. 7.4.2./3.). HUANG und BEEVERS (1973) erhielten jedoch bei Auftrennung der partikulären Fraktion, die aus osmotisch aufgebrochenen Peroxisomen der Kartoffelknolle erhalten worden war, am Saccharose-Dichtegradienten für Katalase einen Aktivitätsgipfel bei der Dichte 1,28 g/cm³. Uricase- oder Glycolatoxidaseaktivität konnten in diesem Dichtebereich nicht nachgewiesen werden. Bei den Katalase tragenden Partikeln dürfte es sich um Kristalloide der Peroxisomen handeln, da Kristalloide der Peroxisomen aus Rattenleber bei der Dichte 1,26—1,28 g/cm³ sedimentieren und in ca. 50% der isolierten, intakten Peroxisomen (ϱ = 1,25 g/cm³) Kristalloide elektronenmikroskopisch nachgewiesen wurden. Die mit dem kristalloiden Einschluß assoziierte Katalaseaktivität betrug nur 7% der Katalaseaktivität intakter Peroxisomen. Eine Anreicherung der Katalase in dem die Peroxisomen weitgehend ausfüllenden Kristalloid lag danach nicht vor. — Eine einwandfreie Aussage darüber, ob bei Vorliegen eines Kristalloids in Peroxisomen pflanzlicher Zellen auch eine Anreicherung der Katalase in dieser Struktur gegeben ist, erfordert Angaben über die spezifische Aktivität des Enzyms in isolierten Kristalloiden.

Für die Peroxisomen Methanol verwertender Hefen wird aufgrund elektronenmikroskopischer Beobachtungen eine Assoziierung der Alkoholoxidase mit dem Kristalloid der Microbodies vermutet (ROGGENKAMP *et al.* 1975, SAHM *et al.* 1975). In einer Mutante von *Candida boidinii*, die wegen Ausfalls der Alkoholoxidase auf Methanol nicht wachsen kann, wird durch Methanol zwar die Bildung von Microbodies induziert, doch fehlt diesen im Gegensatz zu den Microbodies des Wildstammes der kristalloide Einschluß.

7.4.2. Kompartimentierung der Enzyme in Glyoxysomen

Erste Hinweise auf eine Kompartimentierung der Enzyme innerhalb der Glyoxysomen ergaben sich aus Befunden von GERHARDT und BEEVERS (1970) bei der Isolierung von Glyoxysomen aus dem Endosperm keimender *Ricinus*-Samen. Osmotisches Aufbrechen der isolierten Glyoxysomen führte zur Solubilisierung von 70% der Katalase- und Isocitratlyaseaktivität, während 70% der Malatsynthetaseaktivität und 60% des Proteins weiterhin partikulär vorlagen. Die Kompartimentierung der Enzyme in den Glyoxysomen des *Ricinus*-Endosperms wurde dann eingehend von HUANG und BEEVERS (1973) sowie BIEGLMAYER *et al.* (1973, 1974 a) untersucht.

Grundlage für eine Aussage über die Lokalisation eines Enzyms in der Matrix der Glyoxysomen ist der Grad seiner Solubilisierung nach osmotischer Schockbehandlung der Organellen. Enzyme, die nach osmotischem Aufbrechen der isolierten, intakten Partikeln überwiegend in der löslichen Fraktion (Kap. 7.1.) auftreten, gelten als Enzyme der Matrix. Den Grad der Verunreinigung der löslichen Fraktion durch Membranfragmente bestimmten HUANG und BEEVERS (1973), indem sie in das Lecithin der Membranen *in vivo* eingebautes ^{14}C-Cholin als Marker für Membranen verwendeten. In der löslichen Fraktion osmotisch aufgebrochener Glyoxysomen traten $\leq$ 5% der Radioaktivität isolierter, intakter Glyoxysomen auf (vgl. auch BROWN *et al.* 1974). — Zum Nachweis der Bindung von Enzymen an die Membran der Glyoxysomen wurde aus der partikulären Fraktion osmotisch aufgebrochener Organellen am Saccharose-Dichtegradienten die Membranfraktion isoliert (Kap. 7.1.). HUANG und BEEVERS (1973) lokalisierten die Glyoxysomenmembranen am Gradienten aufgrund ihrer vorangegangenen Markierung mit ^{14}C-Cholin und erhielten Übereinstimmung der Radioaktivitätsverteilung am Gradienten mit den Verteilungsprofilen für die nicht solubilisierten glyoxysomalen Enzymaktivitäten (Abb. 7.7.). BIEGLMAYER *et al.* (1973, 1974 a) lokalisierten die Membranen über ihre Proteinabsorption und überprüften die Reinheit der isolierten Membranfraktion anhand elektronenmikroskopischer Aufnahmen (Abb. 7.8.).

Die Ergebnisse beider Arbeitsgruppen (Tab. 7.13.) zur Lokalisation der Enzyme innerhalb der Glyoxysomen zeigen weitgehende Übereinstimmung. Unterschiedliche Ergebnisse wurden in der Solubilisierung der Malatdehydrogenase erhalten (35% bzw. 67% in der löslichen Fraktion). Membrangebundene Enzyme lagen in der gereinigten Membranfraktion gegenüber intakten Glyoxysomen in 2—3facher Anreicherung vor (BIEGLMAYER *et al.* 1973). Die Acetoacetyl-CoA-thiolaseaktivität der Glyoxysomen ist nach den Befunden von HUANG und BEEVERS (1973) in der Matrix der Organellen lokalisiert, während die β-Oxidationsaktivität (gemessen als Akkumulation von Acetylpyridin-NADH und als Umsatz von Palmitat/Palmityl-CoA in Malat) sowie die Enzyme Enoyl-CoA-hydratase und β-Hydroxyacyl-CoA-dehydrogenase in der Membranfraktion nachgewiesen wurden (BIEGLMAYER *et al.* 1973, HUANG und BEEVERS 1973). Diese Ergebnisse müssen nicht in

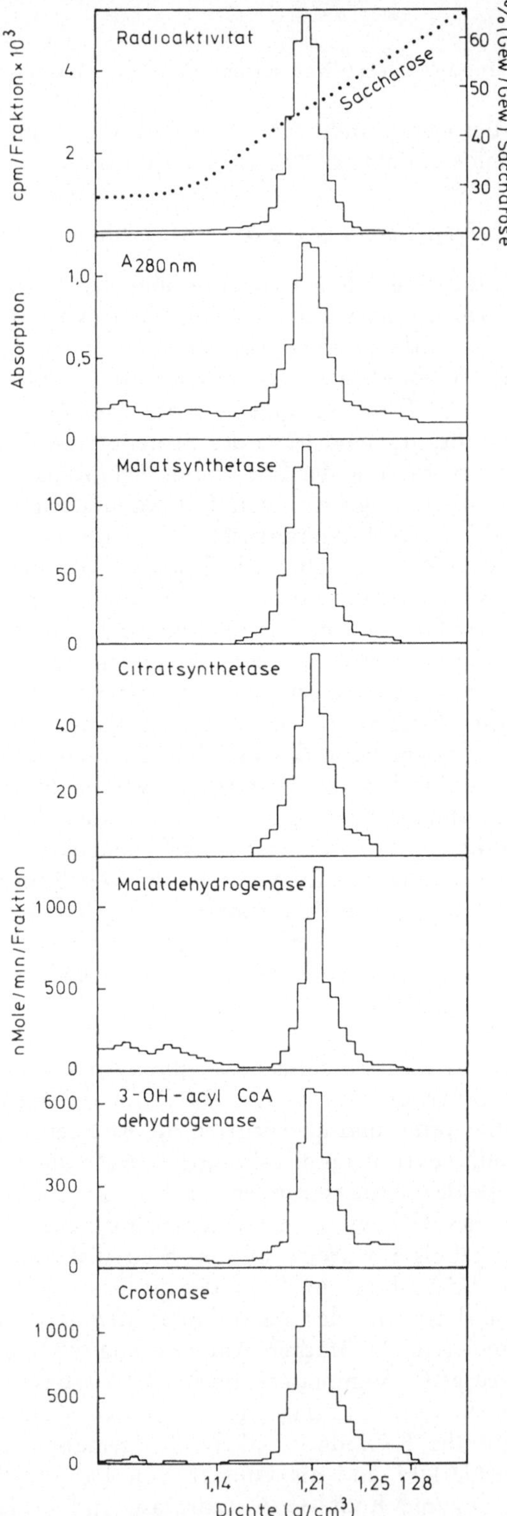

Abb. *7.7.* Zentrifugation der unlöslichen (Membran-)Fraktion, die nach osmotischem Aufbrechen intakter Glyoxysomen des *Ricinus*-Endosperms erhalten wurde, an einem Saccharose-Dichtegradienten. Die Radioaktivitätsverteilung entspricht dem Verteilungsprofil der Glyoxysomenmembranen, deren Lecithinanteil mit ^{14}C-Cholin *in vivo* markiert worden war. Aus: Huang und Beevers 1973 b.

Widerspruch zueinander stehen, da in intakten Glyoxysomen auch eine spezifische β-Ketoacyl-CoA-thiolase vorliegen könnte, d. h. die beiden β-Ketothiolaseaktivitäten auf unterschiedliche Enzymproteine zurückgehen könnten (vgl. MIDDLETON 1973).

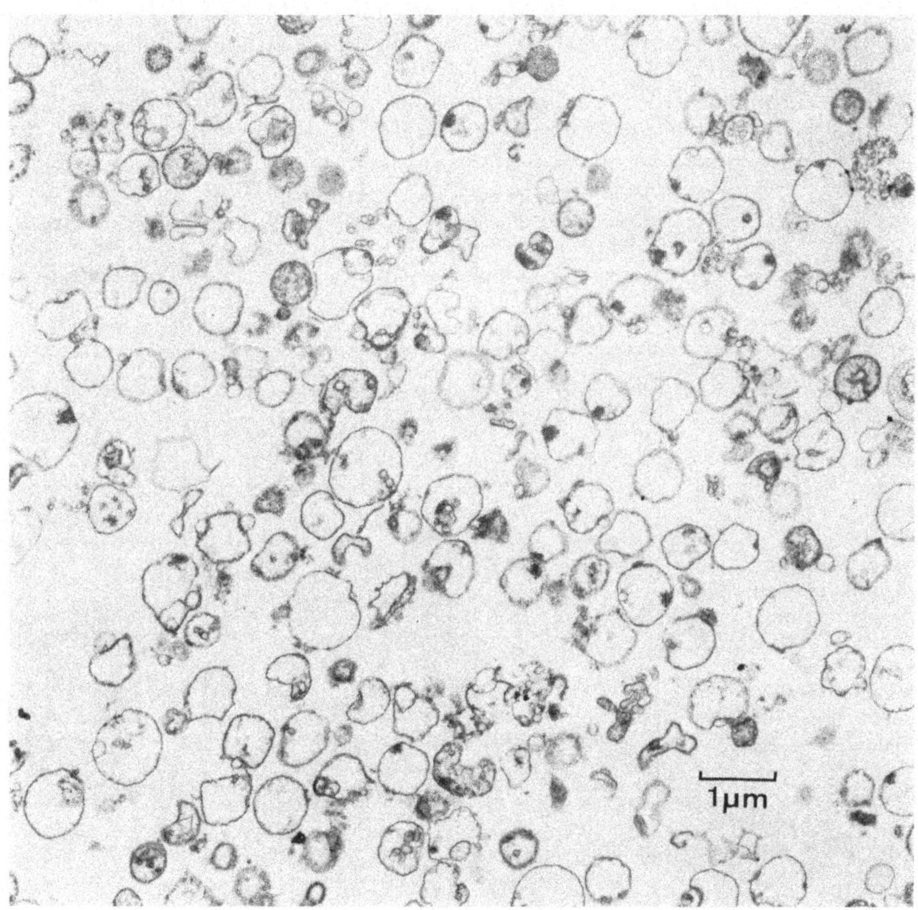

Abb. 7.8. Durch osmotisches Aufbrechen intakter Glyoxysomen erhaltene und über Zentrifugation am Saccharose-Dichtegradienten gereinigte Membranfraktion der Glyoxysomen des *Ricinus*-Endosperms. — Original überlassen von H. RUIS (BIEGLMAYER *et al.* 1973).

Der Befund, daß die membrangebundenen Enzyme der Glyoxysomen durch Salze solubilisiert werden, weist darauf hin, daß diese Enzyme vorwiegend durch ionische Bindungen an/in der Membran verankert sind. HUANG und BEEVERS (1973, vgl. auch BREIDENBACH 1969, BROWN *et al.* 1974) erhielten beim osmotischen Aufbrechen intakter Glyoxysomen in 0,15 M KCl eine 80prozentige Solubilisierung der membrangebundenen Enzymaktivitäten. Nur die Lipase der Glyoxysomen erwies sich auch unter diesen Bedingungen als fest an die Membran gebunden (MUTO und BEEVERS 1974). Selbst mit einer KCl-Konzentration 0,9 M konnten nur 20⁰/o der Lipaseaktivität von der

Membran gelöst werden. Der Proteinanteil in der löslichen Fraktion stieg nach Aufbrechen der Glyoxysomen in 0,15 M KCl von 60 auf 70% des Proteins der intakten Organellen an, die Radioaktivität aus der Markierung der Membranlipide erhöhte sich in der löslichen Fraktion von 5 auf 12%. BIEGLMAYER *et al.* (1974 a) behandelten gereinigte Membranen mit 0,6 M KCl und erzielten — bezogen auf die Membranfraktion — eine ca. 50prozentige Solubilisierung der

Tabelle 7.13. *Intrapartikuläre Lokalisation peroxisomaler Enzyme in Blatt-Peroxisomen aus Spinacia oleracea und in Glyoxysomen aus dem Endosperm von Ricinus communis*

Enzym	Nicht sedimentierbare ($\geq$ 40 000 $\times$ g, 30 min) Aktivität nach osmotischem Aufbrechen der Peroxisomen als % der Gesamtaktivität intakter Peroxisomen					Aktivität in einer gereinigten Membranfraktion als % der Gesamtaktivität intakter Peroxisomen
	Blatt-Peroxisomen des Spinats		Glyoxysomen des *Ricinus*-Endosperms			Glyoxysomen des *Ricinus*-Endosperms
	a	b	b	c	d	c
Katalase	89	94	70	88	49	6
Uricase			94	90		0
Glycolatoxidase	84	94	89	57		9
Hydroxypyruvatreductase	96	98	93			
Aminotransferase	97 [1]	86 [2]	78 [2]			
NADH-Cyt. c-Reductase	0			28		46/55
Isocitratlyase			98	82	95	8
Malatsynthetase			6	17	1	79/70
Citratsynthetase			11	33	26	51/55
Malatdehydrogenase	96	91	35	67		20/15
Alkalische Lipase			11[e]			
β-Oxidation				39		62/80
Acyl-CoA-synthetase						70
Enoyl-CoA-hydratase			41			
β-OH-acyl-CoA-DH			43			
Thiolase			90			
Protein	75		60		64	
[14]C-Cholin(-Lecithin)			5			

[1] Glutamat-Oxalacetat-Aminotransferase, Serin-Glyoxylat-Aminotransferase, Glutamat-Glyoxylat-Aminotransferase.

[2] Glutamat-Oxalacetat-Aminotransferase.

Literatur: a DONALDSON *et al.* 1972. b HUANG und BEEVERS 1973. c BIEGLMAYER *et al.* 1973, 1974. d LONGO *et al.* 1975. e HUANG 1975 b.

membrangebundenen Enzymaktivitäten. Cholat zeigte hinsichtlich einer Solubilisierung der membrangebundenen Enzyme geringere Wirksamkeit als KCl.

Aus den Untersuchungen von HUANG und BEEVERS (1973) sowie BIEGLMAYER *et al.* (1973, 1974 a) ergaben sich keine Hinweise darauf, daß die Assoziierung glyoxysomaler Enzyme mit der Membran der Organellen auf eine unspezifische Adsorption der Enzyme an die Membran zurückzuführen ist,

die sich bei der Fraktionierung der Organellen ergeben könnte. So erfolgte
z. B. keine Reassoziierung der durch KCl solubilisierten Enzyme mit der
Membran (HUANG und BEEVERS 1973), und Latenzuntersuchungen an gereinigten Membranen ergaben, daß Malatsynthetase an die Innenseite der Glyoxysomenmembran gebunden ist (BIEGLMAYER *et al.* 1974 a). — Die beobachtete geringe Aktivität löslicher Enzyme in einer gereinigten Membranfraktion
($<$ 10⁰/o der absoluten Aktivität bei $\geq$ 3facher Abnahme der spezifischen
Aktivität) erklärt sich dadurch, daß in dieser Fraktion eine minimale Verunreinigung durch intakte Glyoxysomen elektronenmikroskopisch nachzuweisen

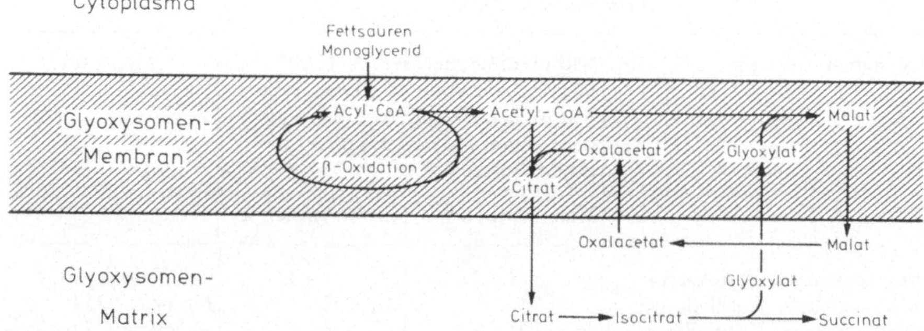

Abb. 7.9. Schema zur Kompartimentierung der Teilreaktionen der Fettmobilisierung innerhalb
der Glyoxysomen. — Aus: BIEGLMAYER *et al.* 1973.

war (BIEGLMAYER *et al.* 1973). Für Katalase ist außerdem auch eine geringe
unspezifische Adsorption an die Membranen anzunehmen, da nach den Ergebnissen von Latenzuntersuchungen an gereinigten Membranen eine Assoziierung
dieses Enzyms mit der Außenseite der isolierten Membranen vorlag (BIEGL-
MAYER *et al.* 1974 a). HUANG und BEEVERS (1973) schließen auch eine Assoziierung der Katalase mit den in der Membranfraktion beobachteten Kristalloiden der Glyoxysomen nicht aus, doch wird eine Anreicherung des Enzyms
in den Kristalloiden für unwahrscheinlich gehalten (vgl. auch Kap. 7.4.1.).
Cytochemische Untersuchungen führten zu widersprüchlichen Befunden über
eine bevorzugte Lokalisation der Katalase in den Kristalloiden der Glyoxysomen des *Ricinus*-Endosperms (Kap. 7.4.1.; MOLLENHAUER und TOTTEN
1970, VIGIL 1970), und BIEGLMAYER *et al.* (1974 b) beobachteten in isolierten,
intakten Glyoxysomen der *Ricinus*-Varietät, die auch VIGIL (1970) in seinen
Untersuchungen verwandte, niemals Kristalloide.

Aus den Untersuchungsergebnissen zur Kompartimentierung der Enzyme
innerhalb der Glyoxysomen des *Ricinus*-Endosperms folgt, daß an/in der
Membran dieser Organellen die Reaktionen lokalisiert sind, die Acetyl-CoA
liefern (β-Oxidation) und Acetyl-CoA verbrauchen (Malatsynthetase, Citratsynthetase). Außerdem sind die Lipase und die Acyl-CoA-synthetase
membrangebundene Enzyme und es kann Malatdehydrogenase an/in der Membran lokalisiert werden. Somit ergibt sich eine durchgehend membrangebundene Reaktionsfolge vom Monoglycerid bis zum Citrat (Abb. 7.9.). Die Lokalisation der ATP- und NAD-abhängigen Reaktionen des Glyoxysoms an/in

der Membran ist unter dem Gesichtspunkt eines unmittelbaren Austausches dieser Substrate mit der Umgebung von Bedeutung, da Glyoxysomen auf eine ATP-Versorgung von außen angewiesen sind und über keine Reaktionen zur Oxidation des anfallenden NADH verfügen (Kap. 8.1.1.2.3.).

Die Befunde zur intrapartikulären Kompartimentierung glyoxysomaler Enzyme, die an den Glyoxysomen des *Ricinus*-Endosperms erhalten wurden, können nicht vorbehaltlos auf Glyoxysomen anderer Herkunft übertragen werden. Starke Unterschiede im Solubilisierungsgrad — der als Ausdruck für

Tabelle 7.14. *Solubilisierung von Malatsynthetase und Citratsynthetase beim osmotischen Aufbrechen isolierter Glyoxysomen*

Glyoxysomen isoliert aus	Nicht sedimentierbare ($\geq$ 40 000 $\times$ g, 30 min) Aktivität nach osmotischem Aufbrechen der Glyoxysomen als % der Gesamtaktivität intakter Glyoxysomen		Literatur
	Malatsynthetase	Citratsynthetase	
Ricinus communis, Endosperm	1—17	11—33	vgl. Tabelle 7.13.
Citrullus vulgaris, Kotyledonen	16	20	HUANG 1975 b
Arachis hypogaea, Kotyledonen	21	26	HUANG 1975 b
Cucumis sativus, Kotyledonen	28	63	HUANG 1975 b (vgl. auch TRELEASE *et al.* 1974)
Cucurbita pepo, Kotyledonen	56		BROWN *et al.* 1974
Pinus ponderosa, pr. Endosperm	10	89	HUANG 1975 b
Zea mays, Scutellum	96	55	LONGO *et al.* 1975

die Lokalisation eines Enzyms in der Matrix oder der Membran der Organellen gewertet wird — ergaben sich nach osmotischem Schock isolierter, intakter Glyoxysomen für Malatsynthetase und Citratsynthetase (Tab. 7.14.). Die alkalische Lipase lag in allen untersuchten Glyoxysomen als membrangebundenes Enzym vor (HUANG 1975 b), und Katalase sowie Isocitratlyase wurden immer zu $\geq$ 70% beim osmotischen Aufbrechen der Glyoxysomen solubilisiert (BROWN *et al.* 1974, HUANG 1975 b, LONGO *et al.* 1975). — Der cytochemische Test auf Malatsynthetase ergab für die Glyoxysomen aus Kotyledonen der Gurke und der Sonnenblume eine einheitliche Reaktion der Matrix und keine bevorzugte Reaktion der Membran (TRELEASE *et al.* 1974), obwohl für die Malatsynthetase der Glyoxysomen aus Gurkenkotyledonen eine Sedimentation mit der partikulären Fraktion der Organellen nachgewiesen wurde (TRELEASE *et al.* 1974, HUANG 1975 b). BIEGLMAYER *et al.* (1974 a) weisen jedoch darauf hin, daß im cytochemischen Malatsynthetasetest an Glyoxysomen des *Ricinus*-Endosperms unter bestimmten Versuchsbedingungen eine bevorzugte Reaktion an der Membran der Organellen zu beobachten ist.

7.4.3. Kompartimentierung der Enzyme in Blatt-Peroxisomen

Direkte Untersuchungen zur Kompartimentierung der Enzyme in Blatt-Peroxisomen liegen bisher nur für die Organellen aus Spinatblättern vor

(DONALDSON *et al.* 1972, HUANG und BEEVERS 1973). Mit Ausnahme für NADH-Cytochrom c-Reductase wurde die Aktivität der untersuchten Enzyme überwiegend in der löslichen Fraktion osmotisch aufgebrochener Blatt-Peroxisomen gefunden (Tab. 7.13.). Im Gegensatz zu den Ergebnissen an Blatt-Peroxisomen des Spinats steht eine Angabe von FEIERABEND und BEEVERS (1972 b) für die Peroxisomen des Weizenblattes. Diese Autoren erhielten nach osmotischem Aufbrechen der Organellen Katalase in der löslichen Fraktion, Glycolatoxidase aber in einer partikulären und katalasefreien Fraktion, die am Saccharose-Dichtegradienten bei geringerer Dichte ($\varrho = 1{,}20$ g/cm³) als die intakten Organellen sedimentierte (Kap. 7.1.). Da in Analogie zu den Befunden an Glyoxysomen diese Fraktion die Membranfraktion der Blatt-Peroxisomen darstellen dürfte, läge die Glycolatoxidase in den Blatt-Peroxisomen des Weizens als ein membrangebundenes Enzym vor. Nach LIPS (1975) soll(en) die Glycolatoxidase (und die Nitratreductase, vgl. aber Kap. 8.2.5.) der Blatt-Peroxisomen des Tabaks über eine äußerst labile Bindung an der Außenseite der Peroxisomenmembran haften oder einen integrierten, aber sehr leicht herauslösbaren Bestandteil der Membran selbst bilden.

8. Stoffwechsel und Funktion der Peroxisomen in Zellen höherer Pflanzen

Microbodies wurden in zahlreichen Differenzierungsformen der pflanzlichen Zelle beobachtet (Tab. 4.1.—4.4.), und Peroxisomen sind aus unterschiedlichen pflanzlichen Geweben isoliert worden. Aus der enzymatischen „Grundausstattung" der Peroxisomen läßt sich jedoch ihre Funktion im Stoffwechsel der Zelle bisher nicht erfassen (Kap. 1.2.). Aussagen zur Funktion der Peroxisomen ergaben sich nur dann, wenn — ausgehend von bestimmten Arbeitshypothesen — die Lokalisation weiterer Enzyme in den Organellen nachgewiesen werden konnte. In diesen Fällen handelt es sich aber jeweils um gewebsspezifische Funktionen bzw. Funktionstypen der Peroxisomen.

8.1. Glyoxysomen

„Glyoxysomen" wurden von BREIDENBACH und BEEVERS (1967) Zellorganellen benannt, die Träger der Enzyme des Glyoxylatzyklus sind. Leitenzyme für Glyoxysomen sind dementsprechend die Schlüsselenzyme des Glyoxylatzyklus, Isocitratlyase und Malatsynthetase. Glyoxylatzyklus und Glyoxysomen wurden bei höheren Pflanzen nur während der Keimung und in den Geweben nachgewiesen, in denen ein Umbau von Speicherfett in Kohlenhydrat erfolgt (Mobilisierung des Reservefetts für die Keimung).

Glyoxysomen sind auch Träger der Katalase sowie einer oder mehrerer H_2O_2-bildender Oxidasen (Kap. 8.1.1.2.4., 8.1.2.). Der Nachweis der charakteristischen peroxisomalen Enzyme in den Glyoxysomen bedingt die Klassifizierung der Glyoxysomen als Peroxisomen. Doch hinsichtlich ihrer Leistung und Funktion im Zellstoffwechsel stellen die Glyoxysomen einen vollkommen eigenständigen Typ der Peroxisomen dar.

Glyoxysomen wurden nicht nur als Peroxisomen, sondern auch als Microbodies identifiziert. Nach elektronenmikroskopischen Aufnahmen von isolierten Glyoxysomen — insbesondere des *Ricinus*-Endosperms (BREIDENBACH *et al.* 1968, BIEGLMAYER *et al.* 1973, 1974 b, HUANG und BEEVERS 1973) — entsprechen die Organellen in ihrer Struktur Microbodies. Dieser Befund steht in Übereinstimmung mit den Ergebnissen cytochemischer Untersuchungen. In den Zellen der Gewebe, aus denen Glyoxysomen isoliert wurden, ergab der cytochemische Katalasenachweis ausschließlich für die Microbodies und für keine anderen partikulären Strukturen eine positive Reaktion (Vigil 1969 a, 1970, MOLLENHAUER und TOTTEN 1970, LONGO *et al.* 1972). TRELEASE *et al.* (1974) wiesen außerdem Malatsynthetase cytochemisch in den Microbodies fettreicher Gewebe nach. — Während der Phase des Fettabbaus zeigen Microbodies fettreicher Speichergewebe eine ausgeprägte Assoziierung mit den Lipidkörpern (Sphärosomen) der Zellen (VIGIL 1970, TRELEASE *et al.* 1971). Da die Glyoxysomen in den Prozeß der Fettmobilisierung eingeschaltet sind, ist eine Assoziierung der Microbodies mit Lipidkörpern verständlich, und diese wird als ein Erkennungsmerkmal für Microbodies mit glyoxysomaler Funktion angesehen (TRELEASE *et al.* 1971).

8.1.1. Glyoxysomen des Endosperms keimender Ricinus-Samen

Der Stoffwechsel der Glyoxysomen sowie die Funktion der Glyoxysomen im Gesamtstoffwechsel keimender, fettreicher Samen sind vor allem durch die Untersuchungen der Arbeitsgruppe von H. BEEVERS an den Glyoxysomen des Endosperms keimender *Ricinus*-Samen aufgeklärt worden.

8.1.1.1. Der Umbau von Fett in Kohlenhydrat im Endosperm keimender Ricinus-Samen

60—70% des Trockengewichts des *Ricinus*-Samens entfallen auf Fett, das im Endosperm des Samens gespeichert ist (BEEVERS 1969, MUTO und BEEVERS 1974, MARRIOTT und NORTHCOTE 1975 a). Aufgebaut wird das Reservefett zu 50—60% aus Triricinolin (MARRIOTT und NORTHCOTE 1975 a). Der Anteil der Ricinoleinsäure an den Fettsäuren des Endosperms beträgt jedoch insgesamt 80—90% (HUTTEN und STUMPF 1971, MARRIOTT und NORTHCOTE 1975 a), da nur ca. 10% der Triglyceride keine Ricinoleinsäure enthalten (MARRIOTT und NORTHCOTE 1975 a). Während der Keimung des *Ricinus*-Samens wird das Fett des Endosperms abgebaut, und korrespondierend dazu steigt der Kohlenhydratgehalt in Endosperm und Embryo an: der Fettgehalt sinkt von 260 mg/Samen auf 50 mg/Samen, der Kohlenhydratgehalt steigt von 15 mg/Samen auf 230 mg/Samen (vgl. ZELLER 1957). Das heißt, ca. 65% des Kohlenstoffs der abgebauten Fettsäuren treten im C-Gerüst der akkumulierten Zucker (überwiegend Saccharose) wieder auf. Dabei ist nicht berücksichtigt, daß die Kohlenhydrate dem wachsenden Embryo als Kohlenstoff- und Energiequelle dienen und daher auch einem Umsatz unterliegen.

Die Mobilisierung des Speicherfetts im Endosperm des keimenden *Ricinus*-Samens liefert über die β-Oxidation der Fettsäuren Acetyl-CoA (YAMADA und STUMPF 1965 a, 1965 b), das in Saccharose umgesetzt wird (BEEVERS 1957, 1961). Diese wird vom Embryo absorbiert und dient seiner heterotrophen

Ernährung (Kriedemann und Beevers 1967). Die Einschleusung des Acetyl-CoA in den gluconeogenetischen Prozeß erfolgt über den Glyoxylatzyklus (Abb. 8.1.), der damit eine zentrale Stellung im Stoffwechselprozeß des Umbaus von immobilem Fett in mobile Saccharose einnimmt. — 1957 hatten

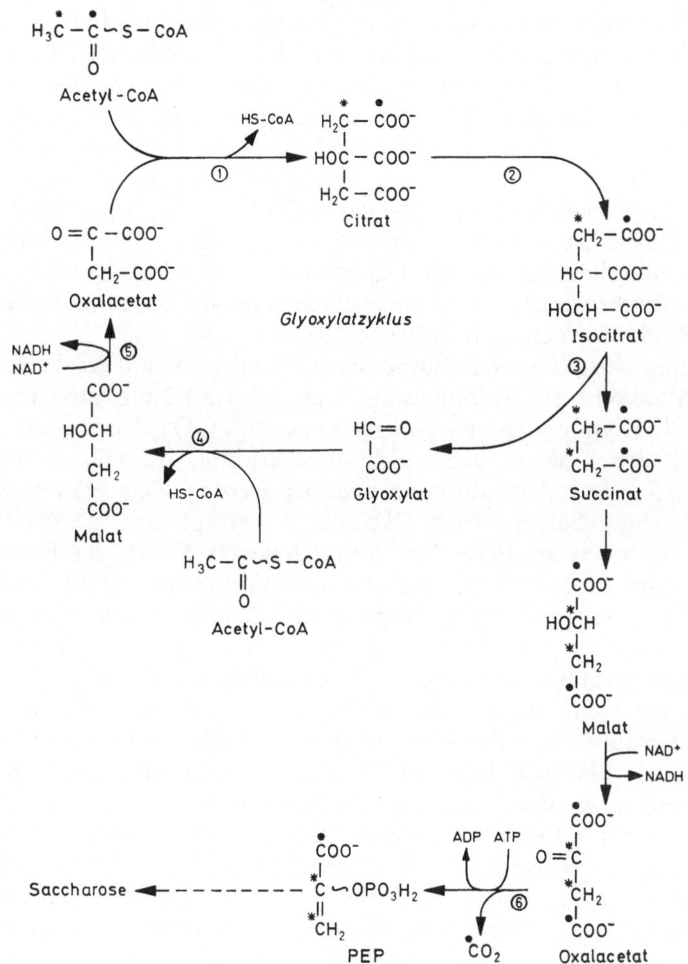

Abb. 8.1. Reaktionsfolge des Glyoxylatzyklus und der Umsetzung von Acetyl-CoA in Saccharose. Markierungsmuster der Zwischenprodukte bei Einsatz von 1-^{14}C-Acetat (●) oder 2-^{14}C-Acetat (*). (1) Citratsynthetase, (2) Aconitase, (3) Isocitratlyase, (4) Malatsynthetase, (5) Malatdehydrogenase, (6) PEP-carboxykinase.

Kornberg und Krebs auf der Suche nach einem Stoffwechselweg, der es Mikroorganismen ermöglicht, bei Wachstum auf Acetat oder Äthanol aus diesen C$_2$-Verbindungen Energie- und Kohlenstoffbedarf zu decken, die anaplerotische Reaktionsfolge des Glyoxylatzyklus entdeckt. Analog der Fähigkeit der Mikroorganismen, Kohlenstoffverbindungen aus Acetat (Acetyl-CoA) aufzubauen, ist die des *Ricinus*-Endosperms. Daß die Synthese von Saccharose aus

Acetat im Endosperm des keimenden *Ricinus*-Samens ebenfalls über den Glyoxylatzyklus erfolgt, wurde von KORNBERG und BEEVERS (1957) nachgewiesen.

Für den Umsatz der Fettsäuren in Saccharose kann insgesamt die in Abb. 8.2. angegebene Reaktionsfolge formuliert werden. Sie wurde für das Endosperm des *Ricinus*-Samens durch Fütterungsversuche mit ^{14}C-positionsmarkierten Ausgangs- bzw. Zwischenverbindungen und Lokalisation der Markierung in den Endprodukten Saccharose und CO_2 (Abb. 8.1.; CANVIN und BEEVERS 1961, YAMADA und STUMPF 1965 a), durch den Nachweis der erforderlichen Enzyme (CARPENTER und BEEVERS 1959, YAMAMOTO und BEEVERS 1960, BENEDICT und BEEVERS 1961, 1962) und durch Umsatzberechnungen belegt. — Das bei der Hydrolyse der Triglyceride anfallende Glycerin wird ebenfalls in Hexosen überführt (BEEVERS 1957, 1961). Seine Einschleusung in den gluconeogenetischen Stoffwechsel erfolgt wahrscheinlich über Dihydroxyacetonphosphat, das aus Glycerin durch eine lösliche Glycerinkinase und eine mitochondriale, cytochromabhängige α-Glycerophosphat-oxidoreductase gebildet werden kann (HUANG 1975 a).

Die Leistung des *Ricinus*-Endosperms im Umbau von Fett in Saccharose beträgt im Maximum (5. Keimungstag; Kap. 8.1.1.2.) 3 mg Saccharose akkumuliert/Stunde/Keimling (KOBR und BEEVERS 1971). Da der Umsatz der Saccharose durch den Embryo dabei nicht berücksichtigt ist, müssen mindestens 18 μMole Hexose/Stunde/Endosperm gebildet werden. Das Frischgewicht des Endosperms eines Samens bzw. Keimlings beträgt am 5. Keimungstag ca. 0,8 g (KAGAWA *et al.* 1973, MUTO und BEEVERS 1974), der Proteingehalt pro 1 g Endosperm ca. 27 mg (GERHARDT und BEEVERS 1970). Aus diesen Werten errechnet sich für das Endosperm des *Ricinus*-Samens eine ungefähre Leistung im Umbau von Fett in Kohlenhydrat von 25 μMolen Hexose/ Stunde/g Endosperm bzw. 15 nMolen Hexose/min/mg Protein [1].

Während der Keimung des *Ricinus*-Samens werden ≥ 65% des Kohlenstoffs der Fettsäuren des Reservefetts in das Kohlenstoffgerüst von Zucker überführt (s. o.). Maximal könnten 75% des Kohlenstoffs der Fettsäuren in Zucker umgesetzt werden, da 25% des Kohlenstoffs der Fettsäuren in der Gluconeogense als CO_2 verlorengehen (Phosphoenolpyruvatcarboxykinasereaktion). Demnach entspricht eine Ausbeute von ≥ 65%, wie sie für das Endosperm des *Ricinus*-Samens bestimmt wurde, ≥ 85% der theoretisch möglichen Ausbeute [2]. Das heißt, das aus der β-Oxidation der Fettsäuren an-

---

[1] Für die Kotyledonen von *Cucurbita pepo* wurde eine maximale Akkumulationsrate von 70 μg Zucker/Stunde/Kotyledo bestimmt (THOMAS und AP REES 1972). Der Umsatz von Fett in Kohlenhydrat beträgt danach 0.4 μMole Hexose/Stunde/Kotyledo bzw. 4 μMole Hexose/ Stunde/g Frischgewicht (AP REES *et al.* 1974). — Zwischen Megagametophyt und Embryo von *Pinus ponderosa* wurde eine Diffusionsrate von 12 μg Zucker/Stunde gemessen (CHING 1970), das entspricht einem Umsatz von Fett in Kohlenhydrat im Megagametophyten von 0.07 μMolen Hexose/Stunde.

[2] Ein derart effektiver Umsatz von Fett in Kohlenhydrat liegt in fettreichen Nährgeweben nicht generell vor. THOMAS und AP REES (1972) bestimmten für die Kotyledonen von *Cucurbita pepo*, daß auf Grund der Fettsäurezusammensetzung des Reservefetts 1 Mol Fettsäure theoretisch maximal 2.25 Mole Hexose ergeben kann. Der Fettgehalt in den Kotyledonen nahm während 8tägiger Keimung um 13 mg/Kotyledo ab, der Zuckergehalt um ca. 4 mg/Kotyledo

fallende Acetyl-CoA wird (fast) ausschließlich der Gluconeogenese zugeführt und nicht über den Citratzyklus oxidiert, für dessen Enzyme in isolierten Mitochondrien des *Ricinus*-Endosperms durchaus hohe Aktivität nachzuweisen ist (BEEVERS und WALKER 1956, WALKER und BEEVERS 1956).

Der Glyoxylatzyklus wurde zunächst in den Mitochondrien lokalisiert, da die partikuläre Aktivität seiner Leitenzyme Isocitratlyase und Malatsynthetase in einer durch Differentialzentrifugation gewonnenen Mitochondrienfraktion (P_{II}-Fraktion) nachzuweisen ist, Glyoxylatzyklus und Citratzyklus z. T. gleiche Reaktionsfolgen umfassen und der Glyoxylatzyklus als ein Kurzschluß des Citratzyklus formuliert werden kann. Damit stellte sich die Frage nach dem Regulationsmechanismus, der die „Konkurrenz" von Isocitratlyase und Isocitratdehydrogenase um das Isocitrat steuert und dessen (fast) ausschließlich Umsetzung über den Glyoxylatzyklus für die Zelle garantiert (vgl. u. a. TANNER und BEEVERS 1965 a). Das Problem der Regulation am schematischen Verzweigungspunkt von Glyoxylat- und Citratzyklus hob sich auf, als durch BREIDENBACH und BEEVERS (1967, BREIDENBACH *et al.* 1968; Kap. 8.1.1.2.1.) nachgewiesen wurde, daß Glyoxylatzyklus und Citratzyklus in verschiedenen Zellorganellen — Glyoxysomen und Mitochondrien — lokalisiert und daher voneinander unabhängige Zyklen sind. Mit dem Nachweis, daß Glyoxylatzyklus und Citratzyklus in der Zelle räumlich voneinander getrennt vorliegen, stellte sich aber zwangsläufig ein neues Regulationsproblem. Denn da die β-Oxidation normalerweise in der Matrix der Mitochondrien lokalisiert ist, wäre ein Steuerungsmechanismus zu fordern, der gewährleistet, daß das im Fettabbau anfallende Acetyl-CoA nicht in den Mitochondrien oxidiert, sondern den Glyoxysomen „zur Verfügung gestellt" wird. Die Lösung ergab der Nachweis (COOPER und BEEVERS 1969 b, HUTTON und STUMPF 1969; Kap. 8.1.1.2.2.), daß im Endosperm des *Ricinus*-Samens die β-Oxidation nicht in den Mitochondrien, sondern ebenfalls in den Glyoxysomen lokalisiert ist. — Ein nennenswerter Umsatz von Fettsäure in Succinat kann in den Glyoxysomen dennoch nur bei „Hilfestellung" der Mitochondrien erfolgen. Denn die Glyoxysomen besitzen kein System, um das in der β-Oxidation und im Glyoxylatzyklus anfallende NADH zu reoxidieren (Kap. 8.1.1.2.3.) und

zu. Das entspricht einer Effektivität des Umsatzes von Fett in Zucker — bezogen auf Kohlenstoff — von ca. 20%. Obwohl davon auszugehen ist, daß der gebildete Zucker nicht nur akkumuliert wird, sondern auch einem Umsatz durch den Keimling unterliegt (ein Faktor, der bei den Umsatzberechnungen für das *Ricinus*-Endosperm ebenfalls nicht berücksichtigt wurde), und eine Unterbestimmung des Zuckergehaltes vorlag (vgl. THOMAS und AP REES 1972), dürfte die Effektivität dennoch < 50% betragen. Auf eine im Vergleich zum *Ricinus*-Endosperm geringere Effektivität des Umsatzes von Fett in Zucker in den Kotyledonen von *Cucurbita pepo* weisen auch die Untersuchungsergebnisse zur Verwertung von 2-^{14}C-Acetat in diesem fettreichen Gewebe hin. 2-^{14}C-Acetat wurde außer in Saccharose zu einem beträchtlichen Anteil auch in andere, für die Entwicklung der Kotyledonen erforderliche Verbindungen (Aminosäuren, Nucleinsäuren, Lipide) eingebaut (THOMAS und AP REES 1972), während im *Ricinus*-Endosperm die Markierung aus 2-^{14}C-Acetat (fast) ausschließlich in Saccharose auftritt (CANVIN und BEEVERS 1961, vgl. auch SINHA und COSSINS 1965). — Gleiche Befunde zum Stoffwechsel von 2-^{14}C-Acetat wie an den Kotyledonen von *Cucurbita pepo* wurden auch noch an anderen fettreichen Kotyledonen erhalten (OAKS und BEEVERS 1964, SINHA und COSSINS 1965; vgl. auch Kap. 13.).

somit den Ablauf dieser Prozesse durch Bereitstellung des notwendigen NAD^+ in Gang zu halten.

Vom Stoffwechselweg, über den das Reservefett bei der Keimung in Saccharose umgesetzt wird (Abb. 8.2.), sind β-Oxidation (einschließlich der Fettsäureaktivierung) und Glyoxylatzyklus in den Glyoxysomen lokalisiert, und durch diese Kompartimentierung ist sichergestellt, daß das Acetyl-CoA nicht in einen katabolischen Prozeß (Citratzyklus), sondern in einen anabolischen

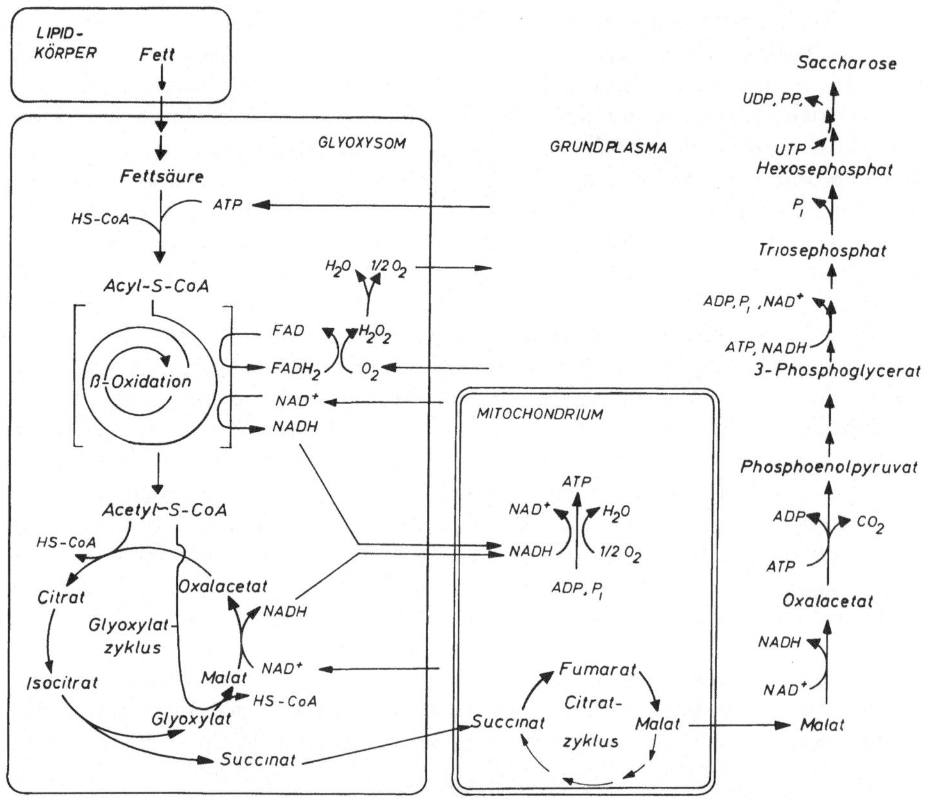

Abb. 8.2. Reaktionsfolge der Umsetzung von Fett in Saccharose und Kompartimentierung der Reaktionsschritte.

Stoffwechselweg (Gluconeogenese) eingeschleust wird. Da die Glyoxysomen keine Succinatdehydrogenase enthalten, kann das gebildete Succinat in ihnen nicht weiter umgesetzt werden. Die Reaktionsschritte vom Succinat bis zum Malat oder Oxalacetat laufen in den Mitochondrien über das entsprechende Teilstück des Citratzyklus ab. Die anschließende Umsetzung des Malats bzw. Oxalacetats in Phosphoenolpyruvat erfolgt im Grundplasma; Phosphoenolpyruvatcarboxykinase wurde für das *Ricinus*-Endosperm nur in der löslichen Fraktion eines Gewebeaufschlusses nachgewiesen (COOPER und BEEVERS 1969 a). Doch ist der Mechanismus nicht aufgeklärt, durch den das Einschleusen des Oxalacetats in den gluconeogenetischen Stoffwechsel gegenüber seiner Umsetzung durch den Citratzyklus gesteuert wird. Diskutiert werden u. a. die bekannte Regulation der Citratsynthetaseaktivität über das ADP/ATP-Verhältnis, das in den Mitochondrien bei Oxidation des glyoxysomal gebildeten NADH absinkt, sowie eine begrenzte Verfügbarkeit von Acetyl-CoA aus der oxidativen Pyruvatdecarboxylierung infolge niedriger glycolytischer Aktivität (AP REES *et al.* 1974). Nach Untersuchungen von KOBR und BEEVERS (1971) beträgt im *Ricinus*-Endosperm die glycolytische Aktivität $^1/_{10}$ der Gluconeogeneserate. — Die Wechselwirkungen zwischen Gluconeogenese und Glycolyse dürften durch Regulationsvorgänge an den glycolytischen Schlüsselenzymen Phosphofructokinase und Pyruvatkinase gesteuert werden. Eine Regulation

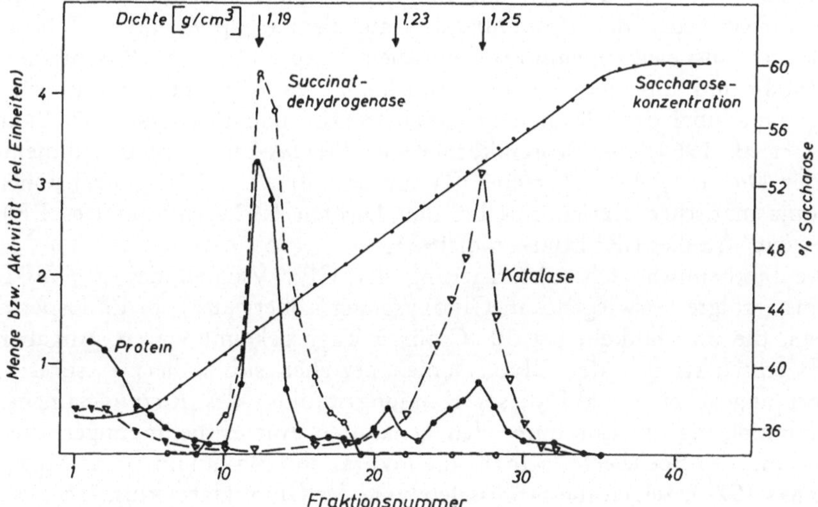

Abb. 8.3. Verteilungsprofile für Protein, Succinatdehydrogenase (mitochondriales Leitenzym) und Katalase (peroxisomales Leitenzym) am linearen Saccharose-Dichtegradienten nach isopyknischer Zentrifugation (60 000 $\times$ g, 300 Minuten) einer Partikelfraktion aus dem Endosperm keimender *Ricinus*-Samen.

durch unterschiedliche Kompartimentierung der gegenläufigen Stoffwechselprozesse vermuten KOBR und BEEVERS (1968, 1971), wobei — in Analogie zur photosynthetischen Hexosebildung aus Phosphoglycerinsäure — der Ablauf der Gluconeogenese in den Proplastiden des *Ricinus*-Endosperms angenommen wird, in denen glycolytische Enzyme nachzuweisen sind (KOBR und BEEVERS 1968, vgl. auch DENNIS und GREEN 1975)[3]. Partikuläre Aktivität der Fructose-1,6-diphosphatase wurde jedoch bisher für das *Ricinus*-Endosperm nicht nachgewiesen (OSMOND *et al.* 1975). — Der Bedarf der Gluconeogenese an NADH und ATP ist ausreichend gedeckt durch das in der β-Oxidation und im Glyoxylatzyklus anfallende NADH und dessen Oxidation über die Atmungskette.

---

[3] AP REES *et al.* (1974, 1975) lokalisieren auf Grund ihrer enzymatischen Untersuchungen an den Kotyledonen von *Cucurbita pepo* Glycolyse und Gluconeogenese im Grundplasma.

8.1.1.2. Charakterisierung der Glyoxysomen des Ricinus-Endosperms

Die Isolierung von Glyoxysomen aus dem *Ricinus*-Endosperm erfolgt im allgemeinen über eine sogenannte „grobe Partikelfraktion" (P_{II}-Fraktion), die durch Differentialzentrifugationen aus dem Gewebehomogenat gewonnen wird und aus der durch isopyknische Zentrifugation die Glyoxysomen abgetrennt werden (Kap. 6.). Die Auftrennung der P_{II}-Fraktion am Saccharose-Dichtegradienten ergibt drei ausgeprägte Proteinbanden, die bei den Dichten 1,19 g/cm³, 1,22—1,23 g/cm³ und 1,25 g/cm³ liegen (Abb. 8.3.; BREIDEN-BACH und BEEVERS 1967, BREIDENBACH et al. 1968, COOPER und BEEVERS 1969 a). Die Banden entsprechen — in steigender Dichte — der Mitochondrien-, der Proplastiden- und der Glyoxysomenfraktion des Endosperms. Der Aufbau jeder der Proteinbanden aus dem entsprechenden Zellorganell ergab sich aus elektronenmikroskopischen Untersuchungen (BREIDENBACH et al. 1968) und aus den Verteilungsprofilen der Aktivität charakteristischer Leitenzyme über den Gradienten (BREIDENBACH und BEEVERS 1967, BREIDEN-BACH et al. 1968). — Proteinkörper des *Ricinus*-Endosperms sedimentieren bei der Dichte 1,29—1,30 g/cm³ (TULLY und BEEVERS 1975), Fraktionen des Endoplasmatischen Reticulums bei den Dichten 1,12 g/cm³ (glattes ER) und 1,16 g/cm³ (rauhes ER; LORD et al. 1973).

Die biochemische Charakterisierung der Glyoxysomen des *Ricinus*-Endosperms erfolgte vorwiegend an Glyoxysomen isoliert aus dem Endosperm von Samen, die im Dunkeln bei 30 °C für 5 Tage gekeimt waren. Angaben zur Stoffwechselaktivität der Glyoxysomen beziehen sich daher — sofern nicht anders angegeben — auf dieses Keimungsstadium des *Ricinus*-Samens. Am 5. Keimungstag erreicht unter den genannten Anzuchtbedingungen die Umwandlung des Speicherfetts in Kohlenhydrat ihr Maximum (u. a. MUTO und BEEVERS 1974), zeigen die Schlüsselenzyme des Glyoxylatzyklus, Isocitratlyase und Malatsynthetase, im Endosperm (CARPENTER und BEEVERS 1959, YAMA-MOTO und BEEVERS 1960, TANNER und BEEVERS 1965 a) und in der Glyoxysomenfraktion (GERHARDT und BEEVERS 1970) ihre höchste Aktivität und ergibt sich für die Glyoxysomenfraktion ein maximaler Proteingehalt (GER-HARDT und BEEVERS 1970).

Der Proteingehalt der Glyoxysomenfraktion beträgt 0,6 mg Protein/g Endosperm (GERHARDT und BEEVERS 1970). Das entspricht ca. 2⁰/₀ des Gesamtproteins des Endosperms oder ca. 15⁰/₀ des Proteins der P_{II}-Fraktion. Legt man zugrunde, daß die Ausbeute an intakten Glyoxysomen 60—70⁰/₀ beträgt (GERHARDT und BEEVERS 1970), errechnet sich ein Anteil des Glyoxysomenproteins am Gesamtprotein des Endosperms von 2,5—3,5⁰/₀ und von ca. 20⁰/₀ am partikulären Protein. In Blättern liegt der Anteil des Peroxisomenproteins bei ca. 0,5⁰/₀ des Gesamtproteins (Kap. 8.2.). Für die Rattenleber wurde der Anteil des Peroxisomenproteins am Leberprotein zu 2,5⁰/₀ bestimmt (LEIGHTON et al. 1969).

8.1.1.2.1. Glyoxysomen — Träger des Glyoxylatzyklus. Die Erkenntnis, daß Glyoxylat- und Citratzyklus in unterschiedlichen Zellorganellen lokalisiert und aufgrund der räumlichen Trennung als voneinander unabhängige

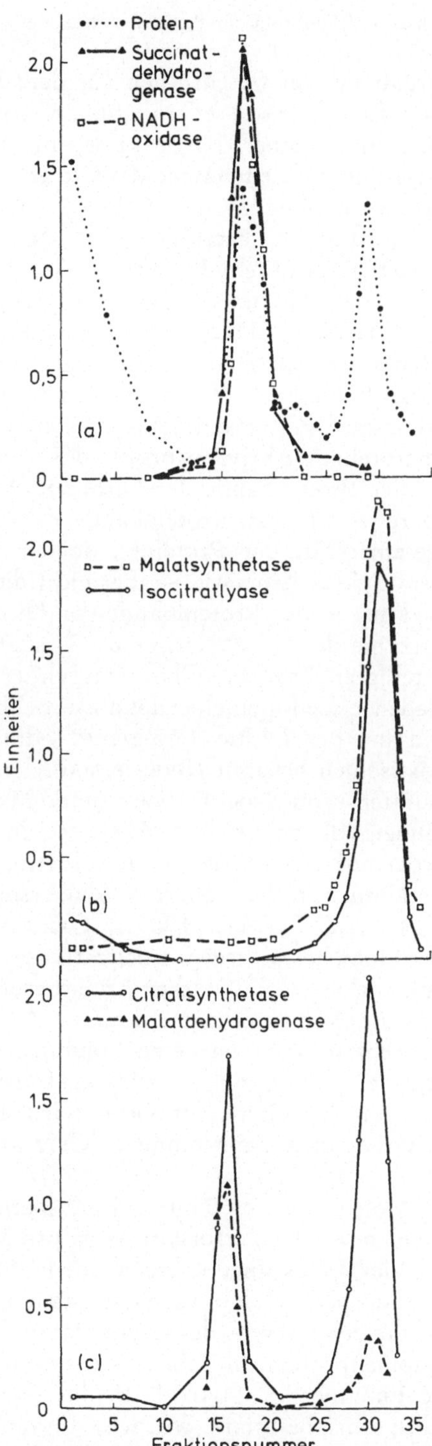

Abb. 8.4. Verteilungsprofile für Enzyme des Citrat- und des Glyoxylatzyklus am Saccharose-Dichtegradienten nach isopyknischer Zentrifugation einer Partikelfraktion aus dem Endosperm keimender *Ricinus*-Samen. *a* Verteilungsprofile für Protein und mitochondriale Leitenzyme; *b* Verteilungsprofile der Schlüsselenzyme des Glyoxylatzyklus; *c* Verteilungsprofile für Enzyme, die sowohl im Citrat- als auch im Glyoxylatzyklus vorkommen. — Aus: Breidenbach *et al.* 1968.

Zyklen zu sehen sind, ergab sich im wesentlichen aus dem Befund (BREIDENBACH und BEEVERS 1967, BREIDENBACH *et al.* 1968, COOPER und BEEVERS 1969 a), daß nach Auftrennung einer P_{II}-Fraktion am Saccharose-Dichtegradienten die Aktivitätsprofile der Leitenzyme des Citratzyklus und des Glyoxylatzyklus keine Übereinstimmung zeigten (Abb. 8.4.). Für die Enzyme, die ausschließlich am Citratzyklus beteiligt sind (NAD-abhängige Isocitratdehydrogenase, α-Ketoglutaratdehydrogenase, Succinatdehydrogenase, Fumarase), korrespondiert das Maximum des Verteilungsprofils mit der Proteinbande der Dichte 1,19 g/cm³. Das Aktivitätsmaximum der Isocitratlyase und der Malatsynthetase entspricht in seiner Lage dagegen der Proteinbande der Dichte 1,25 g/cm³. Enzyme, die sowohl im Citratzyklus als auch im Glyoxylatzyklus vorkommen (Citratsynthetase, Aconitase, Malatdehydrogenase), zeigen ein zweigipfeliges Aktivitätsprofil: das eine Aktivitätsmaximum korrespondiert mit der Proteinbande der Dichte 1,19 g/cm³, das andere — in der Regel niedrigere — mit der Proteinbande der Dichte 1,25 g/cm³. Daraus ergibt sich insgesamt: Mit der Proteinbande der Dichte 1,19 g/cm³ sind alle Enzyme des Citratzyklus assoziiert — aber nicht die zwei spezifischen Enzyme des Glyoxylatzyklus; in der Proteinbande der Dichte 1,25 g/cm³ dagegen finden sich alle Enzyme des Glyoxylatzyklus — aber keine ausschließlich am Citratzyklus beteiligten Enzyme. Glyoxylatzyklus und Citratzyklus sind demnach in verschiedenen Zellorganellen lokalisiert. Die den Glyoxylatzyklus enthaltenden und bei der Dichte 1,25 g/cm³ sedimentierenden Zellorganellen wurden Glyoxysomen benannt (BREIDENBACH und BEEVERS 1967).

60—90⁰/₀ der Aktivitäten von Isocitratlyase und Malatsynthetase des *Ricinus*-Endosperms können als partikuläre Aktivität in der P_{II}-Fraktion erhalten und 70—90⁰/₀ der auf einen Gradienten aufgetragenen partikulären Aktivität dieser Enzyme können in der isolierten Glyoxysomenfraktion nachgewiesen werden (COOPER und BEEVERS 1969 a, GERHARDT und BEEVERS 1970). Gegenüber einem Homogenat liegen Isocitratlyase und Malatsynthetase in der Glyoxysomenfraktion in ca. 20facher Anreicherung vor (GERHARDT und BEEVERS 1970). Das Auftreten nicht-partikulärer Aktivitäten von Isocitratlyase und Malatsynthetase wird auf eine Solubilisierung der Enzyme während der Isolierung der Glyoxysomen zurückgeführt, und für beide Enzyme und damit auch für den Glyoxylatzyklus wird eine ausschließliche Lokalisation in den Glyoxysomen angenommen (GERHARDT und BEEVERS 1970).

Eine Bildung von 25 µMolen Hexose/60 min/g Endosperm bzw. 15 nMolen Hexose/min/mg Protein (Kap. 8.1.1.1.) erfordert — da pro Mol Hexose 2 Mole Succinat aus dem Glyoxylatzyklus angeliefert werden müssen und ca. 3⁰/₀ des Gesamtproteins des Endosperms Glyoxysomenprotein sind (Kap. 8.1.1.2.) — eine spezifische Aktivität der Enzyme des Glyoxylatzyklus von ca. 1 µMol Umsatz/min/mg Glyoxysomenprotein. In Tabelle 8.1. sind u. a. die spezifischen Aktivitäten, die für die Enzyme des Glyoxylatzyklus in Glyoxysomenfraktionen des *Ricinus*-Endosperms bestimmt wurden, zusammengestellt. (Beim Vergleich von Enzymaktivitäten mit *in vivo* erforderlichen Umsätzen ist zu beachten, daß Enzymaktivitäten *in vitro* unter optimalen Bedingungen bestimmt werden!) Die geringe spezifische Aktivität der Aconitase in der Glyoxysomenfraktion, die nur ca. 10⁰/o des geforderten Wertes beträgt, wird durch die extrem leichte Solubilisierung und die Instabilität des Enzyms erklärt (COOPER und BEEVERS 1969 a).

Über den Glyoxylatzyklus wird aus zwei Acetyl-CoA Succinat gebildet, das für den weiteren Ablauf der Gluconeogenese in Oxalacetat umgesetzt werden muß. Da Succinatdehydrogenase und Fumarase ausschließlich in Mitochondrien nachgewiesen wurden (u. a. BREIDENBACH und BEEVERS 1967, BREIDENBACH et al. 1968), ist ein Transport des Succinats von den Glyoxysomen in die Mitochondrien erforderlich, und Succinat sollte in isolierten Gly-

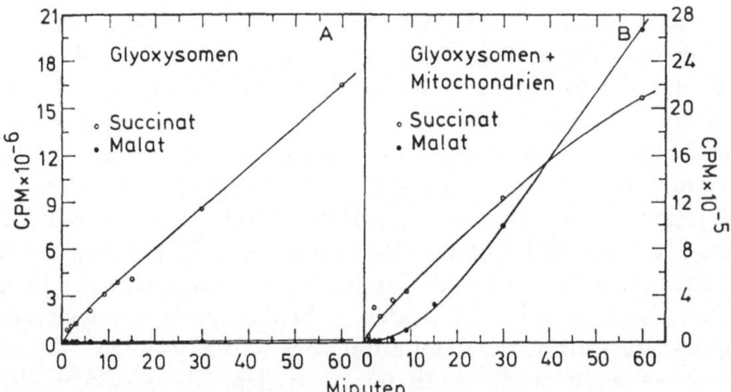

Abb. 8.5. Umsatz von 5,6-¹⁴C-Isocitrat in ¹⁴C-Succinat und ¹⁴C-Malat durch isolierte Organellen des *Ricinus*-Endosperms. *A* Der Testansatz enthielt nur Glyoxysomen. *B* Der Testansatz enthielt Glyoxysomen und Mitochondrien. — Aus: COOPER und BEEVERS 1969 a.

oxysomen akkumuliert werden. Akkumulation von Succinat in isolierten Glyoxysomen und Oxidation dieses Succinats in den Mitochondrien konnten experimentell belegt werden (Abb. 8.5.; COOPER und BEEVERS 1969 a): Wurde isolierten Glyoxysomen 5,6-¹⁴C-Isocitrat geboten, akkumulierte ¹⁴C-Succinat; bei Zusatz von Mitochondrien zur Glyoxysomenpräparation trat zusätzlich auch ¹⁴C-Malat auf. Da ein Umsatz von 5,6-¹⁴C-Isocitrat zu Malat über den Citratzyklus der Mitochondrien zu einem Verlust der Markierung als ¹⁴CO₂ führt, kann das durch die Mitochondrien gebildete ¹⁴C-Malat nur aus dem ¹⁴C-Succinat gebildet worden sein, das in den Glyoxysomen aus dem Umsatz des 5,6-¹⁴C-Isocitrats anfiel. — Die Aktivitäten von Succinatdehydrogenase, Fumarase und Malatdehydrogenase einer Mitochondrienfraktion des *Ricinus*-Endosperms liegen über dem aus dem Substratfluß der Gluconeogenese bestimmten Mindestwert von 50 µMolen Umsatz/Stunde/g Endosperm (COOPER und BEEVERS 1969 a). Das trifft auch für die Aktivität der im Grundplasma lokalisierten Phosphoenolpyruvatcarboxykinase zu (COOPER und BEEVERS 1969 a).

Der Ablauf des Glyoxylatzyklus erfordert eine stete Reoxidation des in der Malatdehydrogenasereaktion anfallenden NADH. Da Reaktionen zur Oxidation von NADH mit der zu fordernden Umsatzrate in Glyoxysomen nicht nachgewiesen werden konnten (Kap. 8.1.1.2.3.), wird eine Oxidation des in den Glyoxysomen anfallenden NADH außerhalb der Organellen, d. h. in den Mitochondrien, angenommen.

8.1.1.2.2. Glyoxysomen — Ort des Fettabbaues. Aus dem Nachweis der Lokalisation des Glyoxylatzyklus in den Glyoxysomen ergab sich die Frage, durch welchen Mechanismus das in der β-Oxidation anfallende Acetyl-CoA in die Glyoxysomen eingeschleust wird. COOPER und BEEVERS (1969 b) sowie HUTTON und STUMPF (1969, vgl. auch BIEGLMAYER *et al.* 1973, 1974 a) konnten nachweisen, daß im Endosperm keimender *Ricinus*-Samen Aktivität der β-Oxidation in den Glyoxysomen lokalisiert ist. 70—80% der partikulären Aktivität an einem Saccharose-Dichtegradienten fanden sich in der Glyoxysomenfraktion. Doch während COOPER und BEEVERS (1969 b) 80% der Gesamtaktivität der β-Oxidation des Endosperms partikulär erhielten — und damit ca. 65% der Gesamtaktivität in der Glyoxysomenfraktion —, konnten HUTTON und STUMPF (1969) nur 5% der Gesamtaktivität bei 12 000 × g sedimentieren und fanden 95% im 105 000 × g-Überstand. Die Ursachen für die starke Diskrepanz in der Ausbeute an partikulärer Aktivität der β-Oxidation sind unklar. HUTTON und STUMPF (1969) sehen eine Erklärung für den hohen Anteil löslicher Aktivität der β-Oxidation in der (osmotischen) Fragilität der Glyoxysomen. Doch wurde von beiden Arbeitsgruppen ein weitgehend übereinstimmendes Verfahren zur Isolierung der Glyoxysomen — aus gleicher *Ricinus*-Sorte — angewandt. Auch liegen in den Glyoxysomen die Enzyme der β-Oxidation membrangebunden vor, und Membranen osmotisch aufgebrochener Glyoxysomen sedimentieren bei 105 000 × g (Kap. 7.4.2.). Die Aktivitätsbestimmung der β-Oxidation erfolgte durch COOPER und BEEVERS (1969 b) mit Palmityl-CoA als Substrat und über die Reduktion von Acetylpyridin-NAD. HUTTON und STUMPF (1969) setzten in ihren Aktivitätstests Palmitat als Substrat für die β-Oxidation ein und bestimmten die Bildung von Acetyl-CoA. Ihre Aussagen über die Aktivitätsverteilung zwischen löslicher und partikulärer Fraktion sind daher abhängig von der Lokalisation der Acyl-CoA-thiokinase, die aber ebenfalls in den Glyoxysomen membrangebunden vorliegt (Kap. 7.4.2.), und von dem Umsatz des gebildeten Acetyl-CoA in den intakten Glyoxysomen.

In den Untersuchungen von COOPER und BEEVERS (1969 b) erwies sich die Mitochondrienfraktion als absolut frei von Aktivität der β-Oxidation. HUTTON und STUMPF (1969) erhielten ca. 30% der partikulären Aktivität der β-Oxidation in der Mitochondrienfraktion. Eine Verunreinigung der Fraktion durch Glyoxysomen und Glyoxysomenmembranen (Kap. 7.1., 7.4.2.) ist aber nicht auszuschließen. Die spezifische Aktivität der β-Oxidation lag in der Glyoxysomenfraktion gegenüber der Mitochondrienfraktion um den Faktor zwei höher.

Basierend auf den Ergebnissen von COOPER und BEEVERS (1969 b) werden die Glyoxysomen als alleinige Träger der β-Oxidation im Endosperm des keimenden *Ricinus*-Samens angesehen. Acetyl-CoA als Endprodukt der β-Oxidation der Glyoxysomen wurde von COOPER und BEEVERS (1969 b) über die Bildung von ^{14}C-Malat aus Palmityl-CoA und ^{14}C-Glyoxylat (Malatsynthetasereaktion) nachgewiesen. Zur Bestimmung des Verhältnisses

Acetyl-CoA$_{gebildet}$: NAD$^+_{reduziert}$ wurden in einem Versuchsansatz, der Palmityl-CoA als Substrat der β-Oxidation und außerdem ^{14}C-Oxalacetat enthielt, das gebildete Acetyl-CoA über die Citratsynthetasereaktion als ^{14}C-Citrat und das gebildete NADH über die Malatdehydrogenasereaktion als ^{14}C-Malat erfaßt. Das Experiment ergab ein Verhältnis 1 : 1.

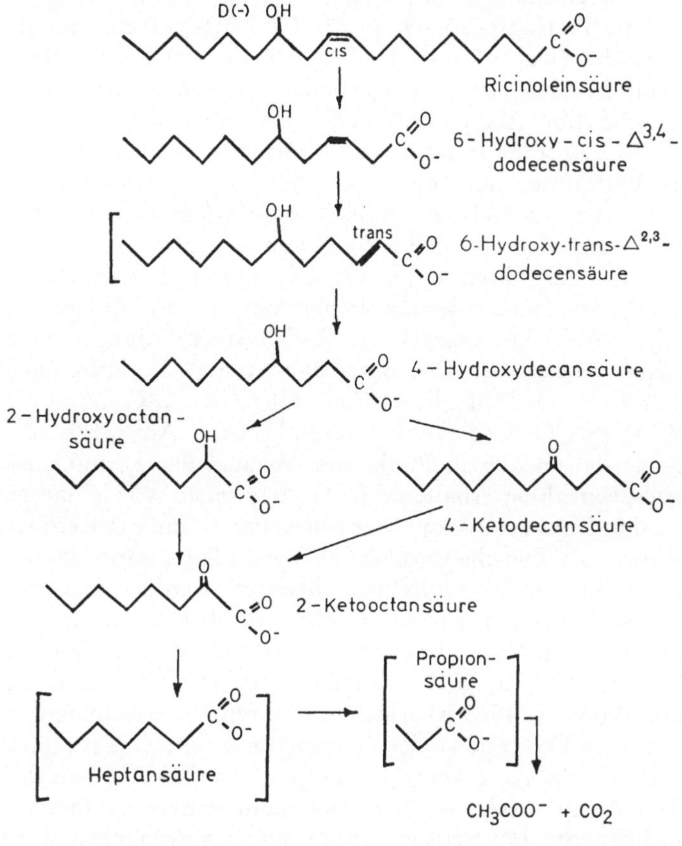

D(-) OH
cis
Ricinoleinsäure
OH
6-Hydroxy-cis-$\Delta^{3,4}$-dodecensäure
OH
trans
6-Hydroxy-trans-$\Delta^{2,3}$-dodecensäure
OH
4-Hydroxydecansäure
2-Hydroxyoctansäure
OH
O
4-Ketodecansäure
O
2-Ketooctansäure
Heptansäure
Propionsäure
CH$_3$COO$^-$ + CO$_2$

Abb. 8.6. Schema zum Abbau der Ricinoleinsäure im Endosperm des *Ricinus*-Samens. Nicht nachgewiesene Zwischenverbindungen in Klammern. — Aus: HUTTON und STUMPF 1971.

Die Bildung von 1 μMol Succinat/min/mg Glyoxysomenprotein über den Glyoxylatzyklus (Kap. 8.1.1.2.1.) erfordert die Anlieferung von 2 μMolen Acetyl-CoA/min/mg Glyoxysomenprotein aus der β-Oxidation. Die höchsten Werte für die spezifische Aktivität der β-Oxidation in isolierten Glyoxysomen des *Ricinus*-Endosperms entsprechen ca. 3% der erforderlichen Aktivität (Tab. 8.1.). Von den einzelnen Enzymen der β-Oxidation wurden in den Glyoxysomen Enoyl-CoA-hydratase (HUTTON und STUMPF 1969, HUANG und BEEVERS 1973), β-Hydroxyacyl-CoA-dehydrogenase (HUTTON und STUMPF 1969, HUANG und BEEVERS 1973) und Acetoacetyl-CoA-thiolase (COOPER und BEEVERS 1969 b, HUTTON und STUMPF 1969, HUANG und BEEVERS 1973) nachgewiesen (Tab. 8.1.). Zum direkten Nachweis der Acyl-CoA-dehydrogenase bzw. -oxidase und einer β-Ketoacyl-CoA-thiolaseaktivität liegen keine Angaben vor.

Als verwertbares Substrat für die β-Oxidation der Glyoxysomen erwiesen sich CoA-Derivate gesättigter Fettsäuren mit gerader Kohlenstoffzahl (Cooper und Beevers 1969 b). Substrat der β-Oxidation *in vivo* ist weitgehend Ricinoleinsäure ($C_{18}H_{34}O_3$; 12-D-Hydroxy-cis-$\Delta^{9,\,10}$-octadecensäure), da diese Fettsäure 80—90% der Gesamtfettsäuren des *Ricinus*-Endosperms ausmacht (Kap. 8.1.1.1.). Der Abbau der Ricinoleinsäure — von Hutton und Stumpf (1971) eingehender untersucht (Abb. 8.6.) —, ergibt über die β-Oxidation Acetyl-CoA und endet zunächst bei dem — auch nachgewiesenen — Zwischenprodukt 6-D-Hydroxy-cis-$\Delta^{3,4}$-dodecensäure, da die Enoyl-CoA-hydratase nur mit trans-$\Delta^{2,3}$-Acyl-CoA-estern reagiert. Das Vorkommen einer $\Delta^{3,4}$-cis-$\Delta^{2,3}$-trans-Enoyl-CoA-isomerase, die die reversible Verschiebung der Doppelbindung von der $\Delta^{3,4}$-cis zur $\Delta^{2,3}$-trans-Konfiguration katalysiert, konnte für die Glyoxysomen wahrscheinlich gemacht werden. Nach der Isomerisierung erfolgt der weitere Abbau über β-Oxidation und die in Abb. 8.6. angegebenen Zwischenverbindungen zu 2-Ketooctansäure, deren weiterer Umsatz nicht über eine β-Oxidation erfolgen kann. 2-Ketooctansäure wird möglicherweise über eine α-Oxidation (Shine und Stumpf 1974) zu CO_2 und Heptansäure abgebaut. Anzeichen für den Ablauf einer α-Oxidation an diesem Punkt des Abbaues der Ricinoleinsäure wurden mit zellfreien Extrakten erhalten. Für Glyoxysomen wurde nachgewiesen, daß sie 1-^{14}C-2-Hydroxyoctansäure decarboxylieren und 2-Ketooctansäure bei dieser Reaktion als Zwischenprodukt auftritt. Heptansäure kann dann weiter über β-Oxidation zu Propionsäure abgebaut werden, die zumindest von Gewebeextrakten aus dem *Ricinus*-Endosperm über den Malonylsemialdehyd-Weg (Giovanelli und Stumpf 1958, Hitchcock und Nichols 1971) in Acetyl-CoA und CO_2 umgesetzt werden kann (Hutton und Stumpf 1971). Cooper und Beevers (1969 b) erhielten in ihren Untersuchungen zur Substratspezifität der β-Oxidation der Glyoxysomen mit Propionyl-CoA und Valeryl-CoA als Substrat keine Reduktion von NAD^+, jedoch eine geringe Bildung von Acetyl-CoA. — Insgesamt kann nach den Untersuchungsergebnissen von Hutton und Stumpf (1971) davon ausgegangen werden, daß die Glyoxysomen des *Ricinus*-Endosperms die Enzyme enthalten, die für einen Abbau der Ricinoleinsäure (bis zur Propionsäure) erforderlich sind.

In ihren Untersuchungen zur Lokalisation der β-Oxidation im *Ricinus*-Endosperm hatten Hutton und Stumpf (1969) als Substrat der β-Oxidation Palmitat eingesetzt. Da die isolierten Glyoxysomen die freie Fettsäure oxidierten, ergab sich daraus der erste Hinweis, daß auch die Aktivierung der Fettsäuren in den Glyoxysomen erfolgt. Cooper (1971, vgl. auch Bieglmayer *et al.* 1974 a) wies dann in den Glyoxysomen zwei Thiokinasen nach: eine Acetyl-CoA-synthetase und eine Acyl-CoA-synthetase mit Spezifität für Fettsäuren einer Kettenlänge $C > 10$. Gegenüber Palmitat und Ricinoleat zeigte die Acyl-CoA-synthetase gleiche Aktivität. — Acetyl-CoA-synthetaseaktivität wurde ausschließlich für die Glyoxysomen des *Ricinus*-Endosperms nachgewiesen; Acyl-CoA-synthetaseaktivität fand sich außer in der Glyoxysomenfraktion auch in der löslichen Fraktion eines Gewebeaufschlusses (Cooper

1971). Mitochondrien zeigten in keinem Falle eine Aktivität für Fettsäure-aktivierung. Die für die Glyoxysomen nachgewiesene Acyl-CoA-synthetase-aktivität beträgt mit 7,5 µMolen Umsatz/Stunde/g Endosperm (COOPER 1971) ca. 60% der erforderlichen Aktivität von 12,5 µMolen C_{16}-Fettsäure$_{aktiviert}$/Stunde/g Endosperm, die einen Durchsatz von 100 µMolen Acetyl-CoA/Stunde/g Endosperm durch den Glyoxylatzyklus und die Bildung von 25 µMolen Hexose/Stunde/g Endosperm garantiert.

Ein Carnitin-Transportsystem für Fettsäuren konnte im Endosperm keimender *Ricinus*-Samen (COOPER und BEEVERS, unveröffentlicht) oder in den isolierten Glyoxysomen (MARKWELL *et al.* 1973) nicht nachgewiesen werden. Für Leber-Peroxisomen wurde eine Carnityl-acetyltransferase unbekannter Funktion beschrieben (MARKWELL *et al.* 1973).

Zur Freisetzung der Fettsäuren aus dem Fett liegen im Endosperm des *Ricinus*-Samens eine saure Lipase (ORY 1969, ORY *et al.* 1962, NOMA und BORGSTRÖM 1971, MARRIOTT und NORTHCOTE 1975 b) und eine alkalische Lipase (MUTO und BEEVERS 1974, MARRIOTT und NORTHCOTE 1975 b) vor. Die saure Lipase ist mit der Fettschicht eines Gewebeaufschlusses (ORY *et al.* 1960, MUTO und BEEVERS 1974) und nach cytochemischen Befunden mit der Membran der Lipidkörper (Sphärosomen; ORY *et al.* 1968) assoziiert. Die alkalische Lipase findet sich mit ca. 70% der Gesamtaktivität in der Glyoxysomenfraktion, ca. 30% sind an eine Fraktion des Endoplasmatischen Reticulums gebunden (MUTO und BEEVERS 1974)[4]. Im Gegensatz zur sauren Lipase, die Tri-, Di- und Monoglyceride spaltet, hydrolysiert die alkalische Lipase ausschließlich Monoglyceride (MUTO und BEEVERS 1974). Die Regulation des Zusammen- bzw. Wechselspiels der zwei Lipasen für eine kontrollierte Freisetzung von Fettsäuren aus dem Speicherfett ist nicht bekannt. Freie Fettsäuren akkumulieren im *Ricinus*-Endosperm während des Fettabbaues nicht (BEEVERS 1961, CANVIN und BEEVERS 1961, MUTO und BEEVERS 1974, MARRIOTT und NORTHCOTE 1975 a). Die ausgeprägte Zusammenlagerung von Lipidkörpern und Glyoxysomen im *Ricinus*-Endosperm (und in anderen fettreichen Geweben; Abb. 3.4.; VIGIL 1970, TRELEASE *et al.* 1971) und die Lokalisation der Lipasen in den Membranen der Partikeln (s. o.; Kap. 7.4.2.) dürfte für die Verlagerung der freien Fettsäuren und der Monoglyceride vom Ort ihrer Bildung zum Ort ihrer Verwendung von Bedeutung sein.

8.1.1.2.3. Oxidation von Reduktionsäquivalenten in Glyoxysomen. Ein steter Ablauf von β-Oxidation und Glyoxylatzyklus in den Glyoxysomen erfordert eine kontinuierliche Oxidation des in diesen Stoffwechselprozessen anfallenden $FADH_2$ und NADH.

Während der β-Oxidation der Glyoxysomen akkumuliert im Reaktionsansatz NADH im Verhältnis NADH : Acetyl-CoA = 1 : 1 (COOPER und BEEVERS 1969 b). Diese Stöchiometrie bedeutet, daß NADH in den Glyoxysomen nicht oxidiert wird, da bei der β-Oxidation NADH nur in der β-Hydroxyacyl-

---

[4] In Wurzeln, Kotyledonen und Blättern etiolierter oder ergrünter *Ricinus*-Keimlinge ist die alkalische Lipase ausschließlich am Endoplasmatischen Reticulum lokalisiert (MUTO und BEEVERS 1974).

CoA-dehydrogenasereaktion anfällt. NADH-Oxidaseaktivität konnte in Glyoxysomen auch nicht nachgewiesen werden (BREIDENBACH und BEEVERS 1967, LORD und BEEVERS 1972). Dennoch erwies sich die β-Oxidation der Glyoxysomen als O_2-abhängig (COOPER und BEEVERS 1969 b). Da unter anaeroben Bedingungen keine Reduktion von NAD^+ erfolgte, muß die O_2-abhängige Reaktion der β-Oxidation der Glyoxysomen in der Oxidation einer Komponente des Systems liegen, die in einem Reaktionsschritt vor der NAD^+-Reduktion reduziert wird. Der β-Hydroxyacyl-CoA-dehydrogenasereaktion ist als weiterer oxidativer Schritt der β-Oxidation die Acyl-CoA-dehydrogenasereaktion vorgeschaltet. Acyl-CoA-dehydrogenasen verschiedener β-Oxidationssysteme enthalten als Cofaktor fest gebundenes FAD (GREEN und ALLMANN 1968, STUMPF 1969). Wird Flavin auch als Cofaktor der Acyl-CoA-dehydrogenase der Glyoxysomen angenommen — gegen Pyridinnucleotide als Cofaktor spricht die Stöchiometrie NADH : Acetyl-CoA = 1 : 1 (s. o.) —, läßt sich die O_2-Abhängigkeit der β-Oxidation der Glyoxysomen auf eine Oxidation des anfallenden reduzierten Flavins zurückführen. Da ein Elektronentransportsystem in Glyoxysomen nicht nachzuweisen ist, ist eine direkte, autokatalytische Oxidation des reduzierten Flavins mit O_2 anzunehmen. Das dabei gebildete H_2O_2 würde durch die Katalase der Glyoxysomen umgesetzt. Mit dieser Vorstellung (Abb. 8.2.) stehen die experimentell bestimmte Stöchiometrie der O_2-Aufnahme (Acetyl-CoA : NADH : O_2 = 2 : 2 : 1) und der Befund in Übereinstimmung, daß KCN — als Hemmstoff für Katalase — die meßbare O_2-Aufnahme während der β-Oxidation verdoppelt, ohne die Akkumulation von NADH zu beeinflussen (COOPER und BEEVERS 1969 b).

Im Gegensatz zum reduzierten Flavin kann NADH, das in den Glyoxysomen in der β-Hydroxyacyl-CoA-dehydrogenasereaktion der β-Oxidation und in der Malatdehydrogenasereaktion des Glyoxylatzyklus anfällt, nicht in den Glyoxysomen oxidiert werden (s. o.). Die Unfähigkeit der Glyoxysomen, NADH zu oxidieren, wurde von LORD und BEEVERS (1972) eingehender untersucht. In einer Glyoxysomenpräparation wurden Elektronen von NADH weder auf FMN, FAD, NO_3^-, Cystein, Glutation noch Cytochrom c übertragen. Reaktionsansätze mit Ferricyanid oder Dichlorphenolindophenol als Elektronenakzeptor ergaben eine geringfügige NADH-Oxidation. Diese Diaphoraseaktivität in der Glyoxysomenfraktion betrug ca. 1% der Diaphoraseaktivität des gesamten Endosperms und lag mit ca. 0.1 µMolen $NADH_{oxidiert}$/min/mg Glyoxysomenprotein wesentlich unter der Umsatzrate, die bei Bildung von 1 µMol Succinat/min/mg Glyoxysomenprotein (Kap. 8.1.1.2.1.) für eine NADH-Oxidation zu fordern ist (ca. 2 µMole $NADH_{oxidiert}$/min/mg Glyoxysomenprotein [5]). Außerdem ergab sich für die Diaphoraseaktivität der Glyoxysomenfraktion kein paralleles Verteilungsprofil zur Isocitratlyaseaktivität nach Reinigung der Glyoxysomenfraktion über einen Flotationsgra-

---

[5] Das in den Glyoxysomen anfallende NADH wird teilweise in der Gluconeogenese benötigt: 1 µMol NADH/min/mg Glyoxysomenprotein entsprechend einer Gluconeogeneserate von 0.5 µMolen Hexose/min/mg Glyoxysomenprotein. In den Angaben zur erforderlichen Aktivität einer NADH-Oxidation ist dieser Betrag nicht mehr enthalten.

dienten. Die im Bereich der Glyoxysomenfraktion an einem Saccharose-Dichtegradienten nachgewiesene, geringfügige Diaphoraseaktivität wird daher nicht als ein integrierter Bestandteil der Glyoxysomen angesehen.

Eine Oxidation von NADH über ein Elektronentransportsystem ist für Glyoxysomen nicht nachzuweisen. Da aber in den Glyoxysomen des *Ricinus*-Endosperms eine NADH-abhängige Hydroxypyruvatreductase, die auch mit Glyoxylat als Substrat arbeitet, und Glycolatoxidase vorliegen (BREIDENBACH *et al.* 1968, SCHNARRENBERGER *et al.* 1971, LORD und BEEVERS 1972), bestünde die Möglichkeit, NADH über die zyklische Reaktionsfolge

$$\text{NADH} \diagup \text{Glyoxylat} \diagdown \text{H}_2\text{O}_2$$
$$\text{NAD}^+ \diagdown \text{Glycolat} \diagup \text{O}_2$$

zu oxidieren. Gegen eine Bedeutung dieser Reaktionsfolge für eine Oxidation von NADH in den Glyoxysomen spricht außer der geringen Aktivität der beteiligten Enzyme (Tab. 8.1.) im Vergleich zu der zu fordernden Umsatzrate vor allem die geringe Affinität der Hydroxypyruvatreductase für Glyoxylat ($K_m = 30$ mM). Diese ist zu gering, um mit der hohen Affinität der im selben Kompartiment vorhandenen Malatsynthetase (K_m für Glyoxylat $= 85$ µM) konkurrieren zu können. Eine NADH-Oxidation über die Reaktion Glyoxylat $\xrightarrow{\text{NADH NAD}^+}$ Glycolat würde unter diesen Bedingungen nur bei Glyoxylatkonzentrationen > 10 mM ablaufen (LORD und BEEVERS 1972).

Daß der in der Glyoxysomenmembran nachgewiesenen Antimycin A-unempfindlichen NADH-Cytochrom c-Reductase (DONALDSON *et al.* 1972; Tab. 8.1.) eine effektive Bedeutung in einer NADH-Oxidation zukommt, ist unwahrscheinlich. Grundsätzlich spricht auch der Befund zur Stöchiometrie der O_2-Aufnahme während der β-Oxidation (s. o.) gegen alle Mechanismen einer NADH-Oxidation in den Glyoxysomen, die mit O_2 als terminalem Elektronenakzeptor arbeiten. — Eine Oxidation des in den Glyoxysomen gebildeten NADH über eine durch Hydroxypyruvatreductase katalysierte Reduktion von Hydroxypyruvat ($K_m = 33$ µM) zu Glycerat ist auszuschließen, da ein effektiver Syntheseweg für Hydroxypyruvat im *Ricinus*-Endosperm nicht bekannt ist.

Aufgrund der dargelegten Befunde wird die Oxidation des in den Glyoxysomen anfallenden NADH außerhalb dieser Organellen, und zwar in den Mitochondrien, lokalisiert. Belegt wird diese Vorstellung durch folgende Ergebnisse. Die O_2-Aufnahme während des Ablaufs der β-Oxidation verdoppelte sich bei Zusatz von Mitochondrien zum Reaktionsansatz (COOPER und BEEVERS 1969 b). In einem Reaktionsansatz zur β-Oxidation, der nachweislich intakte Glyoxysomen enthielt, akkumulierte kein NADH in Gegenwart von Mitochondrien; wurde KCN zugesetzt, das den Ablauf der β-Oxidation nicht beeinflußt, aber die mitochondriale Cytochromoxidase hemmt, akkumulierte NADH (LORD und BEEVERS 1972). — Über den Mechanismus des Transportes von Reduktionsäquivalenten zwischen intakten Glyoxysomen und Mitochondrien ist z. Zt. nichts bekannt. Diskutiert wird ein Malat-Oxalacetat(Aspartat)-Shuttle (COOPER und BEEVERS 1969 b, SCHNARRENBERGER *et al.* 1971), da in den Glyoxysomen eine sehr aktive Glutamat-Oxalacetat-Aminotransferase nachzuweisen ist und da die Aktivität der Malatdehydrogenase wesentlich über der Aktivität der anderen Enzyme des Glyoxylatzyklus liegt (Tab. 8.1.).

Reaktionen, die unter ATP-Bildung verlaufen, sind für Glyoxysomen nicht bekannt. Im Gegenteil, Reaktionen mit Elektronenübertragung auf O_2 verlaufen in den Organellen unter Bildung von H_2O_2, und die Spaltung des H_2O_2 durch Katalase ist eine Reaktion ohne Energiekonservierung für die Zelle.

8.1.1.2.4. Weitere Enzyme in den Glyoxysomen des Ricinus-Endosperms. Die bisher bekannt gewordene Enzymausstattung der Glyoxysomen des Endosperms keimender *Ricinus*-Samen umfaßt außer den Enzymen, die in den Stoffwechselprozeß des Umsatzes von Fett in Succinat eingeschaltet sind, noch eine Anzahl weiterer Enzyme (Tab. 8.1.). Der Nachweis typischer peroxisomaler Enzyme in den Glyoxysomen führte zur Klassifizierung der Organellen als Peroxisomen (Kap. 8.1.). Katalase, Glycolatoxidase (α-Hydroxysäureoxidase) und Uricase zeigen an linearen Saccharose-Dichtegradienten Verteilungsprofile, die mit denen der glyoxysomalen Leitenzyme übereinstimmen (u. a. BREIDENBACH *et al.* 1968, THEIMER und BEEVERS 1971). Versuche, über verschiedene Trennverfahren Partikeln mit peroxisomalen Enzymaktivitäten von Partikeln mit glyoxysomalen Enzymaktivitäten abzutrennen, verliefen negativ (THEIMER und THEIMER 1975), so daß Homogenität der Glyoxysomenfraktion und damit die Lokalisation peroxisomaler und glyoxysomaler Enzyme in ein und demselben Zellorganell angenommen werden kann. 50—80% der Aktivität von Katalase, Glycolatoxidase und Uricase konnten in der Glyoxysomenfraktion nachgewiesen werden (u. a. COOPER und BEEVERS 1969 a, THEIMER und BEEVERS 1971, THEIMER und THEIMER 1975). — D-Aminosäureoxidase, die als weitere H_2O_2-bildende Oxidase in Peroxisomen tierischer Zellen und eukaryotischer Mikroorganismen vorkommt, war für die Glyoxysomen des *Ricinus*-Endosperms nicht mit Sicherheit nachzuweisen (THEIMER und THEIMER 1975).

Außer Glycolatoxidase wurden in den Glyoxysomen des *Ricinus*-Endosperms auch die weiteren Enzyme des Glycolatstoffwechsels nachgewiesen (u. a. SCHNARRENBERGER *et al.* 1971), die in den Peroxisomen photosynthetisch aktiver Gewebe lokalisiert sind (Kap. 8.2.2.) und diesen Funktionstyp der Peroxisomen charakterisieren. Allerdings liegen die spezifischen Aktivitäten von Glycolatoxidase, Hydroxypyruvatreductase und Serin-Glyoxylat-Aminotransferase in den Glyoxysomen (Tab. 8.1.) um ein bis zwei Zehnerpotenzen niedriger als z. B. in den Blatt-Peroxisomen des Spinats (Tab. 8.4.) Die Funktion dieser Enzyme in den Glyoxysomen ist unbekannt (TANNER und BEEVERS 1965 b, LORD und BEEVERS 1972). Die Reaktionen des Glycolatstoffwechsels (Kap. 8.2.1.) haben im *Ricinus*-Endosperm keine Bedeutung für eine Zuckerbildung aus Glyoxylat (TANNER und BEEVERS 1965 b). Ihre Bedeutung als Biosyntheseweg für Glycin und Serin ist nicht untersucht. Zwar erfordert z. B. der Aufbau von Zellorganellen im *Ricinus*-Endosperm während der ersten Keimungstage (GERHARDT und BEEVERS 1970) eine Proteinsynthese, doch können die erforderlichen Aminosäuren auch durch Hydrolyse der

Tabelle 8.1. *Für Glyoxysomen des Endosperms keimender Ricinus-Samen nachgewiesene sowie nicht nachzuweisende Enzymaktivitäten*

	Aktivität [a] [nMole/min/mg Glyoxysomenprotein]	Literatur [b]
Isocitratlyase	700—2 000	1, 6, 8, 12, 14
Malatsynthetase	500—2 200	1, 6, 8, 14
Citratsynthetase	600—1 100	1, 8, 14
Aconitase	70	1
Malatdehydrogenase	15 000—38 000	1, 8, 14
Spezifische Enzyme des Citratzyklus	—	3, 4
Acyl-CoA-synthetase	100	1
Acetyl-CoA-synthetase	50	1
Acyl-CoA-oxidase	200	1
Enoyl-CoA-hydratase	3 000—20 000	1, 8
β-Hydroxyacyl-CoA-dehydrogenase	3 000—16 000	1, 8
Acetoacetyl-CoA-thiolase	200—300	1, 8
$\Delta^{3,4}$-cis-$\Delta^{2,3}$-trans-Enoyl-CoA-isomerase	+	9
Carnitin-acetyltransferase	—	11
β-Oxidationsaktivität	63	2
α-Oxidationsaktivität	(+)	9
Alkalische Lipase	200	12
Saure Lipase	—	12
Katalase	$5\ 000 \times 10^3$—$13\ 000 \times 10^3$	1, 7, 8, 14
Glycolatoxidase	70—100	1, 7, 8, 14
Hydroxypyruvatreductase	40—150	1, 8, 14
Uricase	20	1, 7, 8, 15
Allantoinase	2—10	15
Allantoicase	—	15
Urease	—	15
Xanthinoxidase, Xanthindehydrogenase	—	15
D-Aminosäureoxidase	(—)	16
Serin-Glyoxylat-Aminotransferase	160	14
Glutamat-Glyoxylat-Aminotransferase	3 800	14
Glutamat-Oxalacetat-Aminotransferase	2 300—7 700	1, 8, 14
NADP-Isocitratdehydrogenase	+	4
NADH-Cytochrom c-Reductase (Antimycin A unempfindlich)	40	5
N-Demethylase	+	17
Ammoniak-Lyasen	0,01—0,3	13
Hydroxylasen	$\leqslant$ 0,002	10
Aktivität der Kettenverkürzung C_6—$C_3 \rightarrow C_6$—C_1	(+)	10

1. BEEVERS und BREIDENBACH 1974.
2. BIEGLMAYER *et al.* 1973.
3. BREIDENBACH und BEEVERS 1967.
4. COOPER und BEEVERS 1969 a.
5. DONALDSON *et al.* 1972.
6. GERHARDT und BEEVERS 1970.
7. HUANG und BEEVERS 1971.
8. HUANG und BEEVERS 1973.
9. HUTTON und STUMPF 1971.
10. KINDL und RUIS 1971 a, 1971 b.
11. MARKWELL *et al.* 1973.
12. MUTO und BEEVERS 1974.
13. RUIS und KINDL 1970.
14. SCHNARRENBERGER *et al.* 1971.
15. THEIMER und BEEVERS 1971.
16. THEIMER und THEIMER 1975.
17. YOUNG und BEEVERS 1976.

[a] + $\triangleq$ Enzymaktivität nachzuweisen; — $\triangleq$ Enzymaktivität nicht nachzuweisen; (+) $\triangleq$ Enzymaktivität wahrscheinlich vorhanden; (—) $\triangleq$ Enzymaktivität wahrscheinlich nicht vorhanden.

[b] In der Literaturauswahl wurden nur Arbeiten berücksichtigt, die selbst Angaben zur spezifischen Enzymaktivität — bezogen auf Glyoxysomenprotein — enthalten. Umrechnungen für die hier angegebenen spezifischen Aktivitäten wurden nicht vorgenommen.

Tabelle 8.2. *In Spermatophyten nachgewiesenes Vorkommen von Glyoxysomen und deren bisher bekannte Enzymausstattung*

Fettgehalt angegeben in Gewichtsprozenten des ungekeimten, geschälten Samens. IL = Isocitratlyase, MS = Malatsynthetase, CS = Citratsynthetase, MDH = NAD-abhängige Malatdehydrogenase, Kat = Katalase, GO = Glycolatoxidase, HPR = Hydroxypyruvatreductase, β-OH-Acyl-CoA-DH = β-Hydroxyacyl-CoA-dehydrogenase, NADP-IDH = NADP-abhängige Isocitratdehydrogenase, NADH-Cyt. c-Red. = NADH-Cytochrom c-Reductase, Antimycin A-unempfindlich; + △ nachgewiesen, — △ nicht nachzuweisen, ( ) △ nicht sicher nachgewiesen.

| Glyoxysomen isoliert aus: | Dichte [g/cm³] | In den Glyoxysomen nachgewiesene Enzymaktivitäten | | | | Literatur |
| | | glyoxysomale Enzymaktivitäten | | peroxisomale Enzym-aktivitäten | weitere Enzymaktivitäten | |
		β-Oxidation	Glyoxylat-zyklus			
Ricinus communis, Endosperm, 60—70% Fett	1,25	s. Tabelle 8.1.	s. Tabelle 8.1.	s. Tabelle 8.1.	s. Tabelle 8.1.	s. Tabelle 8.1.
Pinus ponderosa, primäres Endosperm, 40—50% Fett [a]	1,25	β-OH-Acyl-CoA-DH, alkal. Lipase	IL, MS, CS, MDH	Kat, GO		CHING 1970, HUANG 1975
Pinus jefferii, primäres Endosperm, 50% Fett [a]	1,25	+ [b]	IL			CHING 1973
Pinus pinea, primäres Endosperm, 40—50% Fett [a]			IL, MS, CS, Aconitase, MDH			LOPEZ-PEREZ et al. 1974
Nicotiana tabacum, Endosperm, 40% Fett	1,04		IL, MS	Kat; GO: — [c]		SPICHINGER 1969
Yucca brevifolia, Perisperm			IL	Kat, Uricase		THEIMER und BEEVERS 1971
Hordeum vulgare, Aleuronzellen, 2—3% Fett [d]	1,25		MS, (IL) [e]	Kat		JONES 1972
Zea mays, Scutellum, 3—5% Fett [d]	1,25	+	IL, MS, CS, MDH	Kat, Uricase	D-Aminosäureoxidase: —	COOPER und BEEVERS 1969 a, LONGO und LONGO 1970, 1975, THEIMER und BEEVERS 1971, BARBARESCHI et al. 1974, YANG und SCANDALIOS 1974, THEIMER und THEIMER

Arachis hypogaea, Kotyledonen, 40—60% Fett	1,25	β-OH-Acyl-CoA-DH, alkal. Lipase	IL, MS, CS, MDH	Kat, Uricase, GO	D-Aminosäureoxidase: —	COOPER und BEEVERS 1969 a, LONGO und LONGO 1970, THEIMER und BEEVERS 1971, HUANG 1975, THEIMER und THEIMER 1975
Citrullus vulgaris, Kotyledonen	1,25	β-OH-Acyl-CoA-DH, alkal. Lipase	IL, MS, CS, MDH	Kat, GO	HPR	McGREGOR und BEEVERS 1969, HOCK 1973, KAGAWA *et al.* 1973, HUANG 1975, KAGAWA und BEEVERS 1975
Cucumis sativus, Kotyledonen	1,25 1,26	β-OH-Acyl-CoA-DH, alkal. Lipase	IL, MS, CS, MDH	Kat, GO	HPR	TRELEASE *et al.* 1971, HUANG 1975
Cucurbita pepo, Kotyledonen, 40% Fett	1,25 1,27		IL, MS, MDH	Kat, Uricase, GO	Allantoinase; Allantoicase: —	RUIS 1972, BROWN *et al.* 1974
Helianthus annuus, Kotyledonen, 60% Fett	1,23 1,25 1,27		IL, MS, CS, (Aconitase), MDH	Kat, Uricase, GO	HPR, Aminotransferasen; NADH-Cyt. c-Red.; Hydroperoxidisomerase: —	SCHNARRENBERGER *et al.* 1971, THEIMER und BEEVERS 1971, DONALDSON *et al.* 1972, GERHARDT 1973, ZIMMERMAN *et al.* 1974
Pisum sativum, Kotyledonen	1,23 1,25		MS; IL: —	Kat, GO, Uricase	Allantoinase; Allantoicase: —	HUANG und BEEVERS 1971, RUIS 1972
Lens culinaris, Kotyledonen	1,25	+ Acyl-CoA-Synthetase	IL, MS, CS, MDH	Kat, Uricase, GO	HPR, Aminotransferasen, NADP-IDH, malic enzyme, Allantoinase [f], Allantoicase [f]	KINDL und MAJUNKE 1973 a
Lens culinaris, Laubblätter	1,22		IL, MS	Kat, GO	HPR	KINDL und MAJUNKE 1973 b

[a] Fettgehalt in Gewichtsprozenten des primären Endosperms.
[b] Nachweis der β-Oxidation: Inkubation eines cellfreien Homogenats mit ^{14}C-Tripalmitin und Lokalisation radioaktiver Abbauprodukte in der Glyoxysomenfraktion.
[c] Keine GO-Aktivität im Endosperm nachzuweisen.
[d] Fettgehalt in Gewichtsprozenten der ungekeimten Karyopse.
[e] Geringe IL-Aktivität nur in der P_{II}-Fraktion nachzuweisen (vgl. S. 121).
[f] Nachweis über den Abbau von 2-^{14}C-Harnsäure zu ^{14}C-Harnstoff in einer Glyoxysomenfraktion.

Proteinkörper der Endospermzellen (TULLY und BEEVERS 1975) bereitgestellt werden. In späteren Entwicklungsstadien werden in dem prinzipiell auf Abbau eingestellten Gewebe auch Aminosäuren in Zucker umgesetzt (STEWART und BEEVERS 1967).

Aus dem Stoffwechselweg des Purinabbaues wurde für die Glyoxysomen des *Ricinus*-Endosperms außer Uricase auch Allantoinase nachgewiesen (Kap. 8.4.). Weiterhin liegen Angaben vor über ein Vorkommen von Enzymen des Stoffwechsels aromatischer Verbindungen (Aminosäuren) in den Glyoxysomen (Kap. 8.5.). In den Glyoxysomen wurde ferner geringe Aktivität der überwiegend löslichen NADP-abhängigen Isocitratdehydrogenase lokalisiert (COOPER und BEEVERS 1969 a). Das Enzym wurde auch in Glyoxysomen aus Keimblättern von *Lens culinaris* (KINDL und MAJUNKE 1973 a), in Blatt-Peroxisomen (YAMAZAKI und TOLBERT 1970) sowie in Peroxisomen tierischer Zellen (LEIGHTON *et al.* 1968, MÜLLER 1975) nachgewiesen. Seine Funktion in den Peroxisomen ist unbekannt. KINDL und MAJUNKE (1973 a) diskutieren eine Funktion des Enzyms zur Auffüllung des Glyoxylatzyklus (α-Ketoglutarat + $CO_2 \rightarrow$ Isocitrat).

8.1.2. Glyoxysomen weiterer Pflanzengewebe

Stoffwechsel und Funktion der Glyoxysomen wurden am Beispiel der Glyoxysomen des Endosperms keimender *Ricinus*-Samen dargelegt. Glyoxysomen anderer fetthaltiger Pflanzengewebe wurden in keinem Fall bisher so eingehend charakterisiert wie die Glyoxysomen des *Ricinus*-Endosperms, denen sie z. T. in einigen, wenn auch nicht in grundsätzlichen Eigenschaften nur bedingt entsprechen (vgl. z. B. Kap. 7.4.2.). Angaben, die über eine Isolierung von Glyoxysomen aus verschiedenen Pflanzengeweben und zur Enzymausstattung dieser Glyoxysomen vorliegen, sind in Tabelle 8.2. zusammengefaßt. Die Zusammenstellung berücksichtigt nicht die Arbeiten, in denen lediglich aus dem Nachweis partikulärer Aktivität der Isocitratlyase und/oder Malatsynthetase auf das Vorkommen von Glyoxysomen in dem untersuchten Gewebe geschlossen wird, ohne daß die Glyoxysomen auch isoliert wurden.

Glyoxysomen wurden mit Ausnahme ihrer Isolierung aus Laubblättern der Linse bisher ausschließlich aus Geweben keimender Samen isoliert. Dabei handelt es sich sowohl um Samen mit ausgesprochener Fettspeicherung [6] als auch um Samen, in denen Fett nicht als Hauptspeichersubstanz vorliegt, d. h. die nicht auf einen Umbau von Fett in Kohlenhydrat während der heterotrophen Ernährungsphase des Keimlings spezialisiert sind. Dennoch können bestimmte Gewebe dieser Samen einen hohen Fettgehalt aufweisen (z. B. Scutellum oder Aleuronschicht der Karyopse).

HUANG (1975 b) untersuchte vergleichend die Enzymaktivitäten in den Glyoxysomen aus verschiedenen, keimenden Samen mit ausgeprägter Fettspeicherung. Die Ergebnisse (Tab. 8.3.) zeigen eine erstaunliche Übereinstimmung der spezifischen Aktivitäten dieser Enzyme für die verschiedenen Keim-

---

[6] In diesen Samen ist das Fett entweder in einem den Embryo umgebenden Nährgewebe (z. B. Endosperm) oder in den Kotyledonen des Embryos gespeichert.

linge. — Untersuchungen zur subzellulären Lokalisation der β-Oxidation im primären Endosperm von *Pinus jefferii* (CHING 1973) und im Maisscutellum (LONGO und LONGO 1975) ergaben außer für die Glyoxysomen beträchtliche β-Oxidationsaktivität auch für die Mitochondrienfraktionen. In keinem der beiden Fälle wurde aber die Mitochondrienfraktion auf eine Verunreinigung durch Glyoxysomenmembranen untersucht. Wird in Analogie zu den Befunden an den Glyoxysomen des *Ricinus*-Endosperms (Kap. 7.4.2.) eine Bindung der Enzyme der β-Oxidation an die Organellenmembran auch für die Glyoxysomen aus dem primären Endosperm von *Pinus jefferii* und dem Maisscutellum angenommen, kann die β-Oxidationsaktivität der Mitochondrienfraktionen

Tabelle 8.3. *Spezifische Enzymaktivitäten* [a] *der Glyoxysomen aus Fettspeichergeweben verschiedener Keimlinge* (nach HUANG 1975 b)

	Ricinus communis Endosperm	*Citrullus* vulgaris Kotyledonen	*Arachis* hypogaea Kotyledonen	*Cucumis* sativus Kotyledonen	*Pinus* ponderosa pr. Endosperm	*Helianthus* annuus Kotyledonen [b]
Katalase	13 000 000	9 900 000	11 000 000	11 000 000	9 500 000	7 400 000
Malatdehydrogenase	38 000	55 000	34 000	80 000	60 000	16 000
β-Hydroxyacyl-CoA-dehydrogenase	6 500	7 100	6 200	5 600	6 400	
Malatsynthetase	2 100	1 100	1 300	1 600	2 100	1 560
Isocitratlyase	930	520	300	330	480	820
Citratsynthetase	840	700	330	800	350	426
Glycolatoxidase	95	70	58	89		327
Alkalische Lipase	19	4	7	2	8	

[a] nMole Umsatz/min/mg Glyoxysomenprotein.
[b] Nach SCHNARRENBERGER *et al.* 1971.

auf einer Verunreinigung durch Glyoxysomenmembranen beruhen (Kap. 7.1.) und eine ausschließlich glyoxysomale Lokalisation der β-Oxidation auch in diesen Geweben vorliegen (vgl. aber Kap. 13.). HUANG (1975 b) konnte für das primäre Endosperm von *Pinus ponderosa* Aktivität der β-Hydroxyacyl-CoA-dehydrogenase nur in den Glyoxysomen lokalisieren.

In den Glyoxysomen aus Aleuronzellen der Gerstenkaryopse konnte keine Isocitratlyaseaktivität nachgewiesen werden (JONES 1972). Dieses Ergebnis dürfte darauf zurückgehen, daß die Zellen ohne ein SH-Schutzreagenz (Kap. 7.3.3.) im Homogenisationsmedium aufgearbeitet worden waren. In den Aleuronzellen der Weizenkaryopse wurden Isocitratlyase, Malatsynthetase und β-Oxidationsaktivität nachgewiesen (DOIG *et al.* 1975). Der Befund, daß in den Glyoxysomen aus Erbsenkotyledonen nur Malatsynthetase aber keine Isocitratlyase nachgewiesen werden konnte (RUIS 1971), steht in Übereinstimmung mit Untersuchungsergebnissen an zellfreien Homogenaten aus diesen Kotyledonen (CARPENTER und BEEVERS 1959, YAMAMOTO und BEEVERS 1960).

Isocitratlyase und Malatsynthetase, die Leitenzyme für Glyoxysomen, sind normalerweise in photosynthetisch aktiven Geweben nicht nachzuweisen. Sie liegen aber in den Peroxisomen ergrünter Kotyledonen der Pflanzen vor, die fettreiche Samen mit Speicherkotyledonen besitzen und epigäisch keimen. Doch nimmt beim Ergrünen der Kotyledonen die Aktivität der glyoxysomalen Enzyme in den Peroxisomen gegenüber der vorangegangenen Phase der Fettmobilisierung stark ab (Kap. 11.3.1.2.) Aus den Laubblättern (Primärblättern) der Linse isolierte Peroxisomen stellen bisher den einzigen bekannten Fall dar, in dem die glyoxysomalen Leitenzyme für die Peroxisomen eines photosynthetisch aktiven Gewebes ohne vorangegangene Fettspeicherfunktion nachgewiesen wurden (KINDL und MAJUNKE 1973 b). — Nach GODAVARI *et al.* (1973) ist Isocitratlyaseaktivität in Homogenaten aus Laubblättern nachzuweisen, wenn ein endogener Hemmstoff ausgeschaltet wird. Befunde über Malatsynthetaseaktivität in Laubblättern (YAMAMOTO und BEEVERS 1960, YAMAZAKI und TOLBERT 1970) könnten auf einer Reaktion der Citratsynthetase mit Glyoxylat beruhen.

Für die Glyoxysomen des Tabakendosperms wurde eine Gleichgewichtslage am Saccharose-Dichtegradienten oberhalb der Mitochondrien und bei der Dichte 1,044 g/cm^3 angegeben (SPICHIGER 1969). Beide Befunde stehen im Gegensatz zum allgemeinen Sedimentationsverhalten der Glyoxysomen (bzw. Peroxisomen) aus Zellen höherer Pflanzen (Kap. 6.).

8.2. Blatt-Peroxisomen

TOLBERT und Mitarbeiter (1968) isolierten erstmals aus Spinatblättern Zellorganellen, die Träger der Glycolatoxidase und der Katalase sind. Das Vorkommen einer H_2O_2-bildenden Oxidase und der Katalase in ein und demselben Zellorganell charakterisiert dieses als Peroxisom. Peroxisomen photosynthetisch aktiver Gewebe werden heute allgemein als Blatt-Peroxisomen bezeichnet. In den Blatt-Peroxisomen sind Teilreaktionen des Glycolatstoffwechsels lokalisiert (Abb. 8.7.; TOLBERT 1971 a, 1973 a), der einerseits Biosynthesewege für Glycin und Serin beinhaltet, andererseits als (eine) biochemische Grundlage des physiologischen Phänomens der Photorespiration angesehen wird (JACKSON und VOLK 1970, TOLBERT 1971 b, ZELITCH 1971, 1975 a, 1975 b, BLACK 1973, CHOLLET und OGREN 1975). Blatt-Peroxisomen liegen aber auch in photosynthetisch aktiven Geweben ohne apparente Photorespiration vor (Kap. 8.2.6.).

Enzyme, die für Blatt-Peroxisomen gegenüber anderen Peroxisomen spezifisch sind, sind nicht bekannt. Doch können Glycolatoxidase, Hydroxypyruvatreductase und Serin-Glyoxylat-Aminotransferase insofern als Leitenzyme für Blatt-Peroxisomen verwandt werden, als Peroxisomen photosynthetisch aktiver Gewebe in der Regel wesentlich höhere Aktivitäten dieser Enzyme aufweisen als Peroxisomen nicht-grüner Gewebe. Das drückt sich insbesondere in einem vergleichsweise niedrigen Verhältnis Katalaseaktivität/Glycolatoxidaseaktivität der Blatt-Peroxisomen aus (Kap. 8.3.). Zur Identifizierung der Blatt-Peroxisomen unter den Zellorganellen, die aus photosynthetisch aktiven Geweben isoliert werden, können Glycolatoxidase, Hydroxypyruvatreductase und Serin-Glyoxylat-Aminotransferase aber als eindeutige Leitenzyme herangezogen werden.

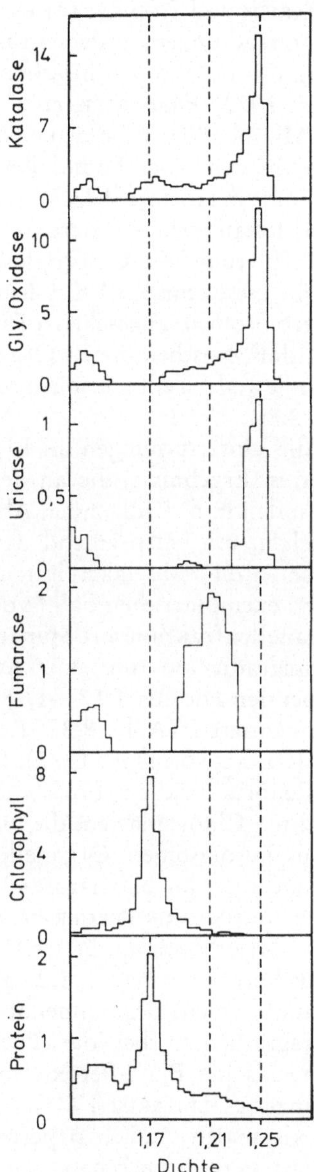

Abb. 8.7. Verteilungsprofile peroxisomaler Enzyme und der Fumarase (mitochondriales Leitenzym) sowie des Chlorophylls und des Proteins am linearen Saccharose-Dichtegradienten
nach isopyknischer Zentrifugation (60 000 $\times$ g, 240 Minuten) einer Partikelfraktion aus
Spinatblättern. Ordinate: relative Aktivitäten bzw. Mengen. — Aus: HUANG und BEEVERS
1971.

Die Identität von Blatt-Peroxisomen und Microbodies ist durch elektronen-mikroskopische Aufnahmen isolierter Blatt-Peroxisomen (TOLBERT et al. 1968, ROCHA und TING 1970 a, PARISH und RICKENBACHER 1971) belegt sowie durch zahlreiche cytochemische Untersuchungen, in denen für photosynthetisch aktive Gewebe die Lokalisation der Katalase in den Microbodies nachgewiesen wurde (Zusammenfassungen: VIGIL 1973, FREDERICK et al. 1975). Glycolatoxidase wurde cytochemisch in den Microbodies der Blätter von *Amaranthus* (SHNITKA und SELIGMAN 1971) sowie in den Microbodies der ergrünten Kotyledonen von *Cucurbita* (SHNITKA und SELIGMAN 1971) und von *Cucumis sativus* (BURKE und TRELEASE 1975) lokalisiert. — Microbodies der Blattzellen zeigen häufig eine ausgeprägte Assoziierung mit Chloroplasten (und Mitochondrien; Abb. 3.3.). Diese wird als ein „strukturelles" Kriterium für das Vorliegen des Funktionstyps der Blatt-Peroxisomen angesehen (TRELEASE et al. 1971) und kann damit erklärt werden, daß zwischen diesen Organellen ein Stoffaustausch erfolgen muß, da in ihnen jeweils Teilreaktionen des Glycolatstoffwechsels ablaufen (Kap. 8.2.1.; Abb. 8.8.).

Ein Standardobjekt für die Untersuchungen an Blatt-Peroxisomen sind die Peroxisomen des Spinatblattes. Ergebnisse, die an den Blatt-Peroxisomen des Spinats gewonnen wurden, sollen in den folgenden Abschnitten — soweit mög-lich — im Vordergrund stehen, um entsprechend dem Vorgehen bei der Be-handlung der Glyoxysomen Stoffwechselaktivität und Funktion auch der Blatt-Peroxisomen an einem „exemplarischen Fall" vorzustellen.

Zentrifugation einer Organellenfraktion aus Spinatblättern an einem konti-nuierlichen Saccharose-Dichtegradienten führt zur Auftrennung der Fraktion in drei Proteinbanden, die bei den Dichten $1,17—1,18$ g/cm^3, $1,21—1,22$ g/cm^3 und $1,25—1,27$ g/cm^3 sedimentieren (Abb. 8.8.; ROCHA und TING 1970 a, HUANG und BEEVERS 1971, DONALDSON et al. 1972). Die oberste Bande besteht vorwiegend aus Chloroplastenbruchstücken (*broken chloroplasts*), die mittlere aus Mitochondrien und intakten Chloroplasten, die unterste und am wenigsten ausgeprägte Bande (s. u.) aus Peroxisomen. Organellen aus ergrünten Kotyle-donen der Sonnenblume bandieren an Saccharose-Dichtegradienten z. T. bei etwas abweichenden Dichten (SCHNARRENBERGER et al. 1971): Chloroplasten-bruchstücke bei $1,16$ g/cm^3, Mitochondrien bei $1,18$ g/cm^3, intakte Chloro-plasten bei $1,22$ g/cm^3 und Peroxisomen bei $1,27$ g/cm^3. Blatt-Peroxisomen aus den Primärblättern (Laubblättern) des Sonnenblumenkeimlings bandieren an einem Saccharose-Dichtegradienten bei der Dichte $1,24$ g/cm^3 und bei signifikant geringerer Dichte als die Blatt-Peroxisomen ($\varrho = 1,26$ g/cm^3) aus Keimblättern derselben Pflanzen (GERHARDT 1973).

Die Ausbeuten an peroxisomalen und blattperoxisomalen Enzymaktivi-täten in der Fraktion der Blatt-Peroxisomen betragen in der Regel $\leq 40^0/0$ der jeweiligen Gesamtaktivität (u. a. TOLBERT et al. 1968, 1969, 1970, SCHNAR-RENBERGER et al. 1971, DONALDSON et al. 1972) und liegen deutlich niedriger als die Ausbeuten, die für peroxisomale und glyoxysomale Enzymaktivitäten in der Glyoxysomenfraktion z. B. des *Ricinus*-Endosperms erhalten werden (Kap. 8.1.1.2.1., 8.1.1.2.4.). Doch wurden aus Spinatblättern auch bis $70^0/0$ der Katalaseaktivität zumindestens partikulär erhalten (HUANG und BEEVERS 1971). Ursache für die allgemein geringen Ausbeuten an Enzymaktivitäten in der Fraktion der Blatt-Peroxisomen dürfte die geringe Stabilität der Peroxisomen pflanzlicher Zellen sein (Kap. 6.), die sich insbesondere beim mechanischen Aufschluß der mit stärker ausgebildeten Zellwänden versehenen Blattzelle negativ auswirkt. Aus den cytochemischen Befunden zur Lokalisation der Katalase und Glycolatoxidase *in situ* ergeben sich keine gesicherten Hinweise darauf, daß diese Enzyme in Blattzellen außerhalb der Microbodies vorkommen. Und auch die Ergebnisse der Zellfraktionierung liefern keine einwandfreien Anhaltspunkte dafür, daß die peroxisomalen und charakteristischen blattperoxisomalen Enzyme außer in der Fraktion der Blatt-Peroxisomen spezifisch auch in anderen Zellfraktionen auftreten. Die Matrix-Enzyme der Blatt-Peroxisomen (Kap. 7.4.3.) zeigen in der Regel untereinander übereinstimmende Verteilung zwischen löslicher und partikulärer Fraktion eines Blattaufschlusses, was zwanglos durch eine Solubilisierung der Enzyme infolge Aufbrechens der Organellen erklärt werden kann. An kontinuierlichen Saccharose-Dichtegradienten ergeben sich für die charakteristischen Enzyme der Blatt-Peroxisomen übereinstimmende und eingipfelige Aktivitätsprofile (Abb. 8.7.). — Das früher häufig gefundene Vorkommen von Katalase in Chloroplasten ist wahrscheinlich auf eine Verunreinigung der nur durch Differentialzentrifugation gewonnenen Chloroplastenfratktionen mit Blatt-Peroxisomen zurückzuführen.

Der Anteil der Blatt-Peroxisomen am Gesamtprotein des Spinat- und des Tabakblattes wird von TOLBERT (1971 c) mit 1—1,5% angegeben. Nach BEEVERS (1971) liegt der Anteil der Blatt-Peroxisomen am partikulären Protein der Blattzelle bei $\leq$ 1%. Das entspricht einem Anteil der Blatt-Peroxisomen am Gesamtprotein der Blattzelle von 0,5—0,7%, da das partikuläre Protein im wesentlichen aus Chloroplastenprotein besteht, das 55—70% des Blattproteins ausmacht (STOCKING und ONGUM 1962, HEBER *et al.* 1963, LATZKO und GIBBS 1968). Der im Vergleich zu den Glyoxysomen des *Ricinus*-Endosperms (Kap. 8.1.1.2.; GERHARDT und BEEVERS 1970) geringe Anteil der Blatt-Peroxisomen am partikulären Protein der Zelle erschwert ihre saubere Isolierung und ausreichende Anreicherung, da auf kontinuierliche Saccharose-Dichtegradienten von ca. 40 ml nur 20—25 mg Partikelprotein aufgetragen werden können, wenn eine gute Auftrennung der Zellorganellen erzielt werden soll.

8.2.1. Der Glycolatstoffwechsel

Der Glycolatstoffwechsel umfaßt die Reaktionsfolge, die das in unmittelbarer Verbindung mit der Photosynthese gebildete Glycolat über die Aminosäuren Glycin und Serin mit Phosphoglycerat verbindet (Abb. 8.8.)[7]. Physiologischer Ausdruck dieses Stoffwechselprozesses ist die — oder zumindest ein Teil der (s. u.) — Photorespiration (JACKSON und VOLK 1970, TOLBERT

---

[7] Dieser Stoffwechselweg wird unter dem Begriff Glycolatstoffwechsel verstanden, obwohl Glycolat nach Oxidation zu Glyoxylat in Blättern auch über andere Stoffwechselwege umgesetzt werden kann: nicht-enzymatisch zu CO_2 und Formiat (und dieses in einer enzymatischen Reaktion weiter zu CO_2) oder enzymatisch zu Oxalat (Kap. 8.2.3.).

1971 b, BLACK 1973, CHOLLET und OGREN 1975, ZELITCH 1975 a, 1975 b). C_4-Pflanzen, die keine apparente Photorespiration aufweisen, besitzen zumindest die Potenz, Glycolat über den photorespiratorischen Stoffwechselweg umzusetzen (Kap. 8.2.4.). Die in Abb. 8.8. formulierte Reaktionsfolge des Glycolatstoffwechsels ist durch Fütterungsversuche mit $^{14}CO_2$, ^{14}C-positionsmarkiertem Glycolat sowie ^{14}C-positionsmarkierten Zwischenverbindungen und Lokalisation der Markierung in Glyoxylat, Glycin, Serin, Glycerat und Hexosen belegt (TOLBERT 1963, 1973 b, JACKSON und VOLK 1970, ZELITCH 1971). Die für den Reaktionsablauf erforderlichen Enzyme sind in den Blättern höherer Pflanzen ebenfalls nachgewiesen worden (TOLBERT 1971 b, 1973 a). Sie sind auf drei Zellkompartimente verteilt (Abb. 8.8.): Chloroplasten, Blatt-Peroxisomen und Mitochondrien (TOLBERT 1971 a, 1973 a).

Bei Photosynthese in $^{14}CO_2$ tritt nach ca. 5 sec vorwiegend in C-2, nach ca. 15 sec uniform markiertes Glycolat auf (ZELITCH 1971, TOLBERT 1973 b). Zum Mechanismus der Glycolatsynthese in den Chloroplasten werden verschiedene Theorien diskutiert (TOLBERT 1973 b, CHOLLET und OGREN 1975, ZELITCH 1975 a, 1975 b), von denen z. Zt. zwei im Vordergrund der Diskussion stehen. Auf dem Nachweis, daß die Ribulose-1,5-diphosphatcarboxylase katalytische Fähigkeit auch als Ribulose-1,5-diphosphatoxygenase besitzt (BOWES *et al.* 1971, ANDREWS *et al.* 1973, 1975, BAHR und JENSEN 1974 a, RYAN und TOLBERT 1975), basiert das Konzept, daß Glycolat *in vivo* durch Oxidation von Ribulose-1,5-diphosphat gebildet wird. Die Oxygenasereaktion, in der O_2 — kompetitiv zu CO_2 — an C-2 des Ribulose-1,5-diphosphats gebunden wird, liefert nach hydrolytischer Spaltung zwischen dem C-2 und C-3 eines Superoxid-Intermediärproduktes des Ribulose-1,5-diphosphats Phosphoglycolat und 3-Phosphoglycerat (LORIMER *et al.* 1973, vgl. auch ANDREWS *et al.* 1971, BASSHAM und KIRK 1973). Das gebildete Phosphoglycolat kann durch eine spezifische Phosphatase (RICHARDSON und TOLBERT 1961), die in den Chloroplasten vorliegt (THOMPSON und WHITTINGHAM 1967, RANDALL *et al.* 1971), zu Glycolat dephosphoryliert werden (BAHR und JENSEN 1974 a). — Ein zweiter Mechanismus der Glycolatbildung wird nach Untersuchungen an isolierten Chloroplasten in der Oxidation von Zuckermonophosphaten des Calvin-Zyklus gesehen (PLAUT und GIBBS 1970, SHAIN und GIBBS 1971, vgl. auch ASAMI und AKAZAWA 1975). Der in der Transketolasereaktion intermediär auftretende aktive Glycolaldehyd kann im Chloroplasten zu Glycolat oxidiert werden. Der Oxidant für diese Reaktion resultiert aus dem photosynthetischen Elektronentransport (SHAIN und GIBBS 1971). — Aufgrund experimenteller Befunde ist nicht auszuschließen, daß *in vivo* sowohl die Oxidation von Ribulose-1,5-diphosphat als auch die Oxidation von Zuckermonophosphaten als Syntheseweg für Glycolat in den Chloroplasten einer Zelle nebeneinander ablaufen (EICKENBUSCH *et al.* 1975, vgl. auch BASSHAM und KIRK 1973, vgl. aber BAHR und JENSEN 1974 a, LAING *et al.* 1974) bzw. daß mehr als nur ein Reaktionsmechanismus für die Glycolatbildung in der Zelle vorliegt (ZELITCH 1973, 1975 a, 1975 b).

Glycolat wird in den Chloroplasten nicht metabolisiert (HEBER *et al.* 1974) und von isolierten Chloroplasten ausgeschieden (BASSHAM *et al.* 1968, HARVEY und GIBBS 1970). Die Umsetzung des Glycolats über Glyoxylat zu Glycin

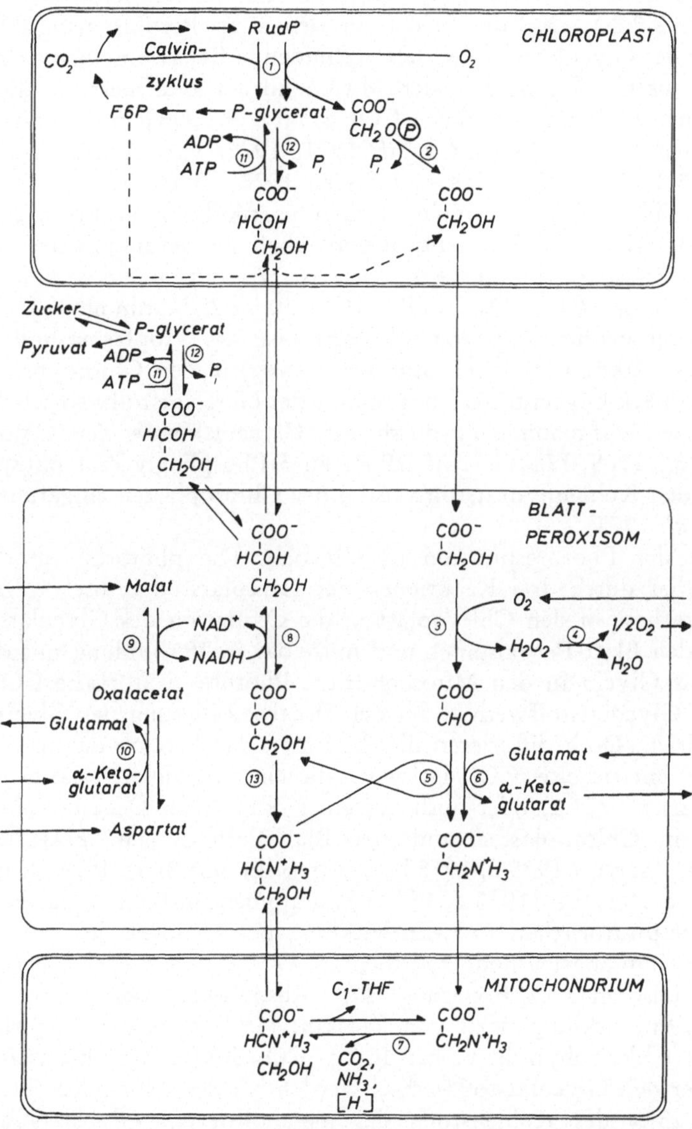

Abb. 8.8. Reaktionsfolge des Glycolatstoffwechsels (vgl. Fußnote S. 125) und Kompartimentierung der Reaktionsschritte. (1) Ribulose-1,5-diphosphat-carboxylase/oxygenase, (2) Phosphoglycolatphosphatase, (3) Glycolatoxidase, (4) Katalase, (5) Serin-Glyoxylat-Aminotransferase, (6) Glutamat-Glyoxylat-Aminotransferase, (7) Serinhydroxymethyltransferase, (8) Hydroxypyruvatreductase, (9) Malatdehydrogenase, (10) Glutamat-Oxalacetat-Aminotransferase, (11) Glyceratkinase, (12) Phosphoglyceratphosphatase, (13) (Glutamat-Hydroxypyruvat-) Aminotransferase.

erfolgt in den Blatt-Peroxisomen, in denen auch das Teilstück Serin →
Hydroxypyruvat → Glycerat des Glycolatstoffwechsels lokalisiert ist (Abb.
8.8.; Kap. 8.2.2.). Der die beiden in den Blatt-Peroxisomen ablaufenden
Abschnitte des Glycolatstoffwechsels verbindende Reaktionsschritt, die Bildung
von Serin aus Glycin, wird in den Mitochondrien lokalisiert, da die Enzyme
der Reaktion 2 Glycin → Serin + CO_2 + NH_3 + 2[H] in diesen Organellen
nachgewiesen wurden (KISAKI *et al.* 1971, 1972, vgl. auch CLANDININ und
COSSINS 1972, 1975, PRATHER und SISLER 1972). BIRD *et al.* (1972) zeigten,
daß die Serinbildung aus Glycin in einer partikulären Fraktion aus Tabakblättern mit einem Elektronentransport über die Atmungskette und einer
oxidativen Phosphorylierung gekoppelt ist. Es wurde ein stöchiometrisches
Verhältnis Serin : CO_2 : O_2 : ATP = 1 : 1 : 0,5 : 2 bestimmt. — Die Aus-
gangsreaktion aus dem Glycolatstoffwechsel ist im Cytoplasma und/oder (wie
die Eingangsreaktion in diesen Stoffwechselweg) in den Chloroplasten lokalisiert (Abb. 8.8.). Glycerat als Endprodukt des Glycolatstoffwechsels kann von
Chloroplasten aufgenommen, durch die Glyceratkinase der Chloroplasten
(SLACK *et al.* 1969, HEBER *et al.* 1974) zu 3-Phosphoglycerat phosphoryliert
und so in den Kohlenhydratstoffwechsel der Chloroplasten eingeführt werden
(HEBER *et al.* 1974).

Substrat der Photorespiration ist Glycolat. Die photorespiratorische O_2-
Aufnahme ist durch drei Reaktionen des Glycolatstoffwechsels gegeben: die
Glycolatsynthese in den Chloroplasten, die Oxidation des Glycolats zu Glyoxylat in den Blatt-Peroxisomen und mittelbar in Verbindung mit der Serinbildung aus Glycin in den Mitochondrien. Photorespiratorische CO_2-Abgabe
erfolgt im Glycolatstoffwechsel bei der Decarboxylierung des Glycins in den
Mitochondrien. Doch differieren die Ansichten darüber, ob das in der Photorespiration entwickelte CO_2 im wesentlichen aus dieser Reaktion stammt
(u. a. TOLBERT 1973 a) oder auch aus einer oxidativen Decarboxylierung des
Glycolats in Chloroplasten und/oder Blatt-Peroxisomen (HALLIWELL und
BUTT 1974, ZELITCH 1975 a, 1975 b, GRODZINSKI und BUTT 1976; Kap. 8.2.3.).
Nach den bei ZELITCH (1975 a, 1975 b) zusammengefaßten Angaben zur Rate
der photorespiratorischen CO_2-Entwicklung beträgt diese je nach Pflanzen-
art und Bestimmungsmethode zwischen 25—75%, überwiegend 40—60% der
photosynthetischen CO_2-Fixierung. Der Absolutwert der photorespiratorischen CO_2-Entwicklung wird von ZELITCH (1975 a) mit ≥ 76 µMole CO_2/
Stunde/mg Chlorophyll bzw. ca. 10 mg CO_2/Stunde/dm² Blattfläche angegeben. Über den Glycolatstoffwechsel werden bei der Glycindecarboxylierung
aber nur 25% des Kohlenstoffs des metabolisierten Glycolats abgegeben
(2 Glycolat → 2 Glycin → Serin + CO_2 + NH_3 + 2 [H]). TOLBERT (1973 a)
nimmt daher an, daß über eine ständige Hin- und Rückreaktion der Glycin-
Serin-Umwandlung teilweise ein vollständiger Umsatz der Aminosäuren —
und damit des Glycolats — zu CO_2 und C_1-Verbindungen erfolgt. Dadurch ergäbe sich eine erhöhte CO_2-Entwicklung und ein verringerter Kohlenstofffluß von Serin zu Glycerat. — Die Glycolatakkumulation (-synthese) bei
Hemmung der Glycolatoxidation wurde von ZELITCH (1975 a) für Tabak-
und Sonnenblumenblätter zu ca. 75 µMole/Stunde/g Frischgewicht bestimmt.
Das entspricht einer Rate von 50—75 µMolen Glycolat/Stunde/mg Chloro-

phyll [8]. Nach Angaben von Tolbert und Yamazaki (1969) beträgt im Spinatblatt die Glycolatsynthese 60 µMole/Stunde/mg Chlorophyll. Mahon et al.
(1974) bestimmten für Blattstücke der Sonnenblume bei einer CO_2-Konzen-
tration von 0,03% den Kohlenstofffluß durch den Glycolatstoffwechsel in 3-
Phosphoglycerinsäure und von Glycerin in Serin zu 86 µg C/min/dm² und
71 µg C/min/dm². Dieser Durchsatz ist ausreichend, um das photorespiratorisch
entwickelte CO_2 (4,5 mg CO_2/Stunde/dm² bzw. 21 µg C/min/dm²) aus dem
Glycolatstoffwechsel zu liefern. Unter der Voraussetzung, daß Glycin und
Serin keinen anderen Reaktionen unterlagen, ergibt sich ein Gesamtdurchsatz
von Kohlenstoff durch den Glycolatstoffwechsel von 107 µg C/min/dm². Dieser
Durchsatz entspricht einer Glycolatsynthese von 4,4 µMolen/min/dm² bzw.
von 88 µMolen/Stunde/mg Chlorophyll [9].

Aus den vorliegenden Daten ergibt sich eine Glycolatsynthese in Blättern
höherer Pflanzen von 50—100 µMolen Glycolat/Stunde/mg Chlorophyll oder
30—65 nMolen Glycolat/min/mg Blattprotein [10] oder 5—10 µMolen Glyco-
lat/min/mg Peroxisomenprotein [11]. Die spezifischen Aktivitäten der blattperoxisomalen Enzyme des Glycolatstoffwechsels, die für Spinat bestimmt wurden
(Tab. 8.4.), entsprechen den aufgrund der Glycolatsynthese zu fordernden
Umsatzraten. (Es ist allerdings zu beachten, daß die Enzymaktivitäten unter
optimalen Bedingungen bestimmt wurden!) Die spezifische Aktivität der
plastidären Glyceratkinase wird für Spinat mit 20 µMolen Umsatz/Stunde/mg
Chlorophyll angegeben (Heber et al. 1974).

8.2.2. Reaktionen des Glycolatstoffwechsels in Blatt-Peroxisomen

Von der Reaktionsfolge des Glycolatstoffwechsels sind in den Blatt-Peroxisomen die Teilstücke Glycolat → Glyoxylat → Glycin und Serin → Hydroxypyruvat → Glycerat lokalisiert sowie einige mit diesen Umsetzungen verbundene Nebenreaktionen (Abb. 8.8.; u. a. Tolbert 1971 a, 1973 a). Die spezifischen Aktivitäten der für diese Reaktionen erforderlichen Enzyme sind am
höchsten in der Fraktion der Blatt-Peroxisomen (abgesehen von der an Nebenreaktionen beteiligten und für Peroxisomen nicht spezifischen Malatdehydrogenase und Glutamat-Oxalacetat-Aminotransferase). Der Prozentsatz der
Gesamtaktivität, der für die einzelnen Enzyme in der Fraktion der Blatt-
Peroxisomen nachgewiesen wurde, liegt allerdings z. T. relativ niedrig
(≤ 40%). Dennoch erscheint es berechtigt, vorauszusetzen, daß *in vivo* eine
Kompartimentierung dieser Enzyme in den Blatt-Peroxisomen vorliegt
(Kap. 8.2.). Nach dem von Tolbert und Mitarbeitern (u. a. Tolbert 1973 a)
erarbeiteten Kompartimentierungsschema des Glycolatstoffwechsels ist der
Reaktionsablauf in den Blatt-Peroxisomen dadurch unterbrochen, daß die Umsetzung 2 Glycin → Serin in den Mitochondrien erfolgt. In Blatt-Peroxisomen
konnten die für diesen Reaktionsschritt erforderlichen Enzyme weder direkt

---

[8] Berechnet auf der Grundlage, daß 1 g Blattfrischgewicht 1,5 mg Chlorophyll (nach
Zelitch 1975 a) bzw. 1—1,5 µMole Chlorophyll (Stransky, persönliche Mitteilung) enthält
bzw. daß das Chlorophyll 1% des Blatttrockengewichts entspricht (Heber 1960).
[9] 3 mg Chlorophyll/dm² (nach Zelitch 1975 a).
[10] 25 mg Protein/mg Chlorophyll (Heber 1960, Tolbert und Yamazaki 1969).
[11] Vgl. Kap. 8.2.

Tabelle 8.4. *Für Blatt-Peroxisomen des Spinats nachgewiesene sowie nicht nachzuweisende Enzymaktivitäten*

	Aktivität [a] [nMole/min/mg Peroxisomenprotein]	Literatur [b]
Glycolatoxidase	1 000—10 000	3, 7, 8, 14, 19
Hydroxypyruvatreductase	6 500—47 000	3, 8, 14, 19
Serin-Glyoxylat-Aminotransferase	1 500—12 000	12, 14
Glutamat-Glyoxylat-Aminotransferase	2 400—7 000	3, 12, 14, 19
Glutamat-Oxalacetat-Aminotransferase	170—7 300	3, 8, 12, 14, 19
Malatdehydrogenase	17 000—87 000	3, 8, 14, 17, 18
NADP-Isocitratdehydrogenase	120	15
Katalase	$2\ 200 \times 10^3$—$12\ 000 \times 10^3$	3, 7, 8, 14, 16, 17
Uricase	10	7, 8
NADH-Cytochrom c-Reductase	5—20	3
Ammoniak-Lyasen	0,02	13
Enzyme des Glyoxylatzyklus	—	19
Enzyme des Citratzyklus	—	19
α- und β-Oxidationsaktivität	—	19
Carnitin-acetyltransferase	—	10
Lactatdehydrogenase	—	19
Malatdehydrogenase (decarboxylierend)	—	19
NAD-α-Glycerophosphatdehydrogenase	—	4
PEP-Carboxylase	—	19
PEP-Carboxykinase	—	19
Glutamatdehydrogenase	—	19
Carboanhydrase	—	9
Superoxiddismutase	—	1
Nitratreductase	—	2
Nitritreductase	—	2, 11
Formyltetrahydrofolatsynthetase	(—)	5
NAD-Formiatdehydrogenase	(—)	6

1. ASADA *et al.* 1973.
2. DALLING *et al.* 1973 a.
3. DONALDSON *et al.* 1972.
4. GEE *et al.* 1974.
5. HALLIWELL 1973.
6. HALLIWELL 1974 b.
7. HUANG und BEEVERS 1971.
8. HUANG und BEEVERS 1973.
9. JACOBSON *et al.* 1975.
10. MARKWELL *et al.* 1973.
11. MIFLIN 1974.
12. REHFELD und TOLBERT 1972.
13. RUIS und KINDL 1971.
14. TOLBERT 1973 a.
15. TOLBERT und YAMAZAKI 1969.
16. TOLBERT *et al.* 1968.
17. TOLBERT *et al.* 1969.
18. YAMAZAKI und TOLBERT 1969.
19. YAMAZAKI und TOLBERT 1970.

[a] — $\triangleq$ Enzymaktivität nicht nachzuweisen; (—) $\triangleq$ Enzymaktivität wahrscheinlich nicht vorhanden.

[b] In der Literaturauswahl wurden nur Arbeiten berücksichtigt, die selbst Angaben zur spezifischen Enzymaktivität — bezogen auf Peroxisomenprotein — enthalten. Umrechnungen für die hier angegebenen spezifischen Aktivitäten wurden nicht vorgenommen.

nachgewiesen werden noch konnte durch den Einsatz von ^{14}C-Glycolat, ^{14}C-Glyoxylat oder ^{14}C-Glycin eine Serinbildung in isolierten Blatt-Peroxisomen demonstriert werden (KISAKI und TOLBERT 1969). Zum Ablauf des notwendigen Stofftransports zwischen Blatt-Peroxisomen und Mitochondrien — wie auch zwischen Chloroplasten und Blatt-Peroxisomen — liegen keine Untersuchungsergebnisse vor. Der in elektronenmikroskopischen Aufnahmen von Blattzellen wiederholt beobachtete Kontakt zwischen Microbodies und Chloroplasten bzw. Mitochondrien (Kap. 3.) kann im Sinne einer Erleichterung dieses Stofftransports gedeutet werden.

Die durch das Flavinenzym Glycolatoxidase (Kap. 7.3.9.) katalysierte Oxidation von Glycolat zu Glyoxylat ist mit der Bildung von H_2O_2 verbunden. Ein sofortiger Umsatz des H_2O_2 ist durch die Lokalisation der Katalase im selben Kompartiment und die im Vergleich zur Glycolatoxidase wesentlich höhere spezifische Aktivität der Katalase (Tab. 8.4.) weitgehend gewährleistet (Kap. 8.2.3.). In intakten Blatt-Peroxisomen des Spinats verhalten sich die spezifischen Aktivitäten von Katalase und Glycolatoxidase wie 1000 : 1 (Tab. 8.4.).

Die Reduktion von Hydroxypyruvat zu Glycerat erfordert NADH. Da in Blatt-Peroxisomen keine NADH liefernden Reaktionen ablaufen, müssen Reduktionsäquivalente direkt oder über einen Shuttle-Mechanismus in die Organellen transportiert werden. Über die Herkunft der Reduktionsäquivalente ist nichts bekannt. Aufgrund des Nachweises einer NAD-abhängigen Malatdehydrogenase und einer Glutamat-Oxalacetat-Aminotransferase in Blatt-Peroxisomen wird analog dem Wasserstofftransport zwischen Cytoplasma und Mitochondrien das Substratpaar Malat/Oxalacetat (Aspartat) [12] als Wasserstoffcarrier auch für den Wasserstofftransport in die Blatt-Peroxisomen postuliert (Abb. 8.8.; TOLBERT 1973 a).

Die in den Blatt-Peroxisomen ablaufenden Reaktionsschritte des Glycolatstoffwechsels umfassen zwei Transaminierungsreaktionen (Abb. 8.8.): die Bildung von Glycin aus Glyoxylat und die Bildung von Hydroxypyruvat aus Serin. Für diese Reaktionen wurden in den Organellen zwei spezifische Aminotransferasen nachgewiesen: Serin-Glyoxylat- und Glutamat-Glyoxylat-Aminotransferase (Kap. 7.3.11.). Da über die Serin-Glyoxylat-Aminotransferasereaktion die Bildung von Glycin und Hydroxypyruvat miteinander gekoppelt sind, bedeutet diese Reaktion eine gewisse Unabhängigkeit der Blatt-Peroxisomen von exogenen Aminogruppendonatoren. Diese Reaktion ist daher zunächst für die Bildung von Glycin und Hydroxypyruvat anzusetzen. Außerdem besitzt die Serin-Glyoxylat-Aminotransferase einen 30fach niedrigeren K_m-Wert für Glyoxylat als die Glutamat-Glyoxylat-Aminotransferase und eine höhere spezifische Aktivität (Tab. 8.4.). Aufgrund der Stöchiometrie der Reaktion 2 Glycin → Serin kann die Serin-Glyoxylat-Aminotransferase über einen ausschließlich intrapartikulären Aminogruppentransfer aber nur die Hälfte des erforderlichen Umsatzes von Glyoxylat → Glycin katalysieren. Für den Ablauf des Glycolatstoffwechsels ist die Aktivität der Glutamat-Glyoxy-

---

[12] Als Transportform des oxidierten Carriers des Malat-Oxalacetat-Shuttle wird anstelle des Oxalacetats das stabilere Aspartat angenommen.

lat-Aminotransferase also zusätzlich erforderlich. Diese Reaktion ist abhängig von einem Aminogruppendonor (Glutamat), der den Blatt-Peroxisomen von außerhalb zugeführt werden muß. — Bei Betrachtung des Glycolatstoffwechsels als eines Stoffwechselweges zur Synthese der Aminosäuren Glycin und Serin aus Glycolat, d. h. bei Abzug der Aminosäuren aus dem Stoffwechselweg, ist allein der Glutamat-Glyoxylat-Aminotransferase Bedeutung zuzuordnen.

Die Reaktionsfolge Glycolat → Glyoxylat → Glycin ist ein physiologisch irreversibler Prozeß, der nur im Licht abläuft, da die Glycolatbiosynthese an die Photosynthese gekoppelt ist (Kap. 8.2.1.). Der Reaktionsablauf ist irreversibel, da für die beiden beteiligten Aminotransferasen Serin-Glyoxylat- und Glutamat-Glyoxylat-Aminotransferase das Reaktionsgleichgewicht ganz auf Seiten der Glycinbildung liegt (Kap. 7.3.11.) und *in vivo* eine Reduktion von Glyoxylat zu Glycolat in Blatt-Peroxisomen auszuschließen ist (Kap. 8.2.3.). Auch aus Markierungsexperimenten zum Glycolatstoffwechsel an Blättern (RABSON *et al.* 1962) ergaben sich keine Hinweise auf eine Glycolatbildung aus ^{14}C-Glycin oder ^{14}C-Glyoxylat.

Der Reaktionsablauf Serin → Hydroxypyruvat → Glycerat ist physiologisch reversibel, verläuft aber im Licht wahrscheinlich überwiegend in der Richtung Serin → Glycerat (TOLBERT 1971 b). Bei Photosynthese in ^{14}CO$_2$ wird Serin schnell über Glycolat → Glycin uniform markiert, während unter gleichen Bedingungen, aber bei gehemmter Glycolatoxidation, die Bildung carboxylmarkierten Serins aus Phosphoglycerat nur langsam erfolgt. Eine spezifische, cytoplasmatische Phosphoglyceratphosphatase ist in Blättern nachgewiesen (RANDALL *et al.* 1971). Für die Aminierung von Hydroxypyruvat zu Serin in den Blatt-Peroxisomen wird eine Glutamat(Alanin)-Hydroxypyruvat-Aminotransferasereaktion angenommen und eine Identität des Enzyms mit der Serin-Glyoxylat-Aminotransferase für möglich gehalten (TOLBERT 1971 b). — Mit Phosphoglycerat der Glycolyse als Ausgangssubstrat können eine Serinsynthese in den Blatt-Peroxisomen und nachfolgend eine Glycinsynthese in den Mitochondrien auch im Dunkeln ablaufen.

8.2.3. Reaktionen des Glyoxylats in Blatt-Peroxisomen

Glyoxylat kann unter physiologischen Bedingungen in folgende Reaktionen eingehen:

(1) $\mathrm{CHO-COOH + R-CHNH_2-COOH} \xrightarrow{\text{Aminotransferase}}$
$$\mathrm{CH_2NH_2-COOH + R-CO-COOH}$$

(2) $\mathrm{CHO-COOH + H_2O + O_2} \xrightarrow{\text{Glycolatoxidase}}$
$$\mathrm{COOH-COOH + H_2O_2}\ ^{[13]}$$

(3) $\mathrm{CHO-COOH + H_2O_2} \xrightarrow[\text{Oxidation}]{\text{nicht-enzymatische}} \mathrm{HCOOH + CO_2 + H_2O}$

---

[13] In manchen Blättern werden große Mengen Oxalat gebildet. Der Stoffwechsel des Oxalats ist jedoch nicht ausreichend genug bekannt, um die Bedeutung der Glycolatoxidation für die Oxalatbildung abzuschätzen (vgl. auch CHANG und BEEVERS 1968).

$$(4) \quad CHO{-}COOH + NADH + H^+ \xrightarrow{\text{Hydroxypyruvatreductase}} CH_2OH{-}COOH + NAD^+$$

$$(5) \quad CHO{-}COOH + NADPH + H^+ \xrightarrow{\text{Glyoxylatreductase}} CH_2OH{-}COOH + NADP^+$$

Reaktion (5) kann für Blatt-Peroxisomen ausgeschlossen werden, da die NADPH-abhängige Glyoxylatreductase nur in Chloroplasten lokalisiert ist (THOMPSON und WITTINGHAM 1967, TOLBERT *et al.* 1970). Der Reaktion (4) wird in den Blatt-Peroxisomen keine physiologische Bedeutung beigemessen (TOLBERT *et al.* 1970), da u. a. der K_m-Wert der Hydroxypyruvatreductase für Glyoxylat (Tab. 7.10.) um den Faktor 10—100 höher liegt als die K_m-Werte der blattperoxisomalen Aminotransferasen für Glyoxylat (Tab. 7.11.). Eine Glycolatbildung aus ^{14}C-Glyoxylat war auch nicht nachzuweisen (RABSON *et al.* 1962, TOLBERT *et al.* 1970). Über das Ausmaß der Reaktionen (1)—(3) an der Umsetzung des Glyoxylats in den Blatt-Peroxisomen bestehen unterschiedliche Auffassungen bzw. darüber, aus welcher Verbindung (Glycin oder Glyoxylat) das photorespiratorische CO_2 überwiegend freigesetzt wird (Kap. 8.2.1.). Da die Reaktionsfolge des Glycolatstoffwechsels durch Markierungsexperimente belegt ist (Kap. 8.2.1.), wird aber zumindest ein Teil des Glyoxylats *in vivo* über die Transaminierungsreaktion (1) in Glycin umgesetzt. Nach TOLBERT (1971 a, 1971 b, 1973 a) geht in diese Reaktion der überwiegende Teil des Glyoxylats ein und verbleibt damit im Glycolatstoffwechsel (Kap. 8.2.1.; vgl. auch MAHON *et al.* 1974). — Eine Oxidation von Glyoxylat zu Oxalat [Reaktion (2)], die infolge einer gewissen Unspezifität der Glycolatoxidase (Kap. 7.3.9.) in den Blatt-Peroxisomen ablaufen könnte, wurde für isolierte Blatt-Peroxisomen des Spinats durch die Bildung von ^{14}C-Oxalat aus ^{14}C-Glycolat auch nachgewiesen (TOLBERT 1971 a, vgl. auch HALLIWELL und BUTT 1974). Da aber bei ausreichender Versorgung der isolierten Blatt-Peroxisomen mit einem Aminogruppendonor (20 mM Glutamin) im wesentlichen eine Aminierung des Glyoxylats zu Glycin erfolgte, ist nur eine geringe Oxidation des Glyoxylats zu Oxalat *in vivo* anzunehmen [K_m-Werte der blattperoxisomalen Aminotransferasen für Glyoxylat (Tab. 7.11.) $\leq$ K_m-Wert der Glycolatoxidase für Glyoxylat (5,4 mM)]. Das Vorkommen von Oxalatoxidase [14] in Blatt-Peroxisomen (LEEK *et al.* 1972) wurde bisher nicht bestätigt. — Eine nicht-enzymatische Oxidation des Glyoxylats mit H_2O_2 [Reaktion (3)] wird von TOLBERT (1971 a, 1973 a) aufgrund der hohen Aktivität der Katalase in den Blatt-Peroxisomen ausgeschlossen. KISAKI und TOLBERT (1969) konnten eine $^{14}CO_2$-Freisetzung aus 1-^{14}C-Glycolat mit Blatt-Peroxisomen aus Spinat auch nicht nachweisen. Im Gegensatz dazu stehen Befunde von HALLIWELL und BUTT (1974) sowie GRODZINSKI und BUTT (1976), die eine oxidative Decarboxylierung von 1-^{14}C-Glyoxylat bzw. 1-^{14}C-Glycolat zu $^{14}CO_2$ und Formiat (1 : 1) in

---

[14] $Oxalat + O_2 \xrightarrow{\text{Oxalatoxidase}} 2\,CO_2 + H_2O_2$. Die Oxidation des aus Glycolat gebildeten Oxalats zu CO_2 entspräche einer photorespiratorischen CO_2-Entwicklung in den Blatt-Peroxisomen.

Blatt-Peroxisomen aus *Beta vulgaris* und *Spinacia oleracea* nachwiesen. Es konnte außerdem gezeigt werden, daß der Oxidant der Reaktion H_2O_2 ist, das in den Organellen bei der Oxidation von Glycolat zu Glyoxylat gebildet und durch Katalase nicht vollständig umgesetzt wird. GRODZINSKI und BUTT (1976) bestimmten den Anteil des in der Glycolatoxidasereaktion anfallenden H_2O_2, der in den Blatt-Peroxisomen durch Katalase nicht umgesetzt wird und für eine nicht-enzymatische Decarboxylierung des Glyoxylats zur Verfügung steht, zu 10%. HALLIWELL und BUTT (1974) geben eine Decarboxylierung von 15% des oxidierten Glycolats an. In Versuchsansätzen mit gereinigter Glycolatoxidase anstelle der Blatt-Peroxisomen wurden 85% des oxidierten Glycolats decarboxyliert (GRODZINSKI und BUTT 1976). Der Absolutwert der CO_2-Entwicklung aus Glyoxylat in den Blatt-Peroxisomen betrug 10 bis 20 µMole CO_2/Stunde/mg Chlorphyll (GRODZINSKI und BUTT 1976) und damit $\leq$ 25% des Durchschnittswertes der photorespiratorischen CO_2-Abgabe (Kap. 8.2.1.). In Versuchsansätzen, die Glycolat als Substrat sowie Glutamat und Serin als Aminogruppendonatoren für eine Aminierung des Glyoxylats zu Glycin enthielten, sank die Decarboxylierung des Glyoxylats in den Blatt-Peroxisomen auf ca. 35% der Rate ohne Zugabe eines Aminogruppendonors. — Insgesamt weisen diese Untersuchungsergebnisse darauf hin, daß *in vivo* in den Blatt-Peroxisomen ein vollständiger Umsatz des anfallenden H_2O_2 durch Katalase und ein vollständiger Umsatz des Glyoxylats zu Glycin nicht unbedingt gegeben sind und daß mit der oxidativen Decarboxylierung des Glyoxylats [Reaktion (3)] eine photorespiratorische CO_2-Entwicklung in den Blatt-Peroxisomen erfolgen kann.

In isolierten Blatt-Peroxisomen kann Formiat, das nach Reaktion (3) in den Organellen entsteht, mit H_2O_2 in einer peroxidatischen Reaktion der Katalase zu CO_2 oxidiert werden (HALLIWELL 1974). Ausmaß und Bedeutung dieser Reaktion, die eine photorespiratorische CO_2-Entwicklung darstellt, sind *in vivo* nicht untersucht. — Das Vorkommen von Formiatdehydrogenase in Blatt-Peroxisomen (LEEK *et al.* 1972) konnte nicht bestätigt werden (HALLIWELL 1974).

Nach ZELITCH (1972, 1975 a, 1975 b) erfolgt die photorespiratorische CO_2-Entwicklung vorwiegend aus Glyoxylat, das in den Chloroplasten mit H_2O_2 zu CO_2 oxidiert wird. Dieser Reaktionsablauf würde bedeuten — da Glycolat das Substrat der Photorespiration und die Glycolatoxidase in den Blatt-Peroxisomen lokalisiert —, daß ein wesentlicher Teil des Glyoxylats aus den Blatt-Peroxisomen in die Chloroplasten abgezogen und nicht über den Glycolatstoffwechsel umgesetzt würde. Eine Entscheidung darüber, durch welche der beiden Stoffwechselwege Glyoxylat bzw. Glycolat *in vivo* tatsächlich vorwiegend umgesetzt wird, ist z. Zt. aufgrund experimenteller Daten nicht möglich.

8.2.4. Funktion des Glycolatstoffwechsels und der Blatt-Peroxisomen

In den Blatt-Peroxisomen sind bestimmte Abschnitte des Glycolatstoffwechsels bzw. der Photorespiration lokalisiert. Doch läßt sich — abgesehen von der „zweckmäßig" erscheinenden Lokalisation H_2O_2-bildender Reaktionen und der Katalase in ein und demselben Zellorganell — bisher keine

schlüssige und experimentell gesicherte Erklärung dafür geben, welche Bedeutung der Kompartimentierung dieser Reaktionen in einem gesonderten Zellkompartiment zukommt. Damit steht — im Gegensatz zu den Glyoxysomen
(Kap. 8.1.1.1.) — für die Blatt-Peroxisomen ein Verständnis ihrer Funktion
noch aus.

Die spezifische Funktion des Glycolatstoffwechsels bzw. der Photorespira-
tion ist noch unbekannt. Für eine Einordnung des Glycolatstoffwechsels in den
Gesamtstoffwechsel der Zelle ergeben sich z. Zt. verschiedene Ansatzpunkte.
Eine Funktion des Glycolatstoffwechsels ist in einem Beitrag zur Biosynthese
der Aminosäuren Glycin und Serin zu sehen, die Zwischenprodukte dieses
Stoffwechselweges sind. Vorausgesetzt, daß die Glycolatbildung während der
Photosynthese — aus welchen Gründen auch immer — ein obligatorischer
Prozeß ist und daß der Umsatz des Glycolats durch den Glycolatstoffwechsel
in vivo dominiert (Kap. 8.2.3.), kann eine Funktion dieses Stoffwechselweges
auch darin gesehen werden, $\leq$ 75% des in Glycolat festgelegten Kohlenstoffs
als Phosphoglycerat in den Kohlenhydratstoffwechsel zurückzuführen. Unter
diesem Gesichtspunkt ist der Glycolatstoffwechsel als ein gluconeogenetischer
Prozeß aufzufassen. Diskutiert wird ferner eine Funktion des Glycolatstoffwechsels in der Oxidation von photosynthetisch gebildetem NADPH zur Regulation der NADPH- und ATP-Produktion der Chloroplasten. Nach diesem
Funktionsmodell wird die Reduktion des Hydroxypyruvats zu Glycerat mit
Reduktionsäquivalenten betrieben, die aus den Chloroplasten über einen
Malat-Aspartat-Shuttle in die Blatt-Peroxisomen transportiert werden (Tolbert 1973 a). Doch liegen außer dem Nachweis der erforderlichen Enzyme
in den Chloroplasten (NADP-abhängige Malatdehydrogenase, Kap. 7.3.8.;
Glutamat-Oxalacetat-Aminotransferase, Kap. 7.3.11.) und in den Blatt-Peroxisomen (Kap. 8.2.2.) keine weiteren experimentellen Daten für die Existenz
des postulierten Shuttle-Systems vor. Experimentell nicht bewiesen ist auch
ein Glycolat-Glyoxylat-Shuttle zur Oxidation von NADPH (Tolbert 1971 a,
1973 b), der — basierend auf dem Nachweis einer NADPH-abhängigen Glyoxylatreductase in den Chloroplasten (Kap. 7.3.10.) und der Glycolatoxidase
in den Blatt-Peroxisomen — zwischen diesen Organellen formuliert werden
kann und mit einer katalytischen Menge an Glycolat arbeiten würde.

8.2.5. Weitere Enzyme in Blatt-Peroxisomen

Die charakteristischen Enzyme der Glyoxysomen — Enzyme des Glyoxylatzyklus und der β-Oxidation — sind in den Blatt-Peroxisomen des Spinats
nicht nachzuweisen (Yamazaki und Tolbert 1970 [15]). Dieser Befund gilt in
der Regel für Blatt-Peroxisomen ganz allgemein. Ein Vorkommen von Isocitratlyase und Malatsynthetase wurde für die Peroxisomen aus Primärblättern der Linse festgestellt (Kindl und Majunke 1973 b). Auch liegen unbestä-
tigte Angaben über einen Nachweis von Isocitratlyase und Malatsynthetase
in Blatthomogenaten vor (Kap. 8.1.2.). In Kotyledonen, die als Speicherorgane

---

[15] Yamazaki und Tolbert (1970) geben eine Zusammenstellung von insgesamt 15 Enzymen
des Primärstoffwechsels, für die ein Vorkommen in den Blatt-Peroxisomen des Spinats *nicht*
nachzuweisen war.

Tabelle 8.5. *In Spermatophyten nachgewiesenes Vorkommen von Blatt-Peroxisomen und deren bisher bekannte Enzymausstattung*

Kat = Katalase, GO = Glycolatoxidase, HPR = Hydroxypyruvatreductase, MDH = NAD-Malatdehydrogenase, DH = Dehydrogenase, ( ) $\triangleq$ Vorkommen zweifelhaft, — $\triangleq$ nicht nachzuweisen.

Blatt-Peroxisomen isoliert aus:	Dichte [g/cm^3]	Nachgewiesene und nicht nachzuweisende Enzymaktivitäten	Literatur
C$_3$-Pflanzen Mesophyll			
Spinacia oleracea	1,25—1,27	vgl. Tabelle 8.4.	vgl. Tabelle 8.4.
Nicotiana tabacum		Kat, GO, HPR, MDH; Nitrat-, Nitritreductase: —	TOLBERT et al. 1969, DALLING et al. 1972 a
Nicotiana rustica	1,23	Kat, GO; (Nitrat-, Nitritreductase; Ribulose-1,5-diphosphatcarboxylase)	LIPS und AVISSAR 1972, LIPS 1975, KAGAN-ZUR und LIPS 1975
Tropaeolum majus	1,18—1,20	Kat; (Ribulose-1,5-diphosphatcarboxylase, NADP-Triosephosphat-DH)	KAGAN-ZUR und LIPS 1975
Beta vulgaris		Kat, GO, HPR, MDH; (Oxalatoxidase); Peroxidase: —, Phenoloxidaseaktivität: —	PARISH und RICKENBACHER 1971, PARISH 1972 c, LEEK et al. 1972
Pisum sativum	1,24	Kat, GO, HPR, MDH; Shikimat-DH	TOLBERT et al. 1969, ZSCHOCHE und TING 1973 b, MIFLIN und BEEVERS 1974, ROTHE 1974
Phaseolus vulgaris		Kat, GO, HPR, MDH	TOLBERT et al. 1969
Lactuca sativa		Kat; Glutamat-DH: —	LEA und THURMAN 1972
Lens culinaris	1,22	Kat, GO, HPR; NADP-Isocitrat-DH; Isocitratlyase, Malatsynthetase	KINDL und MAJUNKE 1973 b
Triticum vulgare	1,25	Kat, GO, HPR, MDH	TOLBERT et al. 1969, FEIERABEND 1972, 1975, FEIERABEND und BEEVERS 1972 b
Secale cerale		Kat, GO, HPR	FEIERABEND und SCHRADER-REICHHARDT 1976
C$_4$-Pflanzen Mesophyll *Zea mays, Eleusine indica, Urochloa panicoides*	1,18	Kat	RATHNAM und EDWARDS 1975
Bündelscheide *Zea mays, Panicum miliaceum, Panicum maximum*	1,21	Kat	RATHNAM und EDWARDS 1975

Tabelle 8.5. (*Fortsetzung*)

Blatt-Peroxisomen isoliert aus:	Dichte [g/cm³]	Nachgewiesene und nicht nachzuweisende Enzymaktivitäten	Literatur
Kotyledonen [a]			
Helianthus annuus	1,25—1,27	Kat, GO, HPR, Aminotransferasen; NADH-Cytochrom c-Reductase; Ammoniak-Lyasen	TOLBERT *et al.* 1969, RUIS und KINDL 1971, SCHNARRENBERGER *et al.* 1971, DONALDSON *et al.* 1972, GERHARDT 1973, THEIMER *et al.* 1975
Citrullus vulgaris	1,25	Kat, GO, HPR; Hydroperoxidisomerase: —	MCGREGOR und BEEVERS 1969, KAGAWA und BEEVERS 1970, 1975, KAGAWA *et al.* 1973, 1975, ZIMMERMAN *et al.* 1974
Cucumis sativus		Kat, GO, HPR	TRELEASE *et al.* 1971, BURKE und TRELEASE 1975
Spinacia oleracea	1,25	Kat, GO, MDH	ROCHA und TING 1970 b

[a] Die in der Peroxisomenfraktion ergrünter, fettreicher Kotyledonen noch nachzuweisenden glyoxysomalen Enzymaktivitäten wurden nicht berücksichtigt.

des Samens für Reservefett und als erste CO_2-Assimilationsorgane der Pflanze fungieren, erfolgt während der Keimung ein Übergang der Peroxisomen von glyoxysomaler zur blattperoxisomaler Funktion (Kap. 11.3.1.2.).

Uricase — peroxisomales Leitenzym — wurde in Blatt-Peroxisomen erstmals von THEIMER und BEEVERS (1971) nachgewiesen. Vorliegende Angaben über negative Ergebnisse des Uricasenachweises an Blatt-Peroxisomen sind nach den Erfahrungen von THEIMER und BEEVERS (1971) wahrscheinlich nicht als endgültig anzusehen. In den Blatt-Peroxisomen des Spinats konnten 75% der partikulären Uricaseaktivität lokalisiert werden (THEIMER und BEEVERS 1971, vgl. auch HUANG und BEEVERS 1971). Zum Vorkommen weiterer Enzyme aus dem Stoffwechselweg des Purinabbaues in Blatt-Peroxisomen liegen keine positiven Befunde vor. — Das peroxisomale Leitenzym D-Aminosäureoxidase konnte für Blatt-Peroxisomen bisher nicht nachgewiesen werden (TOLBERT 1971 a).

Für die Blatt-Peroxisomen des Spinats wurden Aktivität der NADPabhängigen Isocitratdehydrogenase (YAMAZAKI und TOLBERT 1970, vgl. auch Kap. 8.1.1.2.4.) und der membrangebundenen, Antimycin A-unempfindlichen NADH-Cytochrom c-Reductase nachgewiesen (DONALDSON *et al.* 1972; Kap. 11.1.). Weiterhin liegen Angaben vor über ein Vorkommen von Enzymen des Stoffwechsels aromatischer Verbindungen in Blatt-Peroxisomen (Kap. 8.5.). — Nach LIPS und AVISSAR (1972, vgl. auch LIPS 1975) sind in den Blatt-Peroxisomen des Tabaks Nitrat- und Nitritreductase lokalisiert (als membrangebundenes bzw. lösliches Enzym). Dieser Befund konnte jedoch von anderen Autoren weder für die Blatt-Peroxisomen des Spinats oder des Tabaks (DALLING *et al.* 1972 a) noch für Peroxisomen aus Wurzeln (DALLING *et al.* 1972 b, MIFLIN 1974) bestätigt werden. Nitratreductase ist ein cytoplasmatisches Enzym (DALLING *et al.* 1972 a, 1972 b) oder ein Enzym der äußeren Chloroplastenhüllmembran (LEECH und MURPHY 1976); Nitritreductase ist nach den übereinstimmenden Untersuchungsergebnissen verschiedener Autoren in Plastiden lokalisiert (Zusammenfassung: HEWITT 1975). Die Befunde von LIPS und AVISSAR (1972) lassen sich u. a. durch die unspezifische Adsorption der Nitratreductase an Zellorganellen erklären (DALLING *et al.* 1972 a) sowie durch eine Verunreinigung der Peroxisomenfraktion mit Plastiden, die bei Geschwindigkeitszentrifugation am Dichtegradienten besser vermieden werden kann als bei Gleichgewichtszentrifugation (MIFLIN 1974, vgl. auch Kap. 6.). — KAGAN-ZUR und LIPS (1975) vertreten die Auffassung, daß die Enzyme des CALVIN-Zyklus an die Membran der Blatt-Peroxisomen gebunden vorliegen und daß sich im Licht ein isolierbarer Assoziationskomplex zwischen Chloroplasten und Peroxisomen ausbildet. Die Befunde der Autoren zu den Verteilungsprofilen der untersuchten Enzyme und des Chlorophylls an Dichtegradienten sind aber auch — und das sicher zutreffender — durch die wiederholt beobachtete Tatsache zu erklären, daß die Peroxisomen am Dichtegradienten in der Fraktion der Chloroplasten zurückgehalten wurden (Kap. 6.; vgl. auch MIFLIN und BEEVERS 1974), zumal u. a. keine eindeutig chlorophyllfreie Peroxisomenfraktion abgetrennt und die Dichte der Peroxisomen zu 1,185 g/cm³ bestimmt wurde. Der Gesichtspunkt des „*trapping effect*“ wurde von KAGAN-ZUR und LIPS (1975) weder experimentell untersucht noch wird er diskutiert.

8.2.6. Blatt-Peroxisomen in C_4-Pflanzen

In den Blatt-Peroxisomen der C_3-Pflanzen laufen Stoffwechselreaktionen ab, die mit der Photorespiration verknüpft sind. Photorespiration läßt sich jedoch bei C_4-Pflanzen nach den üblichen Kriterien nicht nachweisen (JACKSON und VOLK 1970, ZELITCH 1971, LIU und BLACK 1972, CHOLLET und OGREN 1975). Da die Enzyme des Glycolatstoffwechsels in den Blättern der C_4-Pflanzen aber vorkommen (REHFELD *et al.* 1970, OSMOND 1971, OSMOND und HARRIS 1971, TOLBERT 1971 b, HUANG und BEEVERS 1971, LIU und BLACK 1972, CHEN *et al.* 1974), eine CO_2-Entwicklung aus verfüttertem Glycolat und Glycin für C_4-Pflanzen nachgewiesen ist (KISAKI und TOLBERT 1970, KISAKI *et al.* 1972, LIU und BLACK 1972, CHOLLET 1974), die Ribulose-1,5-diphosphatcarboxylase auch der C_4-Pflanzen Oxygenaseaktivität besitzt (BAHR und JENSEN 1974 b, ANDREWS *et al.* 1975) und eine Glycolatbildung aus Ribulose-5-phosphat mit isolierten Bündelscheidensträngen von *Zea mays* erhalten wurde (CHOLLET 1974), verfügen C_4-Pflanzen zumindest über die Potenz zur Photorespiration und zur Bildung von Glycolat, des Substrats der Photorespiration. Die Ergebnisse neuerer Gaswechselmessungen und von $^{18}O_2$-Austauschexperimenten an C_4-Pflanzen (Zusammenfassung: BLACK 1973) weisen außerdem darauf hin, daß in C_4-Pflanzen *in vivo* eine Photorespiration auch abläuft. Das Fehlen einer apparenten Photorespiration bei C_4-Pflanzen wird daher entweder mit einer sofortigen Refixierung des photorespiratorisch entwickelten CO_2 über die Phosphoenolpyruvatcarboxylase erklärt oder auf eine gehemmte Glycolatbiosynthese zurückgeführt, die sich aus einer kompetitiven Hemmung der Ribulose-1,5-diphosphatoxygenaseaktivität durch die bei C_4-Pflanzen intrazellulär erhöhte CO_2-Konzentration ergibt (Zusammenfassungen: LAETSCH 1974, CHOLLET und OGREN 1975).

Microbodies wurden in den Blättern aller untersuchten C_4-Pflanzen nachgewiesen (BLACK und MOLLENHAUER 1971, FREDERICK und NEWCOMB 1971, HILLIARD et al. 1971, LIU und BLACK 1972, LAETSCH 1974). Wesentliche strukturelle Unterschiede zwischen den Microbodies der Blätter von Gramineen mit und ohne apparenter Photorespiration wurden nicht beobachtet (FREDERICK und NEWCOMB 1971, HILLIARD et al. 1971). Unterschiede liegen im Aufbau der fibrillären Einschlüsse der Microbodies vor (Kap. 2.2.), und in der Regel wiesen die Microbodies der Gramineen ohne apparente Photorespiration eine geringere Größe auf — insbesondere die Microbodies der Mesophyllzellen waren mit einem Durchmesser $\leq$ 0,6 µm relativ klein. — Bestimmungen der Microbodyzahl in Anschnitten von Bündelscheiden- und Mesophyllzellen der C_4-Pflanzen ergaben übereinstimmend, daß die Bündelscheidenzellen mehr Microbodies enthalten als die Mesophyllzellen (Tab. 8.6.; BLACK und MOLLENHAUER 1971, FREDERICK und NEWCOMB 1971, HILLIARD et al. 1971, LAETSCH 1971, LIU und BLACK 1972). Chloroplasten und Mitochondrien wurden in den Anschnitten von Bündelscheidenzellen ebenfalls in größerer Anzahl als in denen der Mesophyllzellen beobachtet. Doch liegt eine Konzentrierung der Organellen in den Bündelscheidenzellen bzw. den Bündelscheiden wahrscheinlich nicht vor. Da Mesophyllzellen kleiner als Bündelscheidenzellen sind, wäre für einen quantitativen Vergleich ein Bezug der Organellenzahl auf das Zellvolumen erforderlich. Außerdem ergaben Bestimmungen der Zellzahl, daß in den Blättern der untersuchten C_4-Pflanzen wesentlich mehr Mesophyllzellen als Bündelscheidenzellen vorlagen (REHFELD und TOLBERT 1970, EDWARDS und BLACK 1971, LAETSCH 1971, HUANG und BEEVERS 1972), so daß die Zahl der Microbodies im Mesophyll der Zahl der Microbodies in den Bündelscheiden entspricht oder diese sogar übersteigt (Tab. 8.6.).

Angaben über die Isolierung von Peroxisomen aus Mesophyllzellen bzw. Bündelscheidenzellen der C_4-Pflanzen liegen von GUTIERREZ et al. (1974) bzw. RATHNAM und EDWARDS (1975) vor. Doch wurden die Peroxisomen nur durch das Leitenzym Katalase charakterisiert; auf blattperoxisomale Enzymaktivitäten wurden die zwei Peroxisomenfraktionen nicht untersucht. Die Peroxisomen aus Mesophyllzellen sedimentierten am Saccharose-Dichtegradienten bei der Dichte 1,17—1,18 g/cm³, die Peroxisomen aus Bündelscheidenzellen bei der Dichte 1,21 g/cm³. Die Peroxisomen beider Zelltypen besitzen danach eine deutlich geringere Dichte als die Blatt-Peroxisomen der C_3-Pflanzen (Kap. 8.2.), sofern kein „trapping" (Kap. 6.) bei der Isolierung vorlag. Mitochondrien und intakte Chloroplasten der Mesophyll- wie der Bündelscheidenzellen bandierten bei der Dichte 1,17—1,19 g/cm³ bzw. 1,19—1,20 g/cm³.

Mesophyll- und Bündelscheidenzellen der Blätter von C_4-Pflanzen kooperieren in der photosynthetischen CO_2-Fixierung. Welche Funktion(en) jeder Zelltyp im Ablauf der Photosynthese erfüllt, ist noch nicht endgültig geklärt (BLACK 1973, LAETSCH 1974, LATZKO und KELLY 1974). Zur Funktion der Peroxisomen in Mesophyll- und Bündelscheidenzellen der C_4-Pflanzen ergeben sich Anhaltspunkte aus Untersuchungen, in denen die Aktivitäten der

Tabelle 8.6. *Vorkommen der Microbodies und Aktivitäten blatt-peroxisomaler Enzyme in Mesophyll- und Bündelscheidenzellen von C$_4$-Pflanzen* [a]

BSZ = Bündelscheidenzelle, BS = Bündelscheide, MZ = Mesophyllzelle, M = Mesophyll. Mb = Microbodies, Mit = Mitochondrien, Chl = Chloroplasten. Kat = Katalase, GO = Glycolatoxidase, HPR = Hydroxypyruvatreductase, GGT = Glutamat-Glyoxylat-Aminotransferase, SPT = Serin-Pyruvat-Aminotransferase (Serin-Glyoxylat-Aminotransferase).

		a Organellenzahl BSZ/MZ			b Zellzahl M/BS	c Microbody- zahl M/BS	d Enzymaktivitäten (bezogen auf mg Chlorophyll) BSZ/MZ	e % Chlorophyll BS : M	f % Enzymaktivität in BS	g Kat-Aktivität/GO-Aktivität		
		Mb	Mit	Chl						BSZ	MZ	C$_3$-Pflanze [b]
Zea mays	A	3,8	2,7	1,2	3—5	1	Kat 5,0 GO 13,0 HPR 8,5	25 : 75	Kat 62 GO 82 HPR 75	1 000	2 800	1 600
Saccharum officinarum	B	2,8	1,9	1,4	5,1	1,8	Kat 1,5 GO 6,0 HPR 3,0	30 : 70	Kat 46 GO 72 HPR 56	800	3 200	1 600
Digitaria sanguinalis	C	3,1	4,2	1,3	3,3	1,1	Kat 4,5 GO 8,0 HPR 5,5 GGT 4,0 SPT 0,3 [c]	50 : 50	Kat 82 GO 89 HPR 85 GGT 80 SPT 23	5 100	9 100	7 500
Cyperus rotundus	D						Kat 5,0 GO 6,0 HPR ∞	40 : 60	Kat 77 GO 78 HPR 100	4 100	4 800	

Sorghum sudanense	E	1,6	1,6	0,8	3,0	1,9	Kat 1,3 GO 4,0 HPR 4,0	24 : 76	Kat 30 (41) [d] GO 78 (80) HPR 78 (88)	4 000	≥ 10 000	1 000
Sorghum bicolor	F						GO 5,0 HPR 3,5		GO 48 HPR 40			
Atriplex rosea	G						Kat 1,5 GO 2,0 HPR 1,2	60 : 40	Kat 69 (77) [d] GO 75 (85) HPR 65 (75)	2 000	2 000	1 000
Atriplex spongiosa	H						GO 0,8 HPR 1,3	67 : 33	GO 61 HPR 70			
Amaranthus edulis	I	2,6	4,7	3,7	11,3	4,5						

[a] Die Werte in der Tabelle basieren auf Angaben in folgenden Arbeiten: REHFELD *et al.* 1970: Spalten: A/b, d, g; B/d, g. FREDERICK und NEWCOMB 1971: Spalten: A/a, c; E/a, c. LAETSCH 1971: Spalten: B/a, b, c; I/a, b, c. OSMOND und HARRIS 1971: Spalten: F/d; H/d. WOO *et al.* 1971: Spalten: A/e; E/e; F/e; G/e; H/e. EDWARDS und BLACK 1972: Spalte: C/b. HUANG und BEEVERS 1972: Spalten: E/b, d, g; G/d, g. LIU und BLACK 1972: Spalten: C/a, c, d, e, g. CHEN *et al.* 1974: Spalten: D/d, e, g.

[b] C_3-Vergleichspflanze: Spinat (vgl. Fußnote 17 S. 142).

[c] Die spezifische Aktivität der SPT in den BSZ ist 20fach höher als die der GGT.

[d] Die Werte in Klammern errechnen sich auf der Grundlage, daß Ribulose-1,5-diphosphatcarboxylase ausschließlich in den BSZ, Phosphoenol-pyruvatcarboxylase ausschließlich in den MZ lokalisiert ist.

Enzyme des Glycolatstoffwechsels in beiden Zelltypen bestimmt wurden [16]. Die spezifischen Aktivitäten dieser Enzyme (bezogen auf mg Chlorophyll) betrugen in C_4-Pflanzen zwischen 5—50⁰/o der spezifischen Aktivitäten, die für parallel untersuchte C_3-Pflanzen bestimmt wurden (REHFELD et al. 1970, OSMOND und HARRIS 1971, HUANG und BEEVERS 1972, LIU und BLACK 1972, CHEN et al. 1974). Sie dürften in C_4-Pflanzen generell niedriger liegen als in C_3-Pflanzen. Ein Vergleich der für Mesophyll- und Bündelscheidenzellen bestimmten spezifischen Aktivitäten der blattperoxisomalen Enzyme ergibt eine höhere spezifische Aktivität dieser Enzyme in den Bündelscheidenzellen (Tab. 8.6., Spalte d). Dieser Befund gilt — abgesehen von einigen unsystematischen Ausnahmen — auch für Enzyme des Glycolatstoffwechsels, die nicht in den Blatt-Peroxisomen lokalisiert sind (REHFELD et al. 1970, OSMOND und HARRIS 1971, LIU und BLACK 1972, CHEN et al. 1974). Aus dem Verhältnis der spezifischen Enzymaktivitäten in Mesophyll- und Bündelscheidenzellen und der Chlorophyllverteilung zwischen Mesophyll und Bündelscheiden läßt sich die prozentuale Enzymverteilung zwischen beiden Zelltypen errechnen (Tab. 8.6., Spalte f). Bei der Mehrzahl der C_4-Pflanzen, für die Daten als Grundlage einer entsprechenden Berechnung vorliegen, sind die blattperoxisomalen Enzyme in den Bündelscheiden gegenüber dem Mesophyll angereichert (Tab. 8.6., Spalte f). Andererseits sind aber nur 30 bis 50⁰/o der Microbodies des C_4-Blattes in den Bündelscheidenzellen lokalisiert (Tab. 8.6., Spalte c). Das heißt, in den Peroxisomen der Bündelscheidenzellen liegen die blattperoxisomalen Enzyme z. T. mit erheblich höherer Aktivität vor als in den Peroxisomen der Mesophyllzellen. Dieser Befund schließt allerdings nicht aus, auch die Peroxisomen der Mesophyllzellen als Blatt-Peroxisomen anzusprechen.

Als ein Kriterium für die Zuordnung von Peroxisomen zum Funktionstyp der Blatt-Peroxisomen wurde von HUANG und BEEVERS (1971, 1972) das Verhältnis Katalaseaktivität/Glycolatoxidaseaktivität eingeführt (Kap. 8.2., 8.3.). Für die Bündelscheidenzellen der in Tabelle 8.6. aufgeführten C_4-Pflanzen entspricht dieses Verhältnis in etwa dem, das sich für die Blätter der parallel untersuchten C_3-Pflanzen (Spinat [17]) ergibt (Tab. 8.6., Spalte g). Für die Mesophyllzellen errechnen sich stets höhere Werte dieses Verhältnisses als für die Bündelscheidenzellen der gleichen C_4-Pflanze. Doch ein gegenüber der C_3-Vergleichspflanze ausgesprochen abweichender Wert im Verhältnis von Katalaseaktivität zu Glycolatoxidaseaktivität liegt nur für die Mesophyllzellen von *Sorghum sudanense* vor. Die Peroxisomen der Mesophyllzellen von *S. sudanense* entsprechen auf dieser Grundlage nicht dem Funktionstyp der Blatt-Peroxisomen und werden den Peroxisomen nicht-spezialisierter Funktion (Kap. 8.3.) zugeordnet (HUANG und BEEVERS 1972). Im übrigen ist aber auf-

---

[16] Eine saubere Trennung von Mesophyll- und Bündelscheidenzellen dürfte aus methodischen Gründen in den älteren Untersuchungen nicht immer gegeben gewesen sein.

[17] Der nach den Aktivitätsangaben bei LIU und BLACK (1972) errechnete Wert für das Verhältnis Katalaseaktivität/Glycolatoxidaseaktivität des Spinats weicht aus ungeklärten Gründen von den Werten anderer Autoren ab. Die Werte für Bündelscheidenzellen, Mesophyllzellen und C_3-Pflanzen in Tabelle 8.6. (Spalte g) können daher nur innerhalb einer Untersuchungsreihe miteinander verglichen werden.

grund der z. Zt. vorliegenden Informationen für die Peroxisomen der Mesophyllzellen der in Tabelle 8.6. aufgeführten C_4-Pflanzen nicht auszuschließen, daß sie — wenn auch mit geringerer Enzymaktivität ausgestattet — funktionell den Blatt-Peroxisomen der C_3-Pflanzen entsprechen. Die Peroxisomen der Bündelscheidenzellen der C_4-Pflanzen können aufgrund der vorliegenden indirekten Beweisführung dem Funktionstyp der Blatt-Peroxisomen zugeordnet werden. Die in der Regel ungleiche Verteilung der Peroxisomen zwischen Mesophyll und Bündelscheiden der C_4-Pflanzen kann lediglich eine Funktion der ungleichen Zellzahl und muß nicht Ausdruck einer unterschiedlichen Funktion der Peroxisomen in den beiden Geweben sein.

8.2.7. Peroxisomen in chlorophyllfreiem Blattgewebe

In elektronenmikroskopischen Vergleichsuntersuchungen an chlorophyllfreien und photosynthetisch aktiven Bezirken panaschierter Blätter sowie an Blättern einer chlorophyllfreien Tabakmutante und deren Wildform wurden — unter Berücksichtigung der unterschiedlichen Vacuolisierung der Zellen — keine eindeutigen Unterschiede in der Microbodyzahl pro chlorophyllfreier oder chlorophyllhaltiger Blattzelle festgestellt (GRUBER et al. 1972). Die für Blatt-Peroxisomen charakteristische Assoziierung der Microbodies mit den Plastiden der Zelle (Kap. 3.; 8.2.) konnte jedoch in den chlorophyllfreien Geweben nicht eindeutig beobachtet werden. Die Aktivitäten von Katalase, Glycolatoxidase und Hydroxypyruvatreductase lagen in den chlorophyllfreien Blattgeweben niedriger als in den zum Vergleich herangezogenen chlorophyllhaltigen Geweben (GRUBER et al. 1972). — Für die Peroxisomen aus chlorophyllfreien Bezirken panaschierter Blätter des Efeus bestimmten HUANG und BEEVERS (1971, 1972) ein Verhältnis der spezifischen Aktivitäten von Katalase und Glycolatoxidase, aufgrund dessen diese Peroxisomen den Peroxisomen nicht-spezialisierter Funktion (Kap. 8.3.) und nicht den Blatt-Peroxisomen zuzuordnen sind.

Für die Blattzellen etiolierter Pflanzen wurden im Vergleich zu den Blattzellen der ergrünten Kontrollpflanzen ebenfalls keine unterschiedlichen Microbodyzahlen festgestellt (GRUBER et al. 1972). Die Microbodies in den Blattzellen der etiolierten Pflanzen zeigten vielfach auch die für Blatt-Peroxisomen charakteristische Assoziierung mit den Plastiden. — Blattperoxisomale Enzyme wiesen in den Blättern etiolierter Pflanzen geringere Aktivität auf als in denen der Kontrollpflanzen (FEIERABEND und BEEVERS 1972 a, GRUBER et al. 1972, KINDL und MAJUNKE 1973 b, MURRAY et al. 1973). Angaben zur spezifischen Aktivität der Katalase und der Glycolatoxidase in etiolierten und ergrünten Blättern des Weizenkeimlings zeigen einen ca. 4fachen Anstieg im Aktivitätsverhältnis dieser Enzyme bei Etiolement (FEIERABEND und BEEVERS 1972 a). Das weist darauf hin (Kap. 8.3.), daß in etiolierten Blättern keine voll ausgebildeten Blatt-Peroxisomen vorliegen (zur Steuerung der Aktivität blattperoxisomaler Enzyme durch Licht s. Kap. 12.1.).

In den Kotyledonen der Pflanzen, die in den Keimblättern Reservefett speichern und epigäisch keimen, liegen während der Phase der Fettmobilisierung Glyoxysomen vor und sind nach dem Übergang der Kotyledonen zu

photosynthetischer Aktivität Blatt-Peroxisomen nachzuweisen. Untersuchungsergebnisse zur Frage, nach welchem Mechanismus in diesen Kotyledonen der
Austausch der Peroxisomen mit glyoxysomaler Funktion gegen Peroxisomen
mit blattperoxisomaler Funktion erfolgt, werden in Kap. 11.3.1.2. behandelt.

8.3. Peroxisomen nicht-spezialisierter Funktion

Microbodies sind auch in Zellen höherer Pflanzen nachgewiesen, in denen
weder eine Gluconeogenese, ausgehend von Speicherfett, noch der photosyn-
theseabhängige Glycolatstoffwechsel ablaufen (Tab. 4.1.). Für die Peroxisomen
dieser Gewebe (Tab. 8.7.) ist daher eine glyoxysomale oder blattperoxisomale
Funktion auszuschließen, und sofern die isolierten Peroxisomen darauf untersucht wurden, waren die charakteristischen Enzymaktivitäten der Glyoxysomen und Blatt-Peroxisomen in ihnen auch nicht nachzuweisen. Außer Glyoxysomen und Blatt-Peroxisomen sind bisher keine weiteren spezifischen
Funktionstypen pflanzlicher Peroxisomen bekannt geworden. Peroxisomen
pflanzlicher Zellen, die weder den Glyoxysomen noch den Blatt-Peroxisomen
zugeordnet werden können, wurden daher von HUANG und BEEVERS (1971)
unter dem Sammelbegriff „Peroxisomen nicht-spezialisierter Funktion" zusammengefaßt.

Die Identität von Peroxisomen nicht-spezialisierter Funktion und Microbodies ist dadurch belegt, daß in entsprechenden Geweben, aus denen diese
Peroxisomen isoliert wurden, Katalase cytochemisch in den Microbodies lokalisiert wurde. Partikuläre Aktivität des Enzyms wurde andererseits nur in der
Peroxisomenfraktion dieser Gewebe nachgewiesen. Übereinstimmung zwischen
der Struktur der Peroxisomen nicht-spezialisierter Funktion und der der
Microbodies wurde für die Peroxisomen aus der Kartoffel (RUIS 1971) und für
die Peroxisomen aus dem Spadix-Appendix von Araceen gezeigt (BERGER und
GERHARDT 1971, PARISH 1972 b).

Bei den Isolierungen von Peroxisomen nicht-spezialisierter Funktion wurden
zwischen 10—80% der Aktivität peroxisomaler Enzyme in der partikulären
Fraktion der entsprechenden Gewebe erhalten. Der Anteil der Peroxisomen
am partikulären Protein wird mit ≤ 1—2% angegeben (BEEVERS 1971). —
Katalase weist in Peroxisomen nicht-spezialisierter Funktion in der Regel
niedrigere spezifische Aktivität auf als in den beiden spezifischen Funktionstypen der Peroxisomen pflanzlicher Zellen. In der Peroxisomenfraktion
aus verschiedenen Geweben von *Ricinus communis* wurden z. B. folgende
Katalaseaktivitäten bestimmt (µMole Umsatz/min/mg Protein; HUANG und
BEEVERS 1971): Keimwurzel — 193, Hypokotyl — 702, Fruchtschale —
1345, Endosperm (Glyoxysomen) — 11 411. Für *Pisum sativum* wird für
Katalase ein Verhältnis der spezifischen Aktivitäten in Blatt und Wurzel von
2 : 1 angegeben (ZSCHOCHE und TING 1973 a). — An H_2O_2-bildenden Oxidasen wurden in den Peroxisomen nicht-spezialisierter Funktion Uricase und
Glycolatoxidase nachgewiesen (Tab. 8.7.). Das Vorkommen von Glycolatoxidase, eines charakteristischen Enzyms der Blatt-Peroxisomen (Kap. 8.2.), in
den Peroxisomen nicht-spezialisierter Funktion ist als das Vorkommen einer
für Peroxisomen allgemein charakteristischen α-Hydroxysäureoxidase zu

werten. Die spezifische Aktivität der Glycolatoxidase liegt in den Peroxisomen nicht-spezialisierter Funktion bedeutend niedriger als in Blatt-Peroxisomen. Das Verhältnis der spezifischen Aktivitäten von Katalase und Glycolatoxidase beträgt für Peroxisomen nicht-spezialisierter Funktion im allgemeinen > 5000 (u. a. HUANG und BEEVERS 1971), für Blatt-Peroxisomen in der Regel 1000—3000.

In den Peroxisomen der Kartoffel ist mit o-Diphenoloxidase (Cuproprotein) eine Oxygenase lokalisiert (RUIS 1971, 1972 b) (o-Diphenol $+ \frac{1}{2}$ $O_2 \rightarrow$ o-Chinon $+ H_2O$). Das Enzym erwies sich als sehr fest an die Struktur der

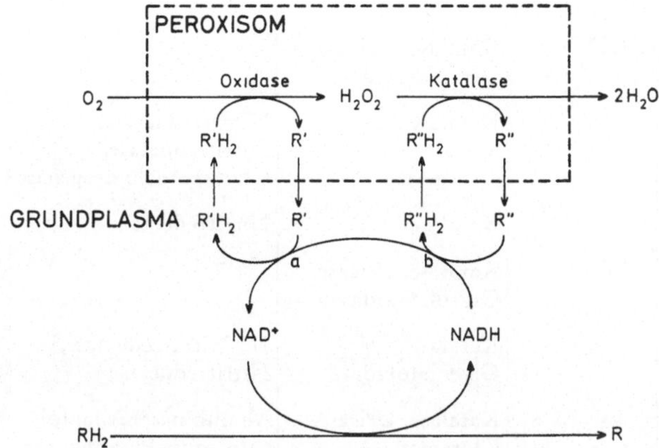

Abb. 8.9. Hypothetisches Schema zur Oxidation cytoplasmatischer Reduktionsäquivalente über die peroxisomale Respiration. $R'H_2/R'$, $R''H_2/R''$: Substratpaare für den Elektronenshuttle. *a, b* cytoplasmatische Dehydrogenasen. — Nach: DE DUVE und BAUDHUIN 1966.

Peroxisomen gebunden (RUIS 1972 b). Partikuläre Aktivität der o-Diphenoloxidase war außer mit der Peroxisomenfraktion auch mit der Mikrosomenfraktion aus Kartoffeln assoziiert. Aldehydoxidase, eine flavinhaltige Oxidase ($R-CHO + O_2 + H_2O \rightarrow R-COOH + H_2O_2$), konnte für die Kartoffel nur in der löslichen Fraktion eines Zellaufschlusses nachgewiesen werden (ROTHE 1975). Aber auch für weitere H_2O_2-bildende Oxidasen (z. B. Monoaminoxidase) ist eine Lokalisation in anderen Zellkompartimenten als den Peroxisomen erwiesen (Kap. 1.2.). — Enzyme der assimilatorischen Nitratreduktion waren in den Peroxisomen aus Wurzeln nicht nachzuweisen (MIFLIN 1970, 1974, DALLING *et al.* 1972 b, vgl. auch Kap. 8.2.5.).

Gesicherte Vorstellungen über eine Funktion der nicht-spezialisierten Peroxisomen bzw. über eine generelle Funktion der Peroxisomen im Zellstoffwechsel bestehen nicht. Peroxisomen sind keineswegs der einzige Ort eines H_2O_2-Stoffwechsels der Zelle (s. o.; Kap. 1.2.). Untersuchungen zum H_2O_2-Stoffwechsel und zur Einschätzung der Funktion der Katalase liegen für pflanzliche Zellen jedoch nicht vor (vgl. z. B. OSHINO *et al.* 1973, SIES 1974). — Durch die Kooperation von H_2O_2-bildenden Oxidasen und Katalase werden in den Peroxisomen Elektronen in einer zweistufigen Reaktion auf O_2 übertragen (peroxisomale Respiration). Von der mitochondrialen

Tabelle 8.7. *In Spermatophyten nachgewiesenes Vorkommen von Peroxisomen nicht-spezialisierter Funktion und deren Enzymausstattung*

IL = Isocitratlyase, MS = Malatsynthetase, MDH = Malatdehydrogenase, HPR = Hydroxypyruvatreductase, PAL = Phenylalanin-Ammoniak-Lyase, ( ) $\triangle$ Vorkommen nicht sicher nachgewiesen.

Peroxisomen isoliert aus:	Dichte [g/cm³]	In den Peroxisomen		Literatur
		nachgewiesene Enzymaktivitäten	nicht nachzuweisende Enzymaktivitäten	
Wurzel				
Daucus carota	1,20	Katalase, Uricase, Glycolatoxidase		HUANG und BEEVER 1971
Hordeum vulgare		Katalase	Nitratreductase, Nitritreductase, Glutamatdehydrogenase	MIFLIN 1970, 1974
Pisum sativum		Katalase	Nitritreductase	MIFLIN 1974
Ricinus communis	1,22	Katalase, Uricase, Glycolatoxidase		HUANG und BEEVER 1971
Triticum aestivum	1,20	Katalase, Glycolatoxidase	IL, Nitratreductase, Nitritreductase	DALLING et al. 1972 b
Zea mays		Katalase, Uricase, Glutamat-Oxalacetat-Aminotransferase	Allantoinase, Allantoicase; saure Phosphatase; Enzyme des Glyoxylatzyklus und des Glycolatstoffwechsels	PARISH 1972 a
Sproßachse				
Spinacia oleracea, Keimwurzel/ Hypokotyl	1,25	Katalase, Glycolatoxidase, MDH		ROCHA und TING 1970 b
Ricinus communis, Hypokotyl	1,23	Katalase, Uricase, Glycolatoxidase		HUANG und BEEVER 1971
Solanum tuberosum, Sproßknolle	1,22 [a] 1,25 1,26	Katalase, Uricase, MDH, Glutamat-Oxalacetat-Aminotransferase, o-Diphenoloxidase, Glycolatoxidase [a]	IL, MS, HPR, D-Aminosäureoxidase, Serin-Glyoxylat-Aminotransferase, Alanin-Glyoxylat-Aminotransferase, Glutamatdehydrogenase, Nitratreductase, Allantoinase, Allantoicase, Peroxidase, PAL, Aldehydoxidase, Glycolatoxidase [b]	HUANG und BEEVER 1971, RUIS 1971, 1972 a, b, CZICHI und KINDL 1975, ROTHE 1975
Blatt				
Hedera helix, chlorophyllfreie Blattbezirke	1,22	Katalase, Glycolatoxidase	Uricase	HUANG und BEEVER 1971

Tabelle 8.7. (*Fortsetzung*)

Peroxisomen isoliert aus:	Dichte [g/cm³]	In den Peroxisomen		Literatur
		nachgewiesene Enzymaktivitäten	nicht nachzuweisende Enzymaktivitäten	
Blütenregion				
Brassica oleracea, Blüten	1,22 1,23	Katalase, Uricase, Glycolatoxidase, MDH	Hydro- peroxidisomerase, Lipoxygenase	Huang und Beevers 1971, Zimmerman *et al.* 1974, Wardale und Galliard 1975
Dahlia pinnata, Blütenblatt	1,25	Katalase, Glycolatoxidase	Uricase	Huang und Beevers 1971
Arum italicum, Spadix-Appendix		Katalase, Uricase, Allantoicase, Glutamat-Oxal- acetat-Aminotrans- ferase, (Glutamat- Pyruvat-Amino- transferase)	MDH, HPR; Citrat- synthetase; Allantoinase [IL, MS, Glycolat- oxidase, Glutamat- Glyoxylat-Aminotrans- ferase] [c]	Parish 1972 b
Arum maculatum, Spadix-Appendix	1,22—1,24	Katalase, Uricase	MDH, Allantoinase, Peroxidase	Berger und Gerhardt 1971
Malus sylvestris, Frucht	1,25	Katalase, Uricase		Huang und Beevers 1971
Solanum lycopersicum, Frucht		Katalase		Baker *et al.* 1973
Ricinus communis, Fruchtschale	1,25	Katalase, Uricase, Glycolatoxidase		Huang und Beevers 1971
Gewebekultur *Nicotiana tabacum*, grüne Kultur	1,23	Katalase		Schneider 1971
chlorophyllfreie Kultur	1,22	Katalase	MDH, HPR	Schneider 1971, Gerhardt unver- öffentlicht
Zellsuspensionskultur *Glycine max* chlorophyllfreie Kultur	1,21—1,23	Katalase, Glycolat- oxidase, HPR		Moore und Beevers 1974
Nicotiana tabacum, grüne Kultur	1,24	Katalase, HPR	MDH	Gerhardt unver- öffentlicht

[a] Huang und Beevers 1971.
[b] Ruis 1971.
[c] Enzymaktivitäten im Gewebehomogenat nicht nachzuweisen.

Respiration ist das respiratorische System der Peroxisomen grundsätzlich dadurch unterschieden, daß keine Kopplung an einen Mechanismus zur Erhaltung der Energie in biochemischer Form existiert. DE DUVE und BAUDHUIN (1966, DE DUVE 1969 a) postulierten aufgrund einer Modellvorstellung zur Regulation zwischen Gluconeogenese und Glycolyse der Leberzellen, daß der peroxisomalen Respiration bzw. den Peroxisomen eine Funktion in der Oxidation von cytoplasmatischen Reduktionsäquivalenten gemäß dem in Abb. 8.9. dargestellten Reaktionsschema zukommt. Experimentelle Beweise für eine indirekte Oxidation von cytoplasmatischem NADH über die peroxisomale Respiration konnten an tierischen oder pflanzlichen Zellen bisher aber nicht erbracht werden.

Aufgrund der Beobachtung, daß in sich teilenden Zellen der Wurzelspitze Microbodies im Bereich des Phragmoplasten konzentriert auftreten, diskutieren HANZELY und VIGIL (1975) die Möglichkeit, daß den Microbodies in diesem Gewebe eine Funktion bei der Bildung der Zellplatte zukommt. Die in älteren, morphologisch orientierten Arbeiten (O'BRIEN und THIMANN 1967 a, FREDERICK *et al.* 1968, JENSEN und VALDOVINOS 1967, 1968 a) geäußerte Vermutung, daß in den Microbodies pflanzlicher Zellen hydrolytische Enzyme lokalisiert seien und die Organellen lysosomale Funktion besitzen, trifft aufgrund des derzeitigen Kenntnisstandes über Peroxisomen nicht zu (vgl. auch MATILE 1975). Hydrolytische Enzyme wurden — ausgenommen die alkalische Lipase der Glyoxysomen — in den Peroxisomen pflanzlicher Zellen nicht festgestellt. Eine Angabe über das Vorkommen einer neutralen Protease in den Peroxisomen der Rattenleberzelle (GRAY *et al.* 1970) konnte nicht bestätigt werden (DE DUVE 1973).

8.4. Enzyme des Purinabbaues in Peroxisomen

Uricase — Leitenzym für Peroxisomen — ist ein Enzym aus dem Abbauweg der Purine. Dieser Sachverhalt gab wiederholt Anlaß, das Vorkommen weiterer Enzyme des Purinabbaues in Peroxisomen zu untersuchen. Die Ergebnisse sind in Tabelle 8.8. zusammengestellt, in die zum Vergleich auch die Befunde an Peroxisomen tierischer Zellen aufgenommen sind.

Ein einheitliches oder eindeutiges Bild für eine Funktion der Peroxisomen im Purinabbau ergibt sich nicht (vgl. auch Kap. 13.). Nur für die Peroxisomen aus der Leber und Niere der Vögel, die als Endprodukt des Purinabbaues aber bereits Harnsäure ausscheiden, konnten alle erforderlichen Enzyme des Stoffwechselweges nachgewiesen werden (SCOTT *et al.* 1969). Der Nachweis von Allantoinase und Allantoicase in den Glyoxysomen der Linsenkotyledonen beruht nicht auf enzymatischen Tests, sondern auf dem Ergebnis eines Stoffwechselversuches: in Glyoxysomenfraktionen aus den Kotyledonen wurde 2-^{14}C-Harnsäure in ^{14}C-Harnstoff umgesetzt. — Die für Peroxisomen pflanzlicher Zellen nachgewiesenen Allantoinaseaktivitäten lagen bei 5—40% der Gesamtaktivität der Gewebe (ANGELO und ORY 1970, THEIMER und BEEVERS 1971, RUIS 1972 a). Negative Befunde des Allantoinasenachweises für Peroxisomen könnten auf einem Aktivitätsverlust des Enzyms beruhen, da THEIMER und BEEVERS (1971) sowie RUIS (1972 a) einen starken Aktivitätsverlust des Enzyms während der Isolierung der Peroxisomen am Saccharose-gradienten beobachteten. Angelo und Ory (1970), die Ficollgradienten für die Peroxisomenisolierung verwendeten, erhielten 80% der aufgetragenen Allan-toinaseaktivität in der Peroxisomenfraktion.

Tabelle 8.8. *Nachweis von Enzymen des Purinabbaues in Peroxisomen pflanzlicher und tierischer Gewebe*

+ ≙ nachgewiesen, — ≙ nicht nachzuweisen, ( ) ≙ Nachweis unsicher.

Peroxisomen isoliert aus:	Xanthin-oxidase, -dehydro-genase	Uricase	Allan-toinase	Allan-toicase	Urease	Literatur
Ricinus communis, Endosperm	—	+	+	—	—	Angelo und Ory 1970, Theimer und Beevers 1971
Cucurbita pepo, Kotyledonen		+	+	—		Ruis 1972 a
Lens culinaris, Kotyledonen [a]		+	+	+		Kindl und Majunke 1973 a
Pisum sativum, Kotyledonen		+	+	—		Ruis 1972 a
Zea mays, Wurzel		+	—	—		Parish 1972 a
Solanum tuberosum, Knolle		+	—	—		Ruis 1972 a
Arum spec., Spadix-Appendix		+	(—)	+		Berger und Gerhardt 1971, Parish 1972 b
Saccharomyces cerevisiae	—	+	(—)	—		Parish 1972 b, 1975 a
Dictyostelium discoideum		+	—	—		Parish 1975 b
Rana pipiens, Leber		+	+	—		Scott et al. 1969
Niere		+	—	—		
Gallus gallus, Leber	+	+				Scott et al. 1969
Niere	+	+				

[a] Bildung von ^{14}C-Harnstoff aus 2-^{14}C-Harnsäure.

In den Wurzeln und in anderen Organen verschiedener Hippocastanaceen, Aceraceen, Boraginaceen und Plantanaceen sowie zahlreicher Leguminosen treten Allantoin und Allantoinsäure in Konzentrationen auf, die bei weitem die Konzentration eines Zwischenproduktes im normalen Turnover der Nucleotide überschreiten. Allantoin und Allantoinsäure sind in diesen Pflanzen Speicher- und Transportform organisch gebundenen Stickstoffs (Zusammenfassungen: MOTHES 1961, REINBOTHE und MOTHES 1962). Durch Markierungsexperimente ist nachgewiesen, daß die verstärkte Bildung von Allantoin und Allantoinsäure in diesen Pflanzen über den Purinstoffwechsel erfolgt, d. h. über eine verstärkte Purinsynthese und anschließenden Abbau der Purine (REINBOTHE 1961, REINBOTHE und MOTHES 1962, REINBOTHE und SCHLEE 1963). Zur subzellulären Lokalisation der Enzyme des Purinabbaues in den Allantoin und Allantoinsäure synthetisierenden Organen liegen außer für Uricase keine Angaben vor. THEIMER und HEIDINGER (1974) wiesen für Peroxisomen aus Adventivwurzeln des Blattstecklings von *Phaseolus coccineus* Uricase (und Katalase) nach und zeigten, daß die absolute und spezifische Aktivität der Uricase in der partikulären Fraktion proportional dem Logarithmus der Stickstoffkonzentration im Medium anstieg, d. h. Änderungen in der Stickstoffkonzentration des Mediums hatten nur geringen regulatorischen Einfluß auf die Uricaseaktivität (und Peroxisomenbildung). Der Gesamtstickstoffgehalt der Adventivwurzeln — im wesentlichen nicht auf Protein, sondern auf Allantoin und Allantoinsäure zurückgehend — stieg ebenfalls nur proportional zum Logarithmus der Stickstoffkonzentration im Medium. — Im Spadix-Appendix von *Arum maculatum,* für den die subzelluläre Lokalisation des Purinabbaues untersucht wurde (BERGER und GERHARDT 1971, PARISH 1972 b; Tab. 8.8.), akkumulieren nach dem Blühen ebenfalls Allantoin und Allantoinsäure (BERGER 1970). Doch die absolute Menge an diesen Verbindungen ist sehr niedrig im Vergleich zu der der Organe anderer Pflanzen, in denen Allantoin und Allantoinsäure synthetisiert werden (MOTHES 1961).

Angaben zur subzellulären Lokalisation von Enzymen des Purinabbaues in *Saccharomyces cerevisiae* und *Neurospora crassa,* die auf Purinen bzw. Zwischenprodukten des Purinabbaues als einziger Stickstoffquelle zu wachsen vermögen, liegen nur für die generell in den Peroxisomen lokalisierte Uricase nach Anzucht der Pilze auf Stickstoff-Normalmedien vor (Tab. 10.1.). Untersuchungen zur Regulation der Enzyme des katabolischen Purinstoffwechsels wurden an *S. cerevisiae* von COOPER und LAWTHER (1973, BOSSINGER *et al.* 1974), an *N. crassa* von REINERT und MARZLAF (1975) durchgeführt (Kap. 12.3.).

8.5. Enzyme des Stoffwechsels aromatischer Verbindungen in Peroxisomen

In der Literatur finden sich einige Angaben über den Nachweis von Enzymaktivitäten des Aromatenstoffwechsels (Zusammenfassung: STAFFORD 1974) in Peroxisomenfraktionen. ROTHE (1974) isolierte aus Sprossen von Erbsenkeimlingen zwei Isoenzyme der Shikimatdehydrogenase, von denen eines partikulär erhalten wurde und an Saccharose-Dichtegradienten zusammen mit der partikulären Katalase sedimentierte. RUIS und KINDL (1970, 1971) erhielten mit Peroxisomenpräparationen aus dem Endosperm des *Ricinus-*

Samens und aus Spinat- und Sonnenblumenblättern einen Umsatz aromatischer Aminosäuren (L-Phenylalanin, L-Tyrosin, L-Histidin, L-Tryptophan) in die α, β-ungesättigten Carbonsäuren. Die Ammoniak-Lyase-Aktivitäten reicherten sich bei der Isolierung der Peroxisomen am Saccharose-Dichtegradienten in den Peroxisomenfraktionen stärker an als in den anderen Organellenfraktionen, betrugen in den Peroxisomenfraktionen aber nur $\leq$ 10% der Gesamtaktivitäten. Die spezifischen Aktivitäten lagen bei 0,5—20 nMole Umsatz/Stunde/mg Peroxisomenprotein. GREGOR (1976), der ebenfalls die subzelluläre Lokalisation der Phenylalanin-Ammoniak-Lyase im *Ricinus*-Endosperm untersuchte, erhielt 13% der Gesamtaktivität des Enzyms partikulär gebunden und Aktivität assoziiert mit Glyoxysomen und Mitochondrien. — In der Peroxisomenfraktion aus Kartoffelknollen konnte Phenylalanin-Ammoniak-Lyase-Aktivität nicht nachgewiesen werden (RUIS 1971).

In Glyoxysomenfraktionen aus dem *Ricinus*-Endosperm wurde L-Phenylalanin nicht nur zu Zimtsäure, sondern in geringem Maße auch zu p-Cumarsäure und Benzoesäure, L-Tyrosin außer zu p-Cumarsäure auch zu Hydroxybenzoesäure, Hydroxyphenylessigsäure und Homogentisinsäure umgesetzt (KINDL und RUIS 1971 a, 1971 b). Die Zimtsäure-4-hydroxylaseaktivität in der Glyoxysomenfraktion lag allerdings mit nur 0,1 nMolen Umsatz/Stunde/mg Glyoxysomenprotein um den Faktor 100 niedriger als die entsprechende Aktivität der Mikrosomenfraktion (vgl. auch YOUNG und BEEVERS 1976). Ein Umsatz von L-Phenylalanin zu p-Cumarsäure konnte für Kartoffelknollen nur in der Mikrosomenfraktion lokalisiert werden; mitochondrien- und peroxisomenhaltige Fraktionen zeigten keine Aktivität (CZICHI und KINDL 1975). Die Bildung von p-Hydroxybenzoesäure aus L-Tyrosin in der Glyoxysomenfraktion des *Ricinus*-Endosperms, die unter gleichzeitiger Freisetzung der nach der Stöchiometrie zu fordernden äquimolaren Menge Essigsäure ablief, war mit 60% der Gesamtaktivität des Endosperms an die Glyoxysomenfraktion gebunden (KINDL und RUIS 1971 a). — ALIBERT *et al.* (1972) führen die Bildung von Benzoesäure aus L-Phenylalanin in einer Partikelfraktion aus *Quercus*-Wurzeln und das Vorkommen eines Benzoesäure-sensitiven Isoenzyms der Phenylalanin-Ammoniak-Lyase in dieser Fraktion ohne eingehendere Begründung auf das Vorliegen von Peroxisomen in der Partikelfraktion zurück.

Aus dem Stoffwechsel der aromatischen Aminosäuren bzw. der Phenylpropane wurden Ammoniak-Lyase-Aktivitäten, Hydroxylaseaktivität und Aktivität der Kettenverkürzung von C_6-C_3-Verbindungen zu C_6-C_1-Verbindungen in Peroxisomenfraktionen festgestellt. Doch ist nicht sicher, ob diese Enzymaktivitäten — obwohl sie aufeinanderfolgende Reaktionsschritte des von aromatischen Aminosäuren ausgehenden Stoffwechsels katalysieren — tatsächlich echte bzw. funktionelle peroxisomale Aktivitäten darstellen. Denn einerseits erschweren die niedrigen Umsätze der Reaktionen den Ausschluß von Fremdaktivität in den Peroxisomenfraktionen, und die Kettenverkürzung der C_6-C_3-Verbindungen zu C_6-C_1-Verbindungen, die wahrscheinlich über die Coenzym A-Ester und analog der β-Oxidation abläuft (EL-BASYOUNI *et al.* 1964, VOLLMER *et al.* 1965), könnte z. B. auf einer unspezifischen Reaktion des β-Oxidationssystems der Glyoxysomen beruhen. Andererseits könnte

z. B. die Hydroxylaseaktivität der Peroxisomen auch nur ein „Relikt" aus der Biogenese der Peroxisomen vom Endoplasmatischen Reticulum (Kap. 11.2.) darstellen, da mit diesem die Zimtsäure-4-hydroxylase im wesentlichen assoziiert ist (RUSSELL 1971, POTTS *et al.* 1974, CZICHI und KINDL 1975, YOUNG und BEEVERS 1976).

Phenoloxidaseaktivitäten — getestet mit L-3-(3,4-Dihydroxyphenyl-)alanin und mit 4-Methylcatechol als o-Diphenoloxidaseaktivität sowie mit p-Cumarsäure als Monophenolhydroxylaseaktivität — lagen in Blättern und Blattstielen von *Beta vulgaris* zu 70—90% partikulär vor, konnten in den Peroxisomenfraktionen aus diesen Geweben aber nicht nachgewiesen werden (PARISH 1972 c, 1972 d). Im Gegensatz dazu wurde von zwei partikulären Formen der mit 4-Methylcatechol als Substrat nachgewiesenen o-Diphenoloxidase der Kartoffelknolle eine Form fest gebunden an die Peroxisomen erhalten (Kap. 8.3.; RUIS 1972 b). — Peroxidase ist in Peroxisomen nicht nachzuweisen (Kap. 1.1.; TOLBERT *et al.* 1969, BERGER und GERHARDT 1971, HUANG und BEEVERS 1971, PARISH 1972 c, 1972 d, 1975 c, STABENAU und BEEVERS 1974).

9. Nachweis, Stoffwechsel und Funktion der Peroxisomen in Algen

9.1. Nachweis der Peroxisomen

Das Vorkommen von Microbodies in eukaryotischen Algen ist durch zahlreiche feinstrukturelle Untersuchungen belegt (Tab. 4.3.), und Katalase wurde in diesen Organellen cytochemisch nachgewiesen. Doch existieren auch mehrere Angaben, daß ein Vorkommen von Katalase in den Microbodies (oder in anderen Zellkompartimenten) der untersuchten Algen cytochemisch nicht festzustellen war (Kap. 5.1.2.). Negative Befunde für den cytochemischen Katalasenachweis liegen insbesondere bei Chlamydomonadineen vor. In isolierten Microbodies der untersuchten Chlamydomonadineen konnte Katalase aber stets eindeutig nachgewiesen werden (*Chlamydomonas reinhardii:* STABENAU 1974 b; *Chlorogonium elongatum:* Abb. 9.1., 9.2.; STABENAU und BEEVERS 1974, STABENAU 1974 a; *Polytomella caeca:* Abb. 6.1.; GERHARDT 1971, GERHARDT und BERGER 1971, COOPER und LLOYD 1972). Die Aktivität des Enzyms in photoautotroph gezogenem *Chlorogonium elongatum* lag bei 75 μMolen Umsatz/min/mg Peroxisomenprotein (STABENAU und BEEVERS 1974). Für den farblosen Acetatflagellaten *Polytomella caeca* wurde eine Katalaseaktivität der Peroxisomen von 300 nMolen Umsatz/min/mg Peroxisomenprotein (3—15 nMole/min/Gesamtprotein; COOPER und LLOYD 1972) bzw. von 750 μMolen Umsatz/min/mg Peroxisomenprotein (100 μMole/min/mg Gesamtprotein; GERHARDT 1971) bestimmt. Die Katalaseaktivität der Peroxisomen aus einer chlorophyllfreien Mutante von *Chlorella vulgaris* betrug 8—10 μMole Umsatz/min/mg Peroxisomenprotein. Für eine Reihe von Grünalgen sowie *Nitella* bestimmten FREDERICK *et al.* (1973) Katalaseaktivitäten zwischen 10—50 μMolen Umsatz/min/mg Gesamtprotein.

Hinsichtlich *Euglena gracilis* bestehen unterschiedliche Auffassungen, ob Katalase in dieser Alge vorkommt. GRAVES *et al.* (1971, 1972) konnten für einen streptomycin-gebleichten Stamm von *E. gracilis* var. *bacillaris* nach Anzucht der Alge auf Acetat oder Äthanol Katalase weder in Microbodies cytochemisch noch in einem zellfreien Homogenat oder in den isolierten Peroxisomen nachweisen [1]. LORD und MERRETT (1971) konnten in einem zellfreien Homogenat aus photoautotroph gezogener *E. gracilis* (Stamm Z) ebenfalls keine Katalaseaktivität feststellen. Nach BRODY und WHITE (1972, 1973; WHITE und BRODY 1974) ist dagegen in heterotroph oder photoheterotroph auf Acetat gezogener *E. gracilis* (Stamm Z) eine positive, durch Aminotriazol hemmbare (Kap. 5.1.1.) Reaktion der Microbodies im cytochemischen Test auf Katalase zu beobachten und für zellfreie Homogenate sowie für isolierte Peroxisomen der Alge Katalaseaktivität nachzuweisen. Bei Anzucht von *Euglena* auf Glucose ergaben die dann nur vereinzelt in der Alge zu beobachtenden Microbodies im cytochemischen Katalasenachweis ebenfalls eine positive Reaktion; im zellfreien Homogenat aber war Katalaseaktivität nicht festzustellen, was mit der geringen Zahl der Microbodies unter diesen Anzuchtbedingungen (vgl. auch GRAVES *et al.* 1971) erklärt wird. In der Ausbildung einer nur geringen Zahl von Microbodies auch bei photoautotropher Anzucht von *Euglena* sehen BRODY und WHITE (1972, 1973) eine Erklärung für den negativen Ausfall des Katalasenachweises in den Untersuchungen von LORD und MERRETT (1971). Angaben zur Zahl der Microbodies in photoautotroph gezogener *Euglena* liegen allerdings nicht vor. COLLINS und MERRETT (1975 a), die Peroxisomen aus photoautotroph gezogener *E. gracilis* (Stamm Z) isolierten (Kap. 9.3.), machen keine Angaben, ob die isolierten Peroxisomen auf Katalaseaktivität getestet wurden. BROWN *et al.* (1975) wiesen für Cytochrom c aus *E. gracilis* (Stamm Z) eine durch Aminotriazol hemmbare peroxidatische Aktivität nach und weisen darauf hin, daß die von BRODY und WHITE (1972, 1973, WHITE und BRODY 1974) für *Euglena* bestimmte Katalaseaktivität auf Cytochrom c oder ein anderes Hämprotein, das nicht Katalase ist, zurückgehen könnte. Allerdings sind für Peroxisomen außer Katalase bisher keine anderen Hämproteine bekannt geworden [2], und auch BROWN *et al.* (1975) geben für Peroxisomen, die aus heterotroph auf Acetat gezogener *Euglena* isoliert wurden, an, daß „Katalase“-Aktivität in diesen nicht nachzuweisen war (vgl. aber WHITE und BRODY 1974). — Nach den Angaben von BRODY und WHITE (1973) sowie WHITE und BRODY (1974) errechnet sich für (photo)-heterotroph auf Acetat gezogene *E. gracilis* (Stamm Z) eine Katalaseaktivität von 3—5 nMolen Umsatz/min/mg Gesamtprotein bzw. von 3—5 μMolen/min/mg Gesamtprotein, wenn bei der Angabe der im Katalasetest eingesetzten H_2O_2-Menge ein Druckfehler zugrunde gelegt wird (vgl. BROWN *et al.* 1975). Die unspezifische „Katalase“-Aktivität eines Homogenats aus *E. gracilis*, die (photo)heterotroph auf Acetat gezogen wurde, wird von BROWN *et*

---

[1] Einige mögliche Ursachen für den negativen Ausfall des Katalasenachweises in den Untersuchungen von GRAVES *et al.* (1971, 1972) werden von BRODY und WHITE (1973) diskutiert.

[2] YOUNG und BEEVERS (1976) wiesen inzwischen für die Membran der Glyoxysomen des *Ricinus*-Endosperms das Vorkommen von Cytochrom b_5 nach.

Tabelle 9.1. *Für Algen nachgewiesenes Vorkommen von Peroxisomen*
und deren bisher bekannte Enzymausstattung

IL = Isocitratlyase, MS = Malatsynthetase, CS = Citratsynthetase, MDH = Malatdehydrogenase, GyDH = Glycolatdehydrogenase, HPR = Hydroxypyruvatreductase, ( ) $\triangleq$ nicht sicher nachgewiesen, — $\triangleq$ nicht nachzuweisen.

Peroxisomen isoliert aus:	Dichte [g/cm³]	In den Peroxisomen nachgewiesene und nicht nachzuweisende Enzymaktivitäten		Literatur
		peroxisomale Leitenzyme	weitere Enzyme	
Euglena gracilis var. *bacillaris*	1,20	Katalase —	IL, MS, CS, MDH; GyDH, HPR; Acyl-CoA-synthetase, Acetyl-CoA-synthetase, β-Hydroxyacyl-CoA-dehydrogenase, Acetoacetylthiolase; Adenosin-5′-phosphosulfat-sulfotransferase	Graves *et al.* 1972, Graves und Becker 1974, Brunold und Schiff 1976
Stamm Z	(1,20)	Katalase	IL, MS; GyDH, HPR	White und Brody 1974
	1,25	Katalase —	IL, MS, CS, MDH; GyDH, HPR, MDH, Glutamat-Glyoxylat-, Serin-Glyoxylat-, Glutamat-Oxalacetat-Aminotransferase	Lord und Merrett 1971, Davis und Merrett 1973, Collins und Merrett 1975 a, 1975 b
Chlorella vulgaris, chlorophyllfreie Mutante		Katalase, Uricase, Glycolatoxidase; D-Aminosäureoxidase —	IL —, MS —; HPR, (MDH)	Codd *et al.* 1972, 1973
Spirogyra spec.	1,25	Katalase, Glycolatoxidase	HPR	Stabenau 1975 b
Chlamydomonas reinhardii	1,22	Katalase	GyDH —, HPR —, MDH —	Stabenau 1974 b
Chlorogonium elongatum	1,22—1,23	Katalase, Uricase	IL —, MDH —; GyDH —, HPR —, Glutamat-Glyoxylat-Aminotransferase —; Peroxidase —	Stabenau 1974 a, 1975 a, Stabenau und Beevers 1974
Polytomella caeca	1,22—1,23	Katalase, Uricase	IL —, Acetyl-CoA-synthetase —	Gerhardt 1971
	1,25	Katalase; Uricase —, D-Aminosäureoxidase —, α-Hydroxysäureoxidase —	IL —	Cooper und Lloyd 1972
Ochromonas malhamensis		Katalase, Uricase		Lui *et al.* 1968

al. (1975) mit 15—40 nMolen Umsatz/min/mg Gesamtprotein angegeben. Für isolierte Peroxisomen der *Euglena* bestimmten WHITE und BRODY (1974) eine Katalaseaktivität von 40—60 nMolen bzw. 40—60 μMolen Umsatz/min/mg Peroxisomenprotein, während BROWN *et al.* (1975) für die isolierten Peroxisomen „Katalase"-Aktivität nicht nachweisen konnten.

Untersuchungen an den Diatomeen *Cylindrotheca fusiformis* (photoautotrophe Anzucht) und *Nitzschia alba* (heterotrophe Anzucht) ergaben Hinweise darauf, daß diese Algen weder Katalase noch Microbodies/Peroxisomen besitzen. In einer angereicherten Partikelfraktion aus den Algen konnten weder elektronenmikroskopisch Microbodies festgestellt werden noch waren in dieser Fraktion oder in einem zellfreien Homogenat die peroxisomalen Enzyme Katalase (< 1 μMol Umsatz/min/mg Protein) oder D-Aminosäureoxidase nachzuweisen (PAUL *et al.* 1975). Ob die beiden untersuchten Diatomeen tatsächlich keine Microbodies enthalten, kann aber letztlich nur durch elektronenmikroskopische Untersuchungen an den intakten Algen entschieden werden.

Nachweise zum Vorkommen H_2O_2-bildender Oxidasen in den Katalase tragenden Organellen der Algen, d. h. Charakterisierungen dieser Organellen als Peroxisomen, liegen nur wenige vor (vgl. auch Kap. 9.2./3.). Das Vorkommen von Uricase wurde für die Katalase tragenden Organellen (Microbodies) aus *Chlorogonium elongatum* (STABENAU und BEEVERS 1974), aus einer chlorophyllfreien Mutante von *Chlorella vulgaris* (CODD *et al.* 1972, 1973), aus *Ochromonas malhamensis* (LUI *et al.* 1968) und aus *Polytomella caeca* (GERHARDT 1971, vgl. aber COOPER und LLOYD 1972) nachgewiesen. D-Aminosäureoxidase konnte bisher in Peroxisomen aus Algen nicht festgestellt werden (COOPER und LLOYD 1972, CODD *et al.* 1973). — Angaben zum Vorkommen bzw. Fehlen peroxisomaler Oxidasen in den Microbodies aus *Euglena gracilis* liegen nicht vor. Berücksichtigt man außerdem die Befunde zum Katalasenachweis in den Microbodies dieser Alge, ist für eine Klassifizierung der Microbodies der *Euglena* als Peroxisomen kein Kriterium erfüllt (vgl. aber Kap. 9.2., 9.3.).

Die durch Katalase und Uricase charakterisierten und elektronenmikroskopisch als Microbodies identifizierten Peroxisomen aus *Chlorogonium elongatum* (STABENAU und BEEVERS 1974) und *Polytomella caeca* (GERHARDT 1971, GERHARDT und BERGER 1971) sedimentierten am Saccharose-Dichtegradienten bei der Dichte 1,22—1,23 g/cm³.

Den Untersuchungen zum Stoffwechsel und zur Funktion der Peroxisomen der Algen (Tab. 9.1.) lag bisher im wesentlichen die Frage zugrunde, ob eine funktionelle Übereinstimmung zwischen den Peroxisomen höherer Pflanzen und denen der Algen besteht. Da der Glyoxylatzyklus Grundlage für ein Wachstum der Algen auf Acetat oder Äthanol ist, könnte unter diesen Wachstumsbedingungen der Funktionstyp des Glyoxysoms auch bei Algen ausgebildet sein. Da ferner für Grünalgen photorespiratorische Aktivität nachgewiesen ist, könnten die Peroxisomen der Grünalgen andererseits dem Funktionstyp des Blatt-Peroxisoms entsprechen. Die vorliegenden Untersuchungsergebnisse erlauben jedoch keine generelle Aussage im Sinne der angedeuteten Analogieschlüsse.

9.2. Glyoxylatzyklus und seine subzelluläre Lokalisation

Das Wachstum von Algen auf Äthanol oder Acetat, Propionat und anderen Fettsäuren als alleiniger Kohlenstoff- und Energiequelle ist an die Fähigkeit der Organismen gebunden, die anaplerotischen Reaktionen des Glyoxylatzyklus (Abb. 8.1.) ausführen zu können. Der Ablauf des Glyoxylatzyklus unter diesen Anzuchtbedingungen wird in der Regel durch den Aktivitätsanstieg der Schlüsselenzyme des Glyoxylatzyklus, Isocitratlyase und Malatsynthetase, angezeigt (REEVES *et al.* 1962, WIESSNER und KUHL 1962, SYRETT *et al.* 1963, CALLELY und LLOYD 1964 a, 1964 b, HAIGH und BEEVERS 1964 a, COOK und CARVER 1966, HARROP und KORNBERG 1966, SYRETT 1966, HEINRICH und COOK 1967, WIESSNER 1968, McCULLOUGH und JOHN 1972, CODD *et al.* 1973, COLLINS und MERRETT 1975 b, WOODWARD und MERRETT 1975). In einigen Fällen ist der Ablauf des Glyoxylatzyklus in Algen auch durch entsprechende Markierungsexperimente belegt (HAIGH und BEEVERS 1964 b, SYRETT *et al.* 1964, LLOYD und CALLELY 1965, HARROP und KORNBERG 1966, CODD *et al.* 1973).

Untersuchungen zur Lokalisation des Glyoxylatzyklus in einem streptomycin-gebleichten Stamm von *Euglena gracilis* var. *bacillaris* (GRAVES *et al.* 1972) und in *Euglena gracilis* (Stamm Z) (COLLINS und MERRETT 1975, vgl. auch WHITE und BRODY 1974) ergaben anhand der Verteilungsprofile der untersuchten Enzymaktivitäten am Saccharose-Dichtegradienten, daß in *Euglena* alle Enzyme des Glyoxylatzyklus in einem von den Mitochondrien zu unterscheidenden Zellorganell lokalisiert sind (Tab. 9.1.; Aconitase wurde wegen ihrer Labilität in die Untersuchungen nicht einbezogen). Aufgrund seiner Enzymausstattung ist dieses Zellorganell als Glyoxysom zu bezeichnen (Kap. 8.1.). Nach Angaben von WHITE und BRODY (1974) sind die Glyoxysomen der *Euglena* identisch mit den für die Alge nachgewiesenen Microbodies und auch Träger der von diesen Autoren in *Euglena* festgestellten Katalaseaktivität (Kap. 9.1.). Eine Klassifizierung der Glyoxysomen der *Euglena* als Peroxisomen ist, streng genommen, aber nicht erwiesen (Kap. 9.1.). Die Gleichgewichtslage der *Euglena*-Glyoxysomen am Saccharose-Dichtegradienten entspricht der von Peroxisomen. Glyoxysomen aus *E. gracilis* var. *bacillaris* sedimentierten bei der Dichte 1,20 g/cm³ (Mitochondrien: $\varrho = 1,17$ g/cm³; GRAVES *et al.* 1972, GRAVES und BECKER 1974), Glyoxysomen aus *E. gracilis* (Stamm Z) bei der Dichte 1,25 g/cm³ (Mitochondrien: $\varrho = 1,22$ g/cm³; COLLINS und MERRETT 1975 b) bzw. bei einer Dichte von ca. 1,21 g/cm³ (WHITE und BRODY 1974) [3]. COLLINS und MERRETT (1975 b) vermuten aufgrund von Anhaltspunkten aus den eigenen Untersuchungen, daß die geringeren Dichtewerte der Glyoxysomen aus *E. gracilis* var. *bacillaris* auf einer Schädigung der Organellen bei der Isolierung beruhen. Die von GRAVES *et al.* (1972; vgl. auch GRAVES und BECKER 1974) veröffentlichten Verteilungsprofile der glyoxysomalen Enzymaktivitäten stützen diese Auffassung nicht.

Mit der Glyoxysomenfraktion aus *E. gracilis* var. *bacillaris* waren 10—15⁰/o

---

[3] WHITE und BRODY (1974) geben für 2,0 M und 1,75 M Saccharoselösung Dichten von 1,213 und 1,209 g/cm³ an; die Dichten von 2,0 M und 1,75 M Saccharoselösung betragen aber 1,26 und 1,23 g/cm³ (20 °C; vgl. auch TOLBERT 1971 c).

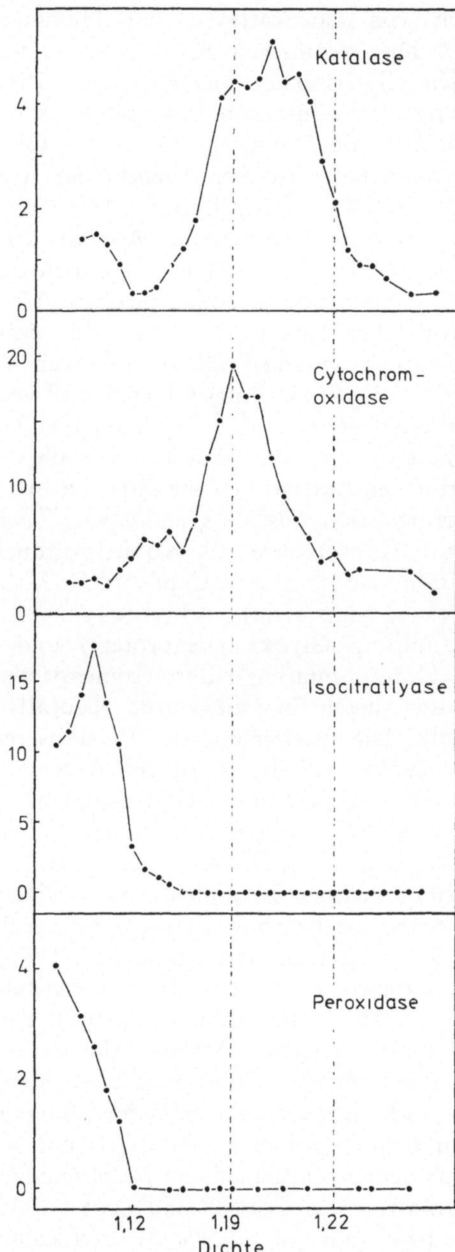

Abb. 9.1. Verteilungsprofile von Katalase, Cytochromoxidase, Isocitratlyase und Peroxidase am linearen Saccharose-Dichtegradienten nach isopyknischer Zentrifugation eines Homogenats aus heterotroph auf Acetat gezogenem *Chlorogonium elongatum*. Für die Peroxisomen wurde ein teilweises „*trapping*" in der Mitochondrienfraktion nachgewiesen. — Aus: STABENAU und BEEVERS 1974.

der Gesamtaktivitäten von Isocitratlyase und Malatsynthetase assoziiert (GRAVES *et al.* 1972). Die spezifischen Aktivitäten von Isocitratlyase und Malatsynthetase in den Glyoxysomen aus *E. gracilis* (Stamm Z) lagen im Bereich von 10—100 nMolen Umsatz/min/mg Glyoxysomenprotein (WHITE und BRODY 1974, COLLINS und MERRETT 1975 b). — Glyoxysomen wurden aus *Euglena* nicht nur nach heterotropher Anzucht der Alge auf C_2-Körpern isoliert (GRAVES *et al.* 1972, WHITE und BRODY 1974, COLLINS und MERRETT 1975 b), sondern auch nach photoheterotropher Anzucht der Alge (WHITE und BRODY 1974). Die spezifischen Aktivitäten von Isocitratlyase und Malatsynthetase in der Glyoxysomenfraktion sollen sich beim Übergang von heterotropher zu photoheterotropher Anzucht der Alge nicht verändern (WHITE und BRODY 1974). — Wie in Glyoxysomen höherer Pflanzen wurden auch in den Glyoxysomen der *Euglena* die Enzyme des Glycolatstoffwechsels nachgewiesen (Kap. 9.3.). Glycolatdehydrogenase und Hydroxypyruvatreductase zeigten beim Übergang von heterotropher zu photoheterotropher Anzucht der Alge einen Anstieg der spezifischen Aktivität (WHITE und BRODY 1974).

In der Glyoxysomenfraktion aus *E. gracilis* var. *bacillaris* wurden bei Anzucht der Alge auf Capronsäure als Kohlenstoffquelle auch folgende Enzyme der β-Oxidation nachgewiesen: Capronyl-CoA-thiokinase (5 nMole Umsatz/min/mg Glyoxysomenprotein), β-Hydroxyacyl-CoA-dehydrogenase (3700 nMole Umsatz/min/mg Glyoxysomenprotein) und Acetoacetyl-CoA-thiolase (600 nMole Umsatz/min/mg Glyoxysomenprotein) (GRAVES und BECKER 1974). Aktivität dieser Enzyme wurde ebenfalls in der Mitochondrienfraktion festgestellt. Die Auswertung der Versuchsergebnisse ergab aber (GRAVES und BECKER 1974), daß die spezifische Aktivität der untersuchten Enzyme in den Glyoxysomen (nicht in der Glyoxysomenfraktion!) das 20- bis 40fache der spezifischen Aktivität in den Mitochondrien betrug, d. h., daß die β-Oxidation auch bei *Euglena* in den Glyoxysomen lokalisiert ist.

Im Gegensatz zu den eindeutigen Befunden zur Lokalisation des Glyoxylatzyklus in *E. gracilis* stehen die Ergebnisse entsprechender Untersuchungen an Chlorophyceen (Tab. 9.1.). HARROP und KORNBERG (1966) fanden für einen Stamm von *Chlorella vulgaris,* der Isocitratlyase konstitutiv besitzt, daß bei Anzucht der Alge auf Acetat — aber nicht bei Anzucht der Alge auf Glucose — Isocitratlyase und die induzierbare Malatsynthetase partikulär vorlagen. CODD *et al.* (1973) konnten aus einer chlorophyllfreien Mutante von *Chlorella vulgaris* Isocitratlyase nicht in partikulärer Form isolieren. Aus heterotroph auf Acetat gezogenem *Chlorogonium elongatum* (Abb. 9.1.; STABENAU und BEEVERS 1974) und aus dem Acetatflagellaten *Polytomella caeca* (HAIGH und BEEVERS 1964 b, GERHARDT 1971, COOPER und LLOYD 1972) wurde Isocitratlyase ebenfalls nicht bzw. nur zu ≦ 5% in partikulärer Form erhalten (≦ 30 nMole Umsatz/min/mg Partikelprotein). Die peroxisomalen Enzyme Katalase und Uricase dagegen lagen zu 70—90% partikulär vor (GERHARDT 1971, STABENAU und BEEVERS 1974), was als Indiz für das Vorliegen intakter Peroxisomen in der Partikelfraktion gewertet wird [4]. Die geringe partikuläre

---

[4] Dabei wird von der Annahme ausgegangen, daß Katalase und Uricase wie in den Peroxisomen höherer Pflanzen als Matrix-Enzyme und nicht als membrangebundene Enzyme

Isocitratlyaseaktivität aus *Polytomella caeca* (HAIGH und BEEVERS 1964 b, GERHARDT 1971) sedimentierte am Saccharose-Dichtegradienten nicht mit der durch Katalase und Uricase identifizierten Peroxisomenfraktion (ϱ = 1,22 g/ cm³; GERHARDT 1971) und konnte durch Waschen der partikulären Fraktion zu ca. 70% solubilisiert werden. Sie wird auf eine unspezifische Adsorption des Enzyms an nicht näher charakterisierte Partikeln zurückgeführt. — Malatsynthetase wurde aus *Polytomella caeca* von HAIGH und BEEVERS (1964 b) zu 90%, von GERHARDT (1971) dagegen nur zu ca. 10% partikulär erhalten, wobei sich allerdings die spezifischen Aktivitäten des partikulären Enzyms mit ca. 30 nMolen Umsatz/min/mg Partikelprotein und ca. 20 nMolen Umsatz/ min/mg Partikelprotein etwa entsprachen. — Acetyl-CoA-synthetase, ein im Endosperm des *Ricinus*-Samens ausschließlich glyoxysomales Enzym (Kap. 8.1.1.2.2.), konnte für *Polytomella caeca* partikulär nur in der Mitochondrienfraktion nachgewiesen werden (GERHARDT 1971).

Nach den vorliegenden Befunden ist — im Gegensatz zu *Euglena gracilis* — in Chlorophyceen, die heterotroph auf Acetat angezogen wurden, eine Lokalisation des Glyoxylatzyklus in Glyoxysomen (Peroxisomen) nicht sicher nachgewiesen oder nicht nachzuweisen.

9.3. Glycolatstoffwechsel und subzelluläre Lokalisation von Enzymen des Glycolatstoffwechsels

Zusammenfassungen über Photorespiration und Glycolatstoffwechsel [5] der Algen liegen von MERRETT und LORD (1973) sowie TOLBERT (1974) vor. Substrat der Photorespiration ist bei Algen — wie bei den höheren Pflanzen — Glycolat, das bei Photosynthese in $^{14}CO_2$ als eine der ersten markierten Verbindungen auftritt. Der Biosyntheseweg des Glycolats ist auch bei Algen noch nicht eindeutig aufgeklärt (Kap. 8.2.1.). Hinweise auf eine Biosynthese des Glycolats aus C-1 und C-2 des Ribulose-1,5-diphosphats ergeben sich aus Markierungsexperimenten, aus der für die Ribulose-1,5-disphosphatcarboxylase der *Chlorella pyrenoidosa* nachgewiesenen Oxygenaseaktivität (LORD und BROWN 1975) sowie aus der bei Algen wiederholt festgestellten, Photosyntheseabhängigen Bildung von Phosphoglycolat, das über eine spezifische, sehr aktive Phosphoglycolatphosphatase dephosphoryliert wird.

In Abhängigkeit von den Wachstumsbedingungen und dem Entwicklungsstadium der Algen wird Glycolat von Algen ausgeschieden oder metabolisiert. Untersuchungen mit ^{14}C-markierten Verbindungen zum Stoffwechsel des Glycolats in Chlorophyceen und in *Euglena* ergaben, daß in diesen Algen Glycolat über die gleiche Reaktionsfolge in Glycerat umgesetzt wird wie in höheren Pflanzen (Kap. 8.2.1.; Abb. 8.8.). Die Enzyme des Glycolatstoffwechsels wurden in *Euglena* ebenfalls nachgewiesen (Tab. 9.1.; MERRETT und LORD 1973, COLLINS und MERRETT 1975 a). Für Chlorophyceen fehlen Angaben zum Nachweis der Serin-Glyoxylat-Aminotransferase bzw. eines defi-

---

vorliegen (Kap. 7.4.2./3.) und daher beim Aufbrechen der Peroxisomen solubilisiert würden. Waschen der Partikelfraktion aus *Polytomella caeca* solubilisierte nur ca. 40% der Katalaseaktivität und 40% des Proteins (GERHARDT 1971).

[5] Zur Definition des Begriffs „Glycolatstoffwechsel" vgl. Kap. 8.2.1.

nierten Enzyms, das die Reaktion Serin → Hydroxypyruvat katalysiert (MERRETT und LORD 1973, TOLBERT 1974); doch ist der enzymatische Umsatz von Serin in Glycerat für *Chlorella* nachgewiesen (LORD und MERRETT 1970). — Die Oxidation des Glycolats zu Glyoxylat erfolgt in Algen entweder über eine Glycolatoxidase (KOWALLIK und SCHMID 1971, FREDERICK *et al.* 1973, STABENAU 1975 b), die in höheren Pflanzen ausschließlich vorkommt, oder — und das bei der Mehrzahl der bisher untersuchten Algen — über eine Glycolatdehydrogenase (Kap. 7.3.9.; FREDERICK *et al.* 1973, MERRETT und LORD 1973, TOLBERT 1974). — Glyceratkinase, über die das im Glycolatstoffwechsel anfallende Glycerat in den Kohlenhydratstoffwechsel eingeführt werden kann, wurde bei Algen bisher nur für einen Stamm von *Chlorella pyrenoidosa* nachgewiesen (LORD und MERRETT 1973, vgl. auch TOLBERT 1974), der photoheterotroph auf Glycolat als einziger Kohlenstoffquelle zu wachsen vermag (LORD und MERRETT 1970, 1973). Untersuchungen an diesem *Chlorella*-Stamm ergaben (LORD und MERRETT 1970, 1973), daß exogenes Glycolat über den Glycolatstoffwechsel assimiliert, das gebildete 3-Phosphoglycerat aber nicht in eine Gluconeogenese (Kap. 8.2.4.), sondern über Pyruvat in den Citratzyklus eingeführt wird. Zwischenprodukte des Citratzyklus werden dann zur Substanzproduktion eingesetzt, und über die bei Wachstum auf Glycolat verstärkt ablaufende Phosphoenolpyruvatcarboxylasereaktion wird Oxalacetat ergänzt. — Photoheterotrophes Wachstum auf Glycolat wurde auch für *Euglena gracilis* nachgewiesen (MURRAY *et al.* 1970). Die Glycolatassimilation erfolgt bei *Euglena* ebenfalls über den Glycolatstoffwechsel (MURRAY *et al.* 1971).

In den Blattzellen der höheren Pflanzen sind die Reaktionen des Glycolatstoffwechsels auf Chloroplasten, Peroxisomen und Mitochondrien verteilt (Kap. 8.2.1.). Eine entsprechend definitive und allgemeine Aussage kann für Algen nicht gemacht werden. Anzunehmen ist, daß auch in Algen die Biosynthese des Glycolats in den Chloroplasten erfolgt. Keine Befunde liegen dazu vor, ob der Reaktionsschritt Glycin → Serin auch bei Algen in den Mitochondrien lokalisiert ist. Untersucht wurde an Algen die Lokalisation der Enzyme des Glycolatstoffwechsels, die in höheren Pflanzen mit den Blatt-Peroxisomen assoziiert sind.

Für Algen, die Glycolat über eine Glycolatoxidase oxidieren (s. o.), liegen Untersuchungen zur peroxisomalen Lokalisation dieses Enzyms für eine chlorophyllfreie Mutante von *Chlorella vulgaris* und deren Wildform vor (CODD *et al.* 1972, 1973). Microbodies wurden in der Mutante nachgewiesen, doch konnte Katalase in diesen cytochemisch nicht eindeutig lokalisiert werden. 5—10% der Katalaseaktivität einer zellfreien, partikulären Fraktion aus der Mutante bzw. Wildform sedimentierten an einem diskontinuierlichen Saccharose-Dichtegradienten in der Grenzschicht zwischen den Dichten 1,20 g/cm³ und 1,26 g/cm³ mit einer Partikelfraktion, die nach elektronenmikroskopischen Untersuchungen überwiegend aus Microbodies aufgebaut war. 10—20% der Uricase, ca. 50% der Glycolatoxidase und 50—60% der Hydroxypyruvatreductase sedimentierten ebenfalls mit der Microbodyfraktion. Die unterschiedlichen Ausbeuten an Uricase und Katalase einerseits sowie Glycolatoxidase und Hydroxypyruvatreductase andererseits in der Microbodyfraktion könnten Ausdruck einer unterschiedlichen intrapartikulären Lokalisation der beiden Enzymgruppen sein. Glycolatoxidase, Hydroxypyruvatreductase und Uricase wiesen die höchste spezifische Aktivität in der Microbodyfraktion auf (10 nMole Umsatz, 50 nMole Umsatz und 10 nMole Umsatz/min/mg Peroxisomenprotein), während für Katalase (Kap. 9.1.) die höchste spezifische Aktivität in der löslichen Fraktion des Gradienten erhalten wurde. Die Befunde sprechen aber nicht zwingend gegen einen peroxisomalen Charakter der Microbodies bzw. eine Lokalisation von Glycolatoxidase und Hydroxypyruvatreductase in Peroxisomen.

Stabenau (1975 b) isolierte aus *Spirogyra* am Saccharose-Dichtegradienten bei der Dichte 1,25 g/cm³ eine Partikelfraktion, die Microbodies enthielt und mit der Katalase, Hydroxypyruvatreductase und ein Glycolat oxidierendes Enzym assoziiert waren. Das Glycolat oxidierende Enzym wurde entsprechend einer Dehydrogenase getestet, wird aber als eine Glycolatoxidase angesehen, da seine Aktivität durch 10^{-3} M KCN nur zu ca. 10% gehemmt wurde (Kap. 7.3.9.) und Frederick *et al.* (1973) für *Spirogyra varians* das Vorkommen einer Glycolatoxidase angeben.

Nach den Befunden von Codd *et al.* (1972, 1973) sowie Stabenau (1975 b) sind bei Algen, die Glycolatoxidase besitzen, diese und zumindest auch Hydroxypyruvatreductase in Peroxisomen lokalisiert. Für Algen, die Glycolat über eine Glycolatdehydrogenase oxidieren, besteht kein ersichtlicher Vorteil darin, Glycolatoxidation und Katalase im selben Zellkompartiment zu lokalisieren, da die Glycolatoxidation nicht mit einer Bildung von H_2O_2 verbunden ist. Ein grundsätzlicher quantitativer Unterschied in der Katalaseaktivität konnte zwischen Algen, die Glycolatdehydrogenase oder Glycolatoxidase besitzen, nicht nachgewiesen werden (Frederick *et al.* 1973). Die Lokalisation von Enzymen des Glycolatstoffwechsels in Algen mit Glycolatdehydrogenase wurde für einige Chlamydomonadineen und vor allem für *Euglena gracilis* untersucht.

Davis und Merrett (1973) isolierten aus photoautotroph gezogener *E. gracilis* (Stamm Z) eine Partikelfraktion, mit der Glycolatdehydrogenase (vgl. auch Lord und Merrett 1971) und eine organellenspezifische, nichtmitochondriale NAD-abhängige Malatdehydrogenase assoziiert waren. Diese Partikelfraktion, die am diskontinuierlichen Saccharose-Dichtegradienten in der Grenzschicht zwischen den Dichten 1,14 g/cm³ und 1,17 g/cm³ und damit bei geringerer Dichte als die Mitochondrien (1,23 g/cm³ $\geq \varrho_{Mit.} \geq$ 1,20 g/cm³) und Chloroplastenfragmente (1,20 g/cm³ $\geq \varrho_{Chl.} \geq$ 1,17 g/cm³) sedimentierte, enthielt Microbodies. Collins und Merrett (1975 a) isolierten andererseits am linearen Saccharose-Dichtegradienten eine Partikelfraktion der Dichte 1,25 g/cm³ (Mitochondrien : ϱ = 1,22 g/cm³; Chloroplastenfragmente: ϱ =1,17 g/cm³), mit der Glycolatdehydrogenase, Hydroxypyruvatreductase, Malatdehydrogenase, Glutamat-Glyoxylat-Aminotransferase, Serin-Glyoxylat-Aminotransferase und Glutamat-Oxalacetat-Aminotransferase assoziiert waren. Damit wurde in *E. gracilis* ein Organell nachgewiesen, das in bezug auf seine Ausstattung mit Enzymen des Glycolatstoffwechsels den Blatt-Peroxisomen höherer Pflanzen entspricht (Kap. 8.2.2.). Da das Vorkommen einer peroxisomalen Oxidase (Uricase, D-Aminosäureoxidase) in dem Organell nicht untersucht wurde und da MERRETT und Mitarbeiter (LORD und MERRETT 1971, COLLINS und MERRETT 1975 a, vgl. auch GRAVES *et al.* 1971, 1972) in *E. gracilis* Katalase nicht nachweisen konnten (Kap. 9.1.), ist eine Identifizierung dieses Organells als Peroxisom nicht durchzuführen. Nach DAVIS und MERRETT (1971; s. o.; vgl. auch MERRETT und LORD 1973) ist in *E. gracilis* Glycolatdehydrogenase in den Microbodies lokalisiert. COLLINS und MERRETT (1975 a) sehen daher die von ihnen isolierten Organellen, die Träger von Enzymen des Glycolatstoffwechsels sind und bei der für Microbodies/Peroxisomen charakteristischen Dichte sedimentieren, als identisch mit den Micro-

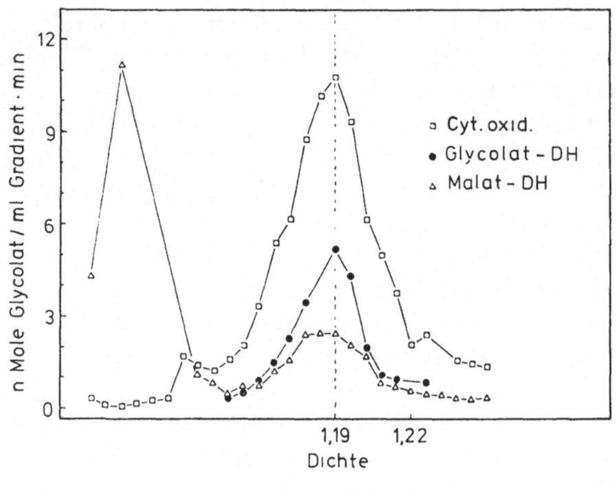

Abb. 9.2 a.

bodies der Alge an [6]. Das heißt, die Microbodies photoautotroph gezogener *E. gracilis* entsprechen dem Funktionstyp des Blatt-Peroxisoms höherer Pflanzen. Mit diesem Ergebnis stehen Befunde an photoheterotroph gezogener *E. gracilis* (Stamm Z) in Übereinstimmung. WHITE und BRODY (1974) geben an, daß Glycolatdehydrogenase und Hydroxypyruvatreductase, die beim Übergang von heterotropher zu photoheterotropher Anzucht einen ca. 5fachen Aktivitätsanstieg zeigten, in einer Partikelfraktion aus *E. gracilis* lokalisiert wurden, die bei einer Dichte von etwa 1,21 g/cm³ sedimentierte [7] und aus Microbodies aufgebaut war. Die Microbodyfraktion war ferner durch das peroxisomale Leitenzym Katalase (Kap. 9.1.) charakterisiert sowie durch die glyoxysomalen Leitenzyme Isocitratlyase und Malatsynthetase, die auch COLLINS und MERRETT (1975 b) beim Übergang von photoautotropher zu heterotropher (Acetat-) Anzucht der *Euglena* in identischer Position ($\varrho =$ 1,25 g/cm³) mit den Enzymen des Glycolatstoffwechsels am Saccharose-Dichtegradienten erhielten (Kap. 9.2.). — WHITE und BRODY (1974) bestimmten für photoheterotroph gezogene *E. gracilis* die Aktivitäten von Glycolat-

---

[6] Den Unterschied in der Gleichgewichtslage der Microbodies, der nach den Angaben bei DAVIS und MERRETT (1973) sowie COLLINS und MERRETT (1975 a) besteht, führen COLLINS und MERRETT (1975 a) auf die Verwendung von diskontinuierlichen und kontinuierlichen Gradienten bei der Isolierung zurück.

[7] Vgl. Fußnote S. 156.

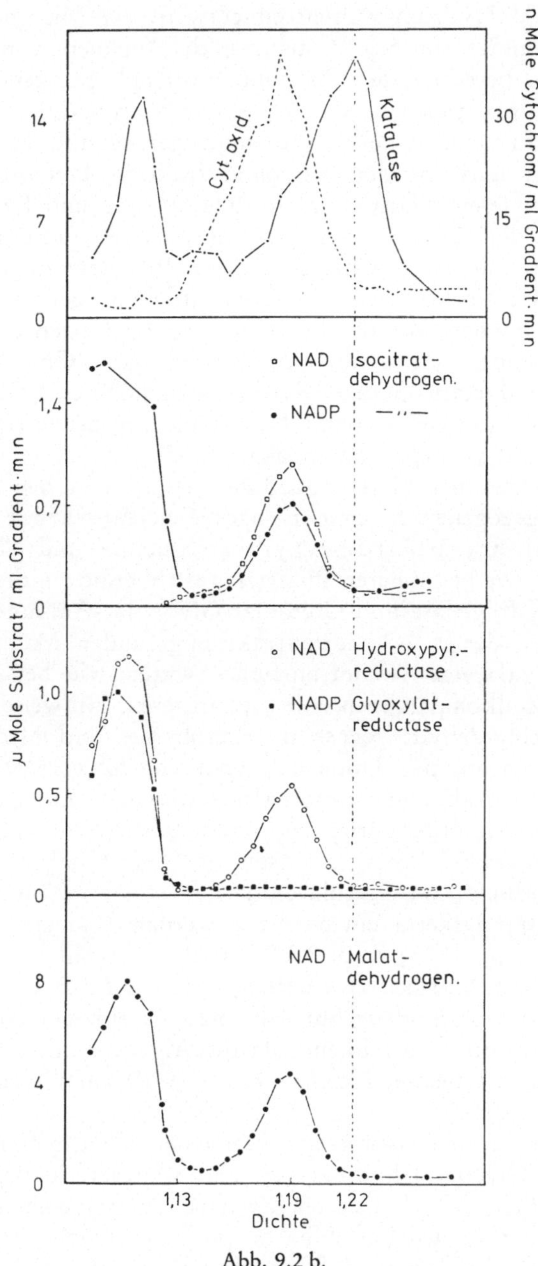

Abb. 9.2 b.

Abb. 9.2. Isolierung von Mitochondrien und Peroxisomen aus einem Homogenat aus auto-troph gezogenem *Chlorogonium elongatum* durch isopyknische Zentrifugation am Saccharose-Dichtegradienten. Verteilungsprofile der Glycolatdehydrogenase (*a*) und der Hydroxypyruvat-reductase (*b*) in Übereinstimmung mit dem Verteilungsprofil des mitochondrialen Leitenzyms Cytochromoxidase. — Aus: STABENAU 1974 a.

dehydrogenase und Hydroxypyruvatreductase in der Microbodyfraktion zu
30—40 nMole Umsatz/min/mg Protein, nach Angaben von COLLINS und
MERRETT (1975 a) berechnet sich für photoautotroph gezogene *E. gracilis* die
Aktivität der Hydroxypyruvatreductase in der Microbodyfraktion zu 1 µMol
Umsatz/min/mg Protein. — Glycolatdehydrogenase und Hydroxypyruvat-
reductase wurden auch in der Microbodyfraktion heterotroph gezogener
E. gracilis nachgewiesen (GRAVES *et al.* 1971, WHITE und BRODY 1974). Da
die Microbodies der *Euglena* bei heterotropher Anzucht aufgrund ihrer
Enzymausstattung mit Glyoxysomen höherer Pflanzen zu vergleichen sind
(Kap. 9.2.), ist das Vorkommen von Glycolatdehydrogenase und Hydroxy-
pyruvatreductase in den Microbodies heterotroph gezogener *Euglena* wahr-
scheinlich in Analogie zu dem Vorkommen von Glycolatoxidase und
Hydroxypyruvatreductase in den Glyoxysomen höherer Pflanzen zu sehen.
Die Funktion dieser Enzyme in den Glyoxysomen, in denen sie mit geringerer
spezifischer Aktivität vorliegen, ist unbekannt.

Von den Enzymen des Glycolatstoffwechsels, die in den „Peroxisomen"
photoautotroph gezogener *E. gracilis* nachgewiesen wurden (COLLINS und
MERRETT 1975 a), traten Hydroxypyruvatreductase und Serin-Glyoxylat-
Aminotransferase wie bei höheren Pflanzen ausschließlich in diesen Organellen
auf. Glycolatdehydrogenase und Glutamat-Glyoxylat-Aminotransferase wurden dagegen auch in der Mitochondrienfraktion gefunden. Malatdehydrogenase
und Glutamat-Oxalacetat-Aminotransferase waren wie bei höheren Pflanzen in mehreren Zellkompartimenten zu lokalisieren. Hinweise auf eine Lokalisation der Glycolatdehydrogenase in Microbodies und Mitochondrien der
Euglena liegen auch aus den Untersuchungen von GRAVES *et al.* (1972) zur
Funktion der Microbodies in heterotroph wachsender *Euglena* vor. Bei der
mitochondrialen Glycolatdehydrogenase handelt es sich um ein von D-Lactatdehydrogenase unterschiedliches, ansonsten aber nicht näher charakterisiertes
Enzym. Die mitochondriale Glycolatoxidation ist O_2-abhängig, da die Elektronen in die Atmungskette eingeschleust werden (COLLINS und MERRETT
1975 a, COLLINS *et al.* 1975; Kap. 7.3.9.), und sie ist mit einer ATP-Bildung
verknüpft (P/O $\sim$ 2; COLLINS *et al.* 1975). Diese ATP-Bildung ist allerdings
für ein Wachstum von *Euglena* auf Glycolat als einziger Kohlenstoff- und
Energiequelle (s. o.) nicht ausreichend, da die Alge nur mit einer zusätzlichen
Energiequelle (Licht, Glucose; MURRAY *et al.* 1970) auf Glycolat zu wachsen
vermag.

Untersuchungen an photoautotroph gezogenen Chlamydomonadineen zur
Lokalisation der Glycolatdehydrogenase und weiterer, in den Blatt-Peroxisomen höherer Pflanzen lokalisierter Enzyme des Glycolatstoffwechsels ergaben im Gegensatz zu den Befunden an photoautotroph gezogener *Euglena*
gracilis keine Hinweise darauf, daß die Microbodies dieser Algen funktionell
Blatt-Peroxisomen entsprechen. In isolierten und elektronenmikroskopisch
identifizierten Microbodies aus *Chlorogonium elongatum*, die durch die Leitenzyme Katalase und Uricase auch als Peroxisomen charakterisiert worden
waren (STABENAU und BEEVERS 1974), konnten keine Aktivitäten von Glycolatdehydrogenase, Hydroxypyruvatreductase und Glutamat-Glyoxylat-
Aminotransferase nachgewiesen werden (STABENAU 1974 a). Die Verteilungs-

profile dieser Enzyme an einem linearen Saccharose-Dichtegradienten folgten dem Verteilungsprofil der Cytochromoxidase, d. h. partikuläre Aktivitäten dieser Enzyme fanden sich nur in der Mitochondrienfraktion (Abb. 9.2.). Die Peroxisomen von photoautotroph gezogenem *Chlorogonium elongatum* entsprechen nach diesen Untersuchungsergebnissen ebenso wie die heterotroph gezogener Individuen (Kap. 9.2.) dem funktionell nicht-spezialisierten Typ der Peroxisomen (Kap. 8.3.).

Aus zellfreien Homogenaten von *Chlamydomonas reinhardii* wurden Katalase tragende Partikeln der Dichte 1,22 g/cm³ isoliert (STABENAU 1974 b), die wahrscheinlich mit den für die Alge nachgewiesenen Microbodies identisch sind. Die Verteilungsprofile der Glycolatdehydrogenase und der Hydroxypyruvatreductase am linearen Saccharose-Dichtegradienten zeigten weder ein Maximum noch eine Schulter im Dichtebereich 1,20—1,22 g/cm³, aber ein ausgeprägtes Maximum in der Mitochondrienfraktion ($\varrho = 1,19$ g/cm³). In dieser wurde allerdings auch ein wesentlich höherer Prozentsatz der partikulären Katalase als in der Microbodyfraktion nachgewiesen. Wurden die Organellen statt über Sedimentation über Flotation am Dichtegradienten isoliert, um ein „*trapping*" (Kap. 6.) der Microbodies in der Mitochondrienfraktion zu verhindern, ergaben sich keine wesentlichen Veränderungen in den Verteilungsprofilen der Aktivitäten von Katalase, Glycolatdehydrogenase und Hydroxypyruvatreductase (STABENAU 1974 b). Aufgrund des Befundes, daß eine Übereinstimmung der Aktivitätsprofile von Glycolatdehydrogenase und Hydroxypyruvatreductase mit dem Aktivitätsprofil der Katalase im Dichtebereich 1,20—1,22 g/cm³ nicht nachzuweisen war, sind die zwei untersuchten Enzyme des Glycolatstoffwechsels nicht in den Peroxisomen autotroph gezogener *Chlamydomonas reinhardii* zu lokalisieren. Ihr Lokalisationsort sind wahrscheinlich wie in *Chlorogonium elongatum* die Mitochondrien, in denen PAUL und VOLCANI (1976) eine Glycolat-Cytochrom c-Reductaseaktivität nachwiesen. Die genaue Lokalisation der in der Mitochondrienfraktion nachgewiesenen Katalase ist ohne eingehendere Untersuchungen nicht festzulegen.

Untersuchungen zur Glycolatoxidation in den Diatomeen *Cylindrotheca fusiformis* (photoautotrophe Anzucht) und *Nitzschia alba* (heterotrophe Anzucht) zeigten, daß auch in diesen Algen, für die bisher Microbodies nicht nachgewiesen werden konnten (Kap. 9.1.), die Glycolatoxidation in den Mitochondrien lokalisiert ist (25—40 nMole Umsatz/min/mg Mitochondrienprotein) und die Elektronen über die Atmungskette auf O_2 übertragen werden (Kap. 7.3.9.; PAUL und VOLCANI 1975, PAUL *et al.* 1975).

9.4. Zusammenfassung

Eine den Glyoxysomen und Blatt-Peroxisomen höherer Pflanzen entsprechende Funktion der Microbodies/Peroxisomen der Algen ist nur für die Microbodies in *Euglena gracilis* nachgewiesen. In heterotroph auf Acetat gezogenen Individuen zeigen die Microbodies glyoxysomalen Charakter, in photoautotroph gezogenen Individuen blattperoxisomalen Charakter. Bei photoheterotropher Anzucht der *Euglena* auf Acetat liegen in der Microbodyfraktion sowohl die Enzyme des Glyoxylatzyklus als auch die Enzyme des Glycolatstoffwechsels vor (vgl. auch Kap. 11.3.1.2.) Für alle untersuchten, auf Acetat gezogenen Chlorophyceen ist eine Lokalisation der Enzyme des Glyoxylatzyklus in den Peroxisomen nicht (sicher) nachzuweisen. Die Schlüsselenzyme des Glyoxylatzyklus liegen (im wesentlichen) nicht-partikulär vor. Eine Kompartimentierung des Glyoxylatzyklus im Grundplasma würde allerdings auch aufgrund einer Regulation durch Kompartimentierung — entsprechend der Funktion der Glyoxysomen — eine Einschränkung der Oxidation des aufgenommenen Acetats durch den Citratzyklus und seine Verwendung für anaplerotische Reaktionen ermöglichen.

Außer für *Euglena gracilis* ist eine Lokalisation von Enzymen des Glycolatstoffwechsels in den Peroxisomen auch der Algen nachgewiesen, die wie höhere Pflanzen Glycolat über eine Glycolatoxidase und damit unter H_2O_2-Bildung oxidieren. In den Microbodies von *Euglena* liegt demgegenüber aber eine Glycolatdehydrogenase vor, die zusätzlich auch in den Mitochondrien der Alge lokalisiert ist. In allen weiteren untersuchten Algen (Chlorophyceen, Diatomeen), die Glycolat über eine Glycolatdehydrogenase oxidieren, ist das Enzym jedoch ausschließlich mit der Mitochondrienfraktion assoziiert. Da die photorespiratorische Glycolatoxidation über die Glycolatdehydrogenase ohne H_2O_2-Bildung verläuft und die Elektronen wahrscheinlich über die Atmungskette auf O_2 übertragen werden, ist eine Lokalisation dieses Enzymes — und weiterer Enzyme des Glycolatstoffwechsels — in den Mitochondrien und nicht in den Peroxisomen dieser Algen plausibel.

10. Nachweis, Stoffwechsel und Funktion der Peroxisomen in Pilzen

Das Vorkommen von Microbodies in Pilzen ist durch zahlreiche Angaben belegt (Tab. 4.4.). Untersuchungen zum peroxisomalen Charakter der Microbodies und zu ihrer Funktion liegen vor allem für Hefen und *Neurospora crassa* vor (Tab. 10.1.).

10.1. Nachweis der Peroxisomen

Das peroxisomale Leitenzym Katalase unterliegt in *Saccharomyces* der Glucoserepression (*S. cerevisiae*: Szabo und Avers 1969, Parish 1975 a; *S. carlsbergensis*: Cartledge und Lloyd 1972 a). In statischen, auf Glucose gezogenen Kulturen von *Saccharomyces* tritt Katalase meßbar erst beim Übergang von der exponentiellen Wachstumsphase zur stationären Phase auf (Szabo und Avers 1969, Cartledge und Lloyd 1972 a), d. h. nach Verbrauch der Glucose aus dem Nährmedium und mit Beginn der Verwertung des Äthanols, das von der Hefe während der exponentiellen Wachstumsphase ins Medium abgegeben wurde (Abb. 10.1.). In der stationären Phase zeigt Katalase einen Anstieg der spezifischen Aktivität. In derepremierten Zellen von *S. cerevisiae* (Kohlenstoffquelle: Äthanol, Acetat, Aminosäuren) ist Katalaseaktivität auch während der Wachstumsphase der Kultur festzustellen, und die spezifische Aktivität des Enzyms in der Kultur steigt parallel zur Wachstumskurve an (Schumacher und Gerhardt, unveröffentlicht). Kontinuierliche,

Tabelle 10.1. *Für Pilze nachgewiesenes Vorkommen von Peroxisomen und deren bisher bekannte Enzymausstattung*

IL = Isocitratlyase, MS = Malatsynthetase, MDH = Malatdehydrogenase, HPR = Hydroxypyruvatreductase, ( ) $\triangleq$ nicht sicher nachgewiesen, — $\triangleq$ nicht nachzuweisen.

Peroxisomen isoliert aus:	Dichte [g/cm³]	In den Peroxisomen nachgewiesene und nicht nachzuweisende Enzymaktivitäten		Literatur
		peroxisomale Leitenzyme	weitere Enzyme	
Saccharomyces cerevisiae	1,17—1,19 [a]	Katalase, Uricase	IL, MS, (MDH); NADPH-Glyoxylatreductase; NADH-Glyoxylatreductase —	Szabo und Avers 1969, Avers 1971
	1,19 [b]	Katalase, Uricase, Glycolatoxidase, D-Aminosäureoxidase	IL —, HPR —; Xanthinoxidase —, Xanthindehydrogenase —, NADPH-Glyoxylatreductase —	Perlman und Mahler 1970, Parish 1975 a
S. carlsbergensis	1,21 [b]	Katalase		Cartledge und Lloyd 1972 a
Neurospora crassa	1,20 1,21—1,22	Katalase, Uricase, D-Aminosäureoxidase	IL, MS; NADP-Isocitratdehydrogenase; MDH —, Citratsynthetase —	Kobr *et al.* 1969, Kobr und Vanderhaeghe 1973, Theimer 1973
Candida boidinii		Katalase, Alkoholoxidase	MDH —	Roggenkamp *et al.* 1975, Sahm *et al.* 1975
Kloeckera		Katalase, Alkoholoxidase, D-Aminosäureoxidase		Fukui *et al.* 1975 a
Dictyostelium discoideum	1,19 [a]	Katalase, Uricase; α-Hydroxysäureoxidase —, D-Aminosäureoxidase —	MDH —; Allantoinase —, Allantoicase —	Parish 1975 b
Phytophthora palmivora		Katalase		Philippi *et al.* 1975

[a] Dichte der Peroxisomen < Dichte der Mitochondrien.
[b] Dichte der Peroxisomen ≈ Dichte der Mitochondrien.

substrat-kontrollierte Kulturen von *S. cerevisiae* weisen mit Glucose oder Äthanol als Kohlenstoffquelle etwa gleiche Katalaseaktivität auf (Rogers und Stewart 1973). — In anaerob gezogenen Kulturen von *Saccharomyces* ist Katalase nicht nachzuweisen (Cartledge und Lloyd 1972 b, Rogers und Stewart 1973). Die Aktivität der Katalase in *Saccharomyces* ist abhängig von der Sauerstoffversorgung der Kultur (Rogers und Stewart 1973), und für Katalase T (Kap. 7.3.1.) konnten ZIMNIAK *et al.* (1975) zeigen, daß das Enzym während der Sauerstoffadaptation der Hefe über eine hämfreie und eine hämhaltige Vorstufe synthetisiert wird.

Für *S. cerevisiae*, die auf Glucose gezogen und gegen Ende der exponentiellen Wachstumsphase untersucht worden war, berichten HOFFMANN *et al.* (1970) den cytochemischen Nachweis der Katalase in den Microbodies des Organismus. Im Gegensatz dazu konnten TODD und VIGIL (1972) unter gleichen Bedingungen in einem haploiden Stamm [1] von *S. cerevisiae* weder

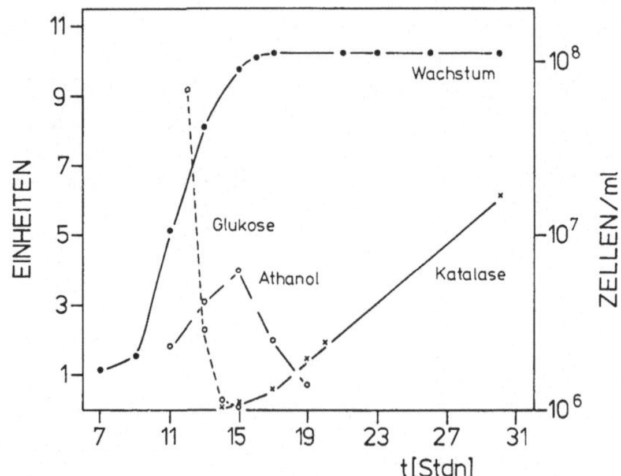

Abb. 10.1. Katalaseaktivität in *Saccharomyces cerevisiae* bei Anzucht der Hefe unter aeroben Bedingungen in statischer Kultur auf Glucose. Ordinate, links: Glucosegehalt und Äthanolgehalt des Mediums bzw. Katalaseaktivität der Hefe in relativen Einheiten.

Microbodies noch DAB-positiv reagierende, nicht-mitochondriale Strukturen nachweisen. Eine Sauerstoffentwicklung im Inkubationsmedium für den cytochemischen Katalasenachweis deutete andererseits aber auf das Vorliegen von Katalase hin, die von VIGIL (1973) daher in diesem Falle als ein cytoplasmatisches Enzym angesprochen wird. In derepremierten, auf Glycerin gezogenen Zellen erhielten TODD und VIGIL (1972) Anzeichen für einen positiven cytochemischen Katalasenachweis in Microbody-ähnlichen Strukturen.

Partikuläre Katalase wurde aus derepremierten Zellen von *Saccharomyces* in verschiedenen Arbeitsgruppen isoliert (SZABO und AVERS 1969, PERLMAN und MAHLER 1970, CARTLEDGE und LLOYD 1972 a, PARISH 1975 a, SCHUMACHER und GERHARDT, unveröffentlicht). Die Ausbeuten lagen bei 10 bis 50% der Gesamtaktivität. An Saccharose- oder Sorbit-Dichtegradienten ergab sich nach Gleichgewichtszentrifugation einer partikulären Fraktion weitgehende Übereinstimmung zwischen den Verteilungsprofilen der Katalaseaktivität und der Aktivitäten mitochondrialer Leitenzyme (PERLMAN und MAHLER 1970, CARTLEDGE und LLOYD 1972 a, SCHUMACHER und GERHARDT, unver-

---

[1] Für haploide Stämme von *S. cerevisiae* bestimmten AVERS und FEDERMAN (1968) etwa die halbe Anzahl Microbodies/Zelle wie für diploide Stämme, während Mitochondrien in haploiden und diploiden Stämmen in etwa gleicher Zahl vorlagen. In *petit*-Mutanten war die Zahl der Microbodies und Mitochondrien gegenüber den Wildstämmen reduziert.

öffentlicht). Daß Mitochondrien und Katalase tragende Partikeln jedoch nicht
identisch sind, ließ sich durch Geschwindigkeitszentrifugation (Kap. 6.) zeigen:
die Katalase tragenden Partikeln sedimentierten (entsprechend Peroxisomen)
mit geringerer Geschwindigkeit als die Mitochondrien (Abb. 10.2.; Schumacher und Gerhardt, unveröffentlicht; vgl. auch Perlman und Mahler
1970). Parish (1975 a) trennte Katalase tragende Partikeln und Mitochondrien aus *S. cerevisiae* am Saccharose-Ficoll-Dichtegradienten auch durch
Gleichgewichtszentrifugation. Die Mitochondrien bandierten an diesem Gra-

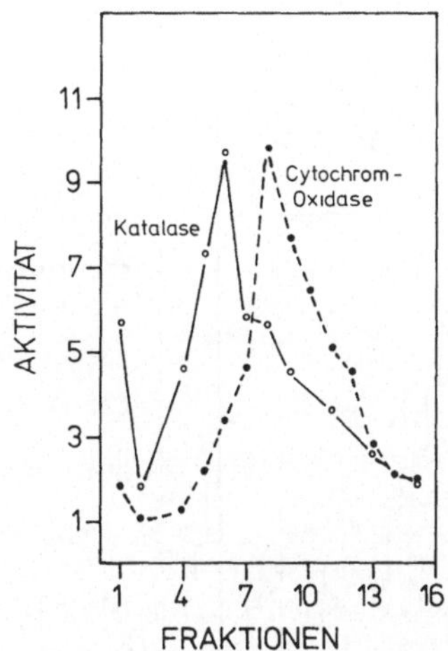

Abb. 10.2. Verteilungsprofil des peroxisomalen Leitenzyms Katalase und des mitochondrialen
Leitenzyms Cytochromoxidase am linearen Sorbit-Dichtegradienten nach Geschwindigkeits-
zentrifugation (30 000 × g, 10 Minuten) einer Partikelfraktion aus osmotisch aufgebrochenen
Sphäroblasten von *Saccharomyces cerevisiae*. Ordinate: relative Einheiten.

dienten eindeutig bei geringerer Dichte als die Katalase tragenden Partikeln.
— Die Gleichgewichtslage der Katalase tragenden Partikeln aus *S. cerevisiae*
an Saccharose- oder Sorbit-Dichtegradienten war bei der Dichte 1,18—1,19 g/
cm³ erreicht (Perlman und Mahler 1970, Avers 1971, Schumacher und
Gerhardt, unveröffentlicht). Nach Avers (1971) sedimentieren die Katalase
tragenden Partikeln bei geringerer Dichte als die Mitochondrien (vgl. aber
oben), ein Befund, der untypisch für Peroxisomen wäre. Cartledge und Lloyd
(1972 a) erhielten nach Zentrifugation einer partikulären Fraktion aus *S. carlsbergensis* am Saccharose-Dichtegradienten die Hauptmaxima der Aktivitäten
von Katalase und Cytochromoxidase bei der Dichte 1,21 g/cm³.

Die Klassifizierung der Katalase tragenden Organellen aus *S. cerevisiae* als
Peroxisomen ist vor allem durch die Untersuchungen von Parish (1975 a;
vgl. auch Szabo und Avers 1969) gegeben, der in diesen Organellen peroxisomale Oxidasen nachwies (Tab. 10.1.). Hydroxypyruvatreductase (NADH-
Glyoxylatreductase) — peroxisomales Enzym bei höheren Pflanzen — konnte
in den Peroxisomen der Hefe nicht festgestellt werden (Szabo und Avers
1969, Parish 1975 a). Szabo und Avers (1969, Avers 1971) geben für Peroxisomen aus *S. cerevisiae* jedoch das Vorkommen einer NADPH-abhängigen

Glyoxylatreductase an, eines Enzyms, das in höheren Pflanzen in den Chloroplasten lokalisiert ist (Kap. 7.3.10.). Der Befund konnte nicht bestätigt werden
(PARISH 1975 a).

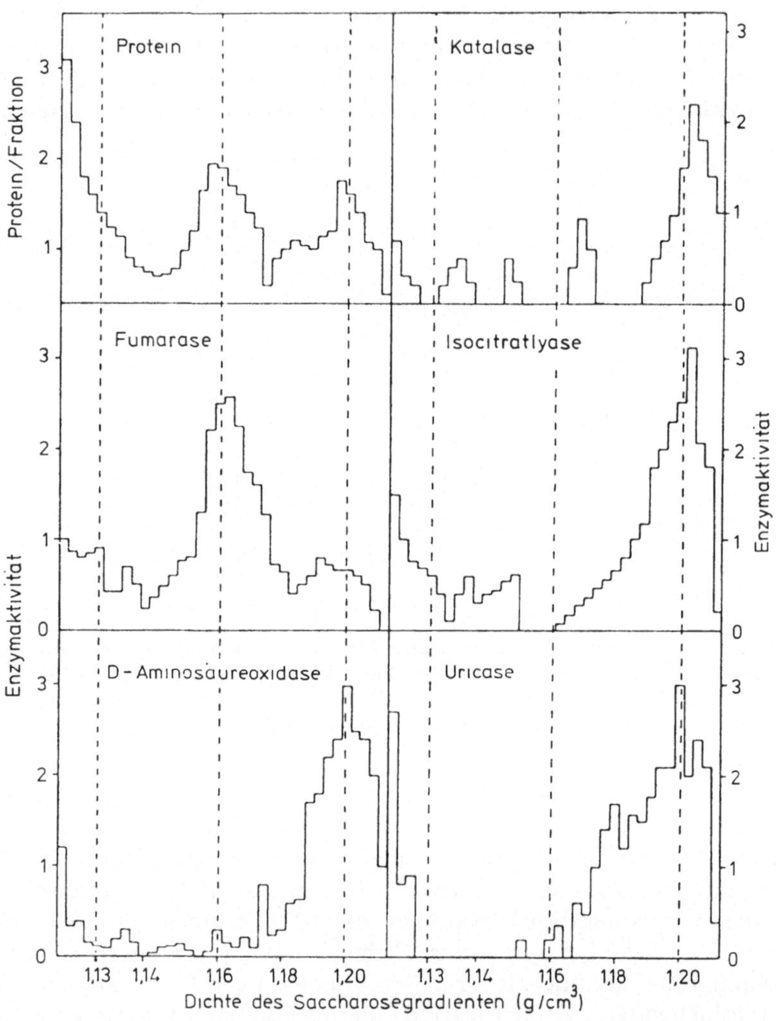

Abb. 10.3. Verteilungsprofile peroxisomaler Enzyme, der Fumarase (mitochondriales Leitenzym) und des Proteins am Saccharose-Dichtegradienten nach isopyknischer Zentrifugation
(65 000 ×g, 300 Minuten) einer Partikelfraktion aus einer zellwandfreien Mutante von
Neurospora crassa. — Aus: THEIMER 1973.

Aussagen zur Identität von Peroxisomen und Microbodies der Hefe basieren
allein auf dem cytochemischen Nachweis der Katalase in den Microbodies
durch HOFFMANN *et al.* (1970; vgl. aber TODD und VIGIL 1972). Elektronenmikroskopische Aufnahmen von Peroxisomenfraktionen (SZABO und AVERS
1969, PARISH 1975 a) führten zu keinen eindeutigen Ergebnissen. Die Peroxi-

somenfraktionen enthielten überwiegend vesikuläre Elemente bzw. Membran-fragmente und kaum Microbody-ähnliche Organellen.

Das Vorkommen von Peroxisomen in *N. crassa* wurde von THEIMER (1973) nachgewiesen (Abb. 10.3.; Tab. 10.1.). Katalase wurde zu 80—90% partikulär erhalten, während die partikuläre Aktivität anderer peroxisomaler Leit-enzyme deutlich niedriger lag. Ihre Gleichgewichtslage erreichten die Peroxi-somen aus *N. crassa* am Saccharose-Dichtegradienten im Dichtebereich 1,20 bis 1,22 g/cm³ (THEIMER 1973, vgl. auch KOBR und VANDERHAEGHE 1973; Kap. 10.2.), und die Gleichgewichtseinstellung erfolgte stets bei höherer Dichte als die der Mitochondrien (ϱ = 1,16—1,19 g/cm³).

Peroxisomen wurden auch aus Amoeben von *Dictyostelium discoideum* isoliert (PARISH 1975 b). Die Organellen sind durch Katalase und Uricase charakterisiert. Sie sedimentierten am Saccharose-Ficoll-Dichtegradienten bei geringerer Dichte (ϱ = 1,19 g/cm³) als die Mitochondrien (ϱ = 1,21 g/cm³; PARISH 1975 b), während Peroxisomen aus *S. cerevisiae* oder *Beta vulgaris* am gleichen Gradienten unter gleichen Bedingungen bei höherer Dichte als die Mitochondrien bandierten (PARISH 1975 a, PARISH und RICKENBACHER 1971). Das gegenüber den Mitochondrien untypische Sedimentationsverhalten der Peroxisomen aus *D. discoideum* ist — vorausgesetzt, daß tatsächlich eine Gleichgewichtseinstellung für die Peroxisomen erreicht wurde — demnach nicht in der Zusammensetzung des Gradientenmediums begründet.

Aus Zoosporen von *Phytophthora palmivora* isolierten PHILIPPI *et al.* (1975) an Dichtegradienten Katalase tragende Partikeln, die nach elektronenmikro-skopischen Untersuchungen den sogenannten U-Körpern ($\triangleq$ Microbodies; Kap. 4.1.) des Pilzes entsprechen. Katalase wurde auch cytochemisch *in situ* in den U-Körpern nachgewiesen (PHILIPPI *et al.* 1975). — Partikuläre Aktivi-tät der peroxisomalen Leitenzyme Katalase, Uricase und D-Aminosäureoxi-dase wird für *Botrytis cinerea* (PITT 1969), partikuläre Aktivität der Katalase ferner für *Fusarium oxysporum* (MAXWELL *et al.* 1975) angegeben.

10.2. Glyoxysomaler Charakter der Peroxisomen

Wie bei anderen Mikroorganismen ist auch bei Pilzen die Fähigkeit ausge-bildet, auf Acetat oder Äthanol als alleiniger Kohlenstoff- und Energiequelle zu wachsen, und diese Fähigkeit ist an die anaplerotische Sequenz des Glyoxy-latzyklus gebunden. Nach Wachstum von *Saccharomyces cerevisiae* (POLAKIS und BARTLEY 1965, WITT *et al.* 1966, DUNTZE *et al.* 1969), *Neurospora crassa* (KOBR *et al.* 1969, FLAVELL und WOODWARD 1971, BEEVER 1975) oder anderen Pilzarten (u. a. MAXWELL *et al.* 1975) auf Acetat oder Äthanol sind in den Organismen bedeutend höhere Aktivitäten der Isocitratlyase und Malatsyn-thetase nachzuweisen als nach Anzucht auf Glucose, Saccharose oder einem anderen glycolytisch verwertbaren Substrat. Für Malatsynthetase wurde aller-dings verschiedentlich auch festgestellt, daß die Aktivität des Enzyms bei Wachstum eines Pilzes auf Glucose nicht niedriger lag als nach Wachstum auf Äthanol (SZABO und AVERS 1969, AVERS 1971, ROGERS und STEWART 1973, MAXWELL *et al.* 1975). In Hefekulturen, die auf Glucose angezogen werden, setzt nach dem Verbrauch der Glucose aus dem Nährmedium und mit Beginn der Verwertung des im Medium akkumulierten Äthanols entsprechend ein Anstieg der Aktivitäten von Isocitratlyase und Malatsynthetase ein (BECK und MEYENBURG 1968, HAARASILTA und OURA 1975). — Von den zwei in *N. crassa* nachgewiesenen Isoenzymen der Isocitratlyase (Kap. 7.3.3.) wird nur Isocitratlyase-1, die bei Wachstum des Pilzes auf Acetat 80% der Gesamtaktivität an diesem Enzym stellt, eine Funktion in der Acetatassimilation zugeordnet (FLAVELL und WOODWARD 1971).

Untersuchungen zum Mechanismus, über den die Aktivitäten von Isocitratlyase und Malatsynthetase reguliert werden, liegen an Pilzen u. a. von WITT *et al.* (1966), DUNTZE *et al.* (1969), FLAVELL und WOODWARD (1971), HILDEBRANDT und WEIDE (1974 b) sowie BEEVER (1975) vor (vgl. auch AVERS 1971). Die Ergebnisse führten zu unterschiedlichen Vorstellungen über den Regulationsmechanismus.

Ausgelöst durch die Entdeckung der Glyoxysomen in höheren Pflanzen wurden auch Untersuchungen zur subzellulären Lokalisation des Glyoxylatzyklus in Pilzen durchgeführt. Microbodies/Peroxisomen sind in Pilzen nachgewiesen (Tab. 4.4.; Kap. 10.1.), und die Aktivitäten von Katalase und z. B. Isocitratlyase zeigen in Pilzkulturen übereinstimmende Abhängigkeit von den Anzuchtbedingungen und gegebenenfalls dem Entwicklungsstadium der Kultur.

Untersuchungen zur subzellulären Lokalisation der Schlüsselenzyme des Glyoxylatzyklus in derepremierten Zellen von *S. cerevisiae* ergaben mit einer Ausnahme den übereinstimmenden Befund, daß partikuläre Aktivität dieser Enzyme nicht nachzuweisen war (DUNTZE *et al.* 1969, PERLMAN und MAHLER 1970, PARISH 1975 a). Nach SZABO und AVERS (1969, AVERS 1971) liegen Isocitratlyase und Malatsynthetase in *S. cerevisiae* partikulär vor, und 5 bis 10% der auf einen Dichtegradienten aufgetragenen Aktivität dieser Enzyme (nach AVERS 1971, Abb. 4.) sedimentierten mit der Peroxisomenfraktion. Für Isocitratlyase wird von SZABO und AVERS (1969, AVERS 1971) außer einem Vorkommen in Peroxisomen auch ein Vorkommen in den Mitochondrien diskutiert, da sich für die spezifische Aktivität der Isocitratlyase in Peroxisomen- und Mitochondrienfraktion ein Verhältnis von 1 : 0,6, für die spezifischen Aktivitäten der Malatsynthetase, der Katalase und der Glycolatoxidase aber nur ein Verhältnis von 1 : 0,2 ergab.

Untersuchungen zur Lokalisation von Isocitratlyase und Malatsynthetase in *N. crassa* führten — im Gegensatz zu denen an *S. cerevisiae* — zu insgesamt übereinstimmenden Ergebnissen. FLAVELL und WOODWARD (1971) erhielten aus Mycelien, die auf Acetat angezogen worden waren, 25% der Aktivitäten von Isocitratlyase und Malatsynthetase partikulär. Nach Anzucht des Pilzes auf Saccharose konnte partikuläre Aktivität der beiden Enzyme nicht mit Sicherheit nachgewiesen werden. KOBR *et al.* (1969) isolierten aus Acetat/Saccharose-Kulturen von *N. crassa* 25% der Isocitratlyaseaktivität und 50% der Malatsynthetaseaktivität in partikulärer Form. Der Anteil der partikulären Isocitratlyaseaktivität an der Gesamtaktivität des Enzyms sank in Acetat-Kulturen gegenüber Saccharose-Kulturen beträchtlich ab (in dem angegebenen Experiment von 43% auf 5%). Da aber in den derepremierten Mycelien ein erheblicher Anstieg der spezifischen Aktivität der

Isocitratlyase erfolgte (vgl. auch FLAVELL und WOODWARD 1971), lag absolut mehr partikuläre Isocitratlyase in derepremierten Mycelien als in repremierten Mycelien vor. Angaben zu entsprechenden Untersuchungen an Malatsynthetase werden von KOBR *et al.* (1969) nicht gemacht.

An Saccharose-Dichtegradienten konnten KOBR *et al.* (1969) die partikuläre Isocitratlyase- und Malatsynthetaseaktivität von den Aktivitäten mitochondrialer Leitenzyme abtrennen. Mitochondrien sedimentierten bei geringerer Dichte als die sogenannten „Glyoxysomen-ähnlichen Partikeln", deren Dichte für derepremierte Zellen von *N. crassa* mit 1,22 g/cm³, für Saccharose-repremierte Zellen mit 1,21 g/cm³ angegeben wird (KOBR und VANDERHAEGHE 1973)[2]. Das Vorkommen peroxisomaler Leitenzyme in den „Glyoxysomen-ähnlichen Partikeln" wurde von KOBR *et al.* (1969, KOBR und VANDERHAEGHE 1973) nicht untersucht. Da aber Isocitratlyase in den Peroxisomen ($\varrho = 1{,}20$ g/cm³) aus derepremierten Zellen einer *N. crassa*-Mutante nachgewiesen wurde (THEIMER 1973; Abb. 10.3.), ist anzunehmen, daß die von KOBR *et al.* (1969) isolierten „Glyoxysomen-ähnlichen Partikeln" mit Peroxisomen identisch sind.

Citratsynthetase und partikuläre Aktivität der Malatdehydrogenase wurden für *N. crassa* ausschließlich in den Mitochondrien nachgewiesen (KOBR und VANDERHAEGHE 1973), so daß in den Peroxisomen des Pilzes ein kompletter Glyoxylatzyklus nicht ablaufen kann. Die Peroxisomen in *N. crassa* entsprechen daher streng genommen nicht dem Funktionstyp des Glyoxysoms. Sie gleichen hinsichtlich ihrer Ausstattung mit Enzymen des Glyoxylatzyklus den Peroxisomen, die aus *Tetrahymena pyriformis* isoliert wurden (MÜLLER *et al.* 1968, MÜLLER 1975). — In den Peroxisomen von *N. crassa* wurde auch Aktivität der NADP-abhängigen Isocitratdehydrogenase lokalisiert (KOBR *et al.* 1969, Kap. 8.1.1.2.4.) Die Funktion des Enzyms wird in einem Umsatz von mitochondrial gebildetem α-Ketoglutarat in Isocitrat gesehen (KOBR *et al.* 1973). Die peroxisomale NADP-abhängige Isocitratdehydrogenase hätte danach eine wesentliche Funktion für die Regulation zwischen Acetatoxidation und Acetatassimilation.

Aus Mycelien des Basidiomyceten *Coprinus lagopus* wurden nach Anzucht des Pilzes auf Acetat $\geq 50\%$ der Aktivitäten von Isocitratlyase und Malatsynthetase partikulär isoliert. Nach Anzucht des Pilzes auf Glucose lagen 40—60% der — im Vergleich zur Acetat-Anzucht wesentlich niedrigeren — Isocitratlyaseaktivität partikulär vor (keine Angaben zur Malatsynthetase für Glucose-Anzucht; CASSELTON *et al.* 1969, O'SULLIVAN und CASSELTON 1973). Die partikulären Aktivitäten von Isocitratlyase und Malatsynthetase konnten am Saccharose-Dichtegradienten von den Mitochondrien abgetrennt werden (O'SULLIVAN und CASSELTON 1973). Mitochondrien wanderten in höhere Dichtebereiche des Gradienten als die Partikeln, mit denen Isocitratlyase und Malatsynthetase assoziiert waren. Ob allerdings eine Gleichgewichtseinstellung der Organellen am Gradienten unter den eingesetzten Zentrifugationsbedingungen (65 000—120 000 $\times$ g für nur 90 min) erreicht

---

[2] Eine geringere Dichte der Peroxisomen aus repremierten Zellen gegenüber den Peroxisomen aus derepremierten Zellen wurde auch für *S. cerevesiae* gefunden (AVERS 1971).

wurde, erscheint fraglich. Eine Identifizierung der Partikeln als Peroxisomen oder Untersuchungen zum Vorkommen weiterer Enzyme des Glyoxylatzyklus in diesen Partikeln liegen nicht vor. Doch ist nicht auszuschließen — im Vergleich mit den Befunden an *N. crassa* —, daß auch in *Coprinus lagopus* Isocitratlyase und Malatsynthetase in den Peroxisomen des Pilzes lokalisiert sind. — Partikuläre Aktivitäten von Isocitratlyase und Malatsynthetase $\geq 10^{0}/_{0}$ der Gesamtaktivitäten wurden auch für *Aspergillus tamarii* und *Fusarium oxysporum* nachgewiesen (MAXWELL *et al.* 1975).

Aus der Methanol verwertenden Hefe *Candida boidinii* (Kap. 10.3.) wurden nach Anzucht auf Methanol ca. $50^{0}/_{0}$ der Aktivitäten von Isocitratlyase und Malatsynthetase partikulär erhalten (ROGGENKAMP *et al.* 1975). Doch waren die absoluten Aktivitäten beider Enzyme zu gering, um eine Lokalisation der Enzyme in den Peroxisomen der Hefe überprüfen zu können (vgl. auch FUKUI *et al.* 1975 a). Untersuchungen zur Lokalisation der Schlüsselenzyme des Glyoxylatzyklus in fakultativ methylotrophen Hefen nach Anzucht der Organismen auf Acetat oder Äthanol liegen nicht vor. Microbodies sind in methylotrophen Hefen, wenn diese auf C_2-Verbindungen (oder auf Glucose) gezogen werden, nur in sehr geringer Zahl zu beobachten (Kap. 10.3.). — In Hefen der Gattung *Candida*, die auf n-Alkanen als einziger Kohlenstoff- und Energiequelle zu wachsen vermögen, aber auf Glucose, Äthanol oder Acetat gezogen werden, sind ebenfalls nur vereinzelt Microbodies nachzuweisen (OSUMI *et al.* 1974). Demgegenüber weisen die Hefezellen nach Anzucht auf n-Alkanen zahlreiche Microbodies auf, und die Katalaseaktivität in diesen Zellen erreicht während der exponentiellen Wachstumsphase das 10—50fache der Aktivität von Zellen, die auf Glucose oder C_2-Verbindungen gezogen wurden (OSUMI *et al.* 1975). Die Lokalisation der Katalase in den Microbodies wurde cytochemisch nachgewiesen (OSUMI *et al.* 1974, 1975). — Die Verwertung von n-Alkanen durch Mikroorganismen beruht auf deren Fähigkeit, n-Alkane über Alkohol- und Aldehydzwischenstufen zu Monocarbonsäuren zu oxidieren, die (über die β-Oxidation abgebaut) Acetyl-CoA liefern, das dann über den Glyoxylatzyklus assimiliert werden kann. In *Candida tropicalis* werden n-Alkane durch eine Cytochrom P_{450} enthaltende, mischfunktionelle Oxygenase, die mit der Mikrosomenfraktion der Hefezellen assoziiert ist (GALLO *et al.* 1971), zum primären Alkohol oxidiert (DUPPEL *et al.* 1973). Die Oxidation des Alkohols zur entsprechenden Fettsäure wird durch pyridinnucleotidabhängige Dehydrogenasen katalysiert. Das zahlreiche Auftreten von Microbodies in Hefen der Gattung *Candida* bei Wachstum derselben auf n-Alkanen könnte darin begründet sein, daß β-Oxidation und Glyoxylatzyklus — erforderlich für die n-Alkan-Assimilation — in diesen Organellen lokalisiert sind, d. h. diese als Glyoxysomen fungieren. Eine enzymatische Charakterisierung der Microbodies n-Alkane verwertender Hefen steht aber noch aus. Allerdings erfordert das — schnellere — Wachstum dieser Hefen auf Äthanol oder Acetat ebenfalls einen funktionierenden Glyoxylatzyklus, so daß bei Anzucht der Hefen auf n-Alkanen im wesentlichen die Erfordernis einer Lokalisation der β-Oxidation mit der vermehrten Bildung der Microbodies in Zusammenhang stehen könnte. Für *C. tropicalis* wird jedoch auch angegeben, daß nach Wachstum der Hefe auf Äthanol oder

Acetat gegenüber Wachstum auf Glucose in den Zellen eine etwas erhöhte Microbodyzahl und entsprechend auch eine — ca. 3fach — höhere Katalaseaktivität festzustellen waren (OSUMI *et al.* 1974).

Glyoxysomale Funktion der Microbodies wird auch für bestimmte Entwicklungsstadien des Bohnenrostes *Uromyces phaseoli* vermutet (MENDGEN 1973 a, 1973 b). Während des Infektionsverlaufes sind in den aus der keimenden Uredospore hervorgehenden Infektionsstrukturen zahlreiche Lipidkörper und Microbodies zu beobachten, die in den interzellulären Hyphen, d. h. nach Übergang des Pilzes in die biotrophe Phase, nur noch vereinzelt nachzuweisen sind. Diese Korrelation zwischen Abbau des Reservefettes und Auftreten von Microbodies entspricht der Korrelation zwischen Fettabbau und Glyoxysomenentwicklung in fettreichen Samen höherer Pflanzen (Kap. 11.3.1.). β-Oxidationsaktivität, Aktivität des Glyoxylatzyklus und die Enzyme des Glyoxylatzyklus wurden in keimenden Uredosporen verschiedener Rostpilze nachgewiesen (FREAR und JOHNSON 1961, CALTRIDGER *et al.* 1963, REISENER und JÄGER 1967). — Eine Assoziierung zwischen Lipidkörpern und Microbodies — die als struktureller Ausdruck einer glyoxysomalen Funktion der Microbodies gedeutet wird (TRELEASE *et al.* 1971) — wurde ferner für keimende Konidien von *Cochliobolus carbonus* beschrieben (MURRAY und MAXWELL 1974) und liegt auch in dem „*side body complex*" (Symphomicrobody-Lipidkörper-Mitochondrium-Komplex; Kap. 4.1.) der Zoosporen von *Blastocladiella emersonii* und anderer Chytridiomyceten vor (CHONG und BARR 1974, MILLS und CANTINO 1975). Für Isocitratlyase und Malatsynthetase der Zoosporen von *B. emersonii* wird außerdem angegeben, daß die Enzyme mit einer Partikel assoziiert seien, die am Saccharose-Dichtegradienten bei der Dichte 1,28 g/cm³ sedimentiert (MILLS und CANTINO 1975). — In den Hyphenspitzen von *Sclerotinia sclerotiorum* wurde ein räumlicher Kontakt zwischen Lipidkörpern und Microbodies nicht beobachtet. Die Lipidkörper waren in den vordersten 80 µm der Hyphenspitzen konzentriert, die Microbodies in dem anschließenden Hyphenabschnitt (MAXWELL *et al.* 1970).

10.3. Peroxisomen in Methanol verwertenden Hefen

Hefen der Gattungen *Candida, Hansenula, Kloeckera, Pichia* sind in der Lage, auf Methanol als alleiniger Kohlenstoff- und Energiequelle zu wachsen. Zur Energiefreisetzung aus Methanol (dissimilatorischer Methanolstoffwechsel) wird dieses über Formaldehyd und Formiat zu CO_2 oxidiert: $CH_3OH \rightarrow HCHO \rightarrow HCOOH \rightarrow CO_2$ (Zusammenfassung: REUSS *et al.* 1974). Die Oxidation des Methanols zu Formaldehyd erfolgt bei Hefen — im Gegensatz zu Bakterien — über eine FAD-abhängige Alkohol-(Methanol-)oxidase (Kap. 7.3.12.; SAHM und WAGNER 1973, FUKUI *et al.* 1975 a, vgl. auch VAN DIJKEN *et al.* 1975 b; vgl. aber MEHTA 1975), deren Cofaktor autokatalytisch unter H_2O_2-Bildung reoxidiert wird. Die Oxidation des Formaldehyds und des Formiats verlaufen über NAD-abhängige Dehydrogenasen (SAHM und WAGNER 1973, REUSS *et al.* 1974). Im assimilatorischen Methanolstoffwechsel der Hefen wird der aus der Oxidation des Methanols (s. o.) stammende Formaldehyd mit Ribulose-5-phosphat zu einer 3-Keto-6-phosphohexulose umgesetzt (SAHM und WAGNER 1974). Aus dieser wird wahrscheinlich über den Ribosephosphatzyklus (Abb. 10.4.) Triosephosphat für anabolische Reaktionen des Zellstoffwechsels zur Verfügung gestellt und Ribulose-5-phosphat regeneriert (Zusammenfassung: REUSS *et al.* 1974).

Werden Hefen, die zum Wachstum auf Methanol befähigt sind, auf Glucose oder Äthanol gezogen, sind in den Organismen nur sehr vereinzelt Microbodies nachzuweisen. Nach Übertragung der Hefen auf Methanol treten dagegen in den Organismen zahlreiche Microbodies auf (FUKUI *et al.* 1975 b, HAZEU *et al.* 1975, SAHM *et al.* 1975, VAN DIJKEN *et al.* 1975 a) — auch

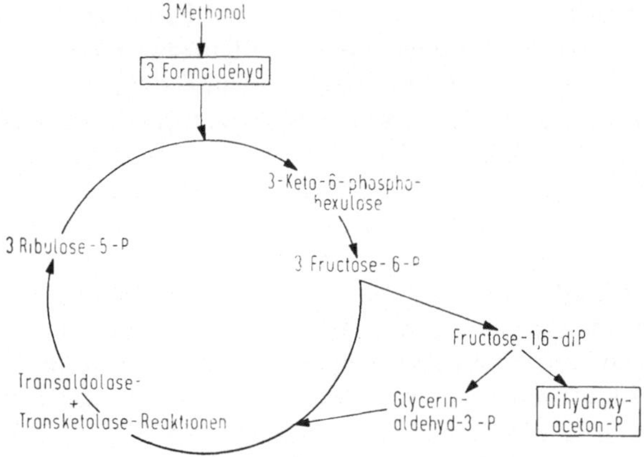

Abb. 10.4. Reaktionsfolge des Ribosephosphatzyklus zur Assimilation des Methanols bei Hefen. — Aus: REUSS *et al.* 1974.

in einer Mutante von *C. boidinii*, die keine Alkoholoxidase synthetisieren kann (SAHM *et al.* 1975). In den Microbodies ist cytochemisch Katalase nachzuweisen (FUKUI *et al.* 1975 b, VAN DIJKEN *et al.* 1975 b). Im Gegensatz zu diesen Befunden stehen Angaben von VOŘÍŠEK und VOLFOVÁ (1975), die für *C. boidinii*, gezogen auf Methanol, aufgrund cytochemischer Untersuchungen Katalase in den Mitochondrien lokalisieren (vgl. aber Kap. 5.1.2.). Angaben zum Vorkommen von Microbodies in dem untersuchten Stamm von *C. boidinii* werden von den Autoren nicht gemacht.

Untersuchungen an *C. boidinii* ergaben, daß die für die Methanoloxidation verantwortliche Alkoholoxidaseaktivität beim Wachstum der Hefe auf Methanol adaptativ ausgebildet wird und bei Anzucht der Hefe auf Glucose oder Äthanol nicht nachzuweisen ist (SAHM und WAGNER 1974). Die in der Methanolassimilation keine Rolle spielende NAD-abhängige Alkoholdehydrogenase der Hefe ist dagegen ein konstitutives Enzym. Während der Adaptation von *C. boidinii* an Methanol erfolgt außer der Induktion der Alkohol-(Methanol-)oxidase auch eine ca. 5fache Steigerung der spezifischen Aktivität der Katalase (ROGGENKAMP *et al.* 1974). Diese Stimulierung beruht auf einer direkten Wirkung des Methanols und wird nicht durch ein (Zwischen-)Produkt des Methanolstoffwechsels induziert, da in einer Mutante von *C. boidinii*, die keine Alkoholoxidase besitzt, nach Übertragung der Hefe von einem glucosehaltigen auf ein methanolhaltiges Medium die Aktivitätssteigerung der Katalase ebenfalls eintritt (ROGGENKAMP *et al.* 1974). — Nach VOŘÍŠEK und VOLFOVÁ (1975), die einen anderen Stamm von *C. boidinii* untersuchten als ROGGENKAMP *et al.* (1974), ist Katalase ein konstitutives Enzym.

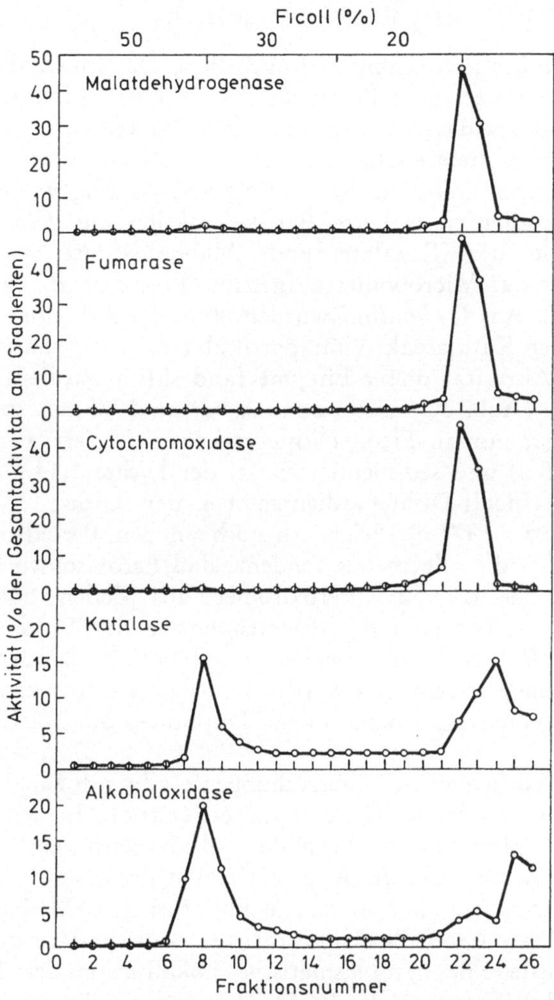

Abb. 10.5. Verteilungsprofile peroxisomaler Enzyme (Katalase, Alkoholoxidase) und mitochondrialer Enzyme (Cytochromoxidase, Fumarase, Malatdehydrogenase) am diskontinuierlichen Ficoll-Dichtegradienten nach isopyknischer Zentrifugation einer Partikelfraktion aus Sphäroblasten von *Candida boidinii*. — Aus: ROGGENKAMP *et al.* 1975.

Für zellfreie Homogenate von *C. boidinii* wurde gezeigt, daß Methanol außer durch Alkoholoxidase auch in peroxidatischer Reaktion durch Katalase zu Formaldehyd oxidiert wird, wobei das in der Alkoholoxidasereaktion anfallende H_2O_2 als Oxidant dient (ROGGENKAMP *et al.* 1974). Die Oxidation des Methanols in Hefen durch eine H_2O_2-bildende Oxidase und die

Verwendung des gebildeten H_2O_2 in einer peroxidatischen Reaktion der Katalase entsprechen den zwei Reaktionsschritten des allgemeinen Funktionsschemas

$$O_2 \xrightarrow[RH_2 \quad R]{Oxidase} H_2O_2 \xrightarrow[R'H_2 \quad R']{Katalase} 2\,H_2O,$$

das der Definition des Peroxisoms zugrunde liegt. Das führte dazu, die Microbodies Methanol verwertender Hefen als Peroxisomen aufzufassen. Die Lokalisation der Alkoholoxidase Methanol oxidierender Hefen in den Microbodies und damit der peroxisomale Charakter der Microbodies dieser Hefen wurden durch Untersuchungen an den isolierten Organellen nachgewiesen (Tab. 10.1.). Eine an Dichtegradienten isolierte Partikelfraktion aus *Kloeckera* und aus *C. boidinii*, mit der Katalase und Alkoholoxidase assoziiert waren (Abb. 10.5.), war aus Microbodies aufgebaut (FUKUI *et al.* 1975 a, ROGGENKAMP *et al.* 1975). Aus *C. boidinii* wurden 80% der Alkoholoxidaseaktivität, aber nur 30% der Katalaseaktivität partikulär erhalten (SAHM *et al.* 1975). Die partikuläre Aktivität dieser Enzyme fand sich ausschließlich in der Peroxisomenfraktion (Abb. 10.5.; ROGGENKAMP *et al.* 1975). Peroxisomen konnten aus *C. boidinii* nur an Ficoll-Dichtegradienten isoliert werden (vgl. aber FUKUI *et al.* 1975 a) und sedimentierten bei der Dichte 1,14 g/cm³. Da Blatt-Peroxisomen an Ficoll-Dichtegradienten bei der Dichte 1,21—1,22 g/cm³ bandieren (TOLBERT 1971 c), zeigt sich auch an den Peroxisomen Methanol oxidierender Hefen die allgemeine Tendenz, daß Peroxisomen aus Pilzen eine geringere Dichte besitzen als Peroxisomen aus Zellen höherer Pflanzen (Tab. 10.1.). — Polyacrylamidgel-Elektrophorese des Proteins der Peroxisomen aus *C. boidinii* ergab nur zwei stark ausgeprägte Banden, die Alkoholoxidase und Katalase zugeordnet werden konnten (ROGGENKAMP *et al.* 1975). Diese beiden Enzyme stellen danach den Hauptanteil am Matrixprotein dieser Peroxisomen.

Aufgrund der vorliegenden Untersuchungen ergibt sich für die Peroxisomen in Methanol verwertenden Hefen eine klare Funktion. In den Organellen ist die Oxidation des Methanols zu Formaldehyd, die nach dem Schema der peroxisomalen Respiration abläuft (Kap. 8.3.), und damit die Eingangsreaktion in den dissimilatorischen und in den assimilatorischen Methanolstoffwechsel lokalisiert. Für die weiteren Reaktionsschritte des dissimilatorischen Methanolstoffwechsels wurde eine cytoplasmatische Lokalisation der Enzyme wahrscheinlich gemacht (SAHM *et al.* 1975). Zur subzellulären Lokalisation der weiteren Reaktionsschritte des assimilatorischen Methanolstoffwechsels ist nichts bekannt.

11. Biogenese und Entwicklung der Microbodies/Peroxisomen

11.1. Biogenese

Aufgrund der in Säugetierzellen häufig zu beobachtenden Übergänge des endoplasmatischen Membransystems in die Membran der Microbodies (u. a. NOVIKOFF und SHIN 1964, ESSNER 1967, SVOBODA *et al.* 1967, TSUKUDA *et al.*

1968, Novikoff und Novikoff 1972, Goeckermann und Vigil 1975) bildete sich die generelle Vorstellung heraus, daß sich Microbodies/Peroxisomen durch einen Sprossungsprozeß aus dem Endoplasmatischen Reticulum (ER) entwikkeln. Die Biogenese der Microbodies/Peroxisomen wurde dabei — auch in Übereinstimmung mit biochemischen Daten — zunächst so gesehen, daß eine Dilatation terminaler Bezirke des ER erfolgt und deren Abtrennung zur Bildung der freien Microbodies/Peroxisomen führt, die einen weiteren Wachstumsprozeß durchlaufen (Essner 1967, de Duve und Baudhuin 1966, Hruban und Rechcigl 1969, vgl. auch Locke und McMahon 1971). Dieses

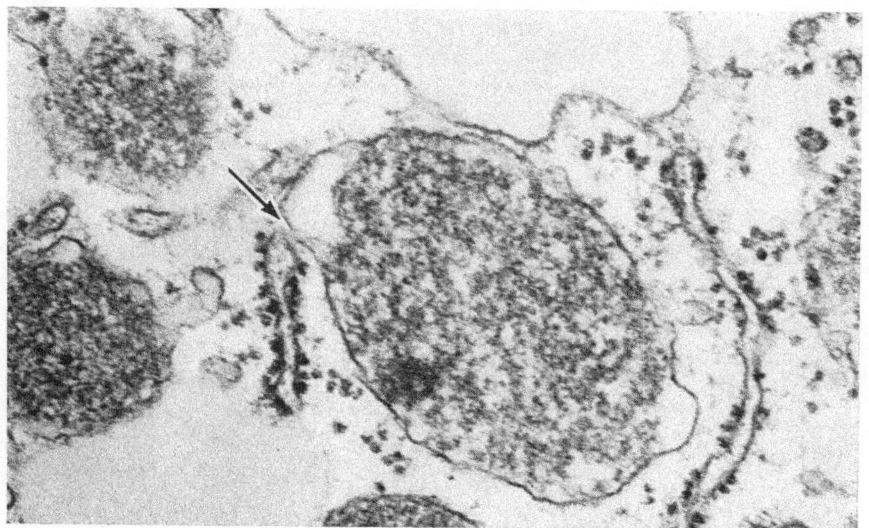

Abb. 11.1. Microbody mit anhaftendem, ribosomenbesetztem Segment des Endoplasmatischen Reticulums (→) in einer Endospermzelle des *Ricinus*-Samens. Vergr. 83 000fach. — Original überlassen von E. L. Vigil (Vigil, 1970).

Modell ist derzeit dahingehend modifiziert, daß Microbodies/Peroxisomen lediglich als erweiterte Zisternen des ER aufgefaßt werden, in denen peroxisomale Proteine akkumuliert sind, d. h., daß Microbodies/Peroxisomen als individuelle, freie Organellen nicht existieren (de Duve 1973, Reddy und Svoboda 1973, Goeckermann und Vigil 1975). Diskrete Microbodies/Peroxisomen sind nach diesem Modell Artefakte, die während der Homogenisation eines Gewebes durch Zerschlagen der Struktur des ER und die damit verbundene Vesikelbildung entstehen.

Die Vorstellung, daß Microbodies/Peroxisomen nicht als unabhängige Organellen aufzufassen sind, sondern in Gruppen untereinander und mit dem ER in Verbindung stehen, basiert auf Befunden morphologischer (Reddy und Svoboda 1971, 1973, Reddy 1973, Goeckermann und Vigil 1975, vgl. auch Novikoff und Shin 1964), cytochemischer (Reddy et al. 1969) und biochemischer (Poole et al. 1969, 1970, Zusammenfassung: de Duve 1973) Untersuchungen. In akatalatischen Mäusen, in denen eine experimentell erzeugte Vermehrung der Microbodies nicht mit einer Aktivitätssteigerung der Katalase verbunden ist, war dennoch in allen Microbodies cytochemisch eine peroxidatische Reaktion nachzuweisen (REDDY *et al.* 1969). Für die Peroxisomenpopulation der Rattenleber konnte eine Verschiebung der Radioaktivität in Katalase von kleinen zu großen Elementen der Population nicht festgestellt werden, die für eine Population unabhängiger, wachsender Partikeln zu fordern ist (POOLE *et al.* 1970). Die spezifische Radioaktivität der Katalase [1] — untersucht für einen Zeitraum von 1 Stunde bis 7 Tage nach Applikation der

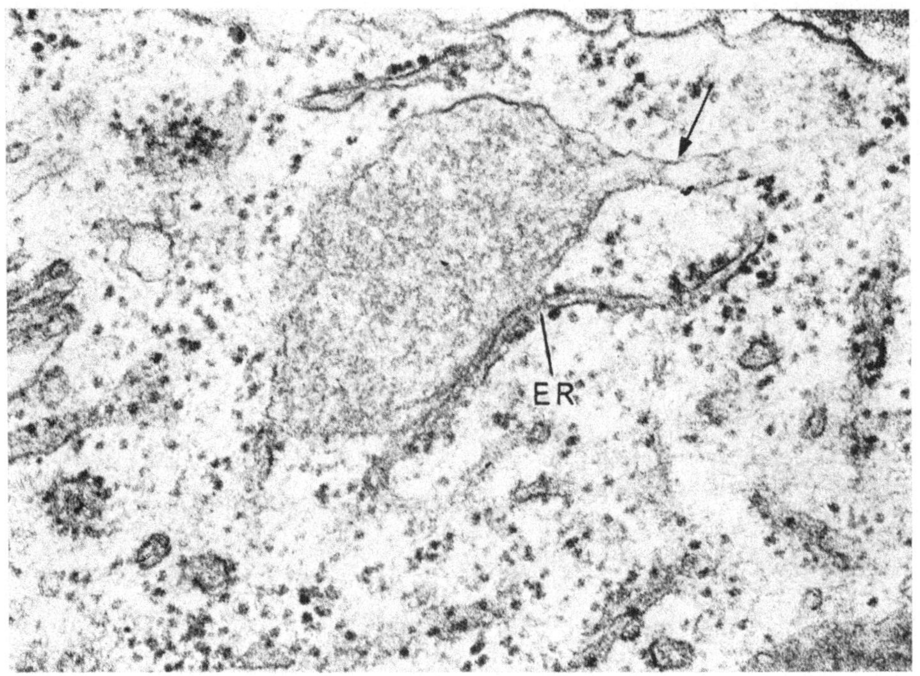

Abb. 11.2. Microbody mit anhaftendem, glatten ER-Segment (→) in einer Zelle des Prokambialstranges der Bohnenwurzel. Assoziierung des Microbody mit rauhem Endoplasmatischen Reticulum (*ER*). Vergr. 78 000fach. — Original überlassen von E. H. NEWCOMB (FREDERICK *et al.* 1968).

radioaktiven Vorstufe — war für die verschiedenen Größenklassen der Peroxisomen jeweils gleich. Diese Befunde sprechen für das Vorliegen eines einheitlichen peroxisomalen Pools, d. h. für einen Materialaustausch zwischen den Peroxisomen einer Zelle, der nach den morphologischen Befunden (s. o.) über Verbindungen der Organellen untereinander und mit dem ER erfolgen kann. Ein einheitlicher peroxisomaler Pool läge somit als ein „Verbundnetz" vor.

LEGG und WOOD (1970, RIGATUSO *et al.* 1970) gelangten aufgrund elektronenmikroskopischer und cytochemischer Untersuchungen an Microbodies der Rattenleber zu der Ansicht, daß eine Vermehrung der Organellen durch Fragmentierung oder Sprossung vorhandener Microbodies erfolgt.

---

[1] Halbwertszeit der Katalase: 1,5 Tage (POOLE 1971, POOLE *et al.* 1969).

Anhaltspunkte für eine ontogenetische Beziehung der Microbodies pflanzlicher Zellen zum ER liegen aus elektronenmikroskopischen Untersuchungen in den vereinzelten Angaben vor, die eine erkennbare Kontinuität zwischen ER und Microbodymembran beschreiben. VIGIL (1970, vgl. aber MOLLENHAUER und TOTTEN 1970) beobachtete Übergänge des rauhen ER in die Microbodymembran in den Zellen des Endosperms keimender *Ricinus*-Samen (Abb. 11.1.). Kontinuität zwischen Microbodymembran und ER wurde in Zellen höherer Pflanzen außerdem in Wurzelzellen (Abb. 11.2.; FREDERICK *et al.* 1968, VIGIL 1973) und in den Zellen einer Tabakgewebekultur während der frühen Phase der induzierbaren Microbodybildung (MATSUSHIMA 1972; Kap. 12.2.) beobachtet. Übergänge des ER in die Microbodymembran wurden auch in Algen (SILVERBERG und SAWA 1973, NILSHAMMER und WALLES 1974) und in Pilzzellen (MACLAUGHLIN 1973, MAXWELL *et al.* 1975) festgestellt. Von einigen Autoren wird außerdem angegeben, daß in Zisternen des ER die Akkumulation eines Materials zu beobachten ist, das in seiner Strukturierung und elektronenoptischen Dichte dem Material der Microbodymatrix entspricht (JONES 1969 a, VIGIL 1970, SILVERBERG und SAWA 1973, SILVERBERG 1975 a). — GRUBER *et al.* (1973) konnten während früher Stadien der Primärblattentwicklung bei Bohnenkeimlingen in den Mesophyllzellen keine Kontinuität zwischen ER und Microbodymembranen und nur eine enge Assoziierung zwischen Microbodies und terminal angeschwollenen Zisternen des ER sowie zwischen Microbodies und elektronenoptisch „leeren" Vesikeln beobachten. Unter Zugrundelegung des Modells einer Entstehung der Microbodies vom ER wird von den Autoren angenommen, daß die beobachteten Vesikel vom glatten Endoplasmatischen Reticulum gebildet werden und Zwischenstadien in der Entwicklung der Microbodies darstellen bzw. mit existierenden Microbodies verschmelzen können (vgl. auch Kap. 11.3.2.). Katalase war cytochemisch nur in den Microbodies selbst nachzuweisen.

Nach OLSEN und GULLVÅG (1973, vgl. auch SCHÖTZ *et al.* 1971) sollen Microbodies außer durch Sprossung vom ER auch durch Ausstülpungen der äußeren Chloroplastenhüllmembran entstehen können. Für die „Knospen" der Chloroplasten wird eine durch Aminotriazol hemmbare DAB-Oxidation (Kap. 5.1.1.) angegeben. Eine Entstehung von Microbodies bzw. Microbodyähnlichen Strukturen aus inneren Plastidenmembranen wurde auch berichtet (zitiert nach MORRÈ 1975).

Angaben über eine Vermehrung der Microbodies durch Teilung liegen für die Hefe *Candida tropicalis* (OSUMI *et al.* 1975) und für Algen vor. Nach FLOYD *et al.* (1972 b) teilt sich bei der Grünalge *Klebsormidium flaccidum* der eine Microbody der Zelle während der Mitose. WHITE und BRODY (1974) sehen in einer mehrfach gelappten Form der Microbodies, die sie in ergrünender *Euglena gracilis* beobachteten, Teilungsstadien dieses Organells. ATKINSON *et al.* (1974), die in elektronenmikroskopischen Untersuchungen den Entwicklungszyklus von *Chlorella fusca* verfolgten, konnten für den Microbody der Alge Teilungsstadien während der Autosporenbildung nicht feststellen, obwohl jede Autospore wieder einen Microbody besitzt.

Eindeutigere Aussagen zur Biogenese der Microbodies/Peroxisomen pflanzlicher Zellen als nach den vorliegenden elektronenmikroskopischen Beobachtungen sind aufgrund der Ergebnisse biochemischer Untersuchungen möglich. Nach dem Modell, daß Microbodies/Peroxisomen durch Sprossung vom ER entstehen, ist insbesondere eine ontogenetische Beziehung zwischen den Membranen der Microbodies/Peroxisomen und denen des ER gegeben. BOWDEN und

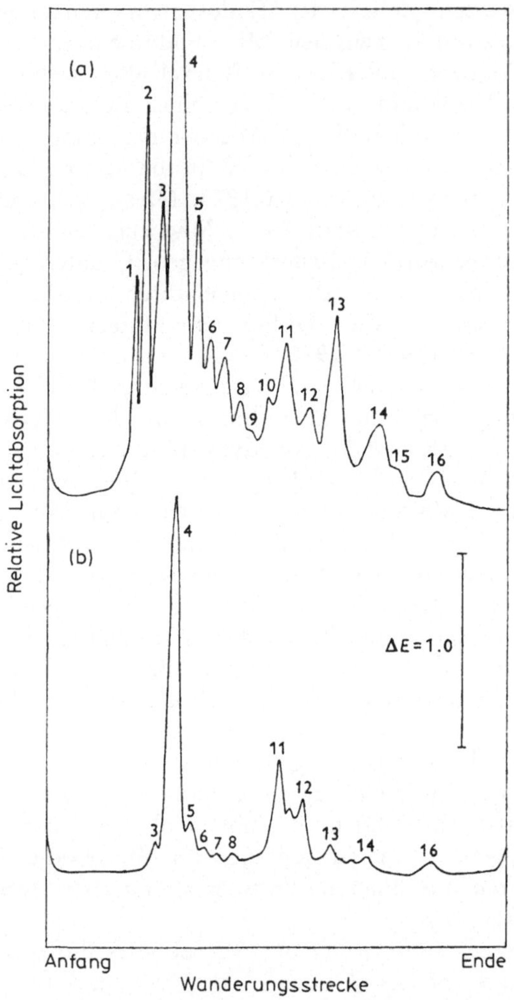

Abb. 11.3. Densitogramme des Polypeptidmusters von Membranen der Glyoxysomen des *Ricinus*-Endosperms nach SDS-Polyacrylamidgel-Elektrophorese. *a* Membranen isoliert in Gegenwart von 0,2 M KCl; *b* Membranen isoliert in Gegenwart von 0,2 M KCl und behandelt mit 0,5% Na-Deoxycholat. Bande 4: Polypeptid des Molekulargewichts 55 000. — Aus: BOWDEN und LORD 1976 a.

LORD (1976 a) analysierten die *Proteinkomponente* der Membranen von Glyoxysomen, Mitochondrien und ER aus dem Endosperm des keimenden *Ricinus*-Samens. SDS-Polyacrylamidgel-Elektrophorese der Membranpolypeptide ergab für Glyoxysomenmembran und ER ein qualitativ und auch in

der relativen Intensität der einzelnen Banden weitgehend übereinstimmendes
Polypeptidmuster (Abb. 11.3 *a*/4 *a*). Demgegenüber zeigte das Polypeptidmuster der Mitochondrienmembranen eindeutig qualitative Unterschiede. Die
auf der Grundlage des Molekulargewichts der Membranpolypeptide fest-

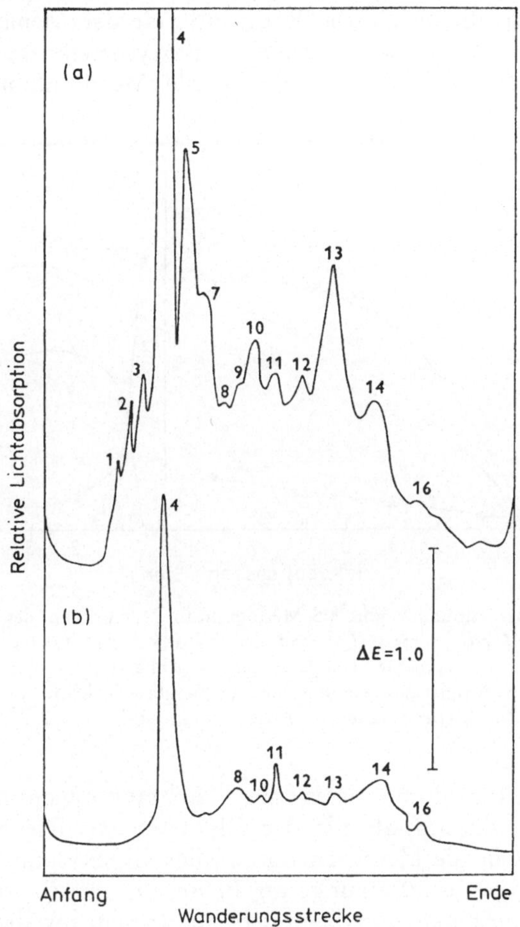

Abb. 11.4. Densitogramme des Polypeptidmusters von Membranen des Endoplasmatischen
Reticulums des *Ricinus*-Endosperms nach SDS-Polyacrylamidgel-Elektrophorese. *a* Membranen isoliert in Gegenwart von 0,2 M KCl; *b* Membranen isoliert in Gegenwart von
0,2 M KCl und behandelt mit 0,5% Na-Deoxycholat. Bande 4: Polypeptid des Molekulargewichts 55 000. — Aus: BOWDEN und LORD 1976 a. Das Fehlen der Bande 6 in dem Densitogramm des Polypeptidmusters der Membranen des ER gegenüber dem Densitogramm des
Polypeptidmusters der Glyoxysomenmembranen (Abb. 11.3.) ist nach Angaben von BOWDEN
und LORD (1976 a) nicht reell.

gestellte Übereinstimmung in der Zusammensetzung der Proteinkomponente
von Glyoxysomenmembran und ER konnte auch auf der Grundlage des isoelektrischen Punktes der Membranpolypeptide, d. h. über isoelektrische Fokussierung nachgewiesen werden (BROWN *et al.* 1976). Die Proteinkomponente

der Glyoxysomenmembran und des ER zeigte ferner gleiches Verhalten gegenüber 0,5% Na-Deoxycholat (BOWDEN und LORD 1976 a). Das Detergens
solubilisierte die Membranproteine mit Ausnahme jeweils eines Polypeptids
vom Molekulargewicht 55 000 (Abb. 11.3 *b*/4 *b*; Kap. 7.1.1.). — Nach Einbau
von ^{35}S-Methionin in die Proteinkomponente der Membranen von Glyoxysomen und ER lag die spezifische Radioaktivität der Membranfraktion des
ER um den Faktor ≥ 3 höher als die der Glyoxysomenmembranen (BOWDEN
und LORD 1976 a). Methionin wurde in alle Membranpolypeptide beider

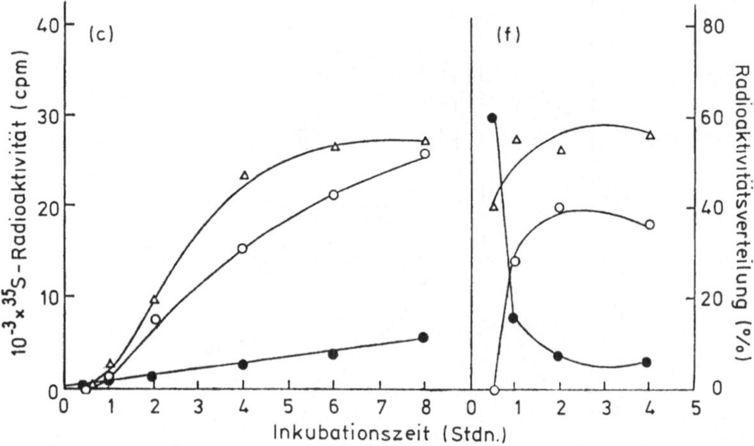

Abb. 11.5. Kinetik des Einbaues von ^{35}S-Methionin in Membranen des Endoplasmatischen
Reticulums (●), der Glyoxysomen (○) und der Mitochondrien (△) des Endosperms keimender *Ricinus*-Samen. *c* cpm/Membranfraktion in Abhängigkeit von der Markierungsdauer; *f* prozentualer Anteil des Gesamteinbaues/Membranfraktion in Abhängigkeit von
der Markierungsdauer. — Aus: BOWDEN und LORD 1976 b.

Organellen eingebaut, doch wiesen die Membranpolypeptide des ER eine
höhere Radioaktivität auf als die der Glyoxysomen. Die Kinetik des ^{35}S-
Methionineinbaues in die Membranfraktion der Glyoxysomen und der Mitochondrien zeigte eine ca. 30minütige *lag*-Phase, die für die Membranfraktion
des ER nicht festzustellen und besonders ausgeprägt für die Glyoxysomenmembranen war (Abb. 11.5.; BOWDEN und LORD, 1976 b). Im *pulse-chase*-
Experiment ergab sich während abnehmender Markierung der Membranen
des ER für die Glyoxysomenmembranen ein weiterer langsamer Anstieg der
Radioaktivität. Die Ergebnisse zum Einbau von ^{35}S-Methionin in die Membranproteine der untersuchten Organellen entsprechen denen einer Vorstufen-
Produkt-Beziehung. Sie weisen auf die Herkunft der Proteinkomponente zumindest der Glyoxysomenmembran vom ER hin, da für Glyoxysomen — im
Gegensatz zu den Mitochondrien (vgl. aber auch u.) — ein Proteinsynthese-
system nicht nachgewiesen ist (Kap. 11.2.). Einer ontogenetischen Beziehung
der Glyoxysomenmembran zum Membransystem des ER entspricht auch das
übereinstimmende Polypeptidmuster der beiden Membranen.
Serologische Untersuchungen, die HOCK (1974 a) mit Antikörpern durch-

führte, die gegen Membranen der Glyoxysomen aus Kotyledonen des Wassermelonenkeimlings gewonnen worden waren, ergaben eine vollständige Identität der antigenen Determinanten auf den Membranen von Glyoxysomen, Mitochondrien und ER. Dieses Ergebnis weist ebenfalls auf eine Funktion des ER als Lieferant für Membranproteine der Glyoxysomen bzw. anderer Zellorganellen hin.

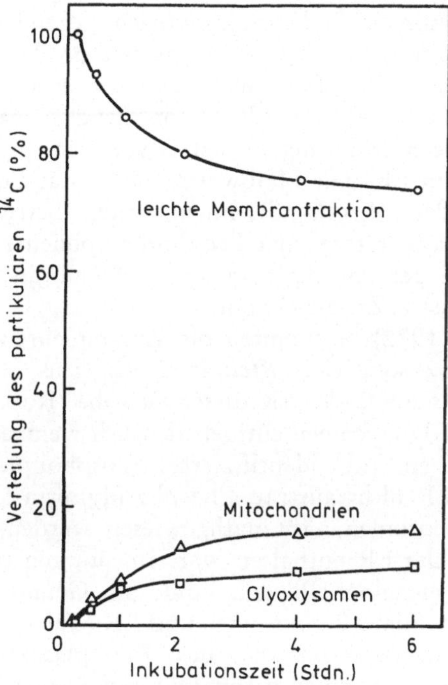

Abb. 11.6. Kinetik des Einbaues von ^{14}C-Cholin in Membranen des Endoplasmatischen Reticulums (○), in Glyoxysomen (□) und Mitochondrien (△) des Endosperms keimender *Ricinus*-Samen. Prozentuale Verteilung des Gesamteinbaues auf die partikulären Fraktionen in Abhängigkeit von der Markierungsdauer. — Aus: KAGAWA *et al.* 1973 a.

Im Gegensatz zu den Befunden von BOWDEN und LORD (1976 a, 1976 b) sowie HOCK (1974 a) steht ein Befund von LUDWIG und KINDL (1976). Diese Autoren wiesen für die Membran der Blatt-Peroxisomen der Linse als Hauptstrukturkomponente ein Polypeptid des Molekulargewichts 63 000 nach (Kap. 7.1.1.). Dieses Polypeptid war jedoch für die ER-Membranen nicht nachzuweisen.

Eine Funktion des ER bei der Biogenese der Microbodies/Peroxisomen — und anderer Zellorganellen — ergibt sich auch aus den Befunden, die in Untersuchungen zum Aufbau der *Phospholipidkomponente* der Membran dieser Organellen gewonnen wurden. Für das Endosperm des keimenden *Ricinus*-Samens wurde nachgewiesen, daß die Enzyme der Phospholipidsynthesen ausschließlich am ER lokalisiert sind [2] (LORD *et al.* 1972, 1973, MOORE *et al.*

[2] Eine Synthese von Phosphatidylglycerin erfolgt auch in den Mitochondrien des *Ricinus*-Endosperms (MOORE 1974).

1973, MOORE 1974, BOWDEN und LORD 1975). Aus der Markierungskinetik des Lecithins in den Membranen des ER, der Glyoxysomen und Mitochondrien ergab sich, daß die mit ^{14}C-Cholin ins Lecithin eingeführte Markierung in der Mitochondrien- und Glyoxysomenfraktion gegenüber dem ER mit ca. 30minütiger Verzögerung auftrat (Abb. 11.6.; KAGAWA *et al.* 1973 a). Eine gleiche *lag*-Phase wurde auch für das Auftreten von ^{35}S-Methionin in den Membranproteinen der Glyoxysomen und Mitochondrien gegenüber dem Auftreten der Markierung im ER festgestellt (s. o.). In *pulse-chase*-Experimenten stieg — ebenfalls einer Herkunft der Phospholipidkomponente der Glyoxysomen- und Mitochondrienmembranen vom ER entsprechend — nach Zugabe des unmarkierten Cholins die Markierung in den Glyoxysomen und Mitochondrien zeitlich länger an als im ER. Die Halbwertszeit für das Lecithin des ER, der Glyoxysomen- und der Mitochondrienmembranen betrug ca. 4, 10 und 50 Stunden. Ob die Halbwertszeit der Lecithinkomponente dieser Membranen auch die Turnoverrate der jeweiligen gesamten Membran oder des gesamten Organells wiedergibt, ist z. Zt. unbekannt.

DONALDSON *et al.* (1972) bestimmten die Zusammensetzung der Phospholipidfraktion aus Glyoxysomen des *Ricinus*-Endosperms, aus Peroxisomen des Mesophylls des Spinats sowie des ER dieser Gewebe (Kap. 7.1.2.). Die Phospholipidfraktion der Glyoxysomen enthielt deutlich weniger Phosphatidylinosit als die des ER und ein nicht identifiziertes Phospholipid, das in der Phospholipidfraktion des ER nicht auftrat. Phosphatidylserin konnte für Glyoxysomen und Blatt-Peroxisomen nicht nachgewiesen werden, obwohl es in der Phospholipidfraktion des ER enthalten war. Im übrigen entsprachen sich die relativen Anteile der einzelnen Phospholipide am Gesamtphospholipidgehalt von Glyoxysomen bzw. Blatt-Peroxisomen und ER (Tab. 7.2.).

Charakteristische *Enzymaktivitäten* des Endoplasmatischen Reticulums wurden in geringer Ausprägung auch für die Glyoxysomen des *Ricinus*-Endosperms und die Blatt-Peroxisomen des Spinats nachgewiesen. Aktivität der Antimycin A-unempfindlichen NADH-Cytochrom c-Reductase ist mit der Membran dieser Organellen assoziiert (Kap. 7.4.; DONALDSON *et al.* 1972, BIEGLMAYER *et al.* 1973, 1974 a). Die Organellen zeigten ferner NADH-Cytochrom b_5-Reductaseaktivität (DONALDSON *et al.* 1972), und Cytochrom b_5 wurde in der Membran der Glyoxysomen des *Ricinus*-Endosperms festgestellt (YOUNG und BEEVERS 1976). Für die Glyoxysomen wurde ferner Aktivität zweier mischfunktioneller Oxidasen, der Zimtsäure-4-hydroxylase (Kap. 8.5.) und einer N-Demethylase nachgewiesen (YOUNG und BEEVERS 1976). Nicht eindeutig nachzuweisen war eine NADPH-Cytochron c-Reductaseaktivität für Glyoxysomen oder Blatt-Peroxisomen (DONALDSON *et al.* 1972).

In der Fraktion des Endoplasmatischen Reticulums, die aus dem Endosperm des *Ricinus*-Samens nach 2- oder 3tägiger Keimung isoliert worden war, konnten GONZALEZ und BEEVERS (1974, 1976) Malatsynthetase, Citratsynthetase und Malatdehydrogenase nachweisen, d. h. Enzymaktivitäten, die mit der Glyoxysomenmembran assoziiert sind (Kap. 7.4.). Das Auftreten dieser Enzymaktivitäten in der Fraktion des ER war nicht in einer Verunreinigung dieser Fraktion durch Glyoxysomenmembranen begründet, da Aktivität der alkalischen Lipase in der Fraktion des ER nicht nachzuweisen war. Auch besitzen Glyoxysomenmembranen eine wesentlich höhere Dichte (ca. 1,20 g/cm³; Kap. 7.1.) als Membranen des ER (ϱ = 1,12 g/cm³). Für Malatsynthetase und Citratsynthetase wurde ferner gezeigt (GONZALEZ und BEEVERS 1976), daß mit fortschreitender Keimung ihre Aktivitäten in der Fraktion des ER korrespondierend zum Aktivitäts- und Proteinanstieg in der Glyoxysomen- bzw.

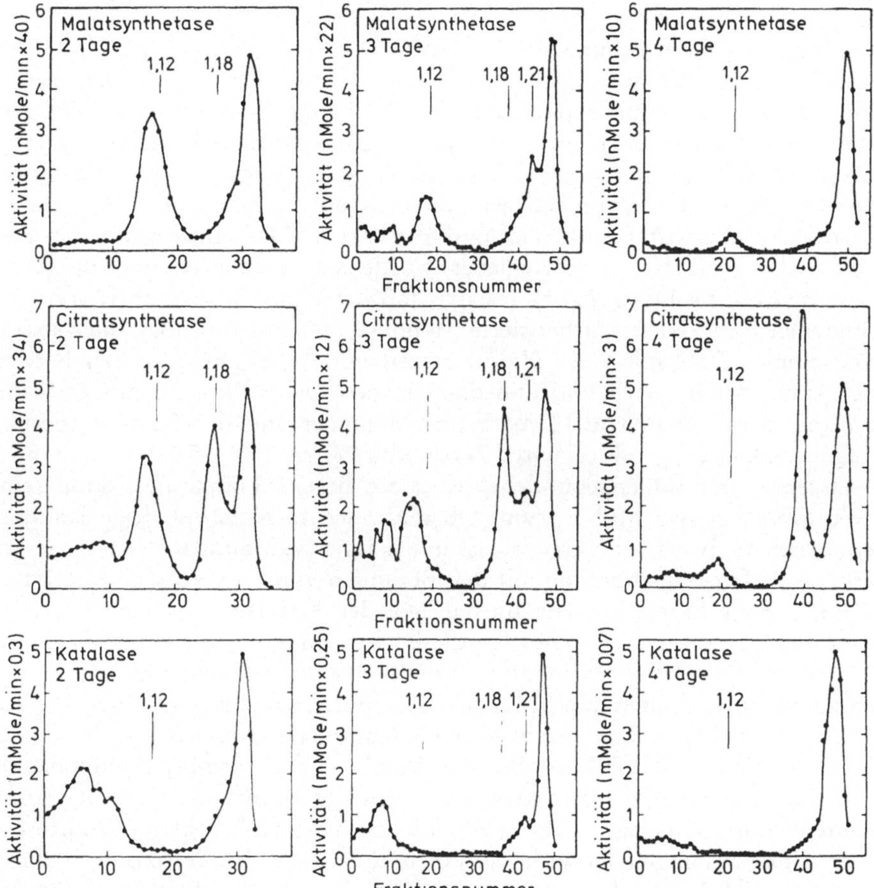

Abb. 11.7. Veränderungen in der Assoziierung von Malatsynthetase, Citratsynthetase und Katalase mit verschiedenen Kompartimenten der Endospermzelle während der Keimung des *Ricinus*-Samens. Verteilungsprofile der Enzyme am linearen Saccharose-Dichtegradienten nach isopyknischer Zentrifugation eines Homogenats aus dem Endosperm 2, 3 und 4 Tage gekeimter *Ricinus*-Samen. Membranen des Endoplasmatischen Reticulums bandieren bei der Dichte 1,12 g/cm³, Mitochondrien bei der Dichte 1,18 g/cm³, Glyoxysomenmembranen bei der Dichte 1,21 g/cm³ und Glyoxysomen bei der Dichte 1,24 g/cm³. — Aus: GONZALEZ und BEEVERS 1976.

auch der Mitochondrienfraktion abnahm (Abb. 11.7.; Kap. 11.3.1.). Ein analoges Bild ergab sich für die relativen Anteile der Katalaseaktivität in der löslichen Fraktion und der Glyoxysomenfraktion des Endosperms während der ersten Keimungstage des *Ricinus*-Samens (Abb. 11.7.). Wird der Befund hinsichtlich der membrangebundenen Glyoxysomenenzyme als Ausdruck einer Bildung der Glyoxysomen aus dem ER gewertet, läßt sich das verstärkte Auftreten der Katalase in der löslichen Fraktion zu Keimungsbeginn dadurch erklären, daß Katalase — als Matrixenzym der ausgebildeten Glyoxysomen — bei der Aufarbeitung des Gewebes infolge der Fragmentierung des ER aus den Zisternen dieses Membransystems freigesetzt wurde (GONZALEZ und BEEVERS 1976).

Serologische Untersuchungen, die GONZALEZ und BEEVERS (1974, 1976) durchführten, zeigten außerdem, daß in der Fraktion des ER aus dem Endosperm des *Ricinus*-Samens nach 2tägiger Keimung Komponenten vorlagen, die mit Antikörpern reagierten, die gegen glyoxysomale Proteine aus dem Endosperm 5 Tage gekeimter Samen hergestellt worden waren. Es liegen ferner Hinweise darauf vor, daß eine dieser Komponenten eine inaktive Vorstufe der Katalase ist (GONZALEZ und BEEVERS 1974). Hinsichtlich der Biosynthese der Katalase in Rattenleber wurde von LAZAROW und DE DUVE 1973 a, 1973 b, DE DUVE 1973) gezeigt, daß das hämatinfreie, an freien oder gebundenen Polysomen synthetisierte Monomer des Enzyms über einen extraperoxisomalen Pool mit einer Halbwertszeit von 14 Minuten zu den Peroxisomen transportiert wird und daß dann in den Organellen die aktive Katalase durch den Einbau von Hämatin ins Monomer und die Tetramerisierung der Untereinheiten gebildet wird. Nach HIGASHI *et al.* (1974) enthält auch die nascente (polysomengebundene) Katalase bereits Hämatin, jedoch keine 4 Mole Hämatin pro Mol Enzym. Ob die nascente hämatinhaltige Katalase enzymatisch aktiv oder inaktiv ist, ist unbekannt (vgl. auch KAWAMATA *et al.* 1975). — In Übereinstimmung mit den Befunden von LAZAROW und DE DUVE (1973 a) stehen Ergebnisse zur Biosynthese der Katalase T (Kap. 7.3.1.) in *Saccharomyces cerevisiae*. Die Synthese des Enzyms verläuft über eine hämatinfreie und eine hämatinhaltige Vorstufe (ZIMNIAK *et al.* 1975).

Aus den vorliegenden biochemischen Befunden zur Biogenese der Peroxisomen pflanzlicher Zellen ergibt sich eindeutig eine funktionelle Rolle des Endoplasmatischen Reticulums bei der Synthese der Membrankomponenten dieser Organellen. Doch wird damit nur eine Herkunft der Membrankomponenten vom ER belegt, nicht aber auch die aufgrund elektronenmikroskopischer Untersuchungen entwickelte Vorstellung, daß die Peroxisomen durch Sprossung des ER entstehen. Allerdings wäre als einfachste Erklärung für den Ablauf einer Übernahme von Membranmaterial des ER in die Peroxisomenmembran eine Dilatation bestimmter Bezirke des ER und die nachfolgende Entwicklung dieser Dilatationen zu Peroxisomen anzusehen. Dieser Mechanismus der Übernahme von Membranmaterial des ER in die Peroxisomenmembran muß nicht im Gegensatz stehen zu einem Mechanismus der — nachgewiesenen — Übernahme von Membranmaterial des ER in die Membranfraktion der Mitochondrien — die nicht durch Sprossung vom ER gebildet werden. Da Beobachtungen über eine Kontinuität zwischen Endoplasmatischem Reticulum und äußerer Mitochondrienmembran vorliegen (BRACKER und GROVE 1971, FRANKE und KARTENBECK 1971, MORRÈ *et al.* 1971), könnte auch die Herkunft von Membranmaterial der Mitochondrien aus dem ER durch einen direkten Einbau von Membranen des ER in die äußere Mitochondrienmembran erklärt werden. — Zur Beantwortung der Frage, ob bzw. wieweit die durch Sprossung vom ER gebildeten Peroxisomen auch bereits mit peroxisomalem Matrixmaterial bzw. peroxisomalen Matrixenzymen ausgestattet sind, liegen noch keine hinreichenden Angaben vor (Kap. 11.4.).

LORD (1976) erhielt in einer Partikelfraktion aus dem *Ricinus*-Endosperm einen Einbau von CDP-(^{14}C-)Cholin und CDP-(^{14}C-)Äthanolamin außer in Membranen des ER auch in andere Organellen, u. a. Glyoxysomen. Dieser Befund mag darauf hinweisen, daß ein Transfer von Phospholipiden — und möglicherweise auch weiterer Komponenten, die am ER synthetisiert werden — vom ER in die Membran anderer Organellen auch über spezifische, cytoplasmatische Transportproteine erfolgen kann. — Ein Phospholipidtransfer zwischen Endoplasmatischem Reticulum und anderen Zellorganellen wurde *in vitro* ebenfalls für tierische Zellen festgestellt (u. a. KAMATH und RUBIN 1973), und aus der löslichen Proteinfraktion wurde ein spezifisches Transportprotein gereinigt (WIRTZ *et al.* 1972).

11.2. Vorkommen von Nucleinsäuren in Peroxisomen

Das Problem der Biogenese der Microbodies/Peroxisomen ist verknüpft mit der Frage nach einem Vorkommen von Nucleinsäuren und damit von genetischem Material in diesen Organellen.

In den zahlreich vorliegenden elektronenmikroskopischen Untersuchungen an Microbodies wurde ein Ribosomenbesatz der Membran der Organellen nicht beobachtet, und es existieren auch keine sicheren Hinweise auf ein Vorkommen von Ribosomen oder von DNA-Fibrillen in den Organellen. In „Teilungsstadien" der Microbodies von *Euglena gracilis* (Stamm Z) (Kap. 11.1.) beobachtete, 2,5—3 nm dicke und bis 500 nm lange Fibrillen wurden als DNA-Fibrillen angesprochen, da DNA in den siolierten Microbodies der Alge nachgewiesen sein soll (WHITE und BRODY 1974). Doch wurde weder die Sensitivität der Fibrillen gegen DNase geprüft, noch werden Einzelheiten über den DNA-Nachweis bzw. die Reinigung und den Reinheitsgrad der analysierten Microbodyfraktion mitgeteilt.

CLARK-WALKER (1972) isolierte aus Hefe eine zirkuläre DNA ($\varrho = 1{,}701$ g/cm^3), deren subzelluläre Lokalisation — aufgrund unzureichender Kriterien (vgl. auch DOUGLASS *et al.* 1973) — zunächst in den Peroxisomen vermutet wurde, für die eine peroxisomale Lokalisation aber nicht weiter diskutiert oder angenommen wird (CLARK-WALKER und MIKLOS 1974). — CHING (1970) bestimmte für die Glyoxysomenfraktion aus dem Megagametophyten von *Pinus ponderosa* einen DNA-Gehalt von 1,4 µg DNA/mg Protein (Mitochondrienfraktion: 1,5 µg DNA/mg Protein). Die Lokalisation der in der Glyoxysomenfraktion nachgewiesenen DNA *in* den Glyoxysomen ist jedoch zweifelhaft, da die am Stufengradienten isolierte Glyoxysomenfraktion weder auf interferierende Verunreinigungen überprüft noch weiter gereinigt, sondern nur gewaschen wurde. Da Waschen der Glyoxysomen aber zu einem Verlust des Matrixproteins der Organellen führt (Kap. 7.1.), kann der DNA-Gehalt stabilerer Verunreinigungen bereits für sich allein zu einem ansehnlichen DNA-Gehalt/Protein in der Glyoxysomenfraktion führen.

Das Vorkommen von DNA in Peroxisomen wurde eingehend von DOUGLASS *et al.* (1973) an den Glyoxysomen des *Ricinus*-Endosperms untersucht. In der an Stufengradienten isolierten und nicht weiter gereinigten Glyoxysomenfraktion wurden 1,3—3,5 µg DNA/mg Protein nachgewiesen (Mitochondrienfraktion: 0,8 µg DNA/mg Protein). Die DNA der Glyoxysomenfraktion setzte sich zu variierenden Anteilen aus den drei für das Endosperm nachzuweisenden DNA-Species zusammen, während in der Mitochondrien-,

Tabelle 11.1. *Mit Organellenfraktionen des Ricinus-Endosperms assoziierte DNA-Species* (nach DOUGLASS *et al.* 1973)

Organellenfraktion	DNA-Species		
	$\varrho = 1,692$ g/cm³	$\varrho = 1,705$ g/cm³	$\varrho = 1,713$ g/cm³
	µg DNA/mg Protein und/oder % der Gesamt-DNA		
Mitochondrien	0,25 31%	0,55 69%	< 3%
Proplastiden	< 5%	< 5%	2,56 > 95%
Zellkerne	> 95%	< 5%	< 5%
Glyoxysomen Präparation 1	1,2 34%	0,05 1,5%	2,3 65%
Präparation 2	0,65 49%	0,35 26%	0,33 25%

Proplastiden- und Zellkernfraktion je eine dieser DNA-Species angereichert vorlag (Tab. 11.1.). RNA, die *in vitro* mit nuclearer DNA ($\varrho = 1,692$ g/cm³) als Matrize synthetisiert worden war, hybridisierte zu gleichem Ausmaß wie mit ihrer Matrize auch mit der DNA-Komponente der Dichte 1,692 g/cm³ aus der Glyoxysomenfraktion. Beide DNAs müssen sich danach — für den transcribierten Bereich — in ihrer Basensequenz gleichen. — Die Befunde von DOUGLASS *et al.* (1973) sprechen sehr stark dagegen, daß eine glyoxysomenbzw. peroxisomenspezifische DNA existiert, und sehr stark dafür, daß die in der Glyoxysomenfraktion bzw. in Peroxisomenfraktionen nachgewiesene DNA auf Verunreinigungen der Fraktionen mit DNA-haltigen Organellen zurückzuführen ist.

Angaben zum Vorkommen von RNA in Peroxisomen liegen von WHITE und BRODY (1974) für die Organellen aus *Euglena gracilis* (Stamm Z), von CHING (1970) für die Glyoxysomen aus dem Megagametophyten der Ponderosakiefer vor. In beiden Fällen wird für die Peroxisomen auch das Vorkommen von DNA angegeben, und die hinsichtlich des DNA-Nachweises angeführten Einwände (s. o.) treffen auch für den Nachweis der RNA zu. — GERHARDT und BEEVERS (1969) wiesen RNA in gereinigten Glyoxysomenfraktionen des *Ricinus*-Endosperms nach. Die Glyoxysomenfraktionen wurden über mehrere

Flotationsgradienten (Kap. 6.) auf konstantes Verhältnis RNA/Protein und konstante spezifische Aktivität glyoxysomaler Leitenzyme gereinigt. Protein, RNA und Enzymaktivität zeigten an den Gradienten gut übereinstimmende Verteilungsprofile. Die strukturelle Integrität der Glyoxysomen in der gereinigten Fraktion ergab sich aus ihrer unveränderten Gleichgewichtslage an den Gradienten und aus dem Erhalt des Matrixenzyms Isocitratlyase. Der RNA-Gehalt der Glyoxysomenfraktion, der mit 11 µg RNA/mg Protein bestimmt wurde, sollte daher zumindest nicht auf Verunreinigungen der Fraktion durch Mitochondrien und/oder Proplastiden beruhen, da gereinigte Fraktionen dieser Organellen einen Gehalt von ca. 15 µg RNA/mg Protein aufwiesen. Eine Verunreinigung der gereinigten Glyoxysomenfraktionen durch freie Ribosomen — die u. a. aufgrund der angewandten Flotationstechnik ausgeschaltet werden sollte [3] — könnte bei einem Verhältnis Glyoxysomenprotein : Ribosomenprotein = 100 : 1 die gefundenen RNA-Werte erklären. Eine Verunreinigung der Glyoxysomenfraktion durch rauhes Endoplasmatisches Reticulum sollte aufgrund der Verwendung von 1 mM EDTA und der Abwesenheit von Mg^{++} in den Gradienten (LORD et al. 1973) sowie der Flotationstechnik auszuschließen sein (Kap. 8.1.1.2.). VIGIL (1970) beschrieb für das *Ricinus*-Endosperm ribosomenbesetzte „*dilated cisternae*" (0,4—0,9 µm Durchmesser), die in älteren Entwicklungsstadien des Endosperms zur Zahl der Microbodies im Verhältnis 1 : 5 auftreten und sich möglicherweise aus Abschnitten des rauhen Endoplasmatischen Reticulums entwickeln. Die wahrscheinlich gleichen Organellen wurden von MOLLENHAUER und TOTTEN (1970) unter der Bezeichnung „Ricinosomen" (0,4 µm Durchmesser) und als spezifische Organellen des *Ricinus*-Endosperms beschrieben. Nach MOLLENHAUER und TOTTEN (1970) nehmen Ricinosomen und Microbodies etwa gleiche Volumina des Protoplasten einer Zelle ein. Eine Verunreinigung der gereinigten Glyoxysomenfraktionen durch diese, in ihrem Sedimentationsverhalten unbekannten Organellen (MOLLENHAUER und TOTTEN 1970) kann als Ursache der für die Glyoxysomenfraktionen nachgewiesenen RNA nicht mit Sicherheit ausgeschlossen werden. Doch sollte die Bindung der Ribosomen an Membranen durch die Zusammensetzung des Saccharosegradienten aufgehoben worden sein (s. o.). In Glyoxysomenfraktionen wurden Ricinosomen bzw. „*dilated cisternae*" elektronenmikroskopisch bisher nicht beobachtet (BREIDENBACH et al. 1968, BIEGLMAYER et al. 1973, 1974 b, HUANG und BEEVERS 1973). — In den Microbodies der Kotyledonen mit Fettspeicherfunktion treten während der Übergangsphase von heterotropher zu autotropher Ernährung des Keimlings cytoplasmatische Invaginationen auf (Kap. 2.3.), die u. a. Ribosomen enthalten können (GRUBER et al. 1970, TRELEASE et al. 1971, DRUMM und SCHOPFER 1974). TRELEASE et al. (1971) beobachteten Ribosomen auch in Invaginationen isolierter Microbodies (Kap. 2.3.), so daß eine in Peroxisomenfraktionen nachgewiesene RNA auf eine derartige Ribosomenverunreinigung zurückgehen könnte. Entsprechende Beobachtungen wurden für die Glyoxysomen des *Ricinus*-Endosperms bisher aber nicht bekannt.

---

[3] Dichte der Ribosomen tierischer Zellen in konzentrierter Saccharoselösung: 1,3 g/cm³ (PETERMANN 1964).

Insgesamt beurteilt kann das Vorkommen von RNA in den Glyoxysomen des *Ricinus*-Endosperms aufgrund der vorliegenden Befunde nicht als eindeutig erwiesen angesehen werden. Die Tatsache, daß in elektronenmikroskopischen Untersuchungen Ribosomen weder in der Matrix noch an der Membran der Peroxisomen nachgewiesen wurden, schließt ein Vorkommen von RNA in diesen Organellen nicht grundsätzlich aus. Für tierische Zellen liegen Angaben über eine spezifische, funktionell nicht charakterisierte Membran-RNA des Endoplasmatischen Reticulums vor. Diese RNA könnte — wie andere Membrankomponenten des ER (Kap. 11.1.) — bei der Biogenese der Peroxisomen vom ER in die Membran der Peroxisomen übernommen werden.

CHING (1970) berichtete über den Nachweis einer Proteinsynthese in Glyoxysomenfraktionen aus dem Megagametophyten von *Pinus ponderosa*. Trotz der durchgeführten Kontrollexperimente, um Kontaminationen durch Bakterien, Zellkerne und cytoplasmatische Ribosomen zu erfassen, ist aber zweifelhaft, ob Glyoxysomen die Fähigkeit zur Proteinsynthese besitzen, da u. a. in Peroxisomen Ribosomen elektronenmikroskopisch nicht nachzuweisen sind und das Vorkommen von RNA in diesen Organellen nicht einwandfrei erwiesen ist.

11.3. Entwicklung der Microbodies/Peroxisomen

Für die Peroxisomenpopulation der Rattenleber konnte eine Entwicklung des einzelnen Organells bis zu einem definierten End-(Alters-)zustand nicht nachgewiesen werden, sondern der Abbau der einzelnen Elemente der Population erfolgt zufallsmäßig (Kap. 11.1.; POOLE *et al.* 1969, DE DUVE 1973). Dem Abbau unterliegt wahrscheinlich das Peroxisom als Ganzes (in autophagischen Vacuolen), da sich für verschiedene Proteinfraktionen des Organells übereinstimmende Halbwertszeiten ergaben (POOLE *et al.* 1969, DE DUVE 1973). Dieser Befund wurde von POOLE (1971) aufgrund von Untersuchungsergebnissen zur Wiederverwendung markierten Leucins im Proteinturnover in Frage gestellt, von LEIGHTON *et al.* (1975) aber bestätigt. Die Halbwertszeit der peroxisomalen Proteine (Enzyme) beträgt in der Rattenleber ca. 1,5 Tage (LEIGHTON *et al.* 1975, vgl. auch POOLE *et al.* 1969, POOLE 1971, vgl. aber KANAI *et al.* 1974). — Befunde aus elektronenmikroskopischen Untersuchungen über einen Einschluß (Abbau) von Microbodies in autophagischen Vacuolen liegen nur vereinzelt vor (SVOBODA *et al.* 1967, DETER 1971, LOCKE und MCMAHON 1971). LOCKE und MCMAHON (1971) beschrieben für den Fettkörper bestimmter larvaler Entwicklungsstadien von *Calpodes ethlius* auch eine atrophe Degeneration der Microbodies.

Im Gegensatz zu einem Abbau des Peroxisoms als Ganzes steht ein unterschiedlicher Turnover einzelner Proteine des Organells. Hinweise auf einen derartigen Mechanismus ergaben sich in Untersuchungen an Katalase und Uricase der Mäuseleber (GANSCHOW und SCHIMKE 1969).

11.3.1. Glyoxysomen

Fettspeichernde Gewebe der Samen besitzen unterschiedliche morphologische Wertigkeit. Unabhängig davon können diese Gewebe aber hinsichtlich ihrer Entwicklung während der Keimung in zwei Gruppen eingeteilt werden: in

Gewebe, die nach der Mobilisierung des Reservefettes (und ggf. anderer Speicherstoffe) einem Degenerationsprozeß unterliegen, und in Gewebe, die im Anschluß an den Abbau des Speicherfetts neue Funktionen übernehmen. Zur ersten Gruppe gehören u. a. spezifische Nährgewebe (Endosperm, Periderm), das Scutellum und die Aleuronschicht in der Gramineenkaryopse. Die zweite Gruppe bilden die Speicherkotyledonen in Samen mit epigäischer Keimung, die nach der Mobilisierung des Reservefetts zu photosynthetischer Aktivität übergehen.

11.3.1.1. Glyoxysomen in Geweben mit ausschließlicher Speicherfunktion

11.3.1.1.1. Glyoxysomen des Ricinus-Endosperms. Bei Keimung des *Ricinus*-Samens unter den in Kap. 8.1.1.2. genannten Versuchsbedingungen setzt der Abbau des im Endosperm gespeicherten Fetts am 2. Keimungstag ein (0. Tag = Tag der Aussaat der vorgequollenen Samen), erreicht sein Maximum zwischen 4.—6. Keimungstag und ist am 7./8. Keimungstag mit der Degeneration des Endosperms beendet (u. a. MUTO und BEEVERS 1974)[4]. Die im Endosperm des *Ricinus*-Samens nachgewiesenen zwei Lipasen (Kap. 7.3.7.) zeigen während der Samenkeimung unterschiedliches Aktivitätsverhalten (MUTO und BEEVERS 1974, MARRIOTT und NORTHCOTE 1975 b). Das Aktivitätsmaximum der sauren, mit der Membran der Lipidkörper assoziierten Lipase liegt eindeutig früher als das der alkalischen, mit der Membran der Glyoxysomen assoziierten Lipase, die einen dem Verlauf des Fettabbaues entsprechenden Aktivitätswechsel mit Maximum am 4./5. Keimungstag zeigt (MUTO und BEEVERS 1974). Einsatz und Geschwindigkeit des Fettabbaues können jedoch nicht durch die Aktivität der alkalischen Lipase gesteuert werden, da dieses Enzym spezifisch auf Monoglyceride eingestellt und somit in seiner Aktivität *in vivo* an die Aktivität der sauren Lipase gekoppelt ist. Da während der *lag*-Phase des Fettabbaues freie Fettsäuren im Endosperm nicht akkumulieren (MUTO und BEEVERS 1974, vgl. auch MARRIOTT und NORTHCOTE 1975 a), für die saure Lipase *in vitro* aber hohe Aktivität nachzuweisen ist, muß das Enzym *in vivo* zu dieser Zeit inaktiv vorliegen. Welche Faktoren den Einsatz des Fettabbaues im *Ricinus*-Endosperm kontrollieren, ist nicht bekannt.

Ein Aktivitätswechsel, der durch einen ausgeprägten Aktivitätsanstieg zu einem Aktivitätsmaximum am 4./5. Keimungstag des *Ricinus*-Samens und durch einen deutlichen Aktivitätsabfall während der Degenerationsphase des Endosperms gekennzeichnet ist, wurde im Endosperm außer für die alkalische Lipase auch für Enzyme der β-Oxidation (HUTTON und STUMPF 1969, MARRIOTT und NORTHCOTE 1975 b), die Schlüsselenzyme des Glyoxylatzyklus (CARPENTER und BEEVERS 1959, YAMAMOTO und BEEVERS 1960,

---

[4] MARRIOTT und NORTHCOTE (1975 a) erhielten unter etwas veränderten Versuchsbedingungen keine *lag*-Phase und einen exponentiellen Verlauf des Fettabbaues. Sie bezogen im Gegensatz zu MUTO und BEEVERS (1974) den Fettgehalt jedoch auf das Frischgewicht des Endosperms. Werden die von MUTO und BEEVERS (1974) bestimmten Werte des Fettgehaltes statt auf Endosperm ebenfalls auf g Frischgewicht des Endosperms bezogen, ergibt sich ein übereinstimmender Verlauf des Fettabbaues (vgl. auch MARRIOTT und NORTHCOTE 1975 a).

TANNER und BEEVERS 1965 a, GERHARDT und BEEVERS 1970, MARRIOTT und
NORTHCOTE 1975 b) und die peroxisomalen Leitenzyme (THEIMER und
THEIMER 1975) nachgewiesen [5]. Dieser Aktivitätswechsel der glyoxysomalen
Enzyme in Endosperm ist Abbild der Entwicklung, des Auf- und Abbaues
der Glyoxysomenpopulation des Endosperms. In der Glyoxysomenfraktion
wurde für Enzyme der β-Oxidation (HUTTON und STUMPF 1969), für Isocitratlyase und Malatsynthetase (Abb. 11.8.; GERHARDT und BEEVERS 1968,
1970) sowie für Katalase, Uricase und Glycolatoxidase (THEIMER und THEI-

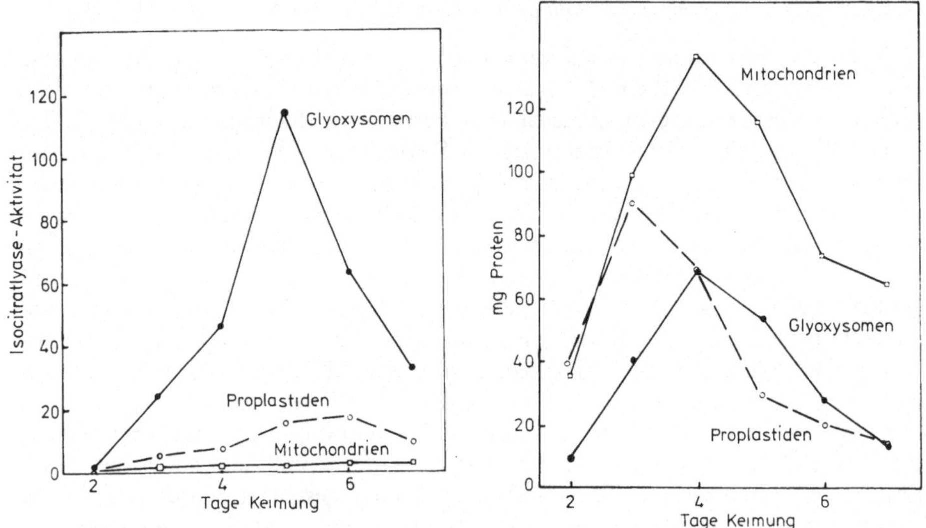

Abb. 11.8. Veränderungen der Isocitratlyaseaktivität (μ Mole Umsatz/min/100 g Endosperm)
und des Proteingehaltes der Glyoxysomen-, Proplastiden- und Mitochondrienfraktion des
Ricinus-Endosperms während der ersten Keimungstage des Samens. Die Organellenfraktionen
wurden durch isopyknische Zentrifugation am diskontinuierlichen Saccharose-Dichtegradienten
isoliert. Die Isocitratlyaseaktivität in der Proplastidenfraktion beruht auf einer Verunreinigung dieser Fraktion durch Glyoxysomen. — Aus: GERHARDT und BEEVERS 1970.

MER 1975) ein entsprechender, von der Entwicklung des Endosperms abhän-
giger Aktivitätswechsel nachgewiesen, wie er an den zellfreien Homogenaten
des Endosperms festgestellt worden war.

Parallel dem Aktivitätswechsel der glyoxysomalen Enzyme erfolgt eine Veränderung des Proteingehalts der Glyoxysomenfraktion (Abb. 11.8.; GERHARDT
und BEEVERS 1968, 1970). Der zwischen 2.—4. Keimungstag erfolgende Proteinanstieg ist im wesentlichen auf eine Zunahme der Glyoxysomenzahl
zurückzuführen und nicht auf ein Wachstum der Organellen von einer Vorstufe geringerer Dichte zu voll ausgebildeten Glyoxysomen (vgl. Kap. 11.3.2.).
GERHARDT und BEEVERS (1970) konnten über Markierungsexperimente, in
denen dem Endosperm in zeitlichem Abstand ³H-Leucin und ¹⁴C-Leucin
geboten wurde, zeigen, daß während früher Keimungsstadien des *Ricinus*-

---

[5] Die Bezugsgröße für die Aktivitätsangaben ist z. T. unterschiedlich.

Samens am Saccharose-Dichtegradienten isolierte, Malatsynthetase tragende
Partikeln der Dichte 1,21—1,22 g/cm³ ein gleiches ³H/¹⁴C-Verhältnis aufwiesen wie die Glyoxysomen der Dichte 1,25 g/cm³. Die Malatsynthetase
tragenden Partikeln der Dichte 1,21—1,22 g/cm³ konnten danach keine Vorstufe der Glyoxysomen sein. Sie erwiesen sich als geschädigte Glyoxysomen
(Glyoxysomenmembranen, Kap. 7.1.). Glyoxysomen selbst, identifiziert über
Isocitratlyase und Malatsynthetase, sedimentierten während aller Entwicklungsstadien des *Ricinus*-Endosperms bei der Dichte 1,25 g/cm³. GONZALEZ

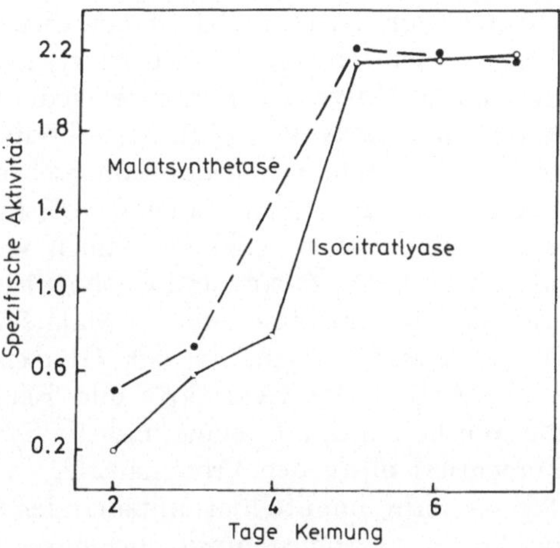

Abb. 11.9. Veränderung der spezifischen Aktivitäten von Isocitratlyase und Malatsynthetase
in der Glyoxysomenfraktion des *Ricinus*-Endosperms während der ersten Keimungstage des
Samens. — Aus: GERHARDT und BEEVERS 1970.

und BEEVERS (1976) konnten in ihren Untersuchungen zur Biogenese der Glyoxysomen des *Ricinus*-Endosperms (Kap. 11.1.) während der entwicklungsabhängigen Verlagerung glyoxysomaler Enzymaktivitäten aus der Fraktion
des Endoplasmatischen Reticulums (ϱ = 1,12 g/cm³) in die Glyoxysomenfraktion ebenfalls keine Partikeln intermediärer Dichte mit glyoxysomalen
Enzymaktivitäten feststellen. — Größe und Zahl der Microbodies während
verschiedener Entwicklungsstadien der Endospermzelle wurden von VIGIL
(1970) auf einem Querschnitt durch das Endosperm des gekeimten *Ricinus*-
Samens (var. *zanzibariensis*) bestimmt. Auf einem derartigen Querschnitt sind
von der Samenschale einwärts die verschiedenen Entwicklungsstadien der
Endospermzelle gegeben. Der Durchmesser der Microbodies in den Zellen der
äußeren Zone des Querschnitts (Zone I; Entwicklungszustand der Zellen entsprechend den Zellen des Endosperms eingequollener Samen) betrug 0,8 µm, in
Zone II 0,2 bis 0,8 µm und in Zone III 0,2—1,7 µm bei runder bis elliptischer
Form. In der innersten Zone des Querschnitts, in der die Zellen bereits innerer
Auflösung unterlagen, wurden keine Microbodies beobachtet. Angaben zur
Häufigkeit verschiedener Größenklassen der Microbodies in Zone II und III
werden von VIGIL (1970) nicht gemacht. MOLLENHAUER und TOTTEN
(1970) konnten in Endospermzellen des keimenden *Ricinus*-Samens (var.

Backer bzw. *Hale* [6]) vom 3. bis 8. Keimungstag keine signifikante Größenänderung der Microbodies feststellen. Angaben zur Zahl der Microbodies in Endospermzellen verschiedenen Entwicklungszustandes [7] liegen von Vigil (1970) für Zone II und Zone III des Endospermquerschnittes (s. o.) vor. Danach ergibt sich eine 5fache Zunahme der Microbodyzahl in diesem Entwicklungsabschnitt. Sie entspricht größenmäßig der Proteinzunahme (7fach; Abb. 11.8.), die zwischen 2.—4. Keimungstag für die Glyoxysomenfraktion des *Ricinus*-Endosperms festgestellt wurde (Gerhardt und Beevers 1970).

Eine eindeutig identifizierbare Glyoxysomenfraktion konnte aus dem Endosperm des *Ricinus*-Samens am Saccharose-Dichtegradienten nicht vor dem 2. Keimungstag isoliert werden, obwohl für Isocitratlyase und Malatsynthetase sehr geringe, partikuläre Aktivität bereits in eingequollenen Samen nachzuweisen war (Gerhardt und Beevers 1970). Microbodies wurden in Endospermzellen auch vor dem 2. Keimungstag des Samens beobachtet und liegen auch in Endospermzellen des reifenden Samens vor (Mollenhauer und Totten 1970). Aus dem Endosperm reifender Samen wurden Peroxisomen isoliert (Hutton und Stumpf 1969, Zilkey und Canvin 1969).

Parallel dem Anstieg der Isocitratlyase und der Malatsynthetase steigt auch die spezifische Aktivität dieser Enzyme in der Glyoxysomenfraktion des *Ricinus*-Endosperms an (Abb. 11.9.; Gerhardt und Beevers 1970). Dieser Befund zeigt, daß die Synthese dieser Enzyme und die Synthese der Glyoxysomen selbst — dokumentiert durch den Proteinanstieg in der Glyoxysomenfraktion (Abb. 11.8.) — nicht unmittelbar miteinander korreliert sind. Er bedeutet ferner, daß die Glyoxysomen hinsichtlich ihres Isocitratlyase- und Malatsynthetasegehaltes heterogen sind oder daß die Aktivität dieser Enzyme in den einzelnen Glyoxysomen einer entwicklungsabhängigen Steigerung unterliegt.

Die während der Hauptphase der Fettmobilisierung in der Glyoxysomenfraktion ausgebildeten spezifischen Aktivitäten der Isocitratlyase und der Malatsynthetase bleiben über die Degenerationsphase des Endosperms hinweg konstant (Abb. 11.9.). Das heißt, die Proteinabnahme in der Glyoxysomenfraktion während der Degenerationsphase bedingt direkt den Aktivitätsverlust dieser Enzyme. Anhaltspunkte für das Auftreten von Isocitratlyase und Malatsynthetase in einem löslichen Pool während des Glyoxysomenabbaues liegen nicht vor (vgl. Kap. 11.3.1.1.2.).

Aufgrund dieser Befunde ist für den Abbau der Glyoxysomen im degenerierenden Endosperm des *Ricinus*-Samens ein Mechanismus anzunehmen, der das einzelne Organell als Ganzes erfaßt (Gerhardt und Beevers 1970). Hinweise auf einen solchen Mechanismus ergeben sich auch aus Befunden elektronenmikroskopischer Untersuchungen. Vigil (1970) beschrieb den Abbau der Microbodies in Endospermzellen als eine Absonderung der intakten Microbodies in autophagische Vacuolen. In den abgesonderten Organellen war

---

[6] Diese *Ricinus*-Sorten wurden bzw. werden auch in den Untersuchungen der Beeversschen Arbeitsgruppe verwandt.

[7] Angaben als Microbodies/Flächeneinheit, wobei die entwicklungsabhängige, unterschiedliche Besetzung der Flächeneinheit mit Aleuronkörnern und Vacuolen berücksichtigt wurde.

Katalaseaktivität cytochemisch noch nachzuweisen. — Strukturelle Veränderungen der Microbodies wurden während der Entwicklung des Endosperms nur hinsichtlich ihrer Einschlußstruktur beobachtet (Kap. 2.2.; MOLLENHAUER und TOTTEN 1970, VIGIL 1970).

Einbauversuche mit ^{14}C-Leucin ergaben, daß während der Degenerationsphase des Endosperms in der Glyoxysomenpopulation neben dem Netto-Abbau der Glyoxysomen auch weiterhin ein Proteinturnover abläuft (GERHARDT und BEEVERS 1970).

11.3.1.1.2. Glyoxysomen weiterer Gewebe mit ausschließlicher Speicherfunktion. Abweichend von der Entwicklung der Glyoxysomen im *Ricinus*-Endosperm verläuft nach Untersuchungsergebnissen vor allem von LONGO und LONGO (1970 a, 1970 b) die Entwicklung der Glyoxysomen im Maisscutellum. Elektronenmikroskopische Untersuchungen ergaben, daß Glyoxysomenfraktionen [8], die zwischen 1. und 4. Keimungstag der Karyopse aus dem Scutellum isoliert wurden, Partikeln unterschiedlicher Struktur enthielten. Am 1. und 2. Keimungstag lagen in der Glyoxysomenfraktion neben vereinzelten typischen Microbodies vorwiegend Partikeln mit hoher elektronenoptischer Dichte und einer geringeren Größe als die Microbodies vor; am 4. Keimungstag bestand die Glyoxysomenfraktion fast ausschließlich aus typischen Microbodies. Da am 3. Keimungstag in der Glyoxysomenfraktion Partikeln beobachtet wurden, die eine zwischen Partikeln hoher elektronenoptischer Dichte und typischen Microbodies intermediäre Struktur aufwiesen, werden die Partikeln hoher elektronenoptischer Dichte als Vorstufe der Microbodies aufgefaßt. In diese Vorstufe sollen die glyoxysomalen Enzyme eingebaut werden, die in ihrer Gesamtaktivität und in ihrer spezifischen Aktivität (bezogen auf Glyoxysomenprotein) parallel den beobachteten Veränderungen in der Zusammensetzung der Glyoxysomenfraktion ansteigen [9]. Spezifisch für Katalase ergab sich mit dem Aktivitätsanstieg des Enzyms gleichzeitig ein ausgeprägter Abfall des Anteils partikulärer Aktivität an der Gesamtaktivität und das Enzym lag während aller Keimungsstadien überwiegend ($\geq 70\%$) in der löslichen Fraktion des Scutellums vor (LONGO und LONGO 1970 b, SCANDALIOS 1974 b). — Der Aktivitätsanstieg der Katalase im Scutellum geht auf eine Akkumulation des Isoenzyms der Katalase zurück, das von dem während der Keimung zur Ausprägung kommenden Ct_2-Gen (Kap. 7.3.1.) produziert wird (QUAIL und SCANDALIOS 1971, SCANDALIOS 1974 b). Das vom Ct_1-Gen produzierte Isoenzym dagegen verschwindet langsam aus dem Katalasepool, da seine Abbaurate seine Syntheserate übersteigt infolge erlöschender Aktivität des Ct_1-Gens zu Keimungsbeginn. Für die Ct_2-Katalase wurde ein Turnover auch während der Akkumulationsphase festgestellt (QUAIL und SCAN-

---

[8] LONGO und LONGO (1970 a, 1970 b) isolierten Glyoxysomen als Pellet der Auftrennung einer partikulären Fraktion am Saccharose-Dichtegradienten. Dieses Verfahren birgt verstärkt die Gefahr einer Verunreinigung der Glyoxysomenfraktion durch Proteinkörper in sich.

[9] Untersuchungen über Aktivitätsveränderungen glyoxysomaler Enzyme im Maisscutellum während der Keimung liegen für Isocitratlyase, Malatsynthetase und Katalase (LONGO und LONGO 1970 a, 1970 b, SCANDALIOS 1974 b), für Citratsynthetase (BARBARESCHI *et al.* 1974) und für die β-Oxidationsaktivität (LONGO und LONGO 1975) vor.

DALIOS 1971). Sowohl Ct_2- als auch Ct_1-Katalase wurden in den während der Keimung im Scutellum sich ausbildenden Glyoxysomen nachgewiesen (SCANDALIOS 1974 a, 1974 b), d. h. unterschiedliche Kompartiment-Spezifität zwischen beiden Isoenzymen besteht nicht. — SORENSON und SCANDALIOS (1975) isolierten aus dem Scutellum der für 1 Tag gekeimten Maiskaryopse eine proteinartige Substanz, die *in vitro* Mais- und Leberkatalase, aber nicht Maisperoxidase hemmt. Der Hemmstoff war in dem Scutellum nach 3—4tägiger Keimung der Karyopse nicht nachzuweisen, trat dann aber mit zunehmender Aktivität wieder auf (SORENSON und SCANDALIOS 1976). Katalaseaktivität und Inhibitoraktivität verhalten sich also reziprok. Die Funktion des Hemmstoffes wird in einer Feinregulierung der Katalaseaktivität vermutet.

Der Proteingehalt der Glyoxysomenfraktion aus dem Maisscutellum zeigte — bezogen auf das Frischgewicht des Organs — während der ersten 4 Keimungstage, d. h. während des Anstieges der glyoxysomalen Enzymaktivitäten, keine wesentlichen Schwankungen (LONGO und LONGO 1970 a, SCANDALIOS 1974 b). Da der Durchmesser der als Glyoxysomenvorstufen angesehenen Partikeln (s. o.) mit 0,3—0,5 µm, der der Glyoxysomen mit 1—2 µm angegeben wird (LONGO und LONGO 1970 b), ergäbe sich, bezogen auf das Partikelvolumen, allerdings ein 10—300faches Wachstum der Glyoxysomen zwischen 1.—4. Keimungstag. Nach dem 4./5. Keimungstag der Karyopse sank der Proteingehalt der Glyoxysomenfraktion, und nach dem 6./7. Keimungstag konnte aus der partikulären Fraktion des Scutellums eine Glyoxysomenfraktion am Saccharose-Dichtegradienten nicht mehr isoliert werden (LONGO und LONGO 1970 b).

Während des Glyoxysomenabbaues im Maisscutellum sinkt in der Glyoxysomenfraktion die spezifische Aktivität der glyoxysomalen Enzyme, doch bleibt die Gesamtaktivität dieser Enzyme im Scutellum konstant. Beide Befunde stehen im Gegensatz zu den Aktivitätsänderungen glyoxysomaler Enzyme während des Glyoxysomenabbaues im *Ricinus*-Endosperm (Kap. 11.3.1.1.1.). LONGO und LONGO (1970 b) interpretieren ihre Befunde dahingehend, daß beim Abbau der Glyoxysomen des Maisscutellums die Organellen zwar ihre strukturelle Organisation verlieren, daß aber die glyoxysomalen Enzyme voll aktiv bleiben und infolge der Aufhebung ihrer Kompartimentierung ins Cytoplasma gelangen.

Im *Ricinus*-Endosperm erfolgt der Abbau der Glyoxysomen im Rahmen eines generellen, das gesamte Gewebe betreffenden proteolytischen Prozesses. Im Maisscutellum dagegen ist der Abbau der Glyoxysomen ein spezifischer Prozeß, da das Organ während der Phase des Glyoxysomenabbaues noch keine Degenerationserscheinungen aufweist. In diesem Unterschied kann der differierende Ablauf des Glyoxysomenabbaues in beiden Geweben begründet sein.

Für das primäre Endosperm von *Pinus ponderosa* wird von CHING (1970) angegeben, daß während der Phase des Fettabbaues die Microbodies eine 2 bis 3fache Größenzunahme aufweisen und ihre Zahl exponentiell zunimmt. Für den Proteingehalt der Glyoxysomenfraktion wurde jedoch gleichzeitig nur eine Verdoppelung bestimmt. Die spezifische Aktivität der Isocitratlyase in der Glyoxysomenfraktion zeigte Veränderungen über die Entwicklungsphase des

Megagametophyten, die — wie in der Glyoxysomenfraktion des Maisscutellums — einer Optimumskurve folgten.

Befunde über einen Aktivitätswechsel glyoxysomaler Enzyme in fettreichen Speichergeweben während der Keimung liegen noch in großer Zahl vor. Der Aktivitätswechsel ist generell durch einen ausgeprägten Aktivitätsanstieg während der Phase der Fettmobilisierung charakterisiert. Ein nachfolgender Aktivitätsabfall wurde in den untersuchten Zeitabschnitten der Keimung nicht allgemein festgestellt. In einigen Fällen wird angegeben, daß der Aktivitätsanstieg mit einer Zunahme der Microbodyzahl in den Zellen des betreffenden Gewebes korreliert ist. Eingehendere Untersuchungen zur Entwicklung der Glyoxysomen liegen aber außer für die Glyoxysomen des *Ricinus*-Endosperms und des Maisscutellums nur noch für die Glyoxysomen fettspeichernder, ergrünender Kotyledonen vor.

11.3.1.2. Glyoxysomen in ergrünenden Speicherkotyledonen

Bei Pflanzen, die als Reservestoff für die Keimung Fett in den Kotyledonen des Embryos speichern und epigäisch keimen, liegen in den Zellen der Keimblätter die Peroxisomen in Abhängigkeit vom Differenzierungszustand der Zellen entweder als Glyoxysomen oder als Blatt-Peroxisomen vor. Während der heterotrophen Phase der Keimung, während der das im Mesophyll deponierte Reservefett mobilisiert wird, ist in den Kotyledonen dieser Pflanzen der Funktionstyp der Glyoxysomen nachzuweisen. Beim Ergrünen der Keimblätter, d. h. beim Übergang der Keimblätter zu photosynthetischer Aktivität, werden die Glyoxysomen durch den Funktionstyp der Blatt-Peroxisomen abgelöst. Die Funktionsänderung der Peroxisomen läßt sich anhand der Aktivitätsänderungen der entsprechenden Leitenzyme verfolgen (Abb. 11.10.; u. a. SCHNARRENBERGER *et al.* 1971, GERHARDT 1973, KAGAWA *et al.* 1973 b).

Hinsichtlich der Entwicklung der Peroxisomen in fettreichen, ergrünenden Kotyledonen werden zwei gegensätzliche Hypothesen diskutiert. Nach der *Zwei-Populations-Hypothese* gehen glyoxysomale und blattperoxisomale Funktion der Peroxisomen auf zwei unabhängige Populationen dieser Organellen zurück. In einfachster Form bedeutet das, daß beim Übergang der Kotyledonen zu photosynthetischer Aktivität die aus der heterotrophen Keimungsphase vorliegenden Glyoxysomen abgebaut und durch Blatt-Peroxisomen ersetzt werden, die vom Endoplasmatischen Reticulum her *de novo* gebildet werden. Bezogen auf die Aktivitätsänderungen der glyoxysomalen und blattperoxisomalen Leitenzyme während der Keimung (Abb. 11.10.) ergibt sich daraus, daß der Aktivitätsabfall der glyoxysomalen Leitenzyme einen Abbau der sie tragenden Organellen dokumentiert und der Aktivitätsanstieg der blattperoxisomalen Enzyme eine Synthese der Blatt-Peroxisomen. Diese Interpretation der Aktivitätsänderungen der glyoxysomalen und blattperoxisomalen Enzyme in fettreichen, ergrünenden Kotyledonen basiert auf einer Analogie zu den Aussagen, die sich aus den Aktivitätsänderungen glyoxysomaler Enzyme im Endosperm des *Ricinus*-Samens (Kap. 11.3.1.1.1.; GERHARDT und BEEVERS 1970) bzw. den Aktivitätsänderungen blattperoxisomaler Enzyme in Primärblättern (Kap. 11.3.2.; FEIERABEND und BEEVERS

1972 a, 1972 b, GRUBER *et al.* 1973) ergaben. Der Abbau der Glyoxysomen im Endosperm des *Ricinus*-Samens ist jedoch durch einen allgemeinen Degenerationsprozeß bedingt, der mit fortschreitender Mobilisierung des Reservefetts das gesamte Gewebe erfaßt. Demgegenüber stellen die fettreichen, ergrünenden Kotyledonen aber ein Organ dar, das auch nach der Fettmobilisierung noch funktionstüchtig bleibt.

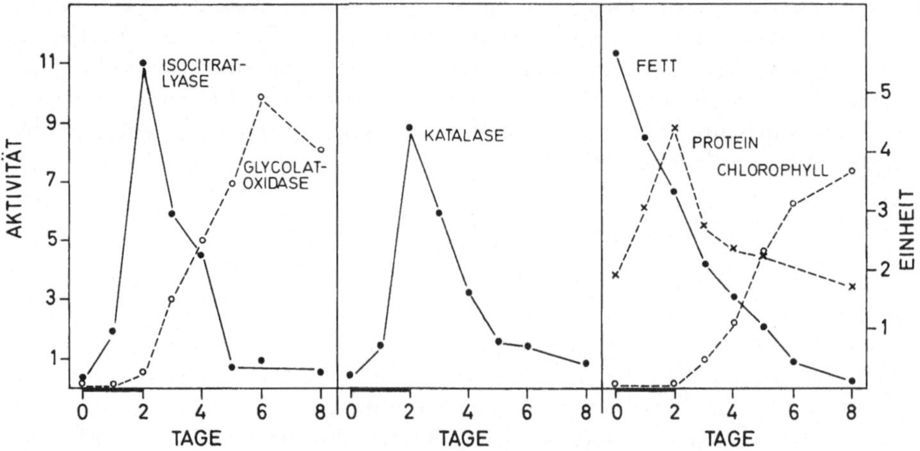

Abb. 11.10. Veränderungen peroxisomaler Enzymaktivitäten sowie des Fett-, löslichen Protein- und Chlorophyllgehaltes in den Keimblättern der Sonnenblume während der ersten Keimungstage. Anzucht der Keimlinge bis zum 3. Tag im Dunkeln, dann im Dauerlicht.

Im Gegensatz zur Zwei-Populations-Hypothese liegt nach der *Ein-Populations-Hypothese* in den Zellen der fettreichen, ergrünenden Kotyledonen während der gesamten Keimungsphase nur eine Peroxisomenpopulation vor, die in zeitlicher Abfolge glyoxysomale und blattperoxisomale Funktion hat. Das heißt, die Glyoxysomen der Kotyledonen werden beim Ergrünen der Keimblätter in Blatt-Peroxisomen transformiert. Die bei diesem Prozeß notwendige Veränderung der aktiven Enzymgarnitur der Peroxisomen bedingt dann die zu beobachtenden Aktivitätsänderungen der entsprechenden Leitenzyme.

Eine Abtrennung der Glyoxysomen von Blatt-Peroxisomen während des Ergrünens fettreicher Kotyledonen gelang bisher nicht. Es konnte bei der Isolierung der Peroxisomen aus ergrünenden Keimblättern der Sonnenblume am Saccharose-Dichtegradienten nur eine Trennung der Aktivitätsmaxima der glyoxysomalen Leitenzyme von den Aktivitätsmaxima der blattperoxisomalen Leitenzyme erzielt werden, bei jedoch starker Überlappung der Verteilungsprofile beider Leitenzymgruppen (GERHARDT 1973, THEIMER, persönliche Mitteilung). Daß diese signifikante Trennung der Aktivitätsmaxima der Leitenzyme für Glyoxysomen und Blatt-Peroxisomen die Trennung echter funktioneller Einheiten widerspiegelt, ergab sich aus der Übereinstimmung der Verteilungsprofile für Isocitratlyase und Malatsynthetase einerseits sowie für Glycolatoxidase und Hydroxypyruvatreductase andererseits. Einander entsprechende Verteilungsprofile für die zwei Glieder eines jeden der beiden Leitenzympaare sind beim Vorliegen von Bruchstücken der Peroxisomen kaum zu erwarten (Kap. 7.1.; 7.4.). Die für die Peroxisomenfraktion der Keimblätter der Sonnenblume erzielte teilweise Auftrennung in Glyoxysomen und Blatt-Peroxisomen, die Ausdruck einer Veränderung des Verhältnisses von Partikelprotein zu Membranlipid in einem Teil der Gesamtpopulation der Peroxisomen ist, besagt als solche aber nicht, daß zwei unabhängige Peroxisomenpopulationen vorliegen. — Die nahezu gleiche Dichte der Glyoxysomen und Blatt-Peroxisomen ergrünender Speicherkotyledonen bedingt, daß Untersuchungen zur Entwicklung der Glyoxysomen und der Blatt-Peroxisomen in diesen Organen an der Gesamtheit der Peroxisomenpopulation durchgeführt werden müssen. Die Untersuchungen wurden von verschiedenen Ansatzpunkten her unternommen.

KAGAWA und BEEVERS (1970, 1975) bestimmten u. a., daß in den Kotyledonen des Wassermelonenkeimlings während verlängerter Dunkelanzucht der Proteingehalt der Peroxisomenfraktion parallel der nahezu vollständigen Aktivitätsabnahme der glyoxysomalen Enzyme um 75% abfiel, bei anschließender Belichtung der Keimlinge der Aktivitätsanstieg der blattperoxisomalen Enzyme aber gegenüber Normalentwicklung der Keimlinge unverändert ablief. Doppelmarkierungsexperimente mit ^{14}C-Cholin und ^{3}H-Cholin zeigten (KAGAWA et al. 1975), daß beim Ergrünen der Wassermelonenkeimlinge einerseits ein spezifischer Abbauprozeß an den Peroxisomenmembranen angreift, andererseits ein spezifischer Einbau von neu synthetisiertem Lecithin in die Membranen der Peroxisomenfraktion erfolgt. In diesen Befunden der BEEVERSschen Arbeitsgruppe werden Argumente für die Zwei-Populations-Hypothese gesehen (KAGAWA und BEEVERS 1975, KAGAWA et al. 1975). Die über die Lecithinmarkierung erfaßten Prozesse könnten jedoch auch Ausdruck einer Umstrukturierung der Peroxisomenmembran im Zuge des Funktionswandels ein und derselben Partikel sein, und bei den Proteinbestimmungen für die Peroxisomenfraktion ist eine Verfälschung der Werte infolge der Verunreinigung der Fraktion durch Proteinkörper nicht auszuschließen. SCHNARRENBERGER et al. (1971) konnten die Peroxisomenfraktion aus Keimblättern der Sonnenblume nicht frei von Proteinkörpern erhalten (vgl. auch Kap. 6.). Der gemessene Abfall des Proteingehaltes in der Peroxisomenfraktion würde dann eine Komponente enthalten, die auf den Abbau der Proteinkörper während der Entwicklung der Kotyledonen zurückgeht. Bei Belichtung der Kotyledonen nach verlängerter Dunkelanzucht wurde ein Anstieg des Proteingehaltes der Peroxisomenfraktion oder der stark abgefallenen Aktivität des allgemeinen peroxisomalen Leitenzyms Katalase parallel dem Aktivitätsanstieg der blattperoxisomalen Leitenzyme nicht beobachtet (KAGAWA und BEEVERS 1975). Doch wäre das — zumindest theoretisch — nach der Zwei-Populations-Hypothese zu fordern, da in der verlängerten Dunkelzeit die Aktivität der glyoxysomalen Leitenzyme nahezu vollständig abfiel, was einem nahezu vollständigen Abbau der Glyoxysomen entspräche. Eine Abnahme des Glyoxysomenproteins bzw. der glyoxysomalen Katalaseaktivität sollte bei einsetzender Belichtung einen auf die Bildung von Blatt-Peroxisomen zurückgehenden Anstieg des Proteingehaltes bzw. der Katalaseaktivität in der Per-

oxisomenfraktion dann nicht mehr überlagern. Bestimmungen der Halbwertszeiten für den Aktivitätsabfall der Katalase und glyoxysomaler Enzyme während des Ergrünens der Kotyledonen des Sonnenblumenkeimlings ergaben für
die untersuchten Enzyme signifikant unterschiedliche Werte (GERHARDT 1974 b
und unveröffentlichte Ergebnisse; vgl. auch HOCK und BEEVERS 1966). Bei
Zugrundelegung der Zwei-Populations-Hypothese würde das bedeuten, daß
der Abbau der Glyoxysomen in den Kotyledonen nicht analog dem Abbau
der Glyoxysomen im *Ricinus*-Endosperm (Kap. 11.3.1.1.1.), sondern eher
analog dem Abbau der Glyoxysomen im Maisscutellum (Kap. 11.3.1.1.2.)
erfolgen würde.

THEIMER *et al.* (1975) untersuchten den Einbau von schweren Isotopen in
die Peroxisomenfraktion während des Ergrünens der Kotyledonen von
Helianthus annuus und *Cucumis sativus*. Eine Dichteerhöhung der Organellen,
die bei einer — allerdings nur ein bestimmtes Ausmaß überschreitenden
(s. u.) — *de novo*-Bildung der Blatt-Peroxisomen zu erwarten wäre, konnte
nicht festgestellt werden. Eine Aufnahme des schweren Wassers in die Kotyledonen und eine ausreichende Poolgröße dichtemarkierter Aminosäuren in den
Kotyledonen wurden über eine Erhöhung der Dichte der Chloroplasten nachgewiesen. Wurde D_2O während der Glyoxysomenbildung geboten, ergab
sich für die Peroxisomenfraktion eine Gleichgewichtslage bei erhöhter Dichte
am Saccharose-Dichtegradienten gegenüber der Kontrolle.

Eine *de novo*-Bildung von Blatt-Peroxisomen während des Ergrünens fettreicher Kotyledonen gemäß der Zwei-Populations-Hypothese muß u. a. mit
einer *de novo*-Synthese blattperoxisomaler Katalase verbunden sein. Das
Aktivitätsverhalten der Katalase während der Entwicklung fettreicher, ergrünender Kotyledonen entspricht weitgehend dem Aktivitätsverhalten der
glyoxysomalen Enzyme (Abb. 11.10.) Die nach der Zwei-Populations-Hypothese zu fordernde Katalasesynthese während des Ergrünens der Kotyledonen
ist aus den Aktivitätsänderungen des Enzyms nicht abzulesen. Doch könnte
die Aktivitätsabnahme glyoxysomaler Katalase die Aktivitätszunahme einer
blattperoxisomalen Katalase durchaus überlagern, so daß diese bei Bestimmung der Aktivität des Gesamtenzyms nicht erkennbar ist. Untersuchungen
an den Kotyledonen des Sonnenblumenkeimlings mit dem Ziel, eine Synthese
blattperoxisomaler Katalase nachzuweisen, ergaben jedoch negative Befunde
(GERHARDT 1973, 1974 b, GERHARDT und BETSCHE 1976). Allylisopropylacetamid, das in der Rattenleber relativ spezifisch die Katalasesynthese hemmt
(HRUBAN und RECHCIGL 1969), bedingte keinen significant stärkeren Abfall
der Katalaseaktivität während des Ergrünens der Sonnenblumenkotyledonen,
der bei Hemmung einer in diesem Entwicklungsabschnitt ablaufenden verstärkten Katalasesynthese zu erwarten wäre (GERHARDT 1973). Der Aktivitätsanstieg der Katalase während der Glyoxysomenentwicklung wurde durch
Allylisopropylacetamid gehemmt, und der Hemmstoff wurde auch von den
ergrünenden Kotyledonen aufgenommen. — Nach Behandlung der Kotyledonen mit Cycloheximid konnte ebenfalls keine Verringerung der Halbwertszeit des Katalaseabfalls in der Ergrünungsphase der Keimblätter nachgewiesen
werden (GERHARDT 1974 b, GERHARDT und BETSCHE 1976).

In Versuchen, in denen den Sonnenblumenkotyledonen 5-Amino-(4-^{14}C)-

lävulinsäure als Vorstufe der Katalase appliziert wurde, war eine Synthese des Enzyms während des Ergrünenes der Kotyledonen nachzuweisen (BETSCHE 1975, GERHARDT und BETSCHE 1976). Es konnte jedoch gezeigt werden, daß in diesem Entwicklungsstadium die Einbauraten für 5-Amino-(4-^{14}C)lävulinsäure in Katalase — auch bei Berücksichtigung ihrer Beeinflussung durch die gleichzeitig ablaufende Chlorophyllsynthese — nicht höher lagen als die Einbauraten, die in späteren Entwicklungsstadien der Keimblätter aus dem Turnover des Enzyms resultierten. Entsprechende Ergebnisse wurden auch in Markierungsexperimenten mit ^{3}H-Leucin erhalten. Damit ist auszuschließen, daß das Hämin einer abgebaut werdenden glyoxysomalen Katalase für die Synthese einer blattperoxisomalen Katalase wiederverwandt wurde — eine Vorstellung, die die Ergebnisse der Markierungsversuche mit δ-Aminolävulinsäure ebenfalls hätte erklären können. — In Versuchen, in denen die Methode der Dichtemarkierung zum Nachweis einer Katalasesynthese eingesetzt wurde, war für ergrünende Sonnenblumenkotyledonen keine Dichtemarkierung der Katalase nachzuweisen (GERHARDT 1973, GERHARDT und BETSCHE 1976), obwohl nach den Befunden von THEIMER et al. (1975; s. o.) in ergrünenden Sonnenblumenkotyledonen der Aminosäurepool eine deutliche Dichtemarkierung aufweist. Doch ist die Erfassung einer Dichtemarkierung eines Enzyms u. a. vom Verhältnis des synthetisierten, markierten Enzyms zum bereits vorliegenden, unmarkierten Enzym abhängig, und während der Ergrünungsphase der Kotyledonen liegt aus den vorangegangenen Entwicklungsstadien relativ viel unmarkierte Katalase vor (bzw. liegen — bezogen auf die Untersuchungen von THEIMER et al. [1975; s. o.] — relativ viel unmarkierte Partikeln vor). Aufgrund von Markierungsdaten, die für andere Entwicklungsstadien der Sonnenblumenkotyledonen erhalten wurden, läßt sich ermitteln, daß der Befund zur Dichtemarkierung der Katalase während der Ergrünungsphase der Kotyledonen einen Turnover der Katalase in diesem Entwicklungsstadium nicht ausschließt, daß eine verstärkte Katalasesynthese aber in einer meßbaren Dichteerhöhung für das Aktivitätsmaximum der Gesamtkatalase am CsCl-Gradienten resultieren sollte (GERHARDT und BETSCHE 1976, vgl. auch GERHARDT 1974 b).

Die Isoenzymmuster der Katalase (3—5 Banden nach Stärkegel-Elektrophorese) für Entwicklungsstadien der Sonnenblumenkotyledonen, in denen entweder Glyoxysomen oder Blatt-Peroxisomen vorliegen, erwiesen sich als identisch (BETSCHE 1975, GERHARDT und BETSCHE 1976).

Untersuchungen zur Entwicklung der Katalaseaktivität in den Kotyledonen des Senfkeimlings führten zu Ergebnissen (DRUMM und SCHOPFER 1974), die von den an Kotyledonen des Sonnenblumenkeimlings gewonnenen Befunden abweichen. Dunkelrotbestrahlung der Senfkeimlinge ab dem Zeitpunkt, zu dem die Isocitratlyase während der Keimlingsentwicklung ihr Aktivitätsmaximum erreicht, führte zu einem Anstieg der Katalaseaktivität gegenüber der Dunkelkontrolle. Das Aktivitätsverhalten der Isocitratlyase wird durch Dunkelrotbestrahlung nicht beeinflußt (KAROW und MOHR 1967, DRUMM und SCHOPFER 1974), während die blattperoxisomalen Leitenzyme eine phytochromgesteuerte Aktivitätsstimulierung zeigen (Kap. 12.1.). Der durch die Dunkelrotbestrahlung induzierte Zuwachs an Katalaseaktivität ist korreliert mit dem gleichzeitig erfolgenden Aktivitätsanstieg der blattperoxisomalen Leitenzyme (Abb. 12.2.). — Das Isoenzymmuster der Katalase, das nach Stärkegel-Elektrophorese 3—5 Banden aufwies für im Dunkeln gehaltene Senfkeimlinge, wurde bei Bestrahlung der Keimlinge mit Dunkelrot oder Weißlicht um mindestens 7 Banden vermehrt. Doch dominierten in den belichteten Kotyledonen — wie auch in normal sich entwickelnden Folgeblättern — bei weitem die bereits in der heterotrophen Keimungsphase in den Kotyledonen vorliegenden Isoenzyme der Katalase. Das heißt, beim Ergrünen der Kotyledonen wurde das vorliegende (glyoxysomale) Isoenzymmuster der Katalase nicht ersetzt, sondern lediglich ergänzt. DRUMM und SCHOPFER (1974) werten ihre Befunde — in Zusammenhang mit den Ergebnissen elektronenmikroskopischer Untersuchungen (s. u.) — als Hinweis für eine phytochromgesteuerte Transformation der Glyoxysomen in Blatt-Peroxisomen.

In elektronenmikroskopischen Untersuchungen an den Kotyledonen von *Cucumis sativus* erhielten TRELEASE *et al.* (1971) keine Hinweise darauf, daß während der Übergangsphase der Keimlinge von heterotropher zu autotropher Ernährung und parallel den Aktivitätsänderungen der glyoxysomalen und blattperoxisomalen Enzyme in den Kotyledonen ein verstärkter Abbau und/oder eine verstärkte Bildung von Microbodies erfolgt. Die an Microbodies ergrünender Kotyledonen ausgeprägt zu beobachtenden cytoplasmatischen Invaginationen (Kap. 2.3.) werten die Autoren als morphologischen Ausdruck des Prozesses, in dem die glyoxysomale Funktion der Organellen auf eine blattperoxisomale Funktion umgestellt wird. Während des Fettabbaus in den Kotyledonen waren die Microbodies ausschließlich mit Lipidkörpern, in den ergrünten Kotyledonen überwiegend mit Chloroplasten assoziiert. Das Vorliegen von inaktiven Blatt-Peroxisomen während der Phase des Fettabbaues wird daher für unwahrscheinlich gehalten (s. u.). In den Kotyledonen des Senfkeimlings sind während des Übergangs der Peroxisomen von glyoxysomaler zu blattperoxisomaler Funktion zahlreiche Microbodies zu beobachten, die mit den Plastiden assoziiert sind, aber in cytoplasmatischen Invaginationen Lipidkörper enthalten, und die so ein morphologisches Abbild des Funktionswandels der Organellen darstellen könnten (DRUMM und SCHOPFER 1974, SCHOPFER *et al.* 1975).

Cytochemische Untersuchungen an Microbodies, die aus ergrünenden Kotyledonen des Gurkenkeimlings isoliert worden waren, ergaben, daß in 94% bzw. 97% der Partikeln, die auf den cytochemischen Katalasetest positiv reagierten, Malatsynthetase bzw. Glycolatoxidase nachzuweisen war (BURKE und TRELEASE 1975). Das heißt, eine Microbodypopulation ohne Malatsynthetaseaktivität, die bei einer *de novo*-Bildung der Blatt-Peroxisomen zu erwarten wäre, konnte während der Ergrünungsphase der Kotyledonen nicht festgestellt werden (Glycolatoxidase ist dagegen auch für Glyoxysomen nachgewiesen; Kap. 8.1.1.2.4., 8.1.2.).

Obwohl die Mehrzahl der Untersuchungsbefunde zur Entwicklung der Peroxisomen in fettreichen, ergrünenden Kotyledonen darauf hinweist, daß in diesen Kotyledonen nur *eine* Peroxisomenpopulation auftritt, die in Abhängigkeit vom Differenzierungszustand der Mesophyllzellen unterschiedliche Funktion hat, liegt bisher doch kein einwandfreier Beweis für die Richtigkeit der Ein-Populations-Hypothese oder gegen die der Zwei-Populations-Hypothese — was nicht identisch sein muß — vor. Ein wesentlicher ungeklärter Punkt, der bei den Interpretationen der Untersuchungsergebnisse in der Regel nicht berücksichtigt wird, ist das Verhältnis der Peroxisomen, die als Glyoxysomen fungieren, zu den Peroxisomen, die als Blatt-Peroxisomen fungieren, während des Ergrünens fettreicher Kotyledonen. Mit der Zwei-Populations-Hypothese wird allgemein die Vorstellung verbunden, daß ein selektiver Abbau der Glyoxysomen erfolgt, der die neu gebildeten Blatt-Peroxisomen nicht erfaßt. Eine gewisse Populationsgröße an neu gebildeten Blatt-Peroxisomen kann jedoch neben einer größeren Glyoxysomenpopulation auch dann aufgebaut werden, wenn beim Ergrünen der Kotyledonen ein Abbau der Peroxisomen eingeleitet wird, der zufallsmäßig jedes Glied der beiden Peroxisomenpopulationen, d. h. nicht speziell nur Glyoxysomen erfaßt. Quantitative Daten für das Verhältnis Glyoxysomen/Blatt-Peroxisomen sind daher erforderlich, um abzuschätzen, welche Größenordnung irgendein Analysenwert haben muß, um eine *de novo*-Bildung von Blatt-Peroxisomen auszuschließen oder zu belegen. Ein weiterer Punkt, der eine Verifizierung der Ein-Populations-Hypothese — zumindest aufgrund der vorliegenden biochemischen Befunde — erschwert, liegt in einer Modifikationsmöglichkeit der Zwei-Populations-Hypothese. Es kann postuliert werden, daß während der Entwicklung der fettreichen, ergrünenden Kotyledonen zunächst neben aktiven Glyoxysomen inaktive Blatt-Peroxisomen vorliegen, die beim Ergrünen aktiviert werden, während die Glyoxysomen in einen inaktiven Zustand übergehen.

Zur Regulation der glyoxysomalen und blattperoxisomalen Enzymaktivitäten während der Funktionsänderung der Peroxisomen in fettreichen Kotyledonen epigäisch keimender Pflanzen liegen einige Untersuchungsergebnisse vor. HOCK und BEEVERS (1966; Kap. 11.4.2.) schlossen aus Hemmstoffversuchen an Kotyledonen des Wassermelonenkeimlings, daß zum Zeitpunkt des Aktivitätsmaximums der Isocitratlyase und der Malatsynthetase die Synthese dieser Enzyme ausläuft und daß der Aktivitätsabfall der glyoxysomalen Enzyme auf die begrenzte Lebensdauer der Enzymmoleküle zurückgeht. Für die Isocitratlyase wurde eine Halbwertszeit von ca. 2 Tagen, für die Malatsynthetase eine geringfügig längere Halbwertszeit bestimmt. An Kotyledonen der Sonnenblume wurden für die Isocitratlyaseaktivität eine Halbwertszeit von < 1 Tag, für die Katalaseaktivität eine Halbwertszeit von 1—2 Tagen bestimmt bei einer gesicherten Differenz zwischen beiden Halbwertszeiten von 0,7 Tagen (GERHARDT 1974 b). Eine Synthese von Isocitratlyase während des Aktivitätsabfalls des Enzyms konnte entsprechend den Ergebnissen der Hemmstoffversuche für Kotyledonen des Wassermelonenkeimlings über Dichtemarkierung nicht nachgewiesen werden (HOCK 1970; zur Problematik s. o.). THEIMER (1976) isolierte aus Kotyledonen des Sonnenblumenkeimlings einen spezifischen, proteinartigen Inhibitor für Isocitratlyase, der höchste Aktivität zu Beginn des Abfalls der Isocitratlyaseaktivität aufwies [10]. Die subzelluläre Lokalisation dieses Inhibitors, sein Wirkungsmecha-

---

[10] Nach GODAVARI *et al.* (1973) soll in Laubblättern durch proteinartige Inhibitoren Isocitratlyaseaktivität maskiert werden.

nismus sowie die Bedeutung des Inhibitors für die Regulation der Isocitrat-lyaseaktivität *in vivo* sind z. Zt. noch nicht bekannt.

Ein Modellsystem zur Regulation der Isocitratlyaseaktivität über chemische Modifizierung des Enzymmoleküls stellten GEISSLER und KINDL (1975) vor. In Analogie zur Aktivitätsregulation der bakteriellen Citratlyase wird eine Aktivierung des Enzyms über ein acylierendes System, eine Inaktivierung des Enzyms durch Deacylierung angenommen. Deacylierte, inaktivierte Isocitrat-lyase aus Gurkenkotyledonen konnte entsprechend mit einer aus Bakterien gewonnenen Acetat-Enzym-Ligase reaktiviert werden. Die erforderlichen Komponenten des Systems wurden aus den fettreichen, ergrünenden Gurken-kotyledonen noch nicht isoliert (vgl. aber THEIMER 1976, o.).

Der Aktivitätsabfall der Katalase erfolgt — wie der der Isocitratlyase — beim Ergrünen der Sonnenblumenkotyledonen mit der Kinetik einer Reaktion erster Ordnung und wird durch Cycloheximid nicht beeinflußt. Er setzt sich aber unter Cycloheximideinwirkung in ergrünten Kotyledonen mit unver-änderter Zerfallskonstante fort, während sich normalerweise in ergrünten Kotyledonen ein mehr oder weniger konstanter Aktivitätslevel der Katalase einstellt (GERHARDT 1974 b, GERHARDT und BETSCHE 1976). Der Aktivitäts-abfall der Katalase — bedingt durch die Halbwertszeit der Enzymakti-vität (?) — erfolgt demnach so lange, bis er durch die Syntheserate des Turn-overs kompensiert wird. — Ein Katalaseinhibitor, wie er von SORENSON und SCANDALIOS (1975, 1976) für das Maisscutellum beschrieben wurde, konnte für die Kotyledonen des Sonnenblumenkeimlings nicht nachgewiesen werden (BETSCHE und GERHARDT, unveröffentlicht).

Beim Ergrünen fettreicher Kotyledonen zeigen die glyoxysomalen Enzyme in der Regel einen stärkeren Aktivitätsabfall als in Vergleichspflanzen, die während des Aktivitätsabfalls dieser Enzyme im Dunkeln gehalten werden (u. a. CARPENTER und BEEVERS 1959, SCHNARRENBERGER *et al.* 1971, KAGAWA *et al.* 1973 b, KAGAWA und BEEVERS 1975). Inwieweit sich darin direkt oder indirekt eine Regulation der glyoxysomalen Enzymaktivitäten durch Photo-synthese(folge)produkte ausdrückt, ist nicht genau bekannt (Kap. 12.3.). Eine phytochromabhängige Steuerung der glyoxysomalen Enzymaktivitäten liegt nicht vor (KAROW und MOHR 1967, SCHOPFER *et al.* 1975). Demgegen-über unterliegt aber der Aktivitätsanstieg der blattperoxisomalen Enzyme der Phytochromsteuerung (Kap. 12.1.), und dem Phytochromsystem wird daher eine wesentliche Funktion bei der Umdifferenzierung der Glyoxysomen fett-reicher Kotyledonen zugeschrieben (SCHOPFER *et al.* 1975). Es konnte aller-dings gezeigt werden, daß in den Kotyledonen des Sonnenblumenkeimlings bereits während der glyoxysomalen Funktionsphase der Peroxisomen die für den Aktivitätsanstieg der Glycolatoxidase erforderliche (m)RNA-Synthese ab-läuft (GERHARDT 1974 a; Kap. 11.4.2.). Ob beim Ergrünen der Kotyledonen dann eine Translation oder lediglich eine Aktivierung der Glycolatoxidase erfolgt, ist z. Zt. nicht bekannt.

Grundsätzlich unterschiedlich gegenüber dem Aktivitätsverhalten der gly-oxysomalen Enzyme in fettreichen, ergrünenden Kotyledonen (Abb. 11.10.) verhalten sich die glyoxysomalen Enzymaktivitäten, die in den Peroxisomen des Primärblattes der Linse nachgewiesen wurden (KINDL und MAJUNKE

1973 b; Kap. 8.1.2.). Bei Belichtung der etiolierten Laubblätter steigen nicht nur die Aktivitäten der blattperoxisomalen Enzyme stark an, sondern auch die der glyoxysomalen Leitenzyme und die Katalaseaktivität. Dieser Befund kann im Sinne einer Bildung von Glyoxysomen und Blatt-Peroxisomen aus einer gemeinsamen Vorstufe oder der Lokalisation glyoxysomaler und blattperoxisomaler Enzyme in ein und derselben Partikel interpretiert werden.

Für *Euglena gracilis* (WHITE und BRODY 1974) — sowie auch für eine Acetat-Mutante von *Chlamydomonas reinhardii* (VIGIL 1973) — wird angegeben, daß sich beim Übergang von heterotropher Anzucht auf Acetat zu photoheterotropher Anzucht die Microbodyzahl erhöht. Die spezifischen, auf das Peroxisomenprotein bezogenen Aktivitäten der glyoxysomalen Leitenzyme verändern sich in *Euglena* nach den Angaben von WHITE und BRODY (1974) dabei nicht, während die spezifischen Aktivitäten der Glycolatoxidase und der Hydroxypyruvatreductase ansteigen. Die in Abhängigkeit vom Licht gebildeten Peroxisomen können danach nicht frei von glyoxysomalen Enzymen sein. Beim Übergang von photoautotropher zu heterotropher (Acetat-)Anzucht von *Euglena gracilis* steigen die spezifischen, auf das Gesamtprotein bezogenen Aktivitäten der glyoxysomalen Enzyme an, während die spezifische Aktivität der Hydroxypyruvatreductase konstant bleibt (COLLINS und MERRETT 1975 b). — Diese Befunde an *Euglena gracilis* entsprechen der Ein-Populations-Hypothese zur Erklärung der Entwicklung der Peroxisomen in fettreichen Kotyledonen epigäisch keimender Pflanzen.

11.3.2. Blatt-Peroxisomen

GRUBER *et al.* (1973) verfolgten die Entwicklung der Microbodies während der Entwicklung des Primärblattes von *Phaseolus vulgaris*. Mit fortschreitender Blattentfaltung vergrößerte sich der Durchmesser der Microbodies von 0,2 µm auf 1,0—1,5 µm. Parallel stiegen die spezifischen Aktivitäten von Katalase, Glycolatoxidase und Hydroxypyruvatreductase auf das 3—10fache. Die ausgeprägte Assoziierung der Microbodies mit dem Endoplasmatischen Reticulum in frühen Stadien der Blattentwicklung wechselte im völlig entfalteten Primärblatt in die für Blatt-Peroxisomen charakteristische Assoziierung mit Chloroplasten. In etiolierten, entfalteten Primärblättern lag der Durchmesser der Microbodies bei 0,2—0,4 µm. Er erreichte nach dem Ergrünen der Blätter aber mit ca. 1,2 µm den Wert, der für Microbodies in sich normal entwickelnden Primärblättern bestimmt wurde. Die wenig ausgeprägte Assoziierung der Microbodies mit Etioplasten in den etiolierten Primärblättern wechselte mit dem Ergrünen der Blätter in die typische Assoziierung zwischen Chloroplasten und Microbodies. Obwohl die spezifischen Aktivitäten von Katalase, Glycolatoxidase und Hydroxypyruvatreductase in normal entwikkelten Primärblättern das 2—3fache der spezifischen Aktivitäten in gleich alten, etiolierten Primärblättern betrugen (Kap. 12.1.; GRUBER *et al.* 1972, 1973), wurde kein gesicherter Unterschied in der Zahl der Microbodies pro Flächeneinheit des Zellanschnittes — auch bei Korrektur auf die mit Cytoplasma erfüllte Fläche — zwischen ergrünten und etiolierten Primärblättern festgestellt (GRUBER *et al.* 1972).

Da ein plötzliches Auftreten von Microbodies größten Durchmessers während der Blattentfaltung nicht beobachtet wurde, wird von GRUBER et al. (1973) eine Entwicklung der kleinen Organelle in die großen Organelle, d. h. ein *Wachstum* der Microbodies während der Blattentfaltung, angenommen. Da für die Entwicklung der Microbodies mindestens 2—4 Tage erforderlich waren, entspräche diese Zeitspanne einer Mindestlebensdauer der Microbodies. — Degenerationsstadien der Microbodies wurden während des 11tägigen Untersuchungszeitraumes nicht beobachtet.

Eine quantitative Auswertung der Ultrastruktur des Sproßvegetationspunktes der Erbse ergab, daß mit der fortschreitenden Entwicklung, Streckung und Differenzierung der Zellen vom Initialkomplex in Richtung Mark eine Zunahme des Volumens und der Zahl der Microbodies pro Zelle verbunden war (LYNDON und ROBERTSON 1976). Für Endoplasmatisches Reticulum, Dictyosomen, Mitochondrien, Plastiden und Vacuolen wurde ebenfalls eine Volumenvergrößerung, für Mitochondrien, Dictyosomen und Vacuolen auch eine zahlenmäßige Zunahme festgestellt. In den Zellen der Entwicklungsrichtung vom Initialkomplex zum Blattprimordium, die nicht mit einer Zellstreckung verbunden ist, erfolgte im wesentlichen nur einer Erhöhung der Zahl der Zellorganellen.

FEIERABEND und BEEVERS (1972 a, 1972 b) untersuchten die Entwicklung der Blatt-Peroxisomen im Primärblatt des Weizenkeimlings. Während Katalase und Hydroxypyruvatreductase bereits im Embryo aus trockenen Samen nachzuweisen waren, konnte Glycolatoxidaseaktivität erst ab dem 2./3. Entwicklungstag nach Aussaat der Samen festgestellt werden. Ob dieser Befund nur auf unterschiedlicher Empfindlichkeit der enzymatischen Tests beruht oder auch Ausdruck einer unabhängigen Regulation der verschiedenen Komponenten der Blatt-Peroxisomen ist, ist nicht geklärt. Hinweise darauf, daß möglicherweise eine unabhängige Regulation der verschiedenen Komponenten der Blatt-Peroxisomen erfolgt, ergeben sich auch aus anderen Befunden (vgl. auch Kap. 12.2.). GRUBER et al. (1973) stellten während der Entfaltung des Primärblattes der Bohne (s. o.) ebenfalls eine gewisse gegenseitige Unabhängigkeit in der Aktivitätsausbildung peroxisomaler Enzyme fest. Nach Bestrahlung des Weizenkeimlings mit Dunkelrot steigt im anschließenden Dunkel die Katalaseaktivität mit gleicher Rate weiter an, während der Aktivitätsanstieg von Glycolatoxidase und Hydroxypyruvatreductase auf die normale Dunkelrate absinkt (FEIERABEND 1975). Auch verlaufen die Aktivitätsänderungen von Katalase und Glycolatoxidase während des Alterns des Weizenblattes nicht synchron (FEIERABEND und BEEVERS 1972 a). Und Malatdehydrogenase ist in Peroxisomenfraktionen aus dem Primärblatt des Weizens nur nachzuweisen, wenn die Keimlinge im Licht angezogen werden (FEIERABEND 1975).

Die Dichte, bei der das Maximum der partikulären Katalase-, Glycolatoxidase- oder Hydroxypyruvatreductaseaktivität aus dem Primärblatt des Weizens am Saccharose-Dichtegradienten gefunden wird, ist abhängig von den Wachstumsbedingungen und dem Entwicklungsalter des Keimlings, d. h. von dessen Entwicklungszustand (Tab. 11.2.; FEIERABEND und BEEVERS 1972 b). Bei Anzucht des Weizenkeimlings im Licht ergab sich mit fortschreitender

Entwicklung eine Verschiebung der Gleichgewichtslage der Aktivitätsmaxima zu höheren Dichten. Die spezifische Aktivität der Enzyme — bestimmt für das jeweilige Maximum des Aktivitätsprofils — stieg während des untersuchten Entwicklungszeitraumes an. Der Anstieg wird außer auf die Steigerung der absoluten Enzymaktivitäten auch darauf zurückgeführt, daß die Peroxisomenfraktionen aus jüngeren Entwicklungsstadien des Primärblattes am Saccharose-Dichtegradienten mit den Plastidenfraktionen überlappen (FEIERABEND und BEEVERS 1972 b). Eine eindeutige, mit den Aktivitätsmaxima der peroxisomalen Enzyme korrespondierende Proteinbande wurde nur nach

Tabelle 11.2. *Entwicklungsabhängige Dichteänderung der Peroxisomen aus dem Primärblatt des Weizenkeimlings* (nach FEIERABEND und BEEVERS 1972 b)

Angegeben sind die Dichten, bei denen die Maxima der Katalase- und der Glycolatoxidaseaktivität an einem Saccharose-Dichtegradienten gefunden wurden, bzw. die Dichtebereiche, in denen diese Enzymaktivitäten $> 50\%$ der Aktivität des Aktivitätsmaximums betrugen.

Wachstums-bedingungen	Enzym	Keimlingsalter (Tage)				Ausgebildetes Weizenblatt
		2	3	4	6	
		Dichte [g/cm³]				
Dauerlicht	Katalase	1,17—1,19	1,16—1,25	1,245	1,245	1,253
	Glycolatoxidase		1,22	1,20—1,25	1,245	1,253
Dauerdunkel	Katalase			1,17—1,20	1,17—1,24	
	Glycolatoxidase			1,19	1,22	
4 bzw. 6 Tage Dauerdunkel + 1 Tag Licht	Katalase			1,20	1,17—1,23	
	Glycolatoxidase			1,20	1,22	

Auftrennung der partikulären Fraktion aus 6 Tage alten, grünen Primärblättern erhalten. — Die Position der Aktivitätsmaxima peroxisomaler Enzyme aus 4—6 Tage alten etiolierten Primärblättern des Weizenkeimlings entsprach am Dichtegradienten der, die nach 2—3tägiger Anzucht der Keimlinge im Licht erhalten wurde (Tab. 11.2.).

Für den Entwicklungszustand des Primärblattes, der nach 2—3 Tagen im Licht bzw. 4—6 Tagen im Dunkeln erreicht wird, ergab sich weiterhin, daß das Aktivitätsmaximum der Katalase am Saccharose-Dichtegradienten eine Verbreiterung zu niederen Dichten aufweist gegenüber den Aktivitätsmaxima der Glycolatoxidase und Hydroxypyruvatreductase (Tab. 11.2.). Es konnte wahrscheinlich gemacht werden, daß diese Verbreiterung weder auf ein „*trapping*" der Peroxisomen in der Mitochondrienfraktion (Kap. 6.) noch auf geschädigte Peroxisomen (vgl. z. B. Kap. 11.3.1.1.1.) zurückzuführen ist [11].

---

[11] Auf dem Auftreten geschädigter Blatt-Peroxisomen beruht dagegen die Verbreiterung des Aktivitätsmaximums der Glycolatoxidase am 4. Keimungstag (Tab. 11.2.; FEIERABEND und BEEVERS 1972 b, vgl. aber Kap. 7.4.3.).

FEIERABEND und BEEVERS (1972 b, vgl. auch FEIERABEND 1975) interpretieren ihre Befunde als Ausdruck einer lichtabhängigen (Kap. 12.1.) Entwicklung des Blatt-Peroxisoms von einer partikulären Vorstufe zum voll ausgebildeten Organell. Dieses Ergebnis kann mit den Befunden der elektronenmikroskopischen Untersuchungen an den Microbodies des sich entwickelnden Primärblattes der Bohne (s. o.; GRUBER *et al.* 1973) korreliert werden. Die Entwicklung der Peroxisomenvorstufe zum ausgebildeten Peroxisom würde sich danach in der beobachteten Größenzunahme, d. h. dem Wachstum der Organellen ausdrücken (125fache Volumenzunahme, 250fache Oberflächenvergrößerung). Das Ausbleiben einer ausgeprägten Verschiebung der Aktivitätsmaxima der peroxisomalen Enzyme am Saccharose-Dichtegradienten bei Dunkelanzucht der Keimlinge oder auch nach zusätzlicher 24stündiger Belichtung (Tab. 11.2.), d. h. die Verzögerung der Weiterentwicklung der Peroxisomenvorstufen unter diesen Bedingungen entspräche dem beobachteten Wachstumsstillstand der Microbodies in den etiolierten Primärblättern der Bohne und der Beobachtung, daß mindestens 2—4 Tage erforderlich sind, damit sich die Microbodies des Blattes zu voller Größe entwickeln.

Nach Anzucht des Weizenkeimlings für 7 Tage unter Blaulicht, Dunkelrot oder Hellrot wurden für die partikulären peroxisomalen Enzyme aus dem Primärblatt — wie nach Anzucht unter Weißlicht — am Saccharose-Dichtegradienten scharf ausgeprägte Aktivitätsmaxima bei der Dichte 1,25 g/cm³ erhalten (FEIERABEND 1975). Auf die Aktivitätsausbildung der peroxisomalen Enzyme haben die verschiedenen Lichtqualitäten aber unterschiedlichen Einfluß (Kap. 12.1.). Das könnte bedeuten, daß die Entwicklung der Blatt-Peroxisomen unabhängig von der Lichtqualität ist, diese aber die Zahl der Organellen steuert (FEIERABEND 1975).

Für Blatt-Peroxisomen aus Keimblättern der Sonnenblume war — außer ihres Dichteunterschiedes gegenüber den Glyoxysomen desselben Gewebes (Kap. 11.3.1.2.) — keine Dichteänderung während des Ergrünens der Keimblätter nachzuweisen (GERHARDT 1973). Blatt-Peroxisomen aus den Primärblättern der Sonnenblume sedimentierten am Saccharose-Dichtegradienten dagegen bei eindeutig geringerer Dichte als die Blatt-Peroxisomen aus den Keimblättern derselben Pflanzen (GERHARDT 1973).

11.3.3. Peroxisomen anderer Pflanzengewebe

Ein mit fortschreitender Entwicklung eines Gewebes ablaufender Entwicklungsprozeß der Peroxisomen, der sich in einer Änderung der Organellendichte äußert, wurde außer für Blatt-Peroxisomen (Kap. 11.3.2.) auch für Peroxisomen anderer Pflanzengewebe festgestellt. MOORE und BEEVERS (1974), die Peroxisomen aus einer Zellsuspensionskultur der Sojabohne isolierten, beobachteten vom Beginn der logarithmischen Wachstumsphase bis zum Eintritt der Kultur in die stationäre Phase eine Verschiebung der Position des Aktivitätsmaximums der partikulären Katalase am Saccharose-Dichtegradienten von der Dichte 1,21 g/cm³ zur Dichte 1,23 g/cm³ (Verschiebung des Aktivitätsmaximums der Cytochromoxidase von der Dichte 1,17 g/cm³ zur Dichte 1,18 g/

cm³). Außerdem zeigte das Aktivitätsprofil der Katalase eine Schulter im Dichtebereich 1,16—1,19 g/cm³, die im Verlauf der logarithmischen Wachstumsphase in ihrer Ausprägung zurücktrat und zu Beginn der stationären Phase nicht mehr nachzuweisen war. Die Befunde zur Entwicklung der Peroxisomen in der Zellsuspensionskultur der Sojabohne entsprechen ganz den Befunden zur Entwicklung der Blatt-Peroxisomen im Primärblatt des Weizens [12], und sie werden analog interpretiert als Ausdruck dessen, daß in wachsenden Zellen Vorstufen und Entwicklungsstadien der Peroxisomen erfaßt werden können. — Peroxisomen aus dem Spadix-Appendix von *Arum maculatum* haben aufgrund der Position der Aktivitätsmaxima von Katalase und Uricase am Saccharose-Dichtegradienten vor dem Blühen der Pflanze eine Dichte von 1,22 g/cm³, nach der Anthese eine Dichte von 1,23—1,24 g/cm³ (BERGER und GERHARDT 1971). Die entwicklungsabhängige Dichteänderung der Organellen ist mit einer Zunahme des mittleren Durchmessers (und der Zahl) der Microbodies korreliert (BERGER und SCHNEPF 1970). Die Dichteänderung geht nicht auf die Ausbildung der in diesem Gewebe besonders nach dem Blühen auftretenden Komplexe zwischen Microbodies und Endoplasmatischem Reticulum (Kap. 3.) zurück, da diese bei der Isolierung der Peroxisomen aufgelöst werden (BERGER und GERHARDT 1971).

Nach Eintritt von Zellsuspensionskulturen der Sojabohne in die stationäre Phase nahmen die auf das Gesamtprotein bezogenen spezifischen Aktivitäten peroxisomaler Enzyme ab (MOORE und BEEVERS 1974). Der Aktivitätsabfall war nicht begleitet von einer Zunahme der absoluten Aktivität dieser Enzyme in der löslichen Fraktion eines Zellaufschlusses oder dem Auftreten partikulärer Aktivität dieser Enzyme am Saccharose-Dichtegradienten bei einer Dichte < 1,23 g/cm³ (s. o.). Diese Befunde können darauf hindeuten, daß die Peroxisomen selektiv und wie im *Ricinus*-Endosperm (Kap. 11.3.1.1.1.) durch einen das Organell insgesamt erfassenden Prozeß abgebaut wurden (MOORE und BEEVERS 1974). Hinweise aus feinstrukturellen Untersuchungen auf einen selektiven Abbau der Microbodies einer Zelle können in den Fällen vorliegen, in denen eine Abnahme der Microbodyzahl in Abhängigkeit von geänderter Stoffwechselaktivität oder von einem Entwicklungszustand der Zelle beobachtet wurde, der nicht durch einen allgemein lytischen Prozeß charakterisiert ist.

11.4. Aktivitätsausprägung peroxisomaler Enzyme

Aufbau und Entwicklung der Peroxisomenpopulation einer Zelle sind in der Regel mit Änderungen in der Aktivitätsausprägung peroxisomaler Enzyme gekoppelt bzw. werden durch diese erfaßt. Anstiege der Enzymaktivitäten können dabei entweder auf einer *de novo*-Synthese der Enzymproteine oder auf einer Aktivierung vorliegender Enzymproteine beruhen. Aus den Ergebnissen der Untersuchungen, die zur Entscheidung zwischen diesen beiden Mög-

---

[12] Ein Unterschied in den Ergebnissen besteht allerdings darin, daß während aller Entwicklungsstadien der Zellsuspensionskultur das Aktivitätsprofil der Glycolatoxidase am Saccharose-Dichtegradienten dem Aktivitätsprofil der Katalase entsprach.

lichkeiten durchgeführt wurden, ergeben sich allerdings keine Anhaltspunkte für die Entwicklung (Morphogenese) der Peroxisomen selbst. Angaben über das Verhalten einer Peroxisomenpopulation unter Bedingungen, unter denen die Aktivitätsentwicklung peroxisomaler Enzyme gehemmt wird, fehlen. Insbesondere liegen keine eingehenden Bearbeitungen der Fragestellung vor, ob bereits bei der Biogenese der Peroxisomen vom Endoplasmatischen Reticulum die peroxisomalen Enzyme in die Organellen eingebaut werden, d. h. ob Morphogenese der Organellen und Enzymsynthese miteinander verzahnt sind oder ob die Enzyme (auch) nachträglich in die Peroxisomen eingelagert werden. Hinweise auf eine Verzahnung von Morphogenese der Peroxisomen und peroxisomaler Enzymsynthese ergeben sich aus den Untersuchungsergebnissen von GONZALEZ und BEEVERS (1974, 1976; Kap. 11.1.). Als Hinweis auf einen nachträglichen Enzymeinbau in Peroxisomen könnte z. B. der Anstieg der spezifischen Aktivität glyoxysomaler Enzyme in der Glyoxysomenfraktion des *Ricinus*-Endosperms (Kap. 11.3.1.1.1.) interpretiert werden oder das Auftreten einer nur Katalase tragenden Vorstufe der Blatt-Peroxisomen im Primärblatt des Weizens (Kap. 11.3.2.). Werden die Peroxisomen als Partikeln und ihre Enzyme unabhängig oder teilweise unabhängig voneinander gebildet, ergibt sich die Frage nach dem Erkennungsmodus, über den die Enzyme ihren Lokalisationsort finden.

11.4.1. De novo-Synthese oder Aktivierung peroxisomaler Enzyme

Untersuchungen zur Beeinflußbarkeit eines mit der Ausbildung einer Peroxisomenpopulation verbundenen Aktivitätsanstieges peroxisomaler Enzyme durch Inhibitoren der Proteinsynthese ergaben stets eine Hemmung des Aktivitätsanstieges. Doch ist im Einzelfall daraus nicht eindeutig abzuleiten, daß dem Aktivitätsanstieg eine *de novo*-Synthese des betreffenden Enzyms zugrunde liegt. Denn einerseits kann für Cycloheximid, das in den meisten Untersuchungen als Inhibitor der Proteinsynthese eingesetzt wurde, eine hemmende Wirkung auch auf andere Stoffwechselprozesse als die Proteinsynthese und eine dadurch bedingte Beeinflussung der Aktivitätsausprägung eines Enzyms nicht sicher ausgeschlossen werden (vgl. ELLIS und MACDONALD 1970), andererseits kann der Ablauf einer Enzymaktivierung von der *de novo*-Synthese eines „Aktivierungsproteins" abhängen. Ob dem Aktivitätsanstieg eines peroxisomalen Enzyms eine *de novo*-Synthese des Enzymproteins zugrunde liegt, wurde mittels Dichtemarkierung des Enzymproteins mit Deuterium, ^{18}O oder ^{15}N nur in einigen Fällen untersucht. Die *de novo*-Synthese während des Aufbaues der Peroxisomen-(Glyoxysomen-)population ist durch Dichtemarkierung belegt für die Isocitratlyase und die Malatsynthetase der Kotyledonen des Erdnußkeimlings (GIENTKA-RYCHTER und CHERRY 1968, LONGO 1968), die Isocitratlyase der Kotyledonen des Wassermelonenkeimlings (HOCK 1970 a, 1970 b) sowie die Katalase des Maisscutellums (QUAIL und SCANDALIOS 1971) und der Kotyledonen des Sonnenblumenkeimlings (GERHARDT und BETSCHE 1976). Für die Katalase der Kotyledonen des Sonnenblumenkeimlings wurde außerdem die *de novo*-Synthese während der ersten Keimungstage über den Einbau von 5-Amino-(4-^{14}C)lävulinsäure und von ³H-Leucin in das Enzym nachgewiesen (BETSCHE 1975, GERHARDT und BETSCHE 1976). Für bestimmte Stämme von *Chlorella fusca (pyrenoidosa)*, bei denen nach Wachstum auf Acetat Isocitratlyase ca. 7⁰/o des löslichen Proteins bzw. ca. 1⁰/o des Trockengewichts betragen kann (JOHN und SYRETT 1968 b), konnte gezeigt werden, daß der Aktivitätsanstieg der Isocitratlyase während der Adaptation der Alge an Acetat mit dem Auftreten einer neuen Proteinbande im Proteinmuster nach Polyacrylamidgel-Elektrophorese verbunden ist (SYRETT 1966, McCULLOUGH und JOHN 1972 a). Da eine dem Auftreten der Isocitratlyasebande quantitativ proportionale Abnahme einer anderen Proteinbande, d. h. eine inaktive Vorstufe der Isocitratlyase nicht nachzuweisen war (McCULLOUGH und JOHN 1972 a), wird eine adaptive *de novo*-Synthese der Isocitratlyase angenommen (McCULLOUGH und JOHN 1972 a, 1972 b). Während der Adaptation von *Saccharomyces cerevisiae* an aerobe Bedingungen geht dem Aktivitätsanstieg der Katalase ein Einbau von ⁵⁹Fe und diesem ein Einbau von ³H-Leucin in ein Protein voraus, das mit Katalase-Antikörpern präzipitierbar ist (ZIMNIAK *et al.* 1975). Das heißt, die aktive Katalase wird über eine hämatinfreie und eine hämatinhaltige Zwischenstufe während der Adaptationsphase synthetisiert.

Gegen die Auffassung, aufgrund der vorliegenden Befunde den Aktivitätsanstieg peroxisomaler Enzyme beim Aufbau der Peroxisomenpopulation einer Zelle generell mit einer *de novo*-Synthese der Enzyme zu verbinden, sprechen Ergebnisse, die HOCK (1973 b, 1974 b) an der glyoxysomalen Malatdehydrogenase der Kotyledonen des Wassermelonenkeimlings erhielt. In das Enzym, das über seine Aktivität erst ab dem 2. Keimungstag nachweisbar ist und dessen Aktivitätsanstieg durch Cycloheximid gehemmt wird (vgl. aber o.), wurden weder Aminosäuren aus einem ¹⁴C-Proteinhydrolysat eingebaut noch konnte eine Dichtemarkierung des Enzyms in Versuchen mit D₂O festgestellt werden. Demgegenüber war für ungekeimte Samen die Reaktion eines Proteins mit Antikörpern nachzuweisen, die gegen die glyoxysomale Malatdehydrogenase gewonnen worden waren. Das Protein besaß partielle Identität mit glyoxysomaler Malatdehydrogenase. Diese Befunde sprechen stärker für eine Bildung der glyoxysomalen Malatdehydrogenase aus einer inaktiven Vorstufe, d. h. für eine Aktivierung des Enzyms während der Keimung des Wassermelonensamens und weniger für eine *de novo*-Synthese des Enzyms (HOCK 1974 b). Allerdings liegen nach den serologischen Ergebnissen in dem ungekeimten Samen wahrscheinlich niedrigere Antigenmengen vor als in den Kotyledonen 4 Tage alter Keimlinge.

11.4.2. Zeitlicher Ablauf von Transkription und Translation peroxisomaler Enzyme

Untersuchungen zur Abhängigkeit des Aktivitätsanstieges peroxisomaler Enzyme von einer RNA-Synthese stehen unter dem Gesichtspunkt festzustellen, ob Transkription und Translation der Enzyme zeitlich miteinander gekoppelt oder zeitlich gegeneinander versetzt ablaufen — wobei als Ausdruck der Translation der Aktivitätsanstieg gewertet, d. h. eine *de novo*-Synthese der Enzyme vorausgesetzt wird [13]. Eine zeitliche Trennung von Transkription und Translation würde eine langlebige mRNA erfordern. — Der Grad der Hemmung der RNA-Synthese, der unter dem Einfluß spezifischer Inhibitoren erzielt wurde, variiert stark, was z. T. auf den unterschiedlichen Methoden bei der Inhibitorapplikation sowie den unterschiedlichen Konzentrationen und Einwirkungszeiten der Inhibitoren beruhen kann.

Eine Hemmung des keimungsabhängigen Aktivitätsanstieges der Isocitratlyase durch Actinomycin D wurde am Ricinus-Endosperm (LADO et al. 1968), am Megagametophyten von Pinus-Arten (VINCENZINI et al. 1973, BILDERBACK 1974) sowie an Kotyledonen der Keimlinge von Arachis hypogaea (GIENTKA-RYCHTER und CHERRY 1968) und Gossypium hirsutum (SMITH et al. 1974, vgl. aber IHLE und DURE 1972, s. u.) erhalten und für die glyoxysomalen Enzyme in den Aleuronzellen der Weizenkaryopse nachgewiesen (DOIG et al. 1975). Daß die hemmende Wirkung des Actinomycin D auf den Aktivitätsanstieg der Isocitratlyase mit einer gehemmten RNA-Synthese korreliert war, wurde für das Ricinus-Endosperm durch den gehemmten Einbau von ^{32}P in RNA (LADO et al. 1968), für die Erdnußkotyledonen durch den gehemmten Einbau von 2-^{14}C-Uridin in RNA (GIENTKA-RYCHTER und CHERRY 1968) belegt. An Kotyledonen von Cucumis sativus erhielten ROBERG und BECKER (1975, BECKER, persönliche Mitteilung) für verschiedene Inhibitoren der RNA-Synthese bei Variation der Inhibitorkonzentrationen eine Korrelation zwischen der Hemmung der RNA-Synthese (bestimmt über den Einbau von ^{14}C-Uridin in RNA) und der Hemmung des Aktivitätsanstiegs glyoxysomaler Enzyme. In Chlorella fusca, in der die Enzyme des Glyoxylatzyklus bei Überführung der Alge auf Acetat nur während eines bestimmten Entwicklungsstadiums induzierbar sind (McCULLOUGH und JOHN 1972 a), hemmte 6-Methylpurin den Einbau von Adenin in RNA momentan, den Aktivitätsanstieg der Isocitratlyase einer Exponentialfunktion folgend. Aus dieser errechnete sich eine Halbwertszeit der mRNA der Isocitratlyase von ca. 35 Minuten (McCULLOUGH und JOHN 1972 b).

Gegenüber den dargelegten Befunden, die auf einen zeitlich gekoppelten Ablauf von Transkription und Translation peroxisomaler Enzyme hinweisen, stehen Ergebnisse von Untersuchungen, in denen die Beeinflußbarkeit des Aktivitätsanstieges peroxisomaler Enzyme durch Actinomycin D detaillierter, d. h. in Abhängigkeit von der Keimlingsentwicklung, verfolgt wurde. HOCK und BEEVERS (1966) untersuchten den Einfluß von Actinomycin D (und Cycloheximid) auf die Aktivität der Isocitratlyase und der Malatsynthetase in Abhängigkeit vom Entwicklungsstadium der Kotyledonen des Wassermelonenkeimlings. Actinomycin D hemmte den sich über 3—4 Tage erstreckenden Aktivitätsanstieg der Enzyme — im Gegensatz zu Cycloheximid — nur dann, wenn es während sehr früher Keimungsstadien appliziert wurde. Bereits nach 1$^{1}/_{2}$ Tagen Keimung wurden der Aktivitätsanstieg der Isocitrat-

---

[13] Die meisten der vorliegenden Untersuchungsergebnisse ließen sich auch unter dem Gesichtspunkt der Transkription und Translation eines für eine Enzymaktivierung erforderlichen „Aktivierungsproteins" (Kap. 11.4.1.) interpretieren. Auf diese Möglichkeit wird im einzelnen nicht weiter eingegangen werden.

lyase und der Malatsynthetase durch das Antibioticum nicht mehr beeinflußt, obwohl eine Wachstumshemmung der Keimlinge erfolgte. Dieser Befund weist darauf hin, daß die für die beiden Enzymsynthesen (*de novo*-Synthese nachgewiesen für Isocitratlyase; HOCK 1970 b) erforderlichen mRNA-Species nur innerhalb eines begrenzten Zeitraumes zu Keimungsbeginn synthetisiert werden und daß es sich bei diesen um stabilere mRNA handelt, die während des weiteren Aktivitätsanstieges ständig wiederverwendet wird (HOCK und BEEVERS 1966). Anhand der Daten zum Aktivitätsabfall der Enzyme nach dem Aktivitätsmaximum am 3./4. Keimungstag ergibt sich eine Halbwertszeit für die beiden mRNA-Species von 2—3 Tagen. Untersuchungen zur Wirkung von Actinomycin D auf den Aktivitätsanstieg der Glycolatoxidase in ergrünenden Kotyledonen des Sonnenblumenkeimlings ergaben zu den Befunden von HOCK und BEEVERS (1966) analoge Ergebnisse (GERHARDT 1974 a). Actinomycin D hemmte — im Gegensatz zu Cycloheximid — den Aktivitätsanstieg des Enzyms nur, wenn es vor dem Entwicklungszeitpunkt appliziert wurde, zu dem der Licht-stimulierte Aktivitätsanstieg blattperoxisomaler Enzyme einsetzt. Für die Wirkungslosigkeit des Actinomycin D nach diesem Entwicklungszeitpunkt konnten eine gehemmte Aufnahme oder eine Photodestruktion des Antibioticums in den ergrünenden Keimblättern als Ursache ausgeschlossen werden. Die Befunde weisen somit darauf hin, daß in den Keimblättern der Sonnenblume der Aktivitätsanstieg der Glycolatoxidase zeitlich nicht mit der Synthese erforderlicher RNA (mRNA) gekoppelt ist und diese während eines früheren Keimungsstadiums — und unabhängig vom Licht — erfolgt (GERHARDT 1974 a). In Kotyledonen des *Sinapis*-Keimlings, in denen der Anstieg blattperoxisomaler Enzymaktivitäten 36 Stunden nach Aussaat einsetzt und die von diesem Zeitpunkt an mit Actinomycin D behandelt wurden, betrug nach 24 Stunden Actinomycin D-Behandlung und Belichtung die Hemmung der Glycolatoxidaseaktivität ebenfalls nur ca. 5%, während die lichtabhängige Anthocyansynthese zu ca. 60% gehemmt war (GERHARDT 1974 a). CERFF (1974) fand nach 60 Stunden Actinomycin D-Behandlung und Belichtung eine ca. 30prozentige Hemmung der Hydroxypyruvatreductaseaktivität bei ungehemmten Aktivitäten der NADP- und NAD-abhängigen Triosephosphatdehydrogenasen. Der Aktivitätsanstieg der Isocitratlyase in den Kotyledonen des Senfkeimlings wurde durch Actinomycin D, geboten während des Anstiegs der Enzymaktivität, nicht gehemmt bei gleichzeitiger Hemmung der Anthocyansynthese (KAROW und MOHR 1967).

Ein wesentlich ausgeprägterer zeitlicher Abstand zwischen Aktivitätsanstieg peroxisomaler Enzyme und Synthese der entsprechenden mRNA als nach den Befunden von HOCK und BEEVERS (1966) sowie GERHARDT (1974 a) liegt nach Untersuchungen von IHLE und DURE (1972) in den Kotyledonen der Baumwolle vor (vgl. aber SMITH *et al.* 1974; s. o.). Diese Autoren erhielten mit Actinomycin D — im Gegensatz zu Versuchen mit Cycloheximid — keine Hemmung des Aktivitätsanstieges der Isocitratlyase während der Keimung, obwohl die Synthese von RNA gehemmt wurde (DURE und WATERS 1965, WATERS und DURE 1966). Da sich isolierte Embryonen unreifer Baumwollsamen keimungsartig entwickeln, konnte an Embryonen, die aus Samen verschiedenen Reifungsgrades isoliert wurden, die Wirkung von Actinomycin D auf den Aktivitätsanstieg der Isocitratlyase in Abhängigkeit vom Reifungsgrad der Samen untersucht werden. Auf diese Weise gelang es, den Zeitpunkt festzulegen, zu dem während der Samenreifung die Synthese der zur Isocitratlyase führenden mRNA beendet ist [14]. Der Zeitpunkt liegt ca. 20 Tage vor abgeschlossener Samenreifung, wenn der Embryo ca. 65% seiner Endgröße erreicht hat und in den Kotyledonen des Embryos auch DNA-Synthese und Zellteilung eingestellt werden. Die unter normalen Entwicklungsbedingungen bis zum Ende der Samenreifung bzw. bis zur Keimung erforderliche Repression der Translation der Isocitratlyase soll durch Abscisinsäure bewirkt werden, die nach beendeter Transkription im Gewebe der Samenanlage nachzuweisen ist. Durch Abscisinsäure konnte auch die Aktivitätsentwicklung der Isocitratlyase in den Kotyledonen der aus unreifen Samen isolierten Embryonen gehemmt werden. Den Befunden zur Transkription und Translation der Isocitratlyase in den Kotyledonen der Baumwolle ganz entsprechende Befunde wurden von TESTER (1976) für die Isocitratlyase in den Kotyledonen der Sojabohne mitgeteilt. — In synchronisierter *Euglena gracilis,* in der während aller Entwicklungsstadien die Enzyme des Glyoxylatzyklus induzierbar sind (vgl. aber *Chlorella fusca,* s. o.), konnte mit Hemmstoffen der RNA-Synthese der Aktivitätsanstieg dieser Enzyme nach Induktion mit Acetat nicht gehemmt, d. h. eine mit dem Aktivitätsanstieg gekoppelte Transkription dieser Enzyme nicht nachgewiesen werden (WOODWARD und MERRETT 1975).

12. Regulation peroxisomaler Enzymaktivitäten

Bekannte Faktoren, die auf die Aktivität peroxisomaler Enzyme steuernd und regulierend einwirken, sind Licht, Phytohormone und Stoffwechselprodukte. Die Regulation peroxisomaler Enzymaktivitäten muß jedoch nicht Ausdruck einer Regulation der Größe der Peroxisomenpopulation einer Zelle sein. Untersuchungsergebnisse zu einer Regulation der Entwicklung der Peroxisomen als morphologischer Einheit, d. h. ihrer Morphogenese, liegen nur für den Faktor Licht vor.

Die regulatorische Wirkung des Lichts (Phytochroms) und der Phytohormone ist generell nicht nur eine Funktion dieser Faktoren selbst, sondern auch eine Funktion des Entwicklungs- bzw. Differenzierungszustandes der Zelle und dadurch gegebener spezifischer Parameter. Demzufolge zeigen diese regulierend wirkenden Faktoren eine variable, differenzierungsabhängige Wirkungsspezifität. So äußert sich z. B. die Regulation der Katalase im Primärblatt des Getreidekeimlings durch Licht oder Kinetin in einer Aktivitätssteigerung (FEIERABEND und BEEVERS 1972 a, DE BOER und FEIERABEND 1974). In der Koleoptile des Getreidekeimlings dagegen wird in Verbindung mit der durch Licht oder Kinetin beschleunigten Alterung des Organs der Aktivitätsabfall

---

[14] Nach verschiedenen Befunden ist die durch Actinomycin D bedingte Hemmung des Aktivitätsanstieges der Isocitratlyase auf die Hemmung einer mRNA-Synthese und nicht die einer rRNA-Synthese zurückzuführen (IHLE und DURE 1972).

der Katalase stimuliert (DE BOER und FEIERABEND 1974, FEIERABEND 1975). — Zur Abhängigkeit der Substratinduktion glyoxysomaler Enzyme vom Entwicklungszustand einer Zelle liegen für synchronisierte Algenkulturen unterschiedliche Befunde vor (Kap. 11.4.2.).

12.1. Regulation durch Licht

Die Leitenzyme der Blatt-Peroxisomen, Glycolatoxidase und Hydroxypyruvatreductase zeigen bei Belichtung etiolierter (Keim-)Blätter in der Regel einen stark ausgeprägten Aktivitätsanstieg, der der Chlorophyllbildung und der Aktivitätsentwicklung der Chloroplastenenzyme parallel verläuft (u. a. TOLBERT und BURRIS 1950, FILNER und KLEIN 1968, FEIERABEND und BEEVERS 1972 a, GRUBER *et al.* 1972, 1973, KAGAWA *et al.* 1973 b, MURRAY *et al.* 1973, DE BOER und FEIERABEND 1974, FEIERABEND und SCHRADER-REICHHARDT 1976, Kap. 11.3.1.2.). Für mitochondriale und/oder cytoplasmatische Enzyme wurde während des Ergrünens etiolierter (Keim-)Blätter keine (FEIERABEND und BEEVERS 1972 a, KAGAWA *et al.* 1973, DE BOER und FEIERABEND 1974) oder ebenfalls eine Aktivitätssteigerung (FILNER und KLEIN 1968, SCHOPFER *et al.* 1975) festgestellt. Das Ausmaß der lichtabhängigen Aktivitätssteigerung blattperoxisomaler Leitenzyme variiert zwischen dem 1—10-fachen Betrag der Aktivität der Dunkelkontrollen. Es zeigt u. a. Abhängigkeit vom Sortenmaterial (GERHARDT 1973, DRUMM und SCHOPFER 1974, FEIERABEND 1975) und von der Beleuchtungsstärke (FEIERABEND und BEEVERS 1972 a).

Das Aktivitätsverhalten der Katalase während des Ergrünens etiolierter Blätter entspricht — abgesehen von der Katalase in fettreichen, ergrünenden Kotyledonen (Kap. 11.3.1.2.) — prinzipiell dem der charakteristischen blattperoxisomalen Enzyme (FEIERABEND und BEEVERS 1972 a, GRUBER *et al.* 1972, 1973, MURRAY *et al.* 1973, DE BOER und FEIERABEND 1974). Doch liegen Anzeichen dafür vor, daß womöglich eine unabhängige Regulation der verschiedenen Enzyme der Blatt-Peroxisomen erfolgt (Kap. 11.3.2.; vgl. aber u.). — Die Aktivitätsdifferenzen zwischen blattperoxisomalen Enzymen aus etiolierten und belichteten Blättern lassen sich auch in den isolierten Peroxisomenfraktionen dieser Blätter nachweisen (SCHNARRENBERGER *et al.* 1971, FEIERABEND 1975). Veränderungen der physikalischen Eigenschaften der Blatt-Peroxisomen bei Belichtung etiolierter Blätter wurden in Kap. 11.3.2. behandelt (vgl. aber auch u.).

Die lichtstimulierte Aktivitätssteigerung blattperoxisomaler Enzyme, die normalerweise in Koordination mit der Chloroplastenentwicklung abläuft (FEIERABEND 1972, DE BOER und FEIERABEND 1974), ist nicht von einer Strahlungsabsorption durch Chlorophyll oder von der Ausbildung eines funktionstüchtigen photosynthetischen Apparats abhängig. Das heißt, die Entwicklung der Blatt-Peroxisomen (Kap. 11.3.2.) ist nicht an die Entwicklung der Chloroplasten gekoppelt bzw. durch diese reguliert (vgl. auch DAVIS und MERRETT 1975, vgl. aber u.) und erfordert keinen induzierenden Einfluß der Photosynthese, obwohl Stoffwechselreaktionen der Blatt-Peroxisomen (Kap. 8.2.1., 8.2.2.) in direkter Abhängigkeit zur Photosynthese stehen. Dieser Befund er-

gibt sich aus verschiedenen Untersuchungsergebnissen. Der lichtstimulierte
Aktivitätsanstieg blattperoxisomaler Enzyme ist auch nach nur kurzfristiger
(5—10 Minuten) Belichtung etiolierter Blätter zu beobachten (FILNER und
KLEIN 1968, FEIERABEND und BEEVERS 1972 a, KAGAWA et al. 1973, BETSCHE
1975), nach der der lichtabhängige Aktivitätsanstieg der Photosyntheseenzyme
ebenfalls nachzuweisen ist (FILNER und KLEIN 1968, FEIERABEND und PIRSON

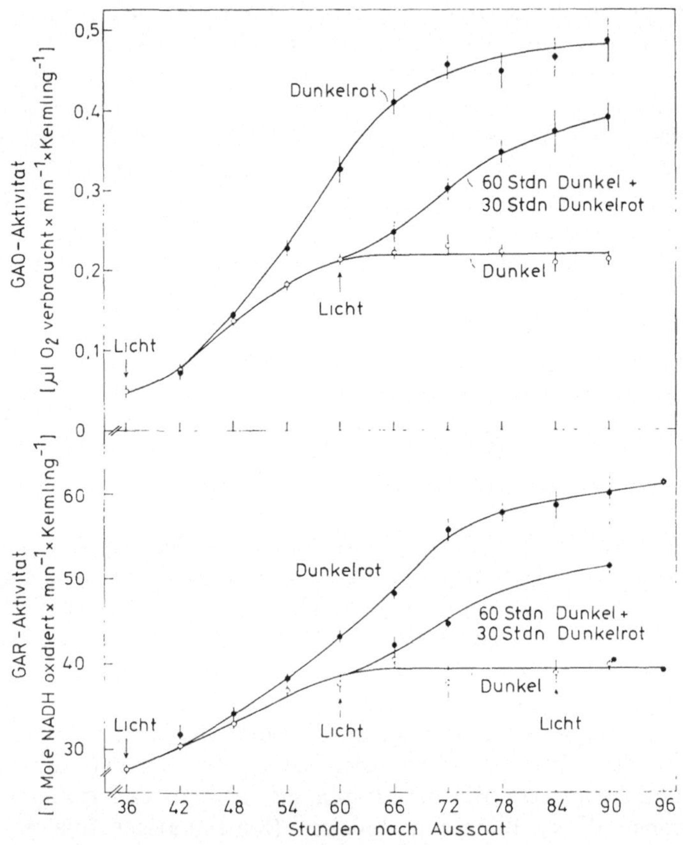

Abb. 12.1. Aktivitätsentwicklung der Glycolatoxidase (*GAO*) und der Hydroxypyruvatreductase (*GAR*) im Senfkeimling bei Anzucht der Keimlinge im Dunkeln (○— —○) oder
im Standard-Dunkelrot (●— —●). — Aus: VAN POUCKE et al. 1970.

1966), die Chlorophyllbildung aber nur ca. 1% des Wertes nach kontinuierlicher Bestrahlung beträgt (FEIERABEND und BEEVERS 1972, KAGAWA et al.
1973, BETSCHE 1975). Der Aktivitätsanstieg der Glycolatoxidase und der
Hydroxypyruvatreductase im Licht waren auch in Gegenwart von Aminotriazol nachzuweisen, das die Chloroplastenentwicklung — nicht aber die
Blattentwicklung — hemmt (FEIERABEND und BEEVERS 1972 a). 70s-Ribo-
somen, Fraktion-I-Protein, Chlorophyll- und Granabildung sind in den Plastiden Aminotriazol-behandelter Blätter nicht nachzuweisen (BARTELS et al.
1967). Gegenüber D(-)threo-Chloramphenicol als spezifischem Hemmstoff der

plastidären Proteinsynthese (ELLIS 1969) zeigten blattperoxisomale Enzyme relative Unempfindlichkeit (FEIERABEND und BEEVERS 1972 a). Durch eine Hemmstoffkonzentration, die in Primärblättern der Bohne die Bildung von Photosyntheseenzymen und die Ausbildung der Thylakoide zu $\geq$ 80% hemmte, wurde der lichtstimulierte Aktivitätsanstieg blattperoxisomaler Enzyme nicht beeinflußt (MURRAY et al. 1973). Jedoch hemmte D(-)threo-Chloramphenicol in den Kotyledonen des *Sinapis*-Keimlings den Aktivitäts-anstieg der Hydroxypyruvatreductase im „Standard-Dunkelrot" (s. u.) glei-chermaßen wie den der plastidären NADP-abhängigen Triosephosphatdehy-drogenase, während die cytoplasmatische NAD-abhängige Triosephosphat-

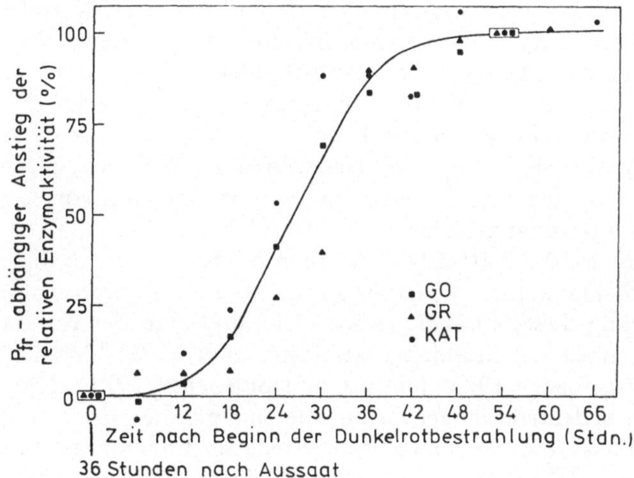

Abb. 12.2. Kinetik der korrelierten Aktivitätsstimulierung von Glycolatoxidase (*GO*), Hydroxypyruvatreductase (*GR*) und Katalase (*KAT*) in den Kotyledonen des Senfkeimlings bei Bestrahlung der Keimlinge mit Standard-Dauerdunkelrot. Wiedergegeben ist die Differenz zwischen der Aktivitätsentwicklung der Enzyme im Standard-Dauerdunkelrot und im Dauer-dunkel in Prozent zur maximalen Differenz nach 54 Stunden Bestrahlungsdauer. Bestrah-lungsbeginn 36 Stunden nach Aussaat der Samen. — Aus: DRUMM und SCHOPFER 1974.

dehydrogenase eine ungehemmte Aktivitätsentwicklung zeigte (CERFF 1973, 1974). Für das Primärblatt des Roggenkeimlings war der lichtstimulierte Akti-vitätsanstieg blattperoxisomaler Enzyme auch dann nachzuweisen, wenn die Kultur der Keimlinge bei erhöhter Temperatur (32°; Licht) erfolgte und so aufgrund der unter diesen Bedingungen spezifisch gehemmten Synthese der 70s-Ribosomen Chloroplastenentwicklung und Chlorophyllbildung unter-drückt wurden (FEIERABEND und SCHRADER-REICHHARDT 1976). Peroxisomen der Dichte 1,23 g/cm³ waren aus den chlorotischen Blättern zu isolieren.

Der lichtstimulierte Aktivitätsanstieg der Glycolatoxidase, Hydroxypyru-vatreductase und Katalase wird über das Phytochromsystem gesteuert, wie in wiederholten Hellrot/Dunkelrot-Induktions-/Reversionsexperimenten nachge-wiesen wurde (KLEIN 1969, VAN POUCKE und BARTHE 1970, FEIERABEND 1972, 1975, DRUMM und SCHOPFER 1974, SCHOPFER et al. 1975). Da kinetische Untersuchungen zur regulatorischen Wirkung des Effektors P_{fr} eine stationäre Konzentration an P_{fr} voraussetzen, werden Untersuchungen zur regulatorischen Wirkung des Phytochroms vielfach im „Standard-Dunkelrot" (MOHR 1966) ausgeführt. An die Stelle des Hellrot/Dunkelrot-Induktions-/Reversions-experiments tritt eine kontinuierliche Dunkelrotbestrahlung ($\lambda_{max} = 740$ mm, 3,5 W/m²; SCHOPFER *et al.* 1975), die optimal die phytochromabhängige, über P_{fr} als Effektor wirkende Hochintensitätsreaktion (Hochenergiereaktion) auslöst (MOHR 1972, MOHR *et al.* 1974) und bei der sich ein *steady-state* des Phytochromsystems einstellt mit einer zwar niedrigen, für phytochromabhängige Regulationsprozesse — zumindest im Senfkeimling — aber ausreichenden P_{fr}-Konzentration (MOHR 1972, MOHR *et al.* 1974). Da im „Standard-Dunkelrot" gegenüber einer kontinuierlichen Hellrot- oder Weißlichtbestrahlung die Photohydrierung von Protochlorophyllid zu Chlorophyllid nur sehr verlangsamt abläuft (MASONER *et al.* 1972, MOHR 1972), sind im „Standard-Dunkelrot" phytochromabhängige Photoreaktionen ohne gleichzeitige Induktion der Photosynthese zu untersuchen.

Werden *Sinapis*-Keimlinge im Dauerdunkel angezogen, setzt 36 Stunden nach Aussaat in den Kotyledonen ein Aktivitätsanstieg von Glycolatoxidase und Hydroxypyruvatreductase ein (VAN POUCKE und BARTHE 1970, VAN POUCKE *et al.* 1970, CERFF 1973). Werden die Keimlinge zu diesem Zeitpunkt in „Standard-Dunkelrot" überführt, beginnt die phytochromabhängige Aktivitätssteigerung dieser Enzyme (Abb. 12.1.) und auch der Katalase nach einer *lag*-Phase von ca. 12 Stunden (VAN POUCKE *et al.* 1970, VAN POUCKE und BARTHE 1970, CERFF 1973, DRUMM und SCHOPFER 1974). Die Dauer dieser *lag*-Phase ist bedeutend länger als die, die zum gleichen Entwicklungszeitpunkt für die *lag*-Phase anderer phytochromgesteuerter Enzymaktivitäten beobachtet wird. Die Kinetiken der phytochromabhängigen Aktivitätssteigerung von Glycolatoxidase, Hydroxypyruvatreductase und Katalase zeigen gute Übereinstimmung (Abb. 12.2.; DRUMM und SCHOPFER 1974) und weisen damit auf eine koordiniert ablaufende Steuerung dieser Enzymaktivitäten durch Phytochrom hin. Dieser Befund steht im Gegensatz zu Ergebnissen, die an anderen Objekten in Untersuchungen zur Entwicklung der Blatt-Peroxisomen im Primärblatt erhalten wurden. Nach diesen besteht eine gewisse Unabhängigkeit im Aktivitätsverhalten bzw. in der Regulation von Katalase einerseits sowie Glycolatoxidase und Hydroxypyruvatreductase andererseits (Kap. 11.3.2.).

Im Hypokotyl des *Sinapis*-Keimlings, für das auch phytochromabhängige morphogenetische Reaktionen und Microbodies nachgewiesen sind, reagieren Glycolatoxidase und Katalase auf „Standard-Dunkelrot" im Vergleich zu den Enzymen der Kotyledonen in einer qualitativ unterschiedlichen Weise (VAN POUCKE und BARTHE 1970, DRUMM und SCHOPFER 1974). Glycolatoxidase zeigte keine Aktivitätsveränderung im „Standard-Dunkelrot" gegenüber der Dunkelkontrolle. Der im Dunkeln mit der Hypokotylstreckung verbundene Aktivitätsanstieg der Katalase wurde im „Standard-Dunkelrot" zusammen mit der Hypokotylstreckung gehemmt. Das Isoenzymmuster der Katalase im Hypokotyl wies keine Unterschiede auf für im Dunkeln oder im „Standard-Dunkelrot" aufgezogene Keimlinge (Kap. 11.3.1.2.).

Nach Untersuchungsergebnissen am Primärblatt von Getreidekeimlingen sind die lichtstimulierten Aktivitätsentwicklungen der Katalase, Glycolatoxidase und Hydroxypyruvatreductase — zumindest bei diesem Objekt — nicht nur auf eine Strahlungsabsorption durch Phytochrom zurückzuführen (FEIERABEND 1972, 1975). Hellrot/Dunkelrot-Inversions-/Reversionsexperimente belegten die Abhängigkeit vom Phytochromsystem. Doch kontinuierliche Bestrahlung der Keimpflanzen mit Dunkelrot-, Rot- oder Blaulicht gleicher Quantenstromdichte ergab die niedrigsten Enzymaktivitäten im Dunkelrot, die höchsten im Blau, die den Enzymaktivitäten entsprachen, die auch unter Weißlichtbestrahlung ausgebildet wurden. Im Dauerdunkelrot konnten auch bei erhöhter Intensität die Enzymaktivitäten der mit Weißlicht bestrahlten Pflanzen nicht erzielt werden. In einer „Hochintensitätsreaktion", die auf eine Strahlungsabsorption durch Phytochrom zurückgeht, entsprechen sich aber bei gleicher Quantenstromdichte des eingestrahlten Lichtes das Ausmaß der im Blau und im Dunkelrot erzielten Wirkung (MOHR 1972). Jedoch sind auch Blaulichtwirkungen bekannt, deren Photorezeptor nicht im Phytochrom gesehen wird (MOHR 1972). Die Identität des unter kontinuierlicher Blaulichtbestrahlung im Primärblatt des Getreidekeimlings wirksamen Photorezeptors ist nicht geklärt (FEIERABEND 1975). Da im kontinuierlichen Blau- oder Rotlicht eine Chlorophyllsynthese abläuft, ist eine Funktion des Chlorophylls bzw. photosynthetischer (Folge-)Reaktionen für die Aktivitätsentwicklung der blattperoxisomalen Enzyme unter diesen Bedingungen nicht auszuschließen. Sie wird jedoch insbesondere für die Rotlichtwirkung diskutiert (FEIERABEND 1975), da Aminotriazol die Aktivitätsentwicklung der blattperoxisomalen Enzyme im kontinuierlichen Blaulicht nur geringfügig, im kontinuierlichen Rotlicht (oder Dunkelrotlicht) aber stärker hemmte.

Das von der gebotenen Lichtqualität abhängige Ausmaß der Aktivitätsstimulierung blattperoxisomaler Enzyme im Primärblatt des Weizenkeimlings konnte entsprechend auch für die isolierten Blatt-Peroxisomen nachgewiesen werden (FEIERABEND 1975). Blatt-Peroxisomen, die aus kontinuierlich mit Blau-, Rot- oder Dunkelrotlicht bestrahlten Primärblättern isoliert wurden, sedimentierten am Saccharose-Dichtegradienten unterschiedslos und im Gegensatz zu den (Blatt-)Peroxisomen der Dunkelkontrollen (Kap. 11.3.2.) in einer scharfen Bande bei der Dichte 1,25 g/cm^3 (FEIERABEND 1975). Das heißt, die Entwicklung der Blatt-Peroxisomen zum vollausgebildeten Organell ist nur vom Licht, nicht aber von der Lichtqualität abhängig. Das für verschiedene Lichtqualitäten unterschiedliche Ausmaß des Aktivitätsanstieges blattperoxisomaler Enzyme wird daher auf eine unterschiedliche Organellenzahl und nicht auf eine unterschiedliche Differenzierung der Blatt-Peroxisomen zurückgeführt (FEIERABEND 1975). — Malatdehydrogenase, die in den (Blatt-)Peroxisomen aus Primärblättern etiolierter Weizenkeimlinge nicht auftritt (vgl. aber LEGRIS und TSAI 1975), war in den Blatt-Peroxisomen aus Primärblättern der Keimlinge, die mit Blau-, Rot- oder Dunkelrotlicht kontinuierlich belichtet worden waren, stets nachzuweisen (FEIERABEND 1975).

Eine Beeinflussung glyoxysomaler Enzymaktivitäten durch Weißlicht wurde vor allem an fettreichen Kotyledonen beobachtet (Kap. 11.3.1.2.; u. a. SCHNARRENBERGER et al. 1971, KAGAWA et al. 1973 b, KAGAWA und BEEVERS 1975). Werden diese Kotyledonen belichtet, nachdem die glyoxysomalen

Enzyme ihr Aktivitätsmaximum erreicht haben, erfolgt in der Regel der Aktivitätsabfall der glyoxysomalen Enzyme beschleunigt im Vergleich zum Aktivitätsabfall dieser Enzyme in den Kotyledonen von Dunkelkeimlingen. Eine Hemmung des Aktivitätsanstiegs der Isocitratlyase durch Weißlicht wurde an Kotyledonen des Wassermelonenkeimlings festgestellt. Diese Befunde werden in Verbindung mit Ergebnissen aus *in vitro*-Untersuchungen zur Regulation glyoxysomaler Enzymaktivitäten durch Metabolite meist als Ausdruck einer Regulation glyoxysomaler Enzymaktivitäten durch Photosynthese(folge)produkte interpretiert (Kap. 12.3.). Eine Steuerung der Aktivitäten von Isocitratlyase oder Malatsynthetase über das Phytochromsystem konnte für die Kotyledonen des Senfkeimlings nicht nachgewiesen werden (KAROW und MOHR 1967; BAJRACHARYA 1974, zit. nach SCHOPFER *et al.* 1975). — KINDL und MAJUNKE (1973 b) fanden für die Isocitratlyase und Malatsynthetase des Laubblatts der Linse (Kap. 8.1.2., 11.3.1.2.) eine Steigerung der Aktivitäten bei Belichtung etiolierter Pflanzen. In *Euglena gracilis* sollen die spezifischen, auf das Peroxisomenprotein bezogenen Aktivitäten der glyoxysomalen Leitenzyme durch den Übergang von heterotropher zu photoheterotropher Ernährung nicht beeinflußt werden bei gleichzeitigem Anstieg der Microbodyzahl pro Zelle (WHITE und BRODY, 1974; Kap. 11.3.1.2.).

12.2. Regulation durch Phytohormone

Untersuchungen zur hormonalen Regulation der Aktivitätsausprägung peroxisomaler Enzyme beschränkten sich bisher ausschließlich auf den Nachweis einer Beeinflussung dieser Enzymaktivitäten an sich durch Phytohormone. Eine eingehendere Kausalanalyse der Phytohormonwirkung — wie sie z. B. für die gibberellinsäureabhängige Stärkemobilisierung in der Gerstenkaryopse durchgeführt wurde (Zusammenfassungen: JONES, 1973; MAYER und SHAIN, 1974) — liegt für Phytohormonwirkungen auf peroxisomale Enzymaktivitäten nicht vor.

Die *Bedeutung des Embryos* als möglicher Phytohormonquelle für die Regulation der Fettmobilisierung und die Aktivitätsausbildung glyoxysomaler Enzyme im Endosperm des keimenden *Ricinus*-Samens wurde eingehender von HUANG und BEEVERS (1974) sowie MARRIOTT und NORTHCOTE (1975 a, 1975 b) untersucht. MARRIOTT und NORTHCOTE (1975 a, 1975 b) konnten weder einen deutlichen Einfluß des Embryos auf den Fettstoffwechsel im Endosperm noch auf den Aktivitätsverlauf oder die Aktivität glyoxysomaler Enzyme nachweisen (vgl. auch TANNER und BEEVERS 1965). HUANG und BEEVERS (1974) fanden für das Endosperm des völlig embryofreien *Ricinus*-Samens nach 5tägiger Entwicklungsdauer gegenüber der Kontrolle eine 70prozentige Reduktion der Aktivität glyoxysomaler Enzyme und eine wesentlich erhöhte Zuckerakkumulation. Da eine vollständige Entfernung des Embryos aus trockenen Samen nur unter Verletzung der inneren Oberfläche des Endosperms möglich war, wurde auch Endosperm in die Untersuchungen einbezogen, das sich mit anhaftendem distalen Teil der Kotyledonen entwickelte, da so eine Verletzung des Endosperms bei der Entfernung des Embryos vermieden werden konnte. Die Aktivität glyoxysomaler Enzyme und die Zuckerakkumulation in diesen embryofreien Proben entsprachen nach 5 Entwicklungstagen im wesentlichen denen der intakten Kontrollen. Glyoxysomen wurden für das sich ohne Embryo entwickelnde Endosperm nachgewiesen. Die Ursache für die verminderte Aktivitätsausbildung glyoxysomaler Enzyme in dem völlig embryofreien Endosperm wird teils in der Verletzung des Endosperms, teils in dem Fehlen eines Sinks für den kontinuierlichen Abzug der gebildeten Zukker (Kap. 8.1.1.1.) und in der dadurch bedingten Zuckerakkumulation gesehen (HUANG und BEEVERS 1974). Denn die Aktivität der Isocitratlyase konnte *in vivo* verschiedentlich durch Glucosegabe gedrosselt werden (Kap. 12.3.). — Nach diesen Befunden geht im *Ricinus*-Samen vom Embryo kein hormonales Signal aus, das die Aktivitätsausbildung der glyoxysomalen Enzyme reguliert bzw. ihre koordinierte Aktivitätsentwicklung steuert. Andererseits fanden MARRIOTT und NORTHCOTE (1975 a, 1975 b) in Gegenwart oder Abwesenheit des Embryos einen deutlichen, stimulierenden Effekt der Gibberellinsäure auf die Aktivitätsausbildung der glyoxysomalen Enzyme.

Auf die Isocitratlyase des Megagametophyten (primären Endosperms) von *Pinus ponderosa* wirkte sich das Entfernen des Embryos in einem verzögerten Aktivitätsanstieg und in einer um 50—60% erniedrigten Aktivität aus (BILDERBACK 1974). Ersatz des Embryos durch ein künstliches Sink (vgl. o.) steigerte die spezifische Aktivität der Isocitratlyase im embryofreien Gametophyten nicht. Dagegen stimulierte ein Diffusat aus Embryonen die spezifische Aktivität des Enzyms in embryofreien Gametophyten. Es wird daher angenommen, daß für die Aktivitätsausbildung der Isocitratlyase im Megagametophyten von *Pinus ponderosa* dem Embryo eine regulatorische Funktion zukommt (BILDERBACK 1974). Indol-3-essigsäure, Gibberellin, Benzylaminopurin oder Abscisinsäure konnten die stimulierende Wirkung des Embryodiffusats nicht ersetzen. — Eine Abhängigkeit der Aktivitätsausbildung glyoxysomaler Enzyme vom Embryo wurde auch für die Aleuronzellen der Weizenkaryopse festgestellt (DOIG *et al.* 1975). Der Embryo konnte in diesem Falle durch *Gibberellinsäure* ersetzt werden, deren Synthese im Embryo und deren regulatorische Funktion in den Aleuronzellen der Getreidekaryopse gut untersucht sind (Zusammenfassung: JONES 1973). Ein stimulierender Einfluß der Gibberellinsäure auf die Aktivität der Isocitratlyase wurde ferner an Kotyledonen der Hasel (PINFIELD 1968, GALSKY und POTEMPA 1973) und an Kotyledonen der Mandel (HAWKER und BUNGEY 1976) festgestellt. — Angaben zum Einfluß von Gibberellinsäure auf die Microbodyzahl einer Zelle liegen für die Aleuronzellen der Gersten- (JONES 1969 b, 1969 c) und der Weizenkaryopse (DOIG *et al.* 1975) vor. JONES (1969 c) beobachtete eine Zunahme der Microbodyzahl während der Sekretionsphase der Aleuronzellen, die jedoch im Rahmen der die gesamte Zellstruktur betreffenden Hormonwirkung zu sehen ist. DOIG *et al.* (1975) konnten die durch Gibberellinsäure stimulierte Isocitratlyaseaktivität der Aleuronzellen des Weizens nicht eindeutig mit einer veränderten Microbodyzahl korrelieren.

Die Wirkung von *Kinetin* (Cytokininen) auf die Aktivität blattperoxisomaler Enzyme während der Entwicklung des Primärblattes des etiolierten Roggenkeimlings bestimmten FEIERABEND (1972) sowie DE BOER und FEIERABEND (1974) in Zusammenhang mit Untersuchungen zum Einfluß des Phytohormons auf die Aktivität kompartimentspezifischer Enzyme. Wurzellose und dadurch an Cytokininen verarmte Keimlinge zeigten für alle untersuchten Enzyme verminderte Aktivität; Kinetinapplikation zu wurzellosen Keimlingen resultierte in einer Aufhebung dieser Hemmungen. Doch ergaben sich kompartimentspezifische Unterschiede. Die Enzyme der Blatt-Peroxisomen zeigten außerdem untereinander abweichende Reaktion auf das Phytohormon. Glycolatoxidase und Hydroxypyruvatreductase reagierten auf Cytokininverarmung bzw. Kinetinapplikation wesentlich empfindlicher als Katalase und analog den Photosyntheseenzymen. Dieser Befund weist wiederum darauf hin, daß die blattperoxisomalen Leitenzyme und Katalase im Getreidekeimling einer gewissen unabhängigen Regulation unterliegen (Kap. 11.3.2.) Da eine Abhängigkeit der Aktivitätsentwicklung der blattperoxisomalen Enzyme von der Chloroplastenentwicklung prinzipiell nicht besteht (Kap. 12.1.), sehen DE BOER und FEIERABEND (1974) die Wirkung des Cytokinins in einer generellen Steuerung, die zur koordinierten Entwicklung des Blattes als eines photosynthetisch funktionsfähigen Organs führt und u. a. koordinierend Enzyme erfaßt, die mit dem photosynthetischen Stoffwechsel (Photosynthese und Photorespiration) verbunden sind. — Für die Gewebekultur eines Zellklons von *Nicotiana tabacum* wird angegeben, daß durch Umsetzen der Kultur von einem Medium mit 2,4-Dichlorphenoxyessigsäure als Wuchsstoff auf ein Medium mit Kinetin und Auxin als Wuchsstoffen die Bildung von Microbodies in den Zellen induziert werden kann (MATSUSHIMA 1972). Die nur für das Gewebe auf kinetinhaltigem Medium veröffentlichten elektronenmikroskopischen Aufnahmen zeigen neben Microbodies auch voll entwickelte Chloroplasten. BERGMANN (1967) weist darauf hin, daß 2,4-Dichlorphenoxyessigsäure als Wuchsstoff sehr ungeeignet ist, um grüne, autotrophe Gewebekulturen zu erhalten. Beide Befunde zusammengenommen ergeben ebenfalls einen Hinweis darauf, daß durch Kinetin eine Entwicklung zu photosynthetischer Funktionsfähigkeit gesteuert wird, die koordinierend Microbody- und Chloroplastenentwicklung umfaßt.

THEIMER *et al.* (1976) untersuchten den regulatorischen Einfluß des Kinetins (Cytokinins) auf glyoxysomale und blattperoxisomale Enzyme in den Kotyledonen des etiolierten Sonnenblumenkeimlings während der Entwicklungsphase, in der der Übergang der Peroxisomen von glyoxysomaler zu blattperoxisomaler Funktion erfolgt (Kap. 11.3.1.2.). Die Befunde für die blattperoxisomalen Enzyme entsprechen qualitativ denen, die auch DE BOER und FEIERABEND (1974) für diese Enzyme am Primärblatt des Roggenkeimlings erhalten hatten. Der in dem untersuchten Entwicklungsstadium des Sonnenblumenkeimlings in den Kotyledonen einsetzende Aktivitätsabfall der Isocitratlyase und der Katalase wurde durch Cytokininverarmung der etiolierten Keimlinge verstärkt und konnte durch Kinetinapplikation gestoppt werden. Die kinetinabhängige Aktivitätsstimulierung der Glycolatoxidase und der Hydroxypyruvatreductase in den Kotyledonen etiolierter, wurzelloser Keimlinge war über den untersuchten Konzentrationsbereich (10^{-7} — 10^{-4} M) proportional der Kinetinkonzentration. Die Kinetinwirkung auf die Aktivitäten von Isocitratlyase und Katalase zeigte dagegen ein Optimum bei 10^{-5} M Kinetin. Weitere Unterschiede in der Wirkung des Kinetins auf blattperoxisomale und glyoxysomale Enzymaktivitäten ergaben sich darin, daß die Kinetinwirkung auf die blattperoxisomalen Enzymaktivitäten durch Cycloheximid hemmbar und Kinetin durch Auxin, Gibberellinsäure oder Abscisinsäure nicht zu ersetzen war, während die Kinetinwirkung auf die glyoxysomalen Enzymaktivitäten durch Cycloheximid nicht gehemmt wurde und Kinetin durch Auxin, Gibberellinsäure oder Abscisinsäure (nicht hinsichtlich Isocitratlyase) ersetzt werden konnte (THEIMER *et al.* 1976). Nach diesen Befunden an den Kotyledonen des Sonnenblumenkeimlings unterliegen glyoxysomale und blattperoxisomale Enzyme innerhalb einer Zelle einer qualitativ unterschiedlichen regulatorischen Wirkung durch Kinetin.

Angaben über Effekte der *Abscisinsäure* auf die Aktivitäten peroxisomaler Enzyme liegen in Verbindung mit Untersuchungen zur regulatorischen Wirkung anderer Phytohormone vor (s. o.). Allgemein wurde eine hemmende Wirkung der Abscisinsäure auf die Aktivitätsentwicklung der Isocitratlyase festgestellt (GALSKY und POTEMPA, 1973, BILDERBACK 1974, SCHRAUWEN und SONDHEIMER 1975, TESTER 1976, THEIMER *et al.* 1976). In reifenden Samen der Baumwolle unterdrückt Abscisinsäure nach IHLE und DURE (1972, vgl. auch TESTER 1976, vgl. aber SMITH *et al.* 1974; Kap. 11.4.2.) die Translation der Isocitratlyase. — Unter dem Einfluß von *Äthylen* wurde in Zellen der Abscisionszone der Blütenstiele des Tabaks eine Auflösung der Microbodymembran und eine Auflockerung der Matrix der Microbodies beobachtet, bevor Änderungen in der Feinstruktur anderer Zellorganellen festzustellen waren (VALDOVINOS *et al.* 1972 a).

12.3. Regulation durch Metabolite

Eine direkte Beeinflußbarkeit der Aktivität peroxisomaler Enzyme durch Metabolite als positive oder negative Effektoren wurde *in vitro* wiederholt nachgewiesen (Kap. 7.3.). Doch ist die Bedeutung dieser Befunde hinsichtlich der Regulation der peroxisomalen Enzymaktivitäten *in vivo* nicht geklärt. Für Aktivitätsänderungen peroxisomaler Enzyme, die *in vivo* durch bestimmte Substrate des Stoffwechsels verursacht werden, sind die zugrunde liegenden Regulationsmechanismen weitgehend unbekannt. Eine ausgeprägte Abhängigkeit peroxisomaler Enzymaktivitäten von spezifischen Substraten läßt sich insbesondere bei Algen und Pilzen nachweisen (Kap. 9., 10.).

Für eine — indirekte — regulatorische Wirkung glycolytisch verwertbarer Zucker auf glyoxysomale Enzyme höherer Pflanzen liegen einige Hinweise vor. Im *Ricinus*-Endosperm (LADO *et al.* 1968) und in fettreichen Kotyledonen (LADO *et al.* 1968, HOCK 1969, LONGO und LONGO 1970 a) sind Isocitratlyase und Malatsynthetase nach Inkubation des Gewebes bzw. der Organe mit 0,1 M Glucoselösung in ihrer Aktivitätsentwicklung spezifisch gehemmt. Die reduzierte Aktivität glyoxysomaler Enzyme in einem Endosperm des *Ricinus*-Samens, das sich ohne Embryo entwickelt (Kap. 12.2.), führen HUANG und BEEVERS (1974) u. a. auf die durch das Fehlen eines Sinks bedingte, nachweisbare Zuckerakkumulation in diesem Endosperm zurück. HOCK (1969) wertet die an Kotyledonen des Wassermelonenkeimlings im Weißlicht beobachtete Hemmung der Isocitratlyaseaktivität — die nicht über das Phytochromsystem gesteuert wird (KAROW und MOHR 1967, SCHOPFER *et al.* 1975) — als Ausdruck einer Regulation des Enzyms durch Photosyntheseprodukte, da *lag*-Phase der Hemmung und Ausbildungsphase des photosynthetischen Apparates miteinander korrelierten. Hemmung der Photosynthese führte bei photoautotroph gezogener *Chlamydomonas segnis,* für die bei Anzucht unter 5% CO_2 Isocitratlyase nachzuweisen ist (BADOUR und WAYGOOD 1971), zu einem 2fachen Anstieg der Isocitratlyaseaktivität, Akkumulation von Glycolat nach Hemmung der Glycolatoxidase zu einem Abfall der Isocitratlyaseaktivität (GODAVARI *et al.* 1973). *In vitro* wird die Isocitratlyase dieser Alge u. a. durch 3-Phosphoglycerat nichtkompetitiv, durch Glycolat kompetitiv gehemmt (FOO *et al.* 1971). Kein Einfluß der Photosynthese auf die Aktivitäten von Isocitratlyase und Malatsynthetase wurde bei *Euglena gracilis* nach Überführung der Alge von heterotrophen in photoheterotrophe Anzuchtbedingungen beobachtet (WHITE und BRODY 1974, vgl. aber COLLINS und MERRETT 1975).

In *Chlorella fusca,* die heterotroph auf Acetat gezogen wurde, wird bei Zusatz von Glucose zum Nährmedium oder bei Übergang der Alge zu photosynthetischer Aktivität die Isocitratlyaseaktivität sofort maximal gehemmt. Nach Hemmung der Transkription durch 6-Methylpurin steigt die Hemmung der Isocitratlyaseaktivität dagegen mit der Zeit (McCULLOUGH und JOHN 1972 b). Aufgrund dieser Befunde wird als Ursache der Hemmung der Isocitratlyaseaktivität durch die Metabolite eine Hemmung der Translation des Enzyms vermutet (McCULLOUGH und JOHN 1972 b). Nach anderen Untersuchungsergebnissen an *Chlorella fusca* soll die durch Glucose verursachte Hemmung der Isocitratlyaseaktivität auf einer Inaktivierung und einem selektiven, den Turnover überschreitenden Abbau des Enzyms beruhen (JOHN *et al.* 1970, THURSTON *et al.* 1973). — Untersuchungen an *Neurospora crassa* führten zu der Auffassung, daß die Synthesen von Isocitratlyse(-1) und Malatsynthetase durch Metabolit-Repression und nicht durch Acetat-Induktion reguliert werden (FLAVELL und WOODWARD 1971, BEEVER 1975, vgl. auch WITT *et al.* 1966). FLAVELL und WOODWARD (1971) sehen den Repressor in einem glycolytischen Zwischenprodukt; nach BEEVER (1975) ist eine dem Glyoxylat- und dem Citratzyklus gemeinsame C_4-Säure der Repressor.

Die Ausbildung blattperoxisomaler Enzymaktivitäten im Licht erfolgt unabhängig von der Ausbildung photosynthetischer Aktivität (Kap. 12.1.), die jedoch für die Glycolatsynthese erforderlich ist (Kap. 8.2.1.). Der lichtabhängigen Aktivitätssteigerung der Glycolatoxidase kann daher keine Substratinduktion zugrunde liegen. Entsprechend konnte eine Aktivitätssteigerung der Glycolatoxidase bzw. -dehydrogenase im Dunkeln durch Fütterung von Glycolat auch nicht erzielt werden (KUCZMAK und TOLBERT, 1962, CODD und MERRETT 1970, ROCHA und TING 1970 b, FEIERABEND und BEEVERS 1972 a). Für einen Stamm von *Euglena gracilis,* der im Licht auf Glycolat als einziger Kohlenstoffquelle zu wachsen vermag, wurden unter diesen Anzuchtbedingungen keine erhöhten Aktivitäten von Glycolatdehydrogenase oder Hydroxypyruvatreductase gemessen im Vergleich zu den Aktivitäten, die diese Enzyme nach Anzucht der Alge auf Glucose oder mit CO_2 aufwiesen (MURRAY *et al.* 1971). WILD und MÜLLER (1974) diskutieren jedoch für die Glycolatdehydrogenase einer *Chlorella*-Mutante, die nur im Licht ergrünt, einen dualen Regulationsmechanismus, der außer einer Induktion der Enzymsynthese über das Phytochromsystem auch eine Aktivierung des Enzyms durch Glycolat beinhaltet.

Die Bildung von Allantoin und Allantoinsäure als Speicher- und Transportformen organisch gebundenen Stickstoffs erfolgt über den Purinstoffwechsel (Kap. 8.4.), und die Akkumulation des Allantoins in den Adventivwurzeln des Blattstecklings von *Phaseolus coccineus* ist u. a. vom Stickstoffangebot abhängig (MOTHES und ENGELBRECHT 1956). Für die Uricaseaktivität der Adventivwurzeln wiesen THEIMER und HEIDINGER (1974) eine lineare Abhängigkeit vom Logarithmus der Stickstoffkonzentration des Mediums nach, d. h. Änderungen der Stickstoffkonzentration hatten nur geringen regulatorischen Einfluß. Eine spezifische Regulation der Uricase liegt außerdem wahrscheinlich nur im Rahmen einer spezifischen Regulation der Assimilation des anorganischen Stickstoffs vor. Die Abhängigkeit der Uricaseaktivität von der Stickstoffversorgung der Adventivwurzeln ließ sich auch für die partikulär zu isolierende Enzymaktivität nachweisen, d. h. die induzierte Aktivität war Microbody gebunden. Die Katalaseaktivität der Adventivwurzeln erwies sich weitgehend als unabhängig von dem Stickstoffangebot im Medium. — Untersuchungen zur Regulation der Enzyme des Purinabbaues in *Aspergillus nidulans* (SCAZZOCCHIO und DARLINGTON 1968) und in *Neurospora crassa* (REINERT und MARZLUF 1975) ergaben ein Regulationsmuster, das für Uricase, Allantoinase und Allantoicase Substratinduktion und Endproduktrepression (durch NH_4^+) beinhaltet. Für *Saccharomyces cerevisiae*, die auf Allantoin als einziger Stickstoffquelle wachsen kann, wurde Induktion der Allantoin abbauenden Enzyme durch Allophansäure — das letzte Zwischenprodukt des Allantoinabbaues zu Glyoxylat, CO_2 und NH_3 — nachgewiesen (COOPER und LAWTHER 1973). Die Repression der Allantoin abbauenden Enzyme durch NH_4^+ wird nicht in einer Repression durch NH_4^+ an sich, sondern in einer Repression, bedingt durch gebildete Aminosäuren, gesehen (BOSSINGER *et al.* 1974).

13. Assessment

Recent studies on the cell organelle called *microbody* or *peroxisome* (depending on the investigators' point of view) have accumulated a considerable body of information on this organelle of plant cells. A detailed account of the current state of knowledge on the morphology, biochemistry, and development of plant microbodies/peroxisomes as well as aspects concerning the integration of the activity of these organelles into the overall metabolism of plant cells are given in the preceding chapters. The intent of this final chapter is to summarize data on these various topics under predominantly generalizing points of view and to present some conclusions.

Microbodies are cell organelles of rather simple structure (Chap. 2.1.) ranging from 0.2 to 1.5 µm in diameter. They are limited by a single smooth membrane of the "unit membrane" type and possess a homogeneous, finely granular matrix of moderate electron opacity. Within the matrix various sorts of inclusions may occur depending upon the plant species and the cell type (Chap. 2.2.). Amorphous and crystalloid inclusions are perhaps the most common. One further characteristic of the microbody is the intimate spatial association of this organelle with the endoplasmic reticulum as well as with other organelles in certain cells (Chap. 3.). This phenomenon is thought to be related to the ontogenesis of the microbody and to specific metabolic interactions between microbodies and other cell organelles.

Single-membrane bound organelles may also be identified *in situ* as microbodies by enzyme cytochemistry since catalase is localized within these particles. There is general agreement that catalase can be demonstrated specifically by its peroxidatic activity *in situ* using 3,3'-diaminobenzidine as substrate and appropriate reaction conditions and controls to exclude an oxidation of 3,3'-diaminobenzidine by other heme proteins (Chap. 5.1.). However, the knowledge of the appropriate reaction conditions and controls may still be advanced further. Numerous cytochemical studies showed that catalase is localized exclusively in microbodies (Chap. 5.2.) On the other hand, there are also some reports on contrary results. Up to now, however, there is no unambiguous evidence, either from enzyme cytochemistry or from biochemical data, that cell compartments other than microbodies house catalase or that the enzyme does not occur within microbodies—provided the cell contains this enzyme at all.

The term microbody was introduced to designate a special type of cell organelle characterized by its morphological properties. Also, microbodies are probably the only cell compartment housing catalase. However, cell organelles containing one or more H_2O_2-forming oxidases in addition to catalase have been classified as *peroxisomes* by DE DUVE (Chap. 1.1.). This classification is based on the biochemical properties of a special type of cell organelle. By morphological criteria peroxisomes are microbodies. On the other hand, microbodies do not always meet the definition of peroxisomes (Chap. 1.1.; Fig. 1.2.). As far as plant microbodies are concerned the only proved exception is the microbody of *Euglena gracilis* when the alga is grown under conditions where it does not synthesize the marker enzyme catalase (Chap. 1.1., 9.1.).

Microbodies are considered to be regular organelles of plant cells (Chap. 4.1.). This assumption appears justified because of the occurrence of microbodies in different types of plant cells and in a large number of taxonomically diverse species of the plant kingdom (Tab. 4.1.–4.4.). Studies directed towards demonstration of microbodies in plant cells gave negative results in only very few cases. Data on the absolute number of microbodies per plant cell vary considerably, ranging from one microbody to several hundreds of microbodies per cell (Chap. 4.2.). The most reliable investigations state the occurrence of a single microbody per cell for some green algae, or a few microbodies per cell for higher plants. It is well established that the number of microbodies per cell can vary greatly depending on the developmental stage of the cell or its metabolic activity (Chap. 8., 9., 10., 11.3.).

Although microbodies/peroxisomes are regular organelles of plant cells, the information on their *function* is fragmentary. Among the peroxisomes of higher plants two types with highly specialized functions are known which occur only in particular tissues and are characterized by enzymes supplementary to those common to plant peroxisomes. Peroxisomes of fat-storing cells of seeds, called *glyoxysomes,* are engaged in the mobilization of fat by converting fatty acids into succinat during germination. In mesophyll cells the peroxisomes, called *leaf peroxisomes,* house enzymes involved in the metabolism of glycolate, a product of photosynthesis and the substrate of photorespiration. A substantial part of the carbon flow of both these cell types passes through peroxisomes (as discussed later on). In contrast, on the basis of the present information on the enzyme complement no clearly definable or strictly proved metabolic function can be attributed to the peroxisomes of most tissues (Chap. 8.3.). By and large, these non-specialized plant peroxisomes are known at present to contain only the common plant peroxisomal enzymes (Tab. 8.7.). (However, it may turn out one day that their metabolic capabilities are diverse or that the importance of the common plant peroxisomal enzymes becomes better understood with regard to the overall metabolism of the cell.)

The *basic enzymatic complement of the peroxisome*—H_2O_2-producing oxidase(s) and catalase—can be linked functionally in the manner shown on page 2 (Chap. 1.1.). According to this scheme peroxisomes catalyze a peroxide-mediated type of respiration (*"peroxisomal respiration"*; Chap. 8.3.). However, peroxisomes are not the only site of hydrogen peroxide metabolism of the cell. H_2O_2 is formed also by oxidase activities or by the action of superoxide dismutases outside the peroxisomes, and this extraperoxisomal H_2O_2 can be destroyed by peroxidases. H_2O_2-forming oxidases generally associated with plant peroxisomes are the flavoprotein *glycolate oxidase* (its occurrence in peroxisomes of fungi has so far been documented only in one case) and the cuproprotein *uricase* (Tab. 8.2., 8.5., 8.7., 9.1., 10.1.). The function of glycolate oxidase is unknown except in the case of the enzyme of leaf peroxisomes which exhibits higher activity as compared with the glycolate oxidase of non-specialized peroxisomes or the one of glyoxysomes. Furthermore, no data exist concerning the substrate flow *in vivo* through a glycolate oxidase-catalase system of non-specialized peroxisomes. The association of *uricase* with peroxisomes initiated studies on the subcellular localization of other enzymes of purine catabolism. Allantoinase and allantoicase were detected in some plant peroxisomes (Chap. 8.4.; Tab. 8.8.). These findings suggest that the peroxisome is involved in the breakdown of purines. Further work is however needed to establish this function as a general one and to determine the extent to which purines are catabolized through the peroxisomal system. There are also H_2O_2-forming oxidases associated only with peroxisomes of certain cells. Acyl-CoA oxidase occurs only in glyoxysomes (Chap. 8.1.1.2.2., 8.1.1.2.3.). In yeasts which can grow on methanol as a carbon source an alcohol oxidase is induced which is localized in the peroxisomes (Chap. 10.3.). This enzyme catalyzes the entry of methanol into an assimilatory and dissimilatory pathway. No other enzymes of the methanol pathways are known to be associated with the peroxisomes.

Catalase can act in a catalatic or peroxidatic reaction depending on the reaction conditions. There are no studies concerned with the prevailing reaction conditions in plant peroxisomes. However, some data indicate that in glyoxysomes and leaf peroxisomes catalase may act by its catalatic rather than by its peroxidatic activity (Chap. 7.3.1.). The oxidation of methanol by peroxidatic activity of catalase was demonstrated for cell-free preparations of methanol-oxidizing yeast (Chap. 10.3.). But this peroxidatic activity of catalase enhancing the utilization of methanol is not proved to occur in the peroxisomes. In many cases, cytochemical studies on catalase demonstrated that crystalloid and fibrillar inclusions of plant microbodies are stained more intensely than the matrix of the organelles (Chap. 7.4.1.). This finding suggests a concentration of catalase in these inclusions. But according to data obtained from studies on the intraparticular localization of peroxisomal enzymes, catalase is not enriched in these inclusions (Chap. 7.4.1.). For that reason—and because catalase is not a membrane-bound enzyme—catalase is considered to be a matrix enzyme of the plant peroxisome (Tab. 7.13.). There is no direct evidence for the association of a known enzyme of plant peroxisomes with any inclusion of these organelles.

The *enzyme complement of glyoxysomes,* which is more extensive than that common to peroxisomes, fits them for an important metabolic role in the fat mobilization in fatty tissues. During germination of seeds the stored immobile fat is converted into sucrose which is utilized by the growing embryo. The reaction sequence of this metabolic process involves β-oxidation, the glyoxylate cycle, the conversion of succinate to malate and thence to oxaloacetate, and the gluconeogenetic pathway from oxaloacetate to sucrose. The enzymes involved are localized in different cell compartments (Fig. 8.2.). The glyoxysomes contain an alkaline lipase and the enzymes of fatty acid activation, β-oxidation, and the glyoxylate cycle (Chap. 8.1.1.2.1., 8.1.1.2.2.; Tab. 8.1., 8.3.; Fig. 7.9., 8.2.). In fat-storing cells of seeds the glyoxylate cycle is localized exclusively in the glyoxysomes. Therefore, isocitrate lyase and malate synthetase as the key enzymes of the glyoxylate cycle are used as marker enzymes to identifiy this specialized type of plant peroxisomes. The occurrence of malate synthetase only within microbodies was demonstrated also by enzyme cytochemistry (Chap. 5.2.3.). Enzymes specific for the citric acid cycle do not occur in glyoxysomes (Chap. 8.1.1.2.1.). Citrate synthetase and malate dehydrogenase, enzymes belonging both to the citric acid cycle and the glyoxylate cycle, show mitochondrial and glyoxysomal isozymes in fatty tissues (Chap. 7.3.5., 7.3.8.).

The glyoxysomes of the castor bean endosperm and probably those of pine megagametophytes are also the only site of β-oxidation in these tissues (Chap. 8.1.1.2.2., 8.1.2.). In contrast, it was reported for the maize scutellum that β-oxidation activity was associated with the glyoxysomes and the mitochondria (Chap. 8.1.2.). This discrepancy may be explained by the assumption that the mitochondrial fraction of the maize scutellum was contaminated by broken glyoxysomes, since it is known from studies on castor bean endosperm that broken glyoxysomes contaminate the mitochondrial fraction and that the β-oxidation system is localized in the glyoxysomal membrane (Chap. 7.4.2.; Fig. 7.9.). But it may also be that β-oxidation activity is also associated with mitochondria in those fatty tissues which are part of the embryo itself. This assumption is supported by some experimental data.

In the castor bean endosperm 65% of the fatty acid carbon is converted into the carbon-skeleton of sucrose (Chap. 8.1.1.1.). This corresponds to 90% of the theoretical yield since 25% of the carbon is lost as CO_2 in the gluconeogenetic pathway. This remarkably efficient conversion is due to the fact that acetyl-CoA formed by β-oxidation is channeled only through the glyoxylate cycle and escapes oxidation in the citric acid cycle owing to the compartmentation of β-oxidation and glyoxylate cycle in the glyoxysome. Therefore, the glyoxysomal function can be regarded as a regulatory mechanism based on compartmentation of metabolic pathways. It is an open question, however, why the site of β-oxidition and glyoxylate cycle outside the mitochondria is just the peroxisome.—In contrast to the results on castor bean endosperm the conversion of fat to carbohydrate is much less efficient in the fatty cotyledons of marrow (Chap. 8.1.1.1.). In addition, labeling experiments with 2-¹⁴C-acetate on fatty cotyledons showed that there occurs besides labeling of sucrose a rapid incorporation of label into glutamate and other compounds derived from the citric acid cycle. In the castor bean endosperm the C-2 of acetate contributes only to sucrose (acetyl-CoA synthetase is associated only with glyoxysomes in this tissue). These findings suggest that not all of the acetate or isocitrate, respectively, is channeled through the glyoxylate cycle in those fatty tissues which are part of the embryo itself, and that also the citric acid cycle plays a role in the utilization of fat in those tissues. In such cases, therefore, β-oxidation activity may be associated also with mitochondria as stated for the maize scutellum. In a fatty tissue surrounding the embryo like the castor bean endosperm or the pine megagametophyte the immobile fat has first to be totally converted into a transport form of carbon (sucrose) to be absorbed by the embryo. This necessity restricts β-oxidation activity in the endosperm to the compartment containing the glyoxylate cycle, *i.e.*, to the glyoxysome.

More than 80% of the total fatty acid content of the castor bean endosperm is ricinoleic acid. The conversion of this fatty acid to acetyl-CoA through β-oxidation requires some additional reactions (Chap. 8.1.1.2.2.; Fig. 8.6.). The breakdown of ricinoleic acid by β-oxidation stops at the C_{12}-intermediate due to its cis-β,γ-double bond and again at the C_8-intermediate due to its 2-D(—)hydroxy group. But there are indications that the glyoxysomes posses the appropriate enzymes to catabolize ricinoleic acid (at least to the level of propionate). — At the peak of the fat breakdown in the castor bean endosperm about 15 nmoles hexose are formed per minute and mg protein of endosperm (Chap. 8.1.1.1.). To account for this overall rate each enzyme of the glyoxylate cycle must be able to convert 1 μmole of substrate/min/mg glyoxysomal protein and each enzyme of the β-oxidation pathway 2 μmoles substrate/min/mg glyoxysomal protein. Measured enzyme activities are listed in Tab. 8.1. No data are available for other fatty tissues to compare the carbon flow from fat to sucrose with the corresponding glyoxysomal enzyme activities.

Succinate is the end product of the metabolic pathways occurring in glyoxysomes in connection with fat mobilization. This substance is metabolized furtheron in the mitochondria *via* the citric acid cycle (Fig. 8.2.). The modes by which succinate is directed to the mitochondria and the malate or oxaloacetate formed is channeled into the gluconeogenetic pathway localized in the cytoplasm are unknown. Different regulatory mechanisms concerning this problem are discussed (Chap. 8.1.1.1.).

The continued operation of the β-oxidation and the glyoxylate cycle in the glyoxysomes requires regeneration of oxidized FAD and NAD which are reduced in reactions of these pathways. There is convincing evidence that the $FADH_2$ undergoes autoxidation and the H_2O_2 produced is broken down by catalase (Chap. 8.1.1.2.3.). But glyoxysomes do not possess an adequate system to oxidize NADH and this reaction must therefore occur elsewhere in the cell (Chap. 8.1.1.2.3.). Glyoxysomal enzymes producing NADH are associated with the limiting membrane of the organelle (Fig. 7.9.), and this fact may be of importance for the necessary cooperation in NADH oxidation. A cooperation between glyoxysomes and mitochondria can be assumed. It is unknown whether NADH is directly transported to the mitochondria or *via* a malate-oxaloacetate (aspartate) shuttle for which the enzymes are present in glyoxysomes.

Besides the enzymes typical for peroxisomes and those involved in the known special function of glyoxysomes there exist additional enzyme activities in the glyoxysomes (Tab. 8.1., 8.2.; Chap. 8.1.1.2.4.). For example, glyoxysomes of the castor bean endosperm possess also all the enzymes typical for leaf peroxisomes but their activity is quite low. A proper interpretation of the function of these enzymes in the glyoxysomes cannot be given at present. On the other hand, there is only one report on the occurrence of isocitrate lyase and malate synthetase in leaf peroxisomes (Chap. 8.2.5.).

The glyoxylate cycle as an anaplerotic pathway effects the net formation of C_4-acids from acetyl-CoA. Its key enzymes, isocitrate lyase and malate synthetase, are inducible in algae and fungi capable of growth on C_2-compounds. On the basis of analogy with fatty tissues of seeds it seemed reasonable to assume that the peroxisomes of eukaryotic microorganisms resemble glyoxysomes under such heterotrophic growth conditions. However, a confinement of the glyoxylate cycle to the peroxisomes of these microorganisms could be proved so far only for *Euglena gracilis.* In addition, the enzymes of the β-oxidation are also confined to the peroxisomes of this alga when grown on fatty acid. Therefore, under suitable heterotrophic growth conditions the peroxisomes of *Euglena gracilis* function as glyoxysomes (Chap. 9.2.; Tab. 9.1.). Isocitrate lyase and malate synthetase could not be demonstrated in the peroxisomes of acetate- or ethanol-grown green algae (Chap. 9.2.; Tab. 9.1.). The enzymes are considered to be localized in the cytoplasm of these algae whereby a limitation of the oxidation of acetate *via* the citric acid cycle is also provided. But there may be strain-specific differences. It was reported earlier on a *Chlorella vulgaris* strain constitutive for isocitrate lyase that during growth on acetate the enzyme is removed from the soluble fraction of the cell to a particulate fraction with which the induced malate synthetase is also associated. It is assumed that only the particulate isocitrate lyase has an anaplerotic role. In derepressed mycelia of *Neurospora crassa* probably only one of the two isozymes of isocitrate lyase (Chap. 7.3.3.) increases in activity and is bound together with malate synthetase to particles identified as peroxisomes (Chap. 10.2.; Tab. 10.1.). But the peroxisomes of *Neurospora crassa* house only isocitrate lyase and malate synthetase of the glyoxylate cycle enzymes and, therefore, may or may not be regarded as glyoxysomes. Particulate activity of the key enzymes of the glyoxylate cycle is demontsrated also for some other fungi. According to most data these enzymes are to be considered as soluble enzymes in *Saccharomyces cerevisiae* (Chap. 10.2.). In summary, the peroxisomes of algae and fungi do not function generally as glyoxysomes under growth conditions inducing glyoxylate cycle activity in these organisms.

The *peroxisome of photosynthetic active cells of higher plants* is the second specialized type of plant peroxisomes. These organelles also contain a more elaborate set of enzymes (Fig. 1.2.). In photosynthetic active cells there is an intimate metabolic interplay between chloroplasts, mitochondria, and peroxisomes known as the *glycolate pathway* (Chap. 8.2.1.; Fig. 8.7.). How this interplay which results in the conversion of glycolate to phosphoglycerate is controlled is not known. Glycolate, the substrate of *photorespiration,* is synthesized in the chloroplast during photosynthesis. The available data show that glycolate biosynthesis can occur *via* oxygenation of ribulose diphosphate due to the oxygenase activity of ribulose diphosphate carboxylase or *via* oxidation of a glycolaldehyde transketolase complex of the Calvin cycle coupled to photosynthetic electron transport (Chap. 8.2.1.). According to quantitative data, glycolate synthesis occurs in the order of 50–100 μmoles glycolate/hour/mg chlorophyll (Chap. 8.2.1.). A subject of continuing debate is the question how much of the glycolate passes through the glycolate pathway releasing photorespiratory CO_2 during the conversion of glycine to serine in the mitochondria (Chap. 8.2.1., 8.2.3.). In many cases the photorespiratory CO_2 cannot be accounted for by the CO_2 generated in the operation of the glycolate pathway. There are indications that glycolate metabolism different from that known as the glycolate pathway may also evolve photorespiratory CO_2. As far as data on spinach are available the activity of most of the glycolate pathway enzymes—including those of the leaf peroxisomes—is sufficient to metabolize the glycolate (Chap. 8.2.1.; Tab. 8.4.).

The reactions of the glycolate pathway localized in the leaf peroxisome involve the oxidation of glycolate to glyoxylate, transaminations, and a dehydrogenase reaction (Chap. 8.2.2.). The oxidation of glycolate by the flavoprotein glycolate oxidase represents one of the photorespiratory O_2 uptake reactions and is linked with H_2O_2 formation. The H_2O_2 is destroyed by catalase. This cooperation of oxidase and catalase corresponds to the common characteristics of the peroxisome. However, there are indications that not all of the H_2O_2 is eliminated by catalase and that some glyoxylate is decarboxylated in a non-enzymatic oxidation by H_2O_2 (Chap. 8.2.3.). This reaction would be a contribution of the leaf peroxisome to the photorespiratory CO_2 evolution. — Glycolate oxidase as well as other photorespiratory enzymes of the leaf peroxisomes are not specific for this specialized type of plant peroxisomes. They are also found in many non-specialized peroxisomes (Chap. 8.3.) as well as in glyoxysomes, but they show quite low activities in those peroxisomes.

The aminotransferase reactions in the leaf peroxisome (glyoxylate → glycine, serine → hydroxypyruvate) occur partly by interchange of amino groups within the organelle and partly by a transfer of amino groups from outside of the organelle (Chap. 8.2.2.). The reducing equivalents needed for the reduction of hydroxypyruvate to glycerate are thought to be introduced into the leaf peroxisome by a malate-aspartate shuttle. All the necessary enzymes have been demonstrated (Chap. 8.2.2.).

The special function of the leaf peroxisome is to carry out some main reactions as well as side reactions of the glycolate pathway involving one typical peroxisomal reaction. It is still obscure, however, why the metabolic sequence of the glycolate pathway is partitioned among different organelles and why the process of photorespiration exists in plants at all. Therefore, there are missing links in an understanding of the function of the leaf peroxisome (Chap. 8.2.4.). Glycolate synthesis and photorespiration seem to be obligate for higher plants. The carbon flow through the glycolate pathway leading from glycolate to phosphoglycerate can be considered as a gluconeogenetic process preserving part of the carbon incorporated into glycolate formed as an unavoidable by-product during photosynthesis. Other functions of photorespiration may be contributions to disposal of excess reducing power and to amino acid biosynthesis. But serine and glycine can be formed directly from phosphoglycerate as they actually are in the dark. Furthermore, the glycolate pathway seems to involve ATP production during the conversion of glycine to serine in the mitochondria.

C_4 *plants* lack apparent photorespiration (Chap. 8.2.6.). But they are able to synthesize glycolate and contain substantial levels of glycolate oxidase and other photorespiratory enzymes. They also possess microbodies in their photosynthetically active cells, mesophyll cells and bundle sheath cells. However, the enzymatic composition of the peroxisomes has not yet been investigated separately for each of these two cell types having different functions in C_4 photosynthesis. Based on the available data concerning the distribution of microbodies and that of peroxisomal photorespiratory enzymes between mesophyll and bundle sheath cells, the following conclusions may be reached (Chap. 8.2.6.; Tab. 8.6.). Although the single bundle sheath cell contains more microbodies than a mesophyll cell, the mesophyll tissue has by no means a smaller number of microbodies than the bundle sheaths because of the larger number of mesophyll cells per leaf. The specific activity of the photorespiratory enzymes of C_4 plants is less than that of C_3 plants. It is higher in the bundle sheath cells of the C_4 plant than in its mesophyll cells. Since, in addition, only 30 to 50% of the microbodies of a C_4 plant leaf is localized within the bundle sheaths, the peroxisomes of the bundle sheath cells posses higher enzymatic activities than those of the mesophyll cells. That seems reasonable because the bundle sheath cells contain at least the major activity of the C_3 pathway of photosynthesis to which glycolate formation is connected. On the other hand, for five out of six C_4 plants for which calculations can be done the ratio of catalase activity to glycolate oxidase activity of mesophyll cells does not substantially differ from that of bundle sheath cells or from that of mesophyll cells of C_3 plants (Tab. 8.6.; the ratio of the two enzyme activities was introduced to distinguish peroxisomes functioning as leaf peroxisomes from other peroxisomes [Chap. 8.3.]). Based on this result it may be assumed that not only the peroxisomes of bundle sheath cells but also in many cases those of mesophyll cells of C_4 plants correspond in their function to the leaf peroxisomes of C_3 plants.

Since photoautotrophically grown *algae* are known to produce glycolate and to possess a functional glycolate pathway (Chap. 9.3.), the question was raised whether their peroxisomes functionally resemble leaf peroxisomes. In some algae the glycolate oxidizing enzyme resembles glycolate oxidase of higher plants; however, in most algae it differs in several respects, especially in that it acts as a dehydrogenase (Chap. 7.3.9.). The localization of the glycolate oxidizing enzyme in the peroxisomes is demonstrated for those algae which possess glycolate oxidase. On the other hand, algae containing glycolate dehydrogenase have compartmentalized this enzyme in the mitochondria, and the electrons of glycolate oxidation are channeled into the respiratory chain. This correlation between the character of the glycolate oxidizing enzyme and its subcellular localization seems to be a general rule (Chap. 9.3.), and can be explained by the fact that glycolate dehydrogenase does not need cooperation with catalase. In *Euglena gracilis* as the only known exception glycolate dehydrogenase is localized in the mitochondria as well as in the peroxisomes. The latter also contain the other typical enzymes of leaf peroxisomes. A definite assigment of these enzymes to mitochondria or peroxisomes in other photorespiring algae containing glycolate dehydrogenase still has to be proved.

Peroxisomes *neither possess genetic material* nor the capability of protein synthesis (Chap. 11.2.). Most data available so far suggest that the *peroxi-*

somes originate from the endoplasmic reticulum (ER), probably by a process of vesiculation (Chap. 11.1.). Microbodies generally show an intimate spatial association with the ER (Chap. 3., 11.1.). However, direct continuity between the bounding membrane of a microbody and the membrane of an ER cisterna was observed only rarely in plant cells. In contrast to the scarce ultrastructural data for the evidence of the ontogeny of microbodies, there is substantial evidence from biochemical data supporting the hypothesis that the membrane of the peroxisome is derived directly from that of the ER (Chap. 11.1.). Isolated membranes of glyoxysomes and of the ER from castor bean endosperm are strikingly similar in their polypeptide composition. The membranes compared also contain the same predominant polypeptide which is highly insoluble in detergents and is therefore thought to be the main structural protein of these membranes. Mitochondrial membranes differ from those of the ER and glyoxysomes in the polypeptide composition. Labeling kinetics of membrane proteins as well as phospholipids of the biomembranes demonstrated a precursor-product relationship between the ER and glyoxysomal membranes. However, the phospholipid composition of isolated peroxisomal membranes and of the ER show some differences. Enzymatic activities characteristic of the ER are found in peroxisome membranes with very low activity. They may, nevertheless, testify to an origin of peroxisomes from the ER. On the other hand, enzyme activities characteristic of glyoxysomal membranes are also associated with ER preparations of the castor bean endosperm during early germination. These activities disappear from the ER fraction as they increase in the glyoxysomal fraction. A precursor role of the ER during peroxisome biogenesis is also indicated by the fact that the enzymes involved in phospholipid synthesis only reside on the membranes of the ER in the castor bean endosperm. Finally, identical antigenic components were demonstrated for the ER and glyoxysomal fractions (but were not found in mitochondrial fractions) as well as for isolated membranes of glyoxysomes (and of mitochondria) and of the ER. Therefore, the results of the biochemical studies on the biogenesis of the peroxisome highly favor the concept that the *membrane of the organelle is directly derived from the ER* by a process of membrane flow. Proteins destined for the matrix of the peroxisome may be deposited into dilating ER cisternae before their budding off as isolated organelles. But experimental evidence for the inclusion of peroxisomal matrix proteins in dilating ER cisternae is still scarce. Incorporation of proteins into peroxisomes already detached from the ER raises the problem how the proteins recognize their compartment.

Growth and development of the individual peroxisome released from the ER is suggested by results of ultrastructural and biochemical studies (Chap. 11.3.). Increase of peroxisome diameter in parallel to the development of a given cell or tissue may indicate growth of this organelle. Observed increases of the buoyant density of peroxisomes which in some cases are associated with complementation of the peroxisomal enzyme equipment were interpreted as a development of the organelles from a precursor to the mature organelle. However, it was never proved in fact whether these results reflect the development of the single peroxisome or the succession of different peroxisome populations due to continuous turnover of non-growing peroxisomes. Rising peroxisomal enzyme activities due to developmental processes or varying metabolic activities of a cell can, in addition, be due to an increasing number of peroxisomes.—Growth from a particulate precursor to the mature organelle could not be demonstrated for the glyoxysomes of the castor bean endosperm by labeling experiments; however, there was also no density shift of the organelles during endosperm development (Chap. 11.3.1.1.1.). Ultrastructural studies resulted in contradictory findings on size increase of castor bean glyoxysomes.

Even more scarce than our knowledge on growth of peroxisomes is that on the *final steps of peroxisome development* in which the organelles are destroyed (Chap. 11.3.). Turnover is proved for different components of peroxisomes. But whether the determined turnover rates are a measure of the organelle turnover remains to be established. Studies on the castor bean endosperm showed that during the decline of its glyoxysome population due to the degeneration of the tissue the specific activities of the glyoxysomal marker enzymes in the glyoxysome fraction as well as the total activities of these enzymes in the soluble fraction remain constant (Chap. 11.3.1.1.1.). These findings and similar results on soybean suspension cultures at the stationary phase (Chap. 11.3.3.) are interpreted to indicate that these peroxisomes are degraded as a whole. A possible mechanism for such degradation is provided by the observations that microbodies can be sequestered into autophagic vacuoles. On the other hand, glyoxysomes of the maize scutellum not yet degenerating are thought to disappear by losing their structural integrity and releasing their not immediately degraded enzymes into the cytoplasm (Chap. 11.3.1.1.2.).

In discussing the studies on *regulatory mechanisms involved in peroxisome development* two aspects have to be distinguished. One of them concerns the regulation of development of the peroxisome as a compartment. The second aspect concerns the mechanism(s) controlling and regulating the activity of enzymes housed within that compartment. The two processes may depend on each other. However, there are results indicating that the development of the peroxisomes themselves and their enzymes can be independendly controlled (Chap. 10.3., 11.3.1.1.1., 11.3.2., 11.3.3.). In addition, individual peroxisomal enzymes may develop separately or sequentially.

In almost all cases, labeling experiments showed that the increase of the investigated peroxisomal enzyme activity was due to a *de novo*-synthesis of that enzyme (Chap. 11.4.1.). Inhibitor studies demonstrated for the activity increase a dependency from the translation of newly transcribed RNA if the inhibitor was added at the beginning of the rise in activity (Chap. 11.4.2.). Results of more detailed investigations on developing cotyledons suggest that the rise in peroxisomal enzyme activities in that organ depends on the reutilization of a relatively *stable mRNA* which is produced for only a limited time during early germination. There are also reports that the transcription of mRNA which directs the synthesis of isocitrate lyase already occurs during seed development and that the translation of this mRNA is prevented by abscisic acid until completion of embryogenesis and seed maturation.

Metabolites influence the activity of peroxisomal enzymes as positive or negative effectors *in vitro* (Chap. 7.3.). The importance of those findings for *control and regulation of peroxisomal enzyme activities in vivo* has been scarcely investigated (Chap. 12.3.). Induction or repression of peroxisomal enzyme activities by certain substrates or metabolites, respectively, is best shown for microorganisms (Chap. 9., 10.). Growth on those substrates also induces the formation of microbodies, while these organelles are rare or even absent when the same microorganisms are grown on other substrates. Independence of organelle and enzyme induction was demonstrated for a mutant of *Candida boidinii* which is unable to grow on methanol because it lacks the alcohol oxidase localized within the peroxisomes (Chap. 10.3.). After incubation of this mutant in a methanol medium many microbodies are observed in the cells in contrast to mutant cells grown on glucose or ethanol.

For higher plants, repression of glyoxysomal enzyme activities by fermentable substrates was shown or indicated by different experiments (Chap. 12.3.). Development of peroxisomes under control of the metabolic activity of the cell is especially obvious for fatty tissues of seeds. Their glyoxysomes develop in parallel to the fat mobilization during germination (Chap. 11.3.1.). The glyoxysome development and the increase in activity of glyoxysomal enzymes seem to be independently controlled in the castor bean endosperm.

The development of leaf-peroxisomal enzyme activities and of the leaf peroxisomes themselves is not subject to substrate induction by glycolate (Chap. 11.3.2., 12.1.). Although normally coordinated, the development of leaf peroxisomes and their enzymes is principally independent of the concomitant development of the functioning chloroplasts on which they depend in their metabolic activity. Leaf peroxisomes and their enzymes develop under *regulation by light* (Chap. 11.3.2. 12.1.). The number of microbodies does not seem to be reduced in etiolated leaves as compared to green leaves, but the size of microbodies increases in developing leaves during irradiation (Chap. 8.2.7., 11.3.2.). The development of the leaf peroxisomes from a precursor particle to the mature organelle is independent of the light quality in primary leaves of rye (Chap. 12.1.). The light-dependent rise in leaf-peroxisomal enzyme activities is generally controlled by *phytochrome* (Chap. 12.1.). But phytochrome is probably not always the only pigment system involved. Depending on the plant species and the character of the leaf there are results indicating strictly coordinated or separate development of individual leaf-peroxisomal enzymes. Glycolate oxidase of non-specialized peroxisomes does not respond to phytochrome. Glyoxysomal enzymes are also not influenced by phytochrome. (Chap. 12.1.). Inhibition of these enzyme activities by white light is attributed to an influence of photosynthetically formed metabolites (Chap. 12.1.).

Effects of phytohormones on peroxisomal enzyme activities have been repeatedly reported (Chap. 12.2.). But detailed studies on the influence or even the control mechanism(s) of phytohormone actions on the activity changes of peroxisomal enzymes are very limited. The stimulation of leaf-peroxisomal enzyme activities in developing primary leaves of rye by kinetin occurs coordinated with enhanced leaf development. In rye coleoptiles the activity loss of peroxisomal enzymes, as well as the whole senescence process, is stimulated by kinetin. Thus, the action of cytokinin on the peroxisomal enzymes seems to be due to the fact that the hormone enhances the realization of differentiation of the whole cells; its mode of action is determined by the developmental pattern and stage of the target tissue. Correspondingly, effects of phytohormones on peroxisomal enzymes may be regarded more or less as one expression of generally activated differentiation processes rather than as specific actions. The kinetin action on the developmental pattern of glyoxysomal and leaf-peroxisomal enzymes in cotyledons of etiolated sunflower seedlings is thought to depend on a qualitatively different mechanism for each enzyme system according to dose effect curves and other results. The induction of microbody formation by kinetin and auxin in tissue cultures of *Nicotiana tabacum* may be due to the same phenomenon as the kinetin-mediated rise of leaf-peroxisomal enzyme activities in rye leaves. — The embryonic axis of castor bean seeds as a potential source of growth regulators does not exert hormonal control on the glyoxysomal enzymes of the endosperm during germination (Chap. 12.2.).

Fat-storing, potentially photosynthetic mesophyll cells of the cotyledons of epigeally germinating plants possess glyoxysomes or leaf peroxisomes depending on their stage of differentiation (Chap. 11.3.1.2.). Glyoxysomes are present during early stages of germination when the dominant metabolic event in these cells is the mobilization of stored fat. Coincident with the change of the cotyledons to photosynthetic activity the functional property of the cotyledonary peroxisomes changes from that of glyoxysomes to that of leaf peroxisomes. After greening of the cotyledons only typical leaf peroxisomes are present in the mesophyll cells. The *change of peroxisomal function* in fat-storing, greening cotyledons can be traced by the activity changes of the corresponding peroxisomal marker enzymes (Fig. 11.10.). For the light-dependent change of peroxisomes from glyoxysomal to leaf-peroxisomal function, two basically different mechanisms are discussed (Chap. 11.3.1.2.). According to one of these hypotheses glyoxysomes and leaf peroxisomes represent two completely independent populations of cotyledonary peroxisomes. During greening of the cotyledons glyoxysomes would be (selectively) destroyed while leaf peroxisomes newly arise from the endoplasmic reticulum. The second hypothesis assumes only one ongoing peroxisome population within the fat-storing mesophyll cells, *i.e.*, the glyoxysomes would change into leaf peroxisomes without losing their structural integrity. Studies to prove the validity of either of the two opposing hypotheses gave results which were interpreted to support either one or the other of the hypotheses (Chap. 11.3.1.2.), and the interpretations have been criticized for various reasons. Although the concept of one ongoing peroxisome population is favored at present, many problems inherent in this hypothesis have to be solved. It may turn out that neither of the two hypotheses is quite correct in describing for fat-storing cotyledons of epigeally germinating plants the mechanism regulating the change in peroxisomal function.

Literatur

AEBI, H., J. QUITT und A. HASSAN, 1962: Uricase, Xanthinoxydase und Monoaminoxydase als H₂O₂-Donoren peroxydatischer Umsetzungen. Helv. physiol. Acta **20**, 148—162.

— F. STOCKER und M. EBERHARDT, 1963: Abhängigkeit der Monoaminoxidase-aktivität und peroxydatischer Umsetzungen von der Mitochondrienstruktur. Biochem. Z. **336**, 526—544.

ALIBERT, G., R. RANJEVA et A. BOUDET, 1972: Recherches sur les enzymes catalysant la formation des acides phénoliques chez *Quercus pedunculata* (Erh.). II. Localisation intracellulaire de la phenylalanine ammoniaque-lyase, de la cinnamata 4-hydroxylase, et de la "benzoate synthase". Biochim. biophys. Acta **279**, 282—289.

ANDREWS, T. J., M. R. BADGER, and G. H. LORIMER, 1975: Factors affecting interconversion between kinetic forms of ribulose diphosphate carboxylase-oxygenase from spinach. Arch. Biochem. Biophys. **171**, 93—103.

— G. H. LORIMER, and N. E. TOLBERT, 1971: Incorporation of molecular oxygen into glycine and serine during photorespiration in spinach leaves. Biochemistry **10**, 4777—4782.

— — — 1973: Ribulose diphosphate oxygenase. I. Synthesis of phosphoglycolate by fraction-1 protein of leaves. Biochemistry **12**, 11—18.

ANGELO, A. J. S., and R. L. ORY, 1970: Localization of allantoinase in glyoxysomes of germinating castor beans. Biochem. biophys. Res. Commun. **40**, 290—296.

AP REES, T., S. M. THOMAS, W. A. FULLER, and B. CHAPMAN, 1974: The relationship between gluconeogenesis and carbohydrate oxidation in higher plants. In: Plant carbohydrate biochemistry (PRIDHAM, J. B., ed.), pp. 27—46. New York-London: Academic Press.

— — — — 1975: Location of gluconeogenesis from phosphoenolpyruvate in cotyledons of *Cucurbita pepo*. Biochim. biophys. Acta **385**, 145—156.

ARMENTROUT, V. N., G. HÄNSSLER, and D. P. MAXWELL, 1976: Acid phosphatase localization in the fungus *Whetzelinice sclerotiorum*. Arch. Microbiol. **107**, 7—14.

ASADA, K., M. URANO, and M. TAKAHASHI, 1973: Subcellular location of superoxide dismutase in spinach leaves and preparation and properties of crystalline spinach superoxide dismutase. Eur. J. Biochem. **36**, 257—266.

ASAMI, S., and T. AKAZAWA, 1975: Biosynthetic mechanism of glycolate in *Chromatium*. II. Enzymic mechanism of glycolate formation by a transketolase system. Plant Cell Physiol. **16**, 805—814.

ATKINSON, A. W., P. C. L. JOHN, and B. E. S. GUNNING, 1974: The growth and division of the single mitochondrion and other organells during the cell cycle of *Chlorella*, studied by quantitative stereology and three dimensional reconstruction. Protoplasma **81**, 77—109.

AVERS, C. J., 1971: Peroxisomes of yeast and other fungi. Sub-cell. Biochemistry **1**, 25—37.

— and M. FEDERMAN, 1968: The occurrence in yeast of cytoplasmic granules which resemble microbodies. J. Cell Biol. **37**, 555—559.

AXELROD, B., and H. BEEVERS, 1972: Differential response of mitochondrial and glyoxysomal citrate synthase to ATP. Biochim. biophys. Acta **256**, 175—178.

BADOUR, S. S., C. K. TAN, L. A. VAN CAESEELE, and P. K. ISAAC, 1973: Observations on the morphology, reproduction, and fine structure of *Chlamydomonas segnis* from Delta Marsh, Manitoba. Canad. J. Bot. **51**, 67—72.

— and E. R. WAYGOOD, 1971: Glyoxylate carboxy-lyase activity in the unicellular green alga *Gloeomonas* sp. Biochim. biophys. Acta **242**, 493—499.

BAHR, J. T., and R. G. JENSEN, 1974 a: Ribulose bisphosphate oxygenase activity from freshly ruptured spinach chloroplasts. Arch. Biochem. Biophys. **164**, 408—413.

BAHR, J. T., and R. G. JENSEN, 1974 b: On the activity of ribulosediphosphate carboxylase with CO_2 and O_2 from leaf extracts of *Zea mays*. Biochem. biophys. Res. Commun. **57**, 1180—1185.

BAKER, A. L., and N. E. TOLBERT, 1966: Glycolate oxidase (ferredoxin-containing form). In: Methods in enzymology, Vol. IX: Carbohydrate metabolism (WOOD, W. A., ed.), pp. 338—342. New York-London: Academic Press.

BAKER, J. E., J. D. ANDERSON, and E. K. WORTHINGTON, 1973: Microbodies and catalase of tomato fruit. Plant Physiol. **51**, S-18.

BARBARESCHI, D., G. P. LONGO, O. SERVETTAZ, T. ZULIAN, and C. P. LONGO, 1974: Citrate synthetase in mitochondria and glyoxysomes of maize scutellum. Plant Physiol. **53**, 802—807.

BARTELS, P. G., K. MATSUDA, A. SIEGEL, and T. E. WEIER, 1967: Chloroplastic ribosome formation: inhibition by 3-amino-1,2,4-triazole. Plant Physiol. **42**, 736—741.

BASSHAM, J. A., and M. KIRK, 1973: Sequence of formation of phosphoglycolate and glycolate in photosynthesizing *Chlorella pyrenoidosa*. Plant Physiol. **52**, 407—411.

— — and R. G. JENSEN, 1968: Photosynthesis by isolated chloroplasts. I. Diffusion of labelled photosynthetic intermediates between isolated chloroplasts and suspending medium. Biochim. biophys. Acta **153**, 211—218.

EL-BASYOUNI, S. Z., D. CHEN, R. K. IBRAHIM, A. C. NEISH, and G. H. N. TOWERS, 1964: The biosynthesis of hydroxybenzoic acids in higher plants. Photochemistry **3**, 485—492.

BAUDHUIN, P., H. BEAUFAY, and C. DE DUVE, 1965: Combined biochemical and morphological study of particulate fractions from rat liver. Analysis of preparations enriched in lysosomes or in particles containing urate oxidase, D-aminoacid oxidase, and catalase. J. Cell Biol. **29**, 219—243.

BAUER, H., and K. TANAKA, 1968: Ultrastructure of mitochondria and crystal-containing bodies in mature ballistospores of the fungus *Basidiobolus ranarum* as revealed by freeze-etching. J. Bact. **96**, 2132—2137.

BEARD, M. E., and A. B. NOVIKOFF, 1969: Distribution of peroxisomes (microbodies) in the nephron of the rat. J. Cell Biol. **42**, 501—518.

BECK, C., and H. K. VON MEYENBURG, 1968: Enzyme pattern and aerobic growth of *Saccharomyces cerevisiae* under various degrees of glucose limitation. J. Bacteriol. **96**, 479—486.

BEEVER, R. E., 1975: Regulation of 2-phosphoenolpyruvate carboxykinase and isocitrate lyase syntheses in *Neurospora crassa*. J. gen. Microbiol. **86**, 197—200.

BEEVERS, H., 1957: Incorporation of acetate-carbon into sucrose in castor bean tissues. Biochem. J. **66**, 23P.

— 1961: Metabolic production of sucrose from fat. Nature **191**, 433—436.

— 1969: Glyoxysomes of castor bean endosperm and their relation to gluconeogenesis. In: The nature and function of peroxisomes (microbodies, glyoxysomes) (HOGG, J. F., ed.). Ann. N.Y. Acad. Sci. **168**, 313—324.

— 1971: Comparative biochemistry of microbodies (glyoxysomes, peroxisomes). In: Photosynthesis and photorespiration (HATCH, M. D., et al., eds.), pp. 483—493. Wiley-Interscience.

— and R. W. BREIDENBACH, 1974: Glyoxysomes. In: Methods in enzymology, Vol. XXXI: Biomembranes, Part A (FLEISCHER, S., and L. PACKER, eds.), pp. 565—571. New York-London: Academic Press.

— R. R. THEIMER, and J. FEIERABEND, 1974: Microbodies (Glyoxysomen, Peroxisomen). In: Biochemische Cytologie der Pflanzenzelle. Ein Praktikum (JACOBI, G., Hrsg.), S. 127—146. Stuttgart: G. Thieme.

— and D. A. WALKER, 1956: The oxidative activity of particulate fractions from germinating castor beans. Biochem. J. **62**, 114—129.

BENEDICT, C. R., and H. BEEVERS, 1961: Formation of sucrose from malate in germinating castor beans. I. Conversion of malate to phosphoenol-pyruvate. Plant Physiol. **36**, 540—544.

— — 1962: Formation of sucrose from malate in germinating castor beans. II. Reaction sequence from phosphoenol-pyruvate to sucrose. Plant Physiol. **37**, 176—178.

BENVISTE, K. B. P., and K. D. MUNKRES, 1973: Effects of ionic concentration and pH upon the state of aggregation of *Neurospora* mitochondrial malate dehydrogenase. Biochem. biophys. Res. Commun. **50**, 711—717.

BERGER, C., 1970: Entwicklung und Altern der Spadix-Appendices von *Sauromatum guttatum* Schott und *Arum maculatum* L. II. Veränderungen im Stickstoffhaushalt und in der Peroxidase- und Katalaseaktivität. Z. Pflanzenphysiologie **62**, 259—269.

— und B. GERHARDT, 1971: Charakterisierung der Microbodies aus Spadix-Appendices von *Arum maculatum* L. und *Sauromatum guttatum* Schott. Planta **96**, 326—338.

— und E. SCHNEPF, 1970: Entwicklung und Altern der Spadix-Appendices von *Sauromatum guttatum* Schott und *Arum maculatum* L. I. Veränderung der Feinstruktur. Protoplasma **69**, 237—251.

BERGMANN, L., 1967: Wachstum grüner Suspensionskulturen von *Nicotiana tabacum* var. „*Samson*" mit CO_2 als Kohlenstoffquelle. Planta **74**, 243—249.

BETSCHE, T., 1975: Zur Funktionsänderung der Microbodies in den Kotyledonen von *Helianthus annus* L. Untersuchungen an Katalase. Dissertation, Univ. Heidelberg.

BIBBY, B. T., and J. D. DODGE, 1973: The ultrastructure and cytochemistry of microbodies in dinoflagellates. Planta **112**, 7—16.

BIEGLMAYER, C., J. GRAF, and H. RUIS, 1973: Membranes of glyoxysomes from castor bean endosperm. Enzymes bound to purified membrane preparations. Eur. J. Biochem. **37**, 553—562.

— G. NAHLER und H. RUIS, 1974 a: Membranen von Glyoxysomen aus *Ricinus*-Endosperm. Weitere Untersuchungen über die membrangebundenen Enzyme des Fettsäureabbaues und des Glyoxylatzyklus. Hoppe-Seyler's Z. physiol. Chemie **355**, 1121—1128.

— and H. RUIS, 1974: Protein composition of the glyoxysomal membrane. FEBS Lett. **47**, 53—55.

— — and J. GRAF, 1974 b: Cytochemical localization of catalase activity in glyoxysomes from castor bean endosperm. Plant Physiol. **53**, 276—278.

BILDERBACK, D. E., 1974: The regulatory role of the embryo on the development of isocitrate lyase activity during germination of ponderosa pine seeds. Physiol. Plant. **31**, 200—203.

BIRD, J. F., M. J. CORNELIUS, A. J. KEYS, and C. P. WHITTINGHAM, 1972: Adenosine triphosphate synthesis and the natural electron acceptor for synthesis of serine from glycine in leaves. Biochem. J. **128**, 191—192.

BISALPUTRA, T., C. M. SHIELDS, and J. W. MARKHAM, 1971: *In situ* observations of the fine structure of *Laminaria* gametophytes and embryos in culture. I. Methods and the ultrastructure of the zygote. J. Micr. (Paris) **10**, 83—98.

BLACK, C. C., 1973: Photosynthetic carbon fixation in relation to net CO_2 uptake. Ann. Rev. Plant Physiol. **24**, 253—286.

— and H. H. MOLLENHAUER, 1971: Structure and distribution of chloroplasts and other organelles in leaves with various rates of photosynthesis. Plant Physiol. **47**, 15—23.

BÖCK, P., 1973 a: Cytochemical demonstration of catalase positive particles (peroxisomes?) in fibroblasts. Z. Zellforsch. **144**, 539—547.

— 1973 b: Cytochemischer Nachweis von Katalaseaktivität in der Magenschleimhaut. Z. Anat. Entwickl.-Gesch. **141**, 265—273.

— H. GOLDENBERG, M. HÜTTINGER, M. KOLAR, and R. KRAMER, 1975: Preparation and characterization of catalase-positive particles ("microperoxisomes") from Harder's gland of the rat. Exp. Cell Res. **90**, 15—19.

BOSSINGER, J., R. P. LAWTHER, and T. G. COOPER, 1974: Nitrogen repression of the allantoin degradative enzymes in *Saccharomyces cerevisiae*. J. Bact. **118**, 821—829.

BOUCK, G. B., 1965: Fine structure and organelle association in brown algae. J. Cell Biol. **26**, 523—537.

BOVERIS, A., N. OSHINO, and B. CHANCE, 1972: The cellular production of hydrogen peroxide. Biochem. J. **128**, 617—630.

BOWDEN, L., and J. M. LORD, 1975: Development of phospholipid synthesizing enzymes in castor bean endosperm. FEBS Lett. **49**, 369—371.

— — 1976 a: Similarities in the polypeptide composition of glyoxysomal and endoplasmic-reticulum membranes from castor-bean endosperm. Biochem. J. **154**, 491—499.

Bowden, L., and J. M. Lord, 1976 b: The cellular origin of glyoxysomal proteins in germinating castor-bean endosperm. Biochem. J. 154, 501—506.

Bowes, G., W. L. Ogren, and R. H. Hangeman, 1971: Phosphoglycolate production catalyzed by ribulose diphosphate carboxylase. Biochem. biophys. Res. Commun. 45, 716—722.

Bracker, C. E., and S. N. Grove, 1971: Continuity between cytoplasmic endomembranes and outer mitochondrial membranes in fungi. Protoplasma 73, 15—34.

Breidenbach, R. W., 1969: Characterization of some glyoxysomal proteins. Ann. N.Y. Acad. Sci. 168, 342—347.

— and H. Beevers, 1967: Association of the glyoxylate cycle enzymes in a novel subcellular particle from castor bean endosperm. Biochem. biophys. Res. Commun. 27, 462—469.

— A. Kahn, and H. Beevers, 1968: Characterization of glyoxysomes from castor bean endosperm. Plant Physiol. 43, 705—713.

Brock, B. L. W., D. A. Wilkinson, and J. King, 1970: Glyoxylat aminotransferases from oat leaves. Canad. J. Biochem. 48, 486—492.

Brody, M., and J. E. White, 1972: Environmental factors controlling enzymatic activity in microbodies and mitochondria of *Euglena gracilis*. FEBS Lett. 23, 149—152.

— — 1973: Environmental regulation of enzymes in the microbodies and mitochondria of dark-grown, greening, and light-grown *Euglena gracilis*. Develop. Biol. 31, 348—361.

Bronfman, M., and H. Beaufay, 1973: Alterations of subcellular organelles induced by compression. FEBS Lett. 36, 163—168.

Brown, R. H., L. Bowden, and J. M. Lord, 1976: Isoelectric focusing of polypeptides from endoplasmic reticulum and glyoxysomal membranes of castor bean endosperm. Planta 130, 95—96.

— N. Collins, and M. J. Merrett, 1975: Peroxidative activity in *Euglena gracilis*. Plant Physiol. 55, 1123—1124.

— J. M. Lord, and M. J. Merrett, 1974: Fractionation of the proteins of plant microbodies. Biochem. J. 144, 559—556.

Brunold, C., and J. A. Schiff, 1976: Studies of sulfate utilization of algae. 15. Enzymes of assimilatory sulfate reduction in *Euglena* and their cellular localization. Plant Physiol. 57, 430—436.

Burke, J. J., and R. N. Trelease, 1975: Cytochemical demonstration of malate synthase and glycolate oxidase in microbodies of cucumber cotyledons. Plant Physiol. 56, 710—717.

Callely, A. G., and D. Lloyd, 1964 a: The metabolism of acetate in the colourless alga *Prototheca zopfii*. Biochem. J. 90, 483—489.

— — 1964 b: Studies on the metabolism of propionate in the colourless alga *Prototheca zopfii*. Biochem. J. 92, 338—345.

Caltridger, P. G., S. Ramachandran, and D. Gottlieb, 1963: Metabolism during germination and function of glyoxylate enzymes in uredospores of rust fungi. Phytopathol. 53, 86—92.

Canvin, D. T., and H. Beevers, 1961: Sucrose synthesis from acetate in the germinating castor bean: kinetics and pathway. J. biol. Chem. 236, 988—995.

Carpe, A. J., and J. K. Smith, 1974: Serine-glyoxylate aminotransferase from kidney bean (*Phaseolus vulgaris*). II. The reverse reaction. Biochim. biophys. Acta 370, 96—101.

Carpenter, W. D., and H. Beevers, 1959: The distribution and properties of isocitritase in plants. Plant Physiol. 34, 403—409.

Cartledge, T. G., and D. Lloyd, 1972 a: Subcellular fractionation by differential and zonal centrifugation of aerobically grown glucose-de-repressed *Saccharomyces carlsbergensis*. Biochem. J. 126, 381—393.

— — 1972 b: Subcellular fractionation by zonal centrifugation of glucose-repressed anaerobically grown *Saccharomyces carlsbergensis*. Biochem. J. 127, 693—703.

Cass, D. D., and I. Karas, 1974: Ultrastructural organization of the egg of *Plumbago zeylanica*. Protoplasma 81, 49—62.

Casselton, P. J., M. O. Fawole, and L. A. Casselton, 1969: Isocitrate lyase in *Coprinus lagopus* (*sensu* Buller). Canad. J. Microbiol. 15, 637—640.

CERFF, R., 1973: Glyceraldehyde 3-phosphate dehydrogenases and glyoxylate reductase. 1. Their regulation under continuous red and far red light in the cotyledons of *Sinapis alba* L. Plant Physiol. **51**, 76—81.

— 1974: Inhibitor-dependent, reciprocal changes in the activity of glyceraldehyde 3-phosphate dehydrogenases in *Sinapis alba* cotyledons. Z. Pflanzenphysiol. **73**, 109—118.

CHABOT, J. F., and B. F. CHABOT, 1974: Microbodies in conifer needle mesophyll. Protoplasma **79**, 349—358.

CHANG, C.-C., and H. BEEVERS, 1968: Biogenesis of oxalate in plant tissues. Plant Physiol. **43**, 1821—1828.

CHEETHAM, R. D., D. J. MORRÉ, C. PANNEK, and D. S. FRIEND, 1971: Isolation of a Golgi apparatus-rich fraction from rat liver. IV. Thiamine pyrophosphatase. J. Cell Biol. **49**, 899—905.

CHEN, T. M., P. DITTRICH, W. H. CAMPBELL, and C. C. BLACK, 1974: Metabolism of epidermal tissues, mesophyll cells, and bundle sheath strands resolved from mature nutsedge leaves. Arch. Biochem. Biophys. **163**, 246—262.

CHEUNG, G. P., J. Y. ROSENBLUM, and H. J. SALLACH, 1968: Comparative studies of enzymes related to serine metabolism in higher plants. Plant Physiol. **43**, 1813—1830.

CHING, T. M., 1970: Glyoxysomes in megagametophyte of germinating ponderosa pine seeds. Plant Physiol. **46**, 475—482.

— 1973: Compartmental utilization of carboxyl-^{14}C-tripalmitin by tissue homogenate of pine seeds. Plant Physiol. **51**, 278—284.

CHOLLET, R., 1974: $^{14}CO_2$ fixation and glycolate metabolism in the dark in isolated maize (*Zea mays* L.) bundle sheath strands. Arch. Biochem. Biophys. **163**, 521—529.

— and W. L. OGREN, 1975: Regulation of photorespiration in C_3 and C_4 species. Botan. Rev. **41**, 137—180.

CHONG, J., and D. J. S. BAHR, 1974: Ultrastructure of the zoospores of *Entophlyctis confervae-glomeratae*, *Rhizophydium patellarium*, and *Catenaria anguillulae*. Canad. J. Bot. **52**, 1197—1204.

CHUA, N.-H., 1972: Photooxidation of 3,3′-diaminobenzidine by blue-green algae and *Chlamydomonas reinhardii*. Biochim. biophys. Acta **267**, 179—189.

CITKOWITZ, E., and E. HOLTZMAN, 1973: Peroxisomes in dorsal root ganglia. J. Histochem. Cytochem. **21**, 34—41.

CLAGETT, C. O., N. E. TOLBERT, and R. H. BURRIS, 1949: Oxidation of α-hydroxy acids by enzymes from plants. J. biol. Chem. **178**, 977—987.

CLANDININ, M. T., and E. A. COSSINS, 1972: Localization and interconversion of tetrahydropteroylglutamates in isolated pea mitochondria. Biochem. J. **128**, 29—40.

— — 1975: Regulation of mitochondrial glycine decarboxylase from pea mitochondria. Phytochemistry **14**, 387—391.

CLARK-WALKER, G. D., 1972: Isolation of circular DNA from a mitochondrial fraction from yeast. Proc. nat. Acad. Sci. **69**, 388—392.

— and G. L. G. MIKLOS, 1974: Localization and quantification of circular DNA in yeast. Eur. J. Biochem. **41**, 359—365.

CODD, G. A., J. M. LORD, and M. J. MERRETT, 1969: The glycollate oxidising enzyme of algae. FEBS Lett. **5**, 341—342.

— and M. J. MERRETT, 1970: Enzymes of the glycollate pathway in relation to greening in *Euglena gracilis*. Planta **95**, 127—132.

— and G. H. SCHMID, 1971: On the acceptor specificity of glycolate oxidase of *Nicotiana tabacum*. Planta **99**, 230—239.

— — 1972: Serological characterization of the glycolate-oxidizing enzymes from tobacco, *Euglena gracilis*, and a yellow mutant of *Chlorella vulgaris*. Plant Physiol. **50**, 769—773.

— — and W. KOWALLIK, 1972: Enzymic evidence for peroxisomes in a mutant of *Chlorella vulgaris*. Arch. Mikrobiol. **81**, 264—272.

— — — 1973: Further enzymic studies and electron microscopy of the microbodies of a mutant of *Chlorella vulgaris*. Arch. Mikrobiol. **92**, 21—38.

— and W. D. P. STEWART, 1973: Pathways of glycollate metabolism in the blue-green alga *Anabaena cylindrica*. Arch. Mikrobiol. **94**, 11—28.

COFFEY, M. D., B. A. PALEVITZ, and P. J. ALLEN, 1972: The fine structure of two rust fungi, *Puccinia helianthi* and *Melampsora lini*. Canad. J. Bot. **50**, 231—240.

COLE, G. T., 1973: Ultrastructure of conidiogenesis in *Drechslera sorokiniana*. Canad. J. Bot. **51**, 629—638.

COLLINS, N., R. H. BROWN, and M. J. MERRETT, 1975: Oxidative phosphorylation during glycollate metabolism in mitochondria from phototrophic *Euglena gracilis*. Biochem. J. **145**, 373—377.

— and M. J. MERRETT, 1975 a: The localization of glycollate-pathway enzymes in *Euglena*. Biochem. J. **148**, 321—328.

— — 1975 b: Microbody-marker enzymes during transition from phototrophic to organo-trophic growth in *Euglena*. Plant Physiol. **55**, 1018—1022.

CONNOCK, M. J., P. R. KIRK, and A. P. STURDEE, 1974: A zonal rotor method for the preparation of microperoxisomes from epithelial cells of guinea pig small intestine. J. Cell Biol. **61**, 123—133.

COOK, J. R., 1970: Properties of partially purified malate synthase from *Euglena gracilis*. J. Protozool. **17**, 232—235.

— and M. CARVER, 1966: Partial photo-repression of the glyoxylate by-pass in *Euglena*. Plant Cell Physiol. **7**, 377—382.

COOPER, R. A., and D. LLOYD, 1972: Subcellular fractionation of the colourless alga *Polytomella caeca* by differential and zonal centrifugation. J. gen. Microbiol. **72**, 59—70.

COOPER, T. G., 1971: The activation of fatty acids in castor bean endosperm. J. biol. Chem. **246**, 3451—3455.

— and H. BEEVERS, 1969 a: Mitochondria and glyoxysomes from castor bean endosperm. Enzyme constituents and catalytic capacity. J. biol. Chem. **244**, 3507—3513.

— — 1969 b: β-Oxidation in glyoxysomes from castor bean endosperm. J. biol. Chem. **244**, 3514—3520.

— and R. P. LAWTHER, 1973: Induction of the allantoin degradative enzymes in *Saccharomyces cerevisiae* by the last intermediate of the pathway. Proc. nat. Acad. Sci. **70**, 2340—2344.

CORBETT, J. R., and B. J. WRIGHT, 1971: Inhibition of glycollate oxidase as a rational way of designing a herbicide. Phytochemistry **10**, 2015—2024.

CORNFORTH, J. W., J. W. REDMOND, H. EGGERER, W. BUCKEL, and C. GUTSCHOW, 1970: Synthesis and configurational assay of asymmetric methyl groups. Eur. J. Biochem. **14**, 1—13.

CRANG, R. E., and R. D. NOBLE, 1974: Ultrastructural and physiological differences in soybeans with genetically altered levels of photosynthetic pigments. Amer. J. Bot. **61**, 903—908.

CZICHI, U., and H. KINDL, 1975: Formation of p-coumaric acid and o-coumaric acid from L-phenylalanine by microsomal membrane fractions from potato: Evidence for membrane-bound enzyme complexes. Planta **125**, 115—125.

DALLING, M. J., N. E. TOLBERT, and R. H. HAGEMAN, 1972 a: Intracellular location of nitrate reductase and nitrite reductase. I. Spinach and tobacco leaves. Biochim. biophys. Acta **283**, 505—512.

— — — 1972 b: Intracellular location of nitrate reductase and nitrite reductase. II. Wheat roots. Biochim. biophys. Acta **283**, 513—519.

DAVEY, M. R., and H. E. STREET, 1971: Studies on the growth in culture of plant cells. IX. Additional features of the fine structure of *Acer pseudoplatanus* L. cells cultured in suspension. J. Exp. Bot. **22**, 90—95.

DAVIS, B., and M. J. MERRETT, 1973: Malate dehydrogenase isozymes in division synchronized cultures of *Euglena*. Plant Physiol. **51**, 1127—1132.

— — 1975: The glycolate pathway and photosynthetic competence in *Euglena*. Plant Physiol. **55**, 30—34.

DE BOER, J., and J. FEIERABEND, 1974: Comparison of the effects of cytokinins on enzyme development in different cell compartments of the shoot organs of rye seedlings. Z. Pflanzenphysiol. **71**, 261—270.

DE DUVE, C., 1965 a: The separation and characterization of subcellular particles. Harvey Lectures Ser. **59**, 49—87.

— 1965 b: Functions of microbodies (peroxisomes). J. Cell Biol. **27**, 25 A.

— 1969 a: The peroxisome: a new cytoplasmic organelle. Proc. Roy. Soc. Ser. B **173**, 71—83.

— 1973: Biochemical studies on the occurrence, biogenesis and life history of mammalian peroxisomes. J. Histochem. Cytochem. **21**, 941—948.

— and P. BAUDHUIN, 1966: Peroxisomes (microbodies and related particles). Physiol. Rev. **46**, 323—357.

DENNIS, D. T., and T. R. GREEN, 1975: Soluble and particulate glycolysis in developing castor bean endosperm. Biochem. biophys. Res. Commun. **64**, 970—975.

DIXON, G. H., and H. L. KORNBERG, 1962: Malate synthetase from baker's yeast. In: Methods in enzymology, Vol. V (COLOWICK, S. P., and N. O. KAPLAN, eds.), pp. 633—637.

DOIG, R. J., A. J. COLBORNE, G. MORRIS, and D. L. LAIDMAN, 1975: The induction of glyoxysomal enzyme activities in the aleurone cells of germinating wheat. J. Exp. Bot. **26**, 387—398.

DONALDSON, R. P., and H. BEEVERS, 1974: Lipid composition of glyoxysome membranes. Plant Physiol. **53**, S-40.

— N. E. TOLBERT, and C. SCHNARRENBERGER, 1972: A comparison of microbody membranes with microsomes and mitochondria from plant and animal tissues. Arch. Biochem. Biophys. **152**, 199—215.

DOUGLASS, S. A., R. S. CRIDDLE, and R. W. BREIDENBACH, 1973: Characterization of deoxyribonucleic acid species from castor bean endosperm. Inability to detect a unique deoxyribonucleic acid species associated with glyoxysomes. Plant Physiol. **51**, 902—906.

DRUMM, H., H. FALK, J. MOLLER, and H. MOHR, 1970: The development of catalase in the mustard seedlings. Cytobiologie **2**, 335—340.

— and SCHOPFER, 1974: Effect of phytochrome on development of catalase activity and isoenzyme pattern in mustard (*Sinapis alba* L.) seedlings. A reinvestigation. Planta **120**, 13—30.

DUFFUS, C. M., 1970: Enzymatic changes and amyloplast development in the maturing barley grain. Phytochemistry **9**, 1414—1421.

DUNTZE, W., D. NEUMANN, J. M. GANCEDO, W. ATZPODIEN, and H. HOLZER, 1969: Studies on the regulation and localization of the glyoxylate cycle enzymes in *Saccharomyces cerevisiae*. Eur. J. Biochem. **10**, 83—89.

DUPPEL, W., J.-M. LEBEAULT, and M. J. COON, 1973: Properties of a yeast cytochrome P-450 containing enzyme system which catalyzes the hydroxylation of fatty acids, alkanes, and drugs. Eur. J. Biochem. **36**, 583—592.

DURE, L., and L. WATERS, 1965: Long-lived messenger RNA: Evidence from cotton seed germination. Science **147**, 410—412.

EDWARDS, G. E., and C. C. BLACK, 1971: Photosynthesis in mesophyll cells and bundle sheath cells isolated from *Digitaria sanguinalis* (L.) Scop. leaves. In: Photosynthesis and photorespiration (HATCH, M. D., et al., eds.), pp. 153—168. Wiley-Interscience.

EICKENBUSCH, J. D., R. SCHEIBE, and E. BECK, 1975: Activated glykolaldehyde and ribulose diphosphate as carbon sources for oxidative glycolate formation in chloroplasts. Z. Pflanzenphysiol. **75**, 375—380.

ELLIS, R. J., 1969: Chloroplast ribosomes: stereospecifity of inhibition by chloramphenicol. Science **163**, 477—478.

ESSNER, E., 1967: Endoplasmic reticulum and the origin of microbodies in fetal mouse liver. Lab. Invest. **17**, 71—87.

EVANS, W. H., and M. RECHCIGL, 1967: Factors influencing myeloperoxidase and catalase activities in polymorphonuclear leucocytes. Biochim. biophys. Acta **148**, 243—250.

FAHIMI, H. D., 1969: Cytochemical localization of peroxidatic activity of catalase in rat hepatic microbodies (peroxisomes). J. Cell Biol. **42**, 257—288.

— 1970: The fine structural localization of endogenous and exogenous peroxidase activity in Kupffer cells of rat liver. J. Cell Biol. **47**, 247—262.

FAHIMI, H. D., 1973: Diffusion artifacts in cytochemistry of catalase. J. Histochem. Cytochem. **21**, 999—1009.

— 1974: Effect of buffer storage on fine structure and catalase cytochemistry of peroxisomes. J. Cell Biol. **63**, 675—683.

FEIERABEND, J., 1972: Regulation der Entwicklung von Zellorganellen bei höheren Pflanzen. Ber. dtsch. bot. Ges. **85**, 601—613.

— 1975: Developmental studies on microbodies in wheat leaves. III. On the photocontrol of microbody development. Planta **123**, 63—77.

— and H. BEEVERS, 1972 a: Developmental studies on microbodies in wheat leaves. I. Conditions influencing enzyme development. Plant Physiol. **49**, 28—32.

— — 1972 b: Developmental studies on microbodies in wheat leaves. II. Ontogeny of particulate enzyme associations. Plant Physiol. **49**, 33—39.

— und A. PIRSON, 1966: Die Wirkung des Lichts auf die Bildung von Photosyntheseenzymen in Roggenkeimlingen. Z. Pflanzenphysiol. **55**, 235—245.

— and U. SCHRADER-REICHHARDT, 1976: Biochemical differentiation of plastids and other organelles in rye leaves with high-temperature-induced deficiency of plastid ribosomes. Planta **129**, 133—145.

FILNER, B., and A. O. KLEIN, 1968: Changes in enzymatic activities in etiolated bean seedling leaves after a brief illumination. Plant Physiol. **43**, 1587—1596.

FLAVELL, R. B., and D. O. WOODWARD, 1971: Metabolic role, regulation of synthesis, cellular localization and genetic control of the glyoxylate cycle enzymes in *Neurospora crassa*. J. Bacteriol. **105**, 200—210.

FLOYD, G. L., K. D. STEWART, and K. R. MATTOX, 1972 a: Comparative cytology of *Ulothrix* and *Stigeoclonium*. J. Phycology **8**, 68—81.

— — — 1972 b: Cellular organization, mitosis, and cytokinesis in the ulotrichalean alga, *Klebsormidium*. J. Phycology **8**, 176—184.

FOTT, B., 1971: Algenkunde. Stuttgart: Gustav Fischer Verlag.

FRANKE, W. W., and J. KARTENBECK, 1971: Outer mitochondrial membrane continuous with endoplasmic reticulum. Protoplasma **73**, 35—41.

FRASER, T. W., and D. L. SMITH, 1974: Young gametophytes of the fern *Polypodium vulgare* L. An ultrastructural study. Protoplasma **82**, 19—32.

FREAR, D. S., and M. A. JOHNSON, 1961: Enzymes of the glyoxylate cycle in germinating uredospores of *Melampsora lini*. Biochim. biophys. Acta **47**, 419—421.

FREDERICK, S. E., P. J. GRUBER, and E. H. NEWCOMB, 1975: Plant microbodies. Protoplasma **84**, 1—29.

— — and N. E. TOLBERT, 1973: The occurrence of glycolate dehydrogenase and glycolate oxidase in green plants. Plant Physiol. **52**, 318—323.

— and E. H. NEWCOMB, 1969 a: Microbody-like organelles in leaf-cells. Science **163**, 1353—1355.

— — 1969 b: Cytochemical localization of catalase in leaf microbodies (peroxisomes). J. Cell Biol. **43**, 343—353.

— — 1971: Ultrastructure and distribution of microbodies in leaves of grasses with and without CO_2-photorespiration. Planta **96**, 152—174.

— — E. L. VIGIL, and W. P. WERGIN, 1968: Finestructure characterization of plant microbodies. Planta **81**, 229—252.

FRIGERIO, N. A., and H. A. HARBURY, 1958: Preparation and some properties of crystalline glycolic acid oxidase of spinach. J. biol. Chem. **231**, 135—157.

FOO, S. K., S. S. BADOUR, and E. R. WAYGOOD, 1971: Regulation of isocitrate lyase from autotrophic and photoheterotrophic cultures of *Gloeomonas* spec. Canad. J. Bot. **49**, 1647—1653.

FUKUI, S., S. KAWAMOTO, S. YASUHARA, A. TANAKA, M. OSUMI, and F. IMAIZUMI, 1975: Microbody of methanol-grown yeasts. Localization of catalase and flavin-dependent alcohol oxidase in the isolated microbody. Eur. J. Biochem. **59**, 561—566.

— A. TANAKA, S. KAWAMOTO, S. YASHUARA, Y. TERANISHI, and M. OSUMI, 1975: Ultrastructure of methanol-utilizing yeast cells: appearance of microbodies in relation to high catalase activity. J. Bacteriol. **123**, 317—328.

Gallo, M., J. C. Bertrand et E. Azoilay, 1971: Participation du cytochrome P_{450} dans l'oxydation des alcanes chez *Candida tropicalis*. FEBS Lett. **19**, 45—49.

Galsky, A. G., and L. A. Potempa, 1973: Studies on the induction of isocitrate lyase in hazel seeds by GA_3 and cyclic-AMP. Plant Physiol. **51**, S-4.

Ganschow, R. T., and R. T. Schimke, 1969: Independent genetic control of the catalytic activity and the rate of degradation of catalase in mice. J. biol. Chem. **244**, 4649—4658.

Gee, R., E. McGroarty, B. Hsieh, D. M. Wied, and N. E. Tolbert, 1974: Glycerol phosphate dehydrogenase in mammalian peroxisomes. Arch. Biochem. Biophys. **161**, 187—193.

Geissler, W. G., and H. Kindl, 1975: Reactivation by bacterial acetate : enzyme ligase of plant glyoxysomal isocitrate lyase. FEBS Lett. **58**, 322—324.

Gergis, M. S., 1971: The presence of microbodies in three strains of *Chlorella*. Planta **101**, 180—184.

Gerhardt, B., 1971: Zur Lokalisation von Enzymen der Microbodies in *Polytomella caeca*. Arch. Mikrobiol. **80**, 205—218.

— 1973: Untersuchungen zur Funktionsänderung der Microbodies in den Keimblättern von *Helianthus annuus* L. Planta **110**, 15—28.

— 1974 a: Studies on the formation of glycolate oxidase in developing cotyledons of *Helianthus annuus* L. and *Sinapis alba* L. Z. Pflanzenphysiol. **74**, 14—21.

— 1974 b: The change in microbody function in developing sunflower cotyledons. Studies on the regulatory mechanism. Int. Symp. Plant Cell Different., Lisboa. Port. Acta biol. Ser. A **14**, 3—19.

— and H. Beevers, 1968: Developmental studies on glyoxysomes in castor bean endosperm. Plant Physiol. **43**, S-41.

— — 1969: Occurrence of RNA in glyoxysomes from castor bean endosperm. Plant Physiol. **44**, 1475—1477.

— — 1970: Developmental studies on glyoxysomes in *Ricinus* endosperm. J. Cell Biol. **44**, 94—102.

— and C. Berger, 1971: Microbodies und Diaminobenzidin-Reaktion in den Acetat-Flagellaten *Polytomella caeca* und *Chlorogonium elongatum*. Planta **100**, 155—166.

— and T. Betsche, 1976: The change of microbodies from glyoxysomal to peroxisomal function within fatty, greening cotyledons: hypotheses, results, problems. Ber. dtsch. bot. Ges. **89**, 321—334.

Gientka-Rychter, A., and J. H. Cherry, 1968: *De novo* synthesis of isocitratase in peanut (*Arachis hypogaea* L.) cotyledons. Plant Physiol. **43**, 653—659.

Giovanelli, J., and P. K. Stumpf, 1958: Fat metabolism in higher plants. X. Modified β-oxidation of propionate by peanut mitochondria. J. biol. Chem. **231**, 411—426.

Giraud, G., et Y. Czaninski, 1971: Localization ultrastructurale d'activitis oxydasiques chez le *Chlamydomonas reinhardii*. C. R. Acad. Sci. (Paris) **273**, 2500—2503.

Godavari, H. R., S. S. Badour, and E. R. Waygood, 1973: Isocitrate lyase in green leaves. Plant Physiol. **51**, 863—867.

Goeckermann, J. A., and E. L. Vigil, 1975: Peroxisome development in the metanephric kidney of mouse. J. Histochem. Cytochem. **23**, 957—973.

Goldenberg, H., M. Hüttinger, R. Ludwig, R. Kramar, and P. Böck, 1975: Catalase-positive particles ("microperoxisomes") from rat preputial gland and bovine adrenal cortex. Exp. Cell Res. **93**, 438—442.

Goldfischer, S., and E. Essner, 1969: Further observations on the peroxidatic activities of microbodies (peroxisomes). J. Histochem. Cytochem. **17**, 681—685.

Gonzalez, E., and H. Beevers, 1974: The endoplasmic reticulum and the origin of glyoxysomes. J. Cell Biol. **63**, 115 a.

— — 1976: Role of the endoplasmic reticulum in glyoxysome formation in castor bean endosperm. Plant Physiol. **57**, 406—409.

Graham, R. C., and M. J. Karnovsky, 1965: The histochemical demonstration of uricase activity. J. Histochem. Cytochem. **13**, 448—453.

— — 1966: The early stages of absorption of injected horseradish peroxidase in the proximal tubules of mouse kidney: ultrastructural cytochemistry by a new technique. J. Histochem. Cytochem. **14**, 291—302.

GRAVES, L. B., and W. M. BECKER, 1974: Beta-oxidation in glyoxysomes from *Euglena*. J. Protozool. **21**, 771—773.

— L. HANZELY, and R. N. TRELEASE, 1971: The occurrence and fine structural characterization of microbodies in *Euglena gracilis*. Protoplasma **72**, 141—152.

— R. N. TRELEASE, A. GRILL, and W. M. BECKER, 1972: Localization of glyoxylate cycle enzymes in glyoxysomes in *Euglena*. J. Protozool. **19**, 527—532.

GRAY, R. W., C. ARSENIS, and H. JEFFAY, 1970: Neutral protease activity associated with the rat liver peroxisomal fraction. Biochim. biophys. Acta **222**, 627—636.

GREEN, D. E., and D. W. ALLMANN, 1968: Fatty acid oxidation. In: Metabolic pathways, third ed., Vol. II (GREENBERG, D. M., ed.), pp. 1—36. New York-London: Academic Press.

GREGOR, H. D., 1976: Studies on phenylalanine ammonia lyase from castor bean endosperm. I. Subcellular localization and induction of the enzyme. Z. Pflanzenphysiol. **77**, 454—463.

GREGORY, R. P., 1968: An improved preparative method for spinach catalase and evaluation of some of its properties. Biochim. biophys. Acta **159**, 429—439.

GREVILLE, G. D., 1969: Intracellular compartmentation and the citric acid cycle. In: Citric acid cycle. Control and compartmentation (LOWENSTEIN, J. M., ed.), pp. 1—136. New York-London: Marcel Dekker.

GRODZINSKI, B., and V. S. BUTT, 1976: Hydrogen peroxide production and the release of carbon dioxide during glycollate oxidation in leaf peroxisomes. Planta **128**, 225—231.

— and B. COLMAN, 1972: Disc electrophoresis of glycollate oxidizing enzymes. Phytochemistry **11**, 1281—1285.

GRUBER, P. J., W. M. BECKER, and E. H. NEWCOMB, 1972: The occurrence of microbodies and peroxisomal enzymes in achlorophyllous leaves. Planta **105**, 114—138.

— — — 1973: The development of microbodies and peroxisomal enzymes in greening bean leaves. J. Cell Biol. **56**, 500—518.

— S. E. FREDERICK, and N. E. TOLBERT, 1974: Enzymes related to lactate metabolism in green algae and lower land plants. Plant Physiol. **53**, 167—170.

— R. N. TRELEASE, W. M. BECKER, and E. H. NEWCOMB, 1970: A correlative ultrastructural and enzymatic study of cotyledonary microbodies following germination of fat-storing seeds. Planta **93**, 269—288.

GULL, K., and R. J. NEWSAM, 1975: Ultrastructural organization of cystidia in the basidiomycete *Agrocybe praecox*. J. gen. Microbiol. **91**, 74—78.

GULLVÅG, B. M., 1971: Microbodies in the spore of *Equisetum*: a fixation study. Grana **11**, 36—40.

GUTIERREZ, M., S. C. HUBER, S. B. KU, R. KANAI, and G. E. EDWARDS, 1974: Intracellular localization of carbon metabolism in mesophyll cells of C_4 plants. In: Proceedings of the Third International Congress on Photosynthesis Research (AVRON, M., ed.), pp. 1219—1230. Amsterdam: Elsevier.

HAARASILTA, S., and E. OURA, 1975: On the activity and regulation of anaplerotic and gluconeogenetic enzymes during the growth process of baker's yeast. Eur. J. Biochem. **52**, 1—18.

HAIGH, W. G., and H. BEEVERS, 1964 a: The occurrence and assay of isocitrate lyase in algae. Arch. Biochem. Biophys. **107**, 147—151.

— — 1964 b: The glyoxylate cycle in *Polytomella caeca*. Arch. Biochem. Biophys. **107**, 154—157.

HALL, J. L., and R. SEXTON, 1972: Cytochemical localization of peroxidase activity in root cells. Planta **108**, 103—120.

HALLIWELL, B., 1973: The role of formate in photorespiration. Biochem. Soc. Trans. **1**, 1147—1150.

— 1974 a: Superoxide dismutase, catalase and glutathione peroxidase: solutions to the problems of living with oxygen. New Phytol. **73**, 1075—1089.

— 1974 b: Oxidation of formate by peroxisomes and mitochondria from spinach leaves. Biochem. J. **138**, 77—85.

HALLIWELL, B., and V. S. BUTT, 1974: Oxidative decarboxylation of glycollate and glyoxylate by leaf peroxisomes. Biochem. J. **138**, 217—224.

HAND, A. R., 1975: Ultrastructural localization of L-α-hydroxy acid oxidase in rat liver peroxisomes. Histochemistry **41**, 195—206.

HANKER, J. S., W. A. ANDERSON, and F. E. BLOOM, 1972: Osmiophilic polymer generation: catalysis by transition metal compounds in ultrastructural cytochemistry. Science **175**, 991—993.

HANNING, K., R. STAHN und K.-P. MAIER, 1969: Isolierung von Zellorganellfraktionen aus Rattenleber mit Hilfe der trägerfreien kontinuierlichen Elektrophorese. Hoppe-Seyler's Z. physiol. Chem. **350**, 784—786.

HANOZET, G. M., and A. GUERRITORE, 1972: Role of phosphoenolpyruvate and 6-phosphogluconate in short-term control of yeast isocitrate lyase. Arch. Biochem. Biophys. **149**, 127—135.

HANZELY, L., and E. L. VIGIL, 1975: Fine structural and cytochemical analysis of phragmosomes (microbodies) during cytokinesis in *Allium* root tip cells. Protoplasma **86**, 269—277.

HARROP, L. C., and H. L. KORNBERG, 1966: The role of isocitrate lyase in the metabolism of algae. Proc. roy. Soc. B **166**, 11—29.

HARVEY, J. C., 1974: Light and electron microscope observations of conidiogenesis in *Pleiochaeta setosa* (Kirchn.) Hughes. Protoplasma **82**, 203—222.

HARVEY, M. J., and M. GIBBS, 1970: Distribution of photosynthetic products between chloroplasts and incubation medium. Plant Physiol. **46**, S-6.

HAWKER, J. S., and D. M. BUNGEY, 1976: Isocitrat lyase in germinating seeds of *Prunus dulcis*. Phytochemistry **15**, 79—81.

HAYASHI, H., T. SUGA, and S. NIINOBE, 1973: Studies on peroxisomes. III. Further studies on the intraparticulate localization of peroxisomal components in the liver of the rat. Biochim. biophys. Acta **297**, 110—119.

HAYDEN, D. B., and F. S. COOK, 1972: Malate dehydrogenase in maize endosperm. The intracellular location and characterization of the two major particulate isozymes. Canad. J. Biochem. **50**, 663—671.

HAZEU, W., W. H. BATENBURG-VAN DER VEGTE, and P. J. NIEUWDORP, 1975: The fine structure of microbodies in the yeast *Pichia pastoris*. Experientia **31**, 926—927.

HEATH, M. C., and J. B. HEATH, 1975: Ultrastructural changes associated with the haustorial mother cell septum during haustorium formation in *Uromyces phaseoli* var. *vignae*. Protoplasma **84**, 297—314.

HÉBANT, C., and F. MARTY, 1973: Fine structural identification of peroxisomes in the cells of the photosynthetic lamellae of the leaf of *Polytrichum commune* gametophytes. J. Bryology **7**, 195—200.

HEBER, U., 1960: Vergleichende Untersuchungen an Chloroplasten, die durch Isolierungs-Operationen in nicht-wäßrigem und in wäßrigem Medium erhalten wurden. I. Ermittlung des Verhältnisses von Chloroplastenprotein zum Gesamtprotein der Blattzelle. Z. Naturforsch. **15 b**, 95—99.

— 1974: Metabolite exchange between chloroplasts and cytoplasm. Ann. Rev. Plant. Physiol. **25**, 393—421.

— M. R. KIRK, H. GIMMLER, and G. SCHÄFER, 1974: Uptake and reduction of glycerate by isolated chloroplasts. Planta **120**, 31—46.

— N. G. PON, and M. HEBER, 1963: Localization of carboxydismutase and triosephosphate dehydrogenase in chloroplasts. Plant Physiol. **38**, 355—360.

— and E. TYSZKIEWICZ, 1962: The rate of photosynthesis in isolated chloroplasts. J. Exp. Bot. **13**, 185—200.

HEINRICH, B., and J. R. COOK, 1967: Studies on the respiratory physiology of *Euglena gracilis* cultured on acetate or glucose. J. Protozool. **14**, 548—553.

HEMMES, D. E., and H. R. HOHL, 1969: Ultrastructural changes in directly germinating sporangia of *Phytophthora parasitica*. Amer. J. Bot. **56**, 300—313.

HERZOG, V., and H. D. FAHIMI, 1974: The effect of glutaraldehyde on catalase. Biochemical and cytochemical studies with beef liver catalase and rat liver peroxisomes. J. Cell Biol. **60**, 303—310.

HERZOG, V., and F. MILLER, 1972: The localization of endogenous peroxidase in the lacrimal gland of the rat during postnatal development. J. Cell Biol. **53**, 662—680.

HEWITT, E. J., 1975: Assimilatory nitrate-nitrite reduction. Ann. Rev. Plant. Physiol. **26**, 73—100.

HIARI, K. J., 1971: Comparison between 3,3'-diaminobenzidine and auto-oxidized 3,3'-diaminobenzidine in the cytochemical demonstration of oxidative enzymes. J. Histochem. Cytochem. **19**, 434—442.

HIGASHI, T., F. KAWAMATA, and T. SAKAMOTO, 1974: Studies on rat liver catalase. VII. Double-labeling of catalase by ^{14}C-leucine and ^{3}H-δ-aminolevulinic acid. J. Biochem. **76**, 703—708.

HILDEBRANDT, W., und H. WEIDE, 1973: Isocitratlyase von *Candida guilliermondii*, Stamm H 17. I. Reinigung und Charakterisierung. Z. allg. Mikrobiol. **13**, 569—576.

— — 1974 a: Isocitratlyase von *Candida guilliermondii*, Stamm H 17. II. Regelung durch ausgewählte Intermediate des Tricarbonsäurezyklus und Hexoseabbaus. Z. allg. Mikrobiol. **14**, 39—46.

— — 1974 b: Isocitratlyase von *Candida guilliermondii*, Stamm H 17. III. Regelung durch Intermediate des Alkanabbaus und allgemeines Regulationsmodell. Z. allg. Mikrobiol. **14**, 47—52.

HILLIARD, J. H., V. E. GRACEN, and S. H. WEST, 1971: Leaf microbodies (peroxisomes) and catalase localization in plants differing in their photosynthetic carbon pathways. Planta **97**, 93—105.

HITCHCOCK, C., and B. W. NICHOLS, 1971: Plant Lipid Biochemistry. New York-London: Academic Press.

HOCK, B., 1969: Die Hemmung der Isocitratlyase bei Wassermelonenkeimlingen durch Weißlicht. Planta **85**, 340—350.

— 1970 a: Die Regulation der Isocitrat-Lyase bei Wassermelonenkeimlingen. Naturwiss. **57**, 138.

— 1970 b: Die zeitliche Dauer der Isocitrat-Lyase-Synthese in Kotyledonen von Wassermelonenkeimlingen. Planta **93**, 26—38.

— 1972: Veränderung des Malat-Dehydrogenase-Isoenzym-Spektrums bei der Samenkeimung. Ber. dtsch. bot. Ges. **85**, 579—584.

— 1973 a: Isoenzyme der Malat-Dehydrogenase aus Wassermelonenkeimlingen: Mikroheterogenität und deren Aufhebung bei der Samenkeimung. Planta **110**, 329—344.

— 1973 b: Kompartimentierung und Eigenschaften der MDH-Isoenzyme aus Wassermelonenkeimblättern. Planta **112**, 137—148.

— 1974 a: Antikörper gegen Glyoxysomenmembranen. Planta **115**, 271—280.

— 1974 b: Antikörper gegen die glyoxysomale Malat-Dehydrogenase. Ber. dtsch. bot. Ges. **87**, 108—118.

— and H. BEEVERS, 1966: Development and decline of the glyoxylate cycle enzymes in watermelon seedlings (*Citrullus vulgaris* Schrad.). Effects of dactinomycin and cycloheximide. Z. Pflanzenphysiol. **55**, 405—414.

HOFFMANN, H.-P., A. SZABO, and C. J. AVERS, 1970: Cytochemical localization of catalase activity in yeast peroxisomes. J. Bact. **104**, 581—584.

HOLMES, R. S., and C. J. MASTERS, 1970: Epigenetic interconversions of the multiple forms of mouse liver catalase. FEBS Lett. **11**, 45—48.

— — 1972: Species specific features of the distribution and multiplicity of mammalian liver catalase. Arch. Biochem. Biophys. **148**, 217—223.

HOLZER, H., und A. HOLLDORF, 1957: Isolierung von D-Glycerat-dehydrogenase, einige Eigenschaften des Enzyms und seine Verwendung zur enzymatisch-optischen Bestimmung von Hydroxypyruvat neben Pyruvat. Biochem. Z. **329**, 292—312.

HONDA, S. J., 1974: Fractionation of green tissue. In: Methods in enzymology, Vol. XXXI: Biomembranes, Part A (FLEISCHER, S., and L. PACKER, eds.), pp. 544—553. New York-London: Academic Press.

HRUBAN, Z., and M. RECHCIGL, 1969: Microbodies and related particles. Morphology, biochemistry and physiology. Int. Rev. Cytol., Suppl. 1. New York-London: Academic Press.

HRUBAN, Z., E. L. VIGIL, A. SLESERS, and E. HOPKINS, 1972: Microbodies. Constituent organelles of animal cells. Lab. Invest. **27**, 184—191.

HUANG, A. H. C., 1975 a: Enzymes of glycerol metabolism in the storage tissues of fatty seedlings. Plant Physiol. **55**, 555—558.

— 1975 b: Comparative studies of glyoxysomes from various fatty seedlings. Plant Physiol. **55**, 870—874.

— and H. BEEVERS, 1971: Isolation of microbodies from plant tissues. Plant Physiol. **48**, 637—641.

— — 1972: Microbody enzymes and carboxylases in sequential extracts from C_1 and C_3 leaves. Plant Physiol. **50**, 242—248.

— — 1973: Localization of enzymes within microbodies. J. Cell Biol. **58**, 379—389.

— — 1974: Developmental changes in endosperm of germinating castor bean independent of embryonic axis. Plant Physiol. **54**, 277—279.

— P. D. BOWMAN, and H. BEEVERS, 1974: Immunological and biochemical studies on isozymes of malate dehydrogenase and citrate synthetase in castor bean glyoxysomes. Plant Physiol. **54**, 364—368.

HÜTTERMANN, A., and U. GUNTERMANN, 1975: Metrizamide in D_2O—a novel solute for the separation of labelled and unlabelled proteins by equilibrium density gradient centrifugation. Analyt. Biochem. **64**, 360—366.

HUTTON, D., and P. K. STUMPF, 1969: Fat metabolism in higher plants. XXXVII. Characterization of the β-oxidation systems from maturing and germinating castor bean seeds. Plant Physiol. **44**, 508—516.

— — 1971: Fat metabolism in higher plants. LXII. The pathway of ricinoleic acid catabolism in the germinating castor bean (*Ricinus communis* L.) and pea (*Pisum sativum* L.). Arch. Biochem. Biophys. **142**, 48—60.

IHLE, J. N., and L. S. DURE, 1972: The developmental biochemistry of cotton seed embryogenesis and germination. III. Regulation of the biosynthesis of enzymes utilized in germination. J. biol. Chem. **247**, 5048—5055.

JACKSON, W. A., and R. J. VOLK, 1970: Photorespiration. Ann. Rev. Plant. Physiol. **21**, 385—432.

JACOBI, G., 1974: Allgemeine Prinzipien der Zellfraktionierung. In: Biochemische Cytologie der Pflanzenzelle. Ein Praktikum (JACOBI, G., Hrsg.), S. 1—14. Stuttgart: G. Thieme.

JACOBSON, B. S., F. FONG, and R. L. HEATH, 1975: Carbonic anhydrase of spinach. Studies on its location, inhibition, and physiological function. Plant Physiol. **55**, 468—474.

JENSEN, T. E., and J. G. VALDOVINOS, 1967: Fine structure of abscission zones. I. Abscission zones of the pedicels of tobacco and tomato flowers at anthesis. Planta **77**, 298—318.

— — 1968 a: Fine structure of abscission zones. III. Cytoplasmic changes in abscising pedicels of tobacco and tomato flowers. Planta **83**, 303—313.

— — 1968 b: Structure of microbodies in abscission cells. Plant Physiol. **43**, 2062—2065.

JEWESS, P. J., M. W. KERR, and D. P. WHITAKER, 1975: Inhibition of glycollate oxidase from pea leaves. FEBS Lett. **53**, 292—296.

JOHANSON, R. A., J. M. HILL, and B. A. MCFADDEN, 1974 a: Isocitrate lyase from *Neurospora crassa*. I. Purification, kinetic mechanism, and interaction with inhibitors. Biochim. biophys. Acta **364**, 327—340.

— — — 1974 b: Isocitrate lyase from *Neurospora crassa*. II. Composition, quaternary structure, C-terminus, and active-site modification. Biochim. biophys. Acta **364**, 341—352.

JOHN, P. C. L., and P. J. SYRETT, 1967: The purification and properties of isocitrate lyase from *Chlorella*. Biochem. J. **105**, 409—416.

— — 1968 a: The inhibition, by intermediary metabolites, of isocitrate lyase from *Chlorella pyrenoidosa*. Biochem. J. **110**, 481—484.

— — 1968 b: The estimation of the quantity of isocitrate lyase protein in acetate-adapted cells of *Chlorella pyrenoidosa*. J. Exp. Bot. **19**, 733—741.

JOHNSON, H. S., and M. D. HATCH, 1970: Properties and regulation of leaf nicotinamide-adenine dinucleotide phosphate-malate dehydrogenase and "malic" enzyme in plants with the C_4-dicarboxylic acid pathway of photosynthesis. Biochem. J. **119**, 273—280.

JONES, G. L., and C. J. MASTRES, 1974: On the synthesis and degradation of the multiple forms of catalase in mouse liver. Arch. Biochem. Biophys. **161**, 601—609.

— — 1975: On the nature and characteristics of the multiple forms of catalase in mouse liver. Arch. Biochem. Biophys. **169**, 7—21.

JONES, R. L., 1969 a: The fine structure of barley aleurone cells. Planta **85**, 359—375.

— 1969 b: Gibberellic acid and the fine structure of barley aleurone cells. I. Changes during the lag-phase of α-amylase synthesis. Planta **87**, 119—133.

— 1969 c: Gibberellic acid and the fine structure of barley aleurone cells. II. Changes during the synthesis and secretion of α-amylase. Planta **88**, 73—86.

— 1972: Fractionation of the enzymes of the barley aleurone layer: evidence for a soluble mode of enzyme release. Planta **103**, 95—103.

— 1973: Gibberellins: Their physiological role. Ann. Rev. Plant. Physiol. **24**, 571—598.

— 1974: The structure of the lettuce endosperm. Planta **121**, 133—146.

KAGAN-ZUR, V., and S. H. LIPS, 1975: Studies on the intracellular location of enzymes of the photosynthetic carbon-reduction cycle. Eur. J. Biochem. **59**, 17—23.

KAGAWA, T., and H. BEEVERS, 1970: Glyoxysomes and peroxisomes in watermelon seedlings. Plant Physiol. **46**, S-38.

— — 1975: The development of microbodies (glyoxysomes and leaf peroxisomes) in cotyledons of germinating watermelon seedlings. Plant Physiol. **55**, 258—264.

— J. M. LORD, and H. BEEVERS, 1973: The origin and turnover of organelle membrans in castor bean endosperm. Plant Physiol. **51**, 61—65.

— — — 1975: Lecithin synthesis during microbody biogenesis in watermelon cotyledons. Arch. Biochem. Biophys. **167**, 45—53.

— D. J. McGREGOR, and H. BEEVERS, 1973: Development of enzymes in the cotyledons of watermelon seedlings. Plant Physiol. **51**, 66—71.

KAMATH, S. A., and E. RUBIN, 1973: The exchange of phospholipids between subcellular organelles of the liver. Arch. Biochem. Biophys. **158**, 312—322.

KANAI, Y., T. SUGIMURA, T. MATHSUSHIMA, and A. KAWAMURA, 1974: Studies on *in vivo* degradation of rat hepatic catalase with or without modification by 3-amino-1,2,4-triazole. J. biol. Chem. **249**, 6505—6511.

KAPIL, R. N., T. D. PUGH, and E. H. NEWCOMB, 1975: Microbodies and an anomalous „microcylinder" in the ultrastructure of plants with crassulacean acid metabolism. Planta **124**, 231—244.

KAROW, H., und H. MOHR, 1967: Aktivitätsänderungen der Isocitritase (EC 4.1.3.1.) während der Photomorphogenese beim Senfkeimling (*Sinapis alba* L.). Planta **72**, 170—186.

KAWAMATA, F., T. SAKURAI, and T. HIGASHI, 1975: Biosynthesis of liver catalase in rats treated with allylisopropylacetylcarbamide. II. Double-labeling of catalase with (^{14}C) leucine and δ-(^{3}H)aminolevulinic acid. J. Biochem. **78**, 975—980.

KERR, M. W., and D. GROVES, 1975: Purification and properties of glycollate oxidase from *Pisum sativum* leaves. Phytochemistry **14**, 359—362.

KIERMAYER, O., 1970: Elektronenmikroskopische Untersuchungen zum Problem der Cytomorphogenese von *Micrasterias denticulata* Bréb. Protoplasma **69**, 97—132.

KINDL, H., und G. MAJUNKE, 1973 a: Untersuchungen zur biochemischen Charakterisierung von Mikrokörpern in Keimblättern von *Lens culinaris*. Hoppe-Seyler's Z. physiol. Chem. **354**, 987—998.

— — 1973 b: Glyoxysomale Enzyme in Laubblättern von *Lens culinaris*. Hoppe-Seyler's Z. physiol. Chem. **354**, 999—1005.

— and H. RUIS, 1971 a: Subcellular distribution of p-hydroxybenzoic acid formation in castor bean endosperm. Z. Naturforsch. **266**, 1379—1380.

— — 1971 b: Metabolism of aromatic amino acids in glyoxysomes. Phytochemistry **10**, 2633—2636.

KISAKI, T., A. IMAI, and N. E. TOLBERT, 1971: Intracellular localization of enzymes related to photorespiration in green leaves. Plant Cell Physiol. **12**, 267—273.

— and N. E. TOLBERT, 1969: Glycolate and glyoxylate metabolism by isolated peroxisomes or chloroplasts. Plant Physiol. **44**, 242—250.

— — 1970: Glycine as a substrate for photorespiration. Plant Cell Physiol. **11**, 247—258.

KISAKI, T., N. YANO, and S. HIRABAYASHI, 1972: Photorespiration: stimulation of glycine decarboxylation by oxygen in tobacco leaf disks and corn leaf segments. Plant Cell Physiol. **13**, 581—584.

KLEIN, O., 1969: Persistent photoreversibility of leaf development. Plant Physiol. **44**, 897—902.

KOBR, M. J., and H. BEEVERS, 1968: Distribution of the gluconeogenic enzymes in the castor bean endosperm. Plant Physiol. **43**, S-17.

— — 1971: Gluconeogenesis in the castor bean endosperm. I. Changes in glycolytic intermediates. Plant Physiol. **47**, 48—52.

— S.-P. SCHWITZGUÉBEL, and F. VANDERHAEGHE, 1973: Regulation of acetate metabolism in *Neurospora*. Experientia **29**, 775.

— and F. VANDERHAEGHE, 1973: Change in density of organelles from *Neurospora*. Experientia **29**, 1221—1223.

— — and G. COMBÉPINE, 1969: Particulate enzymes of the glyoxylate cycle in *Neurospora crassa*. Biochem. biophys. Res. Commun. **37**, 640—645.

KOHN, L. D., 1970: Renaturation of spinach leaf glyoxylic acid reductase. J. biol. Chem. **245**, 3850—3858.

— and W. A. WARREN, 1970: The kinetic properties of spinach leaf glyoxylic acid reductase. J. biol. Chem. **245**, 3831—3839.

— — and W. R. CARROLL, 1970: The structural properties of spinach leaf glyoxylic acid reductase. J. biol. Chem. **245**, 3821—3830.

KORNBERG, H. L., and H. BEEVERS, 1957: The glyoxylate cycle as a stage in the conversion of fat to carbohydrate in castor beans. Biochim. biophys. Acta **26**, 531—537.

— and H. A. KREBS, 1957: Synthesis of cell constituents from C-2 units by a modified tricarboxylic acid cycle. Nature **179**, 988—991.

KOWALLIK, W., 1971: Light stimulated respiratory gas exchange in algae and its relation to photorespiration. In: Photosynthesis and photorespiration (HATCH, M. D., *et al.*, eds.), pp. 514—522. Wiley-Interscience.

— und G. H. SCHMID, 1971: Zur Glykolatoxidation einzelliger Grünalgen. Planta **96**, 224—237.

KRIEDEMANN, P., and H. BEEVERS, 1967: Sugar uptake and translocation in the castor bean seedling. I. Characteristics of transfer in intact and excised seedlings. Plant Physiol. **42**, 161—173.

KUCZMAK, M., and N. E. TOLBERT, 1962: Glycolic acid oxidase formation in greening leaves. Plant Physiol. **37**, 729—734.

LADO, P., M. SCHWENDIMANN, and E. MARRÈ, 1968: Repression of isocitrate lyase synthesis in seeds germinated in the presence of glucose. Biochim. biophys. Acta **157**, 140—148.

LAETSCH, W. M., 1968: Chloroplast specialization in dicotyledons possesing the C_4-dicarboxylic acid pathway of photosynthetic CO_2 fixation. Amer. J. Bot. **55**, 875—883.

— 1971: Chloroplast structural relationships in leaves of C_4 plants. In: Photosynthesis and photorespiration (HATCH, M. D., *et al.*, eds.), pp. 323—349. Wiley-Interscience.

— 1974: The C_4-syndrome: A structural analysis. Ann. Rev. Plant Physiol. **25**, 27—52.

LAING, W. A., W. L. OGREN, and R. H. HAGEMAN, 1974: Regulation of soybean net photosynthetic CO_2 fixation by the interaction of CO_2, O_2, and ribulose 1,5-diphosphate carboxylase. Plant Physiol. **54**, 678—685.

LATZKO, E., and M. GIBBS, 1968: Distribution and activity of enzymes of the reductive pentose phosphate cycle in spinach leaves and in chloroplasts isolated by different methods. Z. Pflanzenphysiol. **59**, 184—194.

— and G. J. KELLY, 1974: Photosynthesis. Carbon metabolism. Fortschr. Bot. **36**, 77—89.

LAUDAHN, G., 1963: Vergleichende Untersuchungen zum Umsatz von Pyruvat, Hydroxypyruvat und Glyoxylat durch die NAD-Oxydoreduktasen Lactat-dehydrogenase, Glyoxylsäure-Reduktase und D-Glycerat-dehydrogenase. Biochem. Z. **337**, 449—461.

LAZAROW, P. B., and C. DE DUVE, 1973 a: The synthesis and turnover of rat liver peroxisomes. IV. Biochemical pathway of catalase synthesis. J. Cell Biol. **59**, 491—506.

— — 1973 b: The synthesis and turnover of rat liver peroxisomes. V. Intracellular pathway of catalase synthesis. J. Cell Biol. **59**, 507—524.

Lea, P. J., and D. A. Thurman, 1972: Intracellular location and properties of plant L-glutamate dehydrogenases. J. Exp. Bot. 23, 440—449.

Lee, S. H., and R. M. Torack, 1968: Electron microscope studies of glutamic oxalacetic transaminase in rat liver cell. J. Cell Biol. 39, 716—724.

Leech, R. M., and D. J. Murphy, 1976: The cooperative function of chloroplasts in the biosynthesis of small molecules. In: The intact chloroplast (Barber, J., ed.), pp. 365—401. Amsterdam-New York: Elsevier Scientific Publishing Company.

Leek, A. E., B. Halliwell, and V. S. Butt, 1972: Oxidation of formate and oxalate in peroxisomal preparations from leaves of spinach beet (*Beta vulgaris*). Biochim. biophys. Acta 286, 299—311.

Legg, P. G., and R. L. Wood, 1970: New observations on microbodies. A cytochemical study on CPJB-treated rat liver. J. Cell Biol. 45, 118—129.

Legris, A. H., and C. S. Tsai, 1975: Characterization of malate dehydrogenase isozymes in wheat germ. Canad. J. Biochem. 53, 527—535.

Leighton, F., L. Coloma, and C. Koenig, 1975: Structure, composition, physical properties, and turnover of proliferated peroxisomes. A study of the trophic effects of Su-13437 on rat liver. J. Cell Biol. 67, 281—309.

— B. Poole, H. Beaufay, P. Baudhuin, J. W. Coffey, S. Fowler, and C. de Duve, 1968: The large-scale separation of peroxisomes, mitochondria, and lysosomes from the livers of rats injected with Triton WR-1339. J. Cell Biol. 37, 482—513.

— — P. L. Lazarow, and C. de Duve, 1969: The synthesis and turnover of rat liver peroxisomes. I. Fractionation of peroxisome proteins. J. Cell Biol. 41, 521—535.

Leskovac, V., S. Trivić, D. Jeranče, and R. Injac, 1975: Comparative enzymology of malate dehydrogenases. VII. Evidence for a genetic regulation of malate dehydrogenase, catalase, hexokinase, glucose-6-phosphate dehydrogenase, isocitrate dehydrogenase and esterase activities from several *Zea mays* varieties. Z. Pflanzenphysiol. 75, 131—142.

Lips, S. H., 1975: Enzyme content of plant microbodies as affected by experimental procedures. Plant Physiol. 55, 598—601.

— and Y. Avissar, 1972: Plant leaf microbodies as the intracellular site of nitrate reductase and nitrite reductase. Eur. J. Biochem. 29, 20—24.

Liu, A. Y., and C. C. Black, 1972: Glycolate metabolism in mesophyll cells and bundle sheath cells isolated from crabgrass, *Digitaria sanguinalis* (L.) Scop., leaves. Arch. Biochem. Biophys. 149, 269—280.

Lloyd, D., and A. G. Callely, 1965: The assimilation of acetate and propionate by *Prototheca zopfii*. Biochem. J. 97, 176—179.

Locke, M., and J. T. McMahon, 1971: The origin and fate of microbodies in the fat body of an insect. J. Cell Biol. 48, 61—78.

Longo, C. P., 1968: Evidence of *de novo* synthesis of isocitratase and malate synthetase in germinating peanut cotyledons. Plant Physiol. 43, 660—664.

— and G. P. Longo, 1970: The development of glyoxysomes in peanut cotyledons and maize scutella. Plant Physiol. 45, 249—254.

Longo, G. P., E. Bernasconi, and C. P. Longo, 1975: Solubilization of enzymes from glyoxysomes of maize scutellum. Plant. Physiol. 55, 1115—1119.

— C. Dragonetti, and C. P. Longo, 1972: Cytochemical localization of catalase in glyoxysomes isolated from maize scutella. Plant Physiol. 50, 463—468.

— and C. P. Longo, 1970: The development of glyoxysomes in maize scutellum. Changes in morphology and enzyme compartmentation. Plant Physiol. 46, 599—604.

— — 1975: Development of mitochondrial enzyme activities in germinating maize scutellum. Plant Sci. Lett. 5, 339—346.

— and J. G. Scandalios, 1969: Nuclear gene control of mitochondrial malic dehydrogenase in maize. Proc. nat. Acad. Sci. 62, 104—111.

Lopez-Perez, M. J., A. Gimenez-Solves, F. D. Calonge, and A. Santos-Ruiz, 1974: Evidence of glyoxysomes in germinating pine seeds. Plant Sci. Lett. 2, 377—386.

Lord, J. M., 1976: Phospholipid synthesis and exchange in castor bean endosperm homogenates. Plant Physiol. 57, 218—223.

— and H. Beevers, 1972: The problem of reduced nicotinamide adenine dinucleotide oxidation in glyoxysomes. Plant Physiol. 49, 249—251.

LORD, J. M., and R. H. BROWN, 1975: Purification and some properties of *Chlorella fusca* ribulose 1,5-diphosphate carboxylase. Plant Physiol. **55**, 360—364.

— T. KAGAWA, and H. BEEVERS, 1972: Intracellular distribution of enzymes of the cytidine diphosphate choline pathway in castor bean endosperm. Proc. nat. Acad. Sci. **69**, 2429—2432.

— — T. S. MOORE, and H. BEEVERS, 1973: Endoplasmic reticulum as the site of lecithin formation in castor bean endosperm. J. Cell Biol. **57**, 659—667.

— and M. J. MERRETT, 1970: The pathway of glycollate utilization in *Chlorella pyrenoidosa*. Biochem. J. **117**, 929—937.

— — 1971: The intracellular location of glycollate oxido-reductase in *Euglena gracilis*. Biochem. J. **124**, 275—281.

— — 1973: The conversion of glycerate into pyruvate by *Chlorella* extracts. New Phytol. **72**, 249—252.

LORIMER, G. H., T. J. ANDREWS, and N. E. TOLBERT, 1973: Ribulose diphosphate oxygenase. II. Further proof of reaction products and mechanism of action. Biochemistry **12**, 18—23.

LOUD, A. V., 1968: A quantitative stereological description of the ultrastructure of normal rat liver parenchymal cells. J. Cell Biol. **37**, 27—46.

— W. C. BARANY, and B. A. PACK, 1965: Quantitative evolution of cytoplasmic structures in electron micrographs. Lab. Invest. **14**, 996—1008.

LUDWIG, B., and H. KINDL, 1976: Plant microbody proteins. II. Purification and characterization of the major protein component (SP-63) of peroxisome membranes. Hoppe-Seyler's Z. physiol. Chem. **357**, 177—186.

LUI, N. S. T., O. A. ROELS, M. E. TROUT, and O. R. ANDERSON, 1968: Subcellular distribution of enzymes in *Ochromonas malhamensis*. J. Protozool. **15**, 536—542.

LYNDON, R. F., and E. S. ROBERTSON, 1976: The quantitative ultrastructure of the pea shoot apex in relation to leaf initiation. Protoplasma **87**, 387—402.

LYTTLETON, J. W., 1970: Use of colloidal silica in density gradients to separate intact chloroplasts. Analyt. Biochem. **38**, 277—281.

MAHON, J. D., H. FOCK, and D. T. CANVIN, 1974: Changes in specific radioactivity of sunflower leaf metabolites during photosynthesis in $^{14}CO_2$ and $^{12}CO_2$ at three concentrations of CO_2. Planta **120**, 245—254.

MARGOLIASH, E., and A. NOVOGRODSKY, 1958: A study of the inhibition of catalase by 3-amino-1,2,4-triazole. Biochem. J. **68**, 468—475.

— — and A. SCHEJTER, 1960: Irreversible reaction of 3-amino-1 : 2 : 3-triazole and related inhibitors with the protein of catalase. Biochem. J. **74**, 339—348.

MARKLUND, S., 1973: Tryptic digestion and alkaline denaturation of catalase. The influence on catalatic activity, peroxidatic activity towards phenolic compounds, and the reactivity with methyl- and ethyl-hydroperoxide. Biochim. biophys. Acta **321**, 90—97.

MARKWELL, M. A. K., E. J. McGROARTY, L. L. BIEBER, and N. E. TOLBERT, 1973: The subcellular distribution of carnitine acyltransferase in mammalian liver and kidney. A new peroxisomal enzyme. J. biol. Chem. **248**, 3426—3432.

MARRIOTT, K. M., and D. H. NORTHCOTE, 1975 a: The breakdown of lipid reserves in the endosperm of germinating castor beans. Biochem. J. **148**, 139—144.

— — 1975 b: The induction of enzyme activity in the endosperm of germinating castorbean seeds. Biochem. J. **152**, 65—70.

MARTIN, R. G., and B. N. AMES, 1961: A method for determing the sedimentation behavior of enzymes: Application to protein mixtures. J. biol. Chem. **236**, 1372—1379.

MASONER, M., G. UNSER, and H. MOHR, 1972: Accumulation of protochlorophyll and chlorophyll a as controlled by phytomorphogenically effective light. Planta **105**, 267—272.

MATILE, P., 1975: The lytic compartment of plant cells. (Cell biology monographs, Vol. 1.) Wien-New York: Springer.

MATSUSHIMA, H., 1972: The microbody with a crystalloid core in tobacco cultured cell clone XD-6s. III. Developmental studies on the microbody. J. Electron Microscopy **21**, 293—299.

MAUNSBACH, A. B., 1966: Observations on the ultrastructure and acid phosphatase activity of the cytoplasmic bodies in rat kidney proximal tubule cells. J. Ultrastruct. Res. **16**, 197—238.

MAXWELL, D. P., M. D. MAXWELL, G. HÄNSSLER, V. N. ARMENTROUT, G. M. MURRAY, and H. C. HOCK, 1975: Microbodies and glyoxylate-cycle enzyme activities in filamentous fungi. Planta **124**, 109—123.

— P. H. WILLIAMS, and M. D. MAXWELL, 1970: Microbodies and lipid bodies in the hyphal tips of *Sclerotinia sclerotiorum*. Canad. J. Bot. **48**, 1689—1691.

— — — 1972: Studies on the possible relationships of microbodies and multivesicular bodies to oxalate, endopolygalacturonase, and cellulase (cx) production by *Sclerotinia sclerotiorum*. Canad. J. Bot. **50**, 1743—1748.

MAYER, A. A., and Y. SHAIN, 1974: Control of seed germination. Ann. Rev. Plant Physiol. **25**, 167—193.

McCULLOUGH, W., and P. C. L. JOHN, 1972 a: A temporal control of the *de novo* synthesis of isocitrate lyase during the cell cycle of the eucaryote *Chlorella pyrenoidosa*. Biochim. biophys. Acta **269**, 287—296.

— — 1972 b: Control of *de novo* isocitrate lyase synthesis in *Chlorella*. Nature **239**, 402—404.

McGROARTY, E., B. HSIEH, D. M. WIED, R. GEE, and N. E. TOLBERT, 1974: Alpha hydroxy acid oxidation by peroxisomes. Arch. Biochem. Biophys. **161**, 194—210.

McLAUGHLIN, D. J., 1973: Ultrastructure of sterigma growth and basidiospore formation in *Coprinus* and *Boletus*. Canad. J. Bot. **51**, 145—150.

MEHTA, R. J., 1975: Demonstration of methanol dehydrogenase in methanol assimilating yeasts. Experientia **31**, 407—408.

MENDGEN, K., 1973 a: Feinbau der Infektionsstrukturen von *Uromyces phaseoli*. Phytopath. Z. **78**, 109—120.

— 1973 b: Microbodies (glyoxysomes) in infection structures of *Uromyces phaseoli*. Protoplasma **78**, 477—482.

MENZEL, D., 1976: Cytochemischer Nachweis von Katalase in Microbodies bei *Acetabularia mediterranea*. Planta **130**, 181—184.

MERRETT, M. J., and J. M. LORD, 1973: Glycolate formation and metabolism by algae. New Phytol. **72**, 751—767.

MIDDLETON, B., 1973: The oxoacyl-coenzyme A thiolases of animal tissues. Biochem. J. **132**, 717—730.

MIFLIN, B. J., 1970: Studies on the subcellular location of particulate nitrate and nitrite reductase, glutamic dehydrogenase and other enzymes in barley roots. Planta **93**, 160—170.

— 1974: The location of nitrite reductase and other enzymes related to amino acid biosynthesis in the plastids of root and leaves. Plant Physiol. **54**, 550—555.

— and H. BEEVERS, 1974: Isolation of intact plastids from a range of plant tissue. Plant Physiol. **53**, 870—874.

MILLS, G. L., and E. C. CANTINO, 1975: The single microbody in the zoospore of *Blastocladiella emersonii* is a "symphyomicrobody". Cell Different. **4**, 35—44.

MIMS, C. W., 1972: Centrioles and golgi apparatus in postmeiotic spores of the myxomycete *Stemonitis virginiensis*. Mycologia **64**, 452—456.

MOESTRUP, O., and H. A. THOMSON, 1974: An ultrastructural study of the flagellate *Pyramimonas orientalis* with particular emphasis on Golgi apparatus activity and the flagellar apparatus. Protoplasma **81**, 247—269.

MOHR, H., 1966: Untersuchungen zur phytochrominduzierten Photomorphogenese des Senfkeimlings (*Sinapis alba* L.). Z. Pflanzenphysiol. **54**, 63—83.

— 1972: Lectures on Photomorphogenesis. Berlin-Heidelberg-New York: Springer.

— H. DRUMM und H. KASEMIR, 1974: Licht und Farbstoffe. Ber. dtsch. bot. Ges. **87**, 49—69.

MOLLENHAUER, H. H., D. J. MORRÉ, and A. G. KELLY, 1966: The widespread occurrence of plant cytosomes resembling animal microbodies. Protoplasma **62**, 44—52.

— and C. TOTTEN, 1970: Studies on seeds. V. Microbodies, glyoxysomes, and ricinosomes of castor bean endosperm. Plant Physiol. **46**, 794—799.

MONROE, J., 1969: Light- and electron-microscopic observations on spore germination in *Funaria hygrometrica*. Bot. Gazette **129**, 247—258.

Moore, T. S., 1974: Phosphatidylglycerol synthesis in castor bean endosperm. Kinetics, requirements, and intracellular localization. Plant Physiol. 54, 164—168.

— and H. Beevers, 1974: Isolation and characterization of organelles from soybean suspension cultures. Plant Physiol. 53, 261—265.

— J. M. Lord, T. Kagawa, and H. Beevers, 1973: Enzymes of phospholipid metabolism in the endoplasmic reticulum of castor bean endosperm. Plant Physiol. 52, 50—53.

Morgenthaler, J.-J., M. P. F. Marsden, and C. A. Price, 1975: Factors affecting the separation of photosynthetically competent chloroplasts in gradients of silica sols. Arch. Biochem. Biophys. 168, 289—301.

— C. A. Price, J. M. Robinson, and M. Gibbs, 1974: Photosynthetic activity of spinach chloroplasts after isopycnic centrifugation in gradients of silica. Plant Physiol. 54, 532—534.

Morré, D. J., 1975: Membrane biogenesis. Ann. Rev. Plant Physiol. 26, 441—481.

— C. A. Lambi und W. J. van der Woude, 1974: Golgi-Apparat und verwandte Zellbestandteile. In: Biochemische Cytologie der Pflanzenzelle. Ein Praktikum (Jacobi, G., Hrsg.), S. 147—172. Stuttgart: G. Thieme.

— W. D. Merritt, and G. A. Lambi, 1971: Connections between mitochondria and endoplasmic reticulum in rat liver and onion stem. Protoplasma 73, 43—49.

Mothes, K., 1961: The metabolism of urea and ureides. Canad. J. Bot. 39, 1785—1807.

— und L. Engelbrecht, 1956: Über den Stickstoffumsatz in Blattstecklingen. Flora 143, 428—472.

Mueller, D. M. J., 1970: Crystal-containing bodies associated with peristome ontogeny in a moss. J. Ultrastruct. Res. 30, 615—618.

Müller, E., 1973: Allgemeine Struktur- und Funktionsprinzipien der Zelle. In: Molekulare Biologie der Zelle (Bielka, H., Hrsg.), 2. Aufl., S. 257—298. Jena: Gustav Fischer Verlag.

Müller, E., und W. Löffler, 1971: Mykologie. Grundriß der Pilzkunde. Stuttgart: dtv.

Müller, M., 1975: Biochemistry of protozoan microbodies: peroxisomes, α-glycerophosphate oxidase bodies, hydrogenosomes. Ann. Rev. Microbiol. 29, 467—484.

— J. F. Hogg, and C. de Duve, 1968: Distribution of tricarboxylic acid cycle enzymes and glyoxylate cycle enzymes between mitochondria and peroxisomes in Tetrahymena pyriformis. J. biol. Chem. 243, 5385—5395.

Murray, D. R., J. Giovanelli, and R. S. Smillie, 1970: Photoassimilation of glycolate, glycine and serine by Euglena gracilis. J. Protozool. 17, 99—105.

— — — 1971: Photometabolism of glycolate by Euglena gracilis. Austral. J. Biol. Sci. 24, 23—33.

— O. Wara-Aswapati, H. M. M. Ireland, and J. W. Bradbeer, 1973: The development of activities of some enzymes concerned with glycollate metabolism in greening bean leaves. J. Exp. Bot. 24, 175—184.

Murray, G. M., and D. P. Maxwell, 1974: Ultrastructure of conidium germination of Cochliobolus carbonus. Canad. J. Bot. 52, 2335—2340.

Muto, S., and H. Beevers, 1974: Lipase activities in castor bean endosperm during germination. Plant Physiol. 54, 23—28.

Myles, D. G., and P. R. Bell, 1975: An ultrastructural study of the spermatozoid of the fern, Marsilea vestita. J. Cell Sci. 17, 633—645.

Nadakavukaren, M. J., and McCracken, 1973: Prototheca: An alga or a fungus? J. Phycol. 9, 113—116.

Nelson, E. B., and N. E. Tolbert, 1970: Glycolate dehydrogenase in green algae. Arch. Biochem. Biophys. 141, 102—110.

Newcomb, E. H., and S. E. Frederick, 1971: Distribution and structure of plant microbodies (peroxisomes). In: Photosynthesis and photorespiration (Hatch, H. D., et al., eds.), pp. 442—457. Wiley-Interscience.

Nilshammer, M., and B. Walles, 1974: Electron microscope studies on cell differentiation in synchronized cultures of the green alga Scenedesmus. Protoplasma 79, 317—332.

Nir, J., and A. M. Seligman, 1970: Photooxidation of diaminobenzidine (DAB) by chloroplast lamellae. J. Cell Biol. 46, 617—620.

Nir, J., and A. M. Seligman, 1971: Ultrastructural localization of oxidase activities in corn root tip cells with two new osmiophilic reagents compared to diaminobenzidine. J. Histochem. Cytochem. 19, 611—620.

Noll, C. R., and R. H. Burris, 1954: Nature and distribution of glycolic acid oxidase in plants. Plant Physiol. 29, 261—265.

Noma, A., and B. Borgström, 1971: The acid lipase of castor bean. Positional specificity and reaction mechanism. Biochim. biophys. Acta 227, 106—115.

Novikoff, A. B., and S. Goldfischer, 1968: Visualization of microbodies for light and electron microscopy. J. Histochem. Cytochem. 16, 507.

— — 1969: Visualization of peroxisomes (microbodies) and mitochondria with diaminobenzidine. J. Histochem. Cytochem. 17, 675—680.

— and P. M. Novikoff, 1973: Microperoxisomes. J. Histochem. Cytochem. 21, 963—966.

— — C. Davis, and N. Quintana, 1972: Studies on microperoxisomes. II. A cytochemical method for light and electron microscopy. J. Histochem. Cytochem. 20, 1006—1023.

— — — — 1973: Studies on microperoxisomes. V. Are microperoxisomes ubiquitous in mammalian cells? J. Histochem. Cytochem. 21, 737—755.

— and W. Y. Shin, 1964: The endoplasmic reticulum in the Golgi zone and its relations to microbodies, Golgi apparatus and autophagic vacuoles in rat liver cells. J. Micr. 3, 187—206.

Novikoff, P. M., and A. B. Novikoff, 1972: Peroxisomes in absorptive cells of mammalian small intestine. J. Cell Biol. 53, 532—560.

Oakley, B. R., and J. D. Dodge, 1974: The ultrastructure and cytochemistry of microbodies in *Porphyridium*. Protoplasma 80, 133—144.

Oaks, A., and H. Beevers, 1964: The glyoxylate cycle in maize scutellum. Plant Physiol. 39, 431—434.

O'Brien, T. P., and K. V. Thimann, 1967 a: Observations on the fine structure of the oat coleoptile. II. The parenchyma cells of the apex. Protoplasma 63, 417—442.

— — 1967 b: Observations on the fine structure of the oat coleoptile. III. Correlated light and electron microscopy of the vascular tissues. Protoplasma 63, 443—478.

Olsen, L. T., and B. M. Gullvåg, 1973: A fine-structural and cytochemical study of mature and germinating spores of *Equisetum arvense* L. Grana 13, 113—118.

Ory, R. L., 1969: Acid lipase of the castor bean. Lipids 4, 177—185.

— A. J. S. Angelo, and A. M. Altschul, 1960: Castor bean lipase: action on its endogenous substrate. J. Lipid Res. 1, 208—213.

— — — 1962: The acid lipase of the castor bean. Properties and substrate specificity. J. Lipid Res. 3, 99—105.

— L. Y. Yatsu, and H. W. Kirchner, 1968: Association of lipase activity with spherosomes of *Ricinus communis*. Arch. Biochem. Biophys. 264, 255—264.

Oshino, N., R. Oshino, and B. Chance, 1973: The characteristics of the "peroxidatic" reaction of catalase in ethanol oxidation. Biochem. J. 131, 555—563.

Osmond, C. B., 1971: The absence of photorespiration in C_4 plants: real or apparent? In: Photosynthesis and photorespiration (Hatch, M. D., et al., eds.), pp. 472—482. Wiley-Interscience.

— T. Akazawa, and H. Beevers, 1975: Localization and properties of ribulose diphosphate carboxylase from castor bean endosperm. Plant Physiol. 55, 226—230.

— and B. Harris, 1971: Photorespiration during C_4 photosynthesis. Biochim. biophys. Acta 234, 270—282.

O'Sullivan, J., and P. J. Casselton, 1973: The subcellular localization of glyoxylate cycle enzymes in *Coprinus lagopus* (*sensu* Buller). J. gen. Microbiol. 75, 333—337.

— and R. T. Wedding, 1972: Malate dehydrogenase isoenzymes from cotton leaves. Molecular weights. Plant Physiol. 49, 117—123.

Osumi, M., F. Fukuzumi, Y. Teranishi, A. Tabaka, and S. Fukui, 1975: Development of microbodies in *Candida tropicalis* during incubation in a n-alkane medium. Arch. Microbiol. 103, 1—11.

Osumi, M., N. Miwa, Y. Teranishi, A. Tanaka, and S. Fukui, 1974: Ultrastructure of *Candida* yeasts grown on n-alkanes. Appearance of microbodies and its relationship to high catalase activity. Arch. Microbiol. **99**, 181—201.

Owen, G., 1972: Peroxisomes in the digestive diverticula of the bivalve molusc *Nucula sulcata*. Z. Zellforsch. **132**, 15—24.

Papadimitriou, J. M., and P. van Duijn, 1970: The ultrastructural localization of the iso-enzymes of aspartate aminotransferase in murine tissues. J. Cell Biol. **47**, 84—98.

Parish, R. W., 1972 a: Urate oxidase in peroxisomes from maize root tips. Planta **104**, 247—251.

— 1972 b: Peroxisomes from the *Arum italicum* appendix. Z. Pflanzenphysiol. **67**, 430—442.

— 1972 c: The intracellular location of phenol oxidases, peroxidase and phosphatases in the leaves of spinach beet *(Beta vulgaris* L. subspecies *vulgaris)*. Eur. J. Biochem. **31**, 446—455.

— 1972 d: The intracellular location of phenol oxidases and peroxidase in stems of spinach beet *(Beta vulgaris* L.). Z. Pflanzenphysiol. **66**, 176—188.

— 1975 a: The isolation and characterization of peroxisomes (microbodies) from baker's yeast, *Saccharomyces cerevisiae*. Arch. Microbiol. **105**, 187—192.

— 1975 b: Mitochondria and peroxisomes from the cellular slime mould *Dictyostelium discoideum*. Isolation techniques and urate oxidase association with peroxisomes. Eur. J. Biochem. **58**, 523—531.

— 1975 c: The lysosome-concept in plants. I. Peroxidases associated with subcellular and wall fractions of maize root tips: implications for vacuole development. Planta **123**, 1—13.

— and R. Rickenbacher, 1971: The isolation of peroxisomes, mitochondria and chloroplasts from leaves of spinach beet *(Beta vulgaris* L. ssp. *vulgaris)*. Eur. J. Biochem. **22**, 423—429.

Paul, J. S., C. W. Sullivan, and B. E. Volcani, 1975: Photorespiration in diatoms. Mito-chondrial glycolate dehydrogenase in *Cylindrotheca fusiformis* and *Nitzschia alba*. Arch. Biochem. Biophys. **169**, 152—159.

— and B. E. Volcani, 1974: Photorespiration in diatoms. I. The oxidation of glycolic acid in *Thallassiosira pseudonana (Cyclotella nana)*. Arch. Microbiol. **101**, 115—120.

— — 1975: Photorespiration in diatoms. III. Glycolate : cytochrome c reductase in the diatom *Cylindrotheca fusiformis*. Plant Sci. Lett. **5**, 281—285.

— — 1976: A mitochondrial glycolate : cytochrome c reductase in *Chlamydomonas reinhardii*. Planta **129**, 59—61.

Pearson, B. R., and R. E. Norris, 1975: Fine structure of cell division in *Pyramimonas parkeae* Norris and Pearson (Chlorophyta, Prasinophyceae). J. Phycol. **11**, 113—124.

Peeters-Joris, C., A.-M. Vandevoorde, and P. Baudhuin, 1975: Subcellular localization of superoxide dismutase in rat liver. Biochem. J. **150**, 31—39.

Perlman, P. S., and H. R. Mahler, 1970: Intracellular location of enzymes in yeast. Arch. Biochem. Biophys. **136**, 245—259.

Perrin, A., 1972: Organization et anture de l'inclusion cristalline des organites du type "crystal-containing body" rencontrés dans les cellules de l'èpithème des hydathodes de *Cichorium intybus* L. et *Taraxacum officinale* Weber. Protoplasma 74, 213—225.

Petermann, M. L., 1964: The physical and chemical properties of ribosomes. Amsterdam-New York: Elsevier.

Petzold, H., 1967: Kristalloide Einschlüsse im Zytoplasma pflanzlicher Zellen. Proto-plasma **64**, 120—133.

Philippi, M. L., R. W. Parish, and H. R. Hohl, 1975: Histochemical and biochemical evidence for the presence of microbodies in *Phytophthora palmivora*. Arch. Micro-biol. **103**, 127—132.

Pinfield, N. J., 1968: The promotion of isocitrate lyase activity in hazel cotyledons by exogenous gibberellin. Planta **82**, 337—341.

Pitt, D., 1969: Cytochemical evidence for the existence of peroxisomes in *Botrytis cinerea*. J. Histochem. Cytochem. **17**, 613—616.

Plaut, Z., and M. Gibbs, 1970: Glycolat formation in intact spinach chloroplasts. Plant Physiol. **45**, 470—474.

POLAKIS, E. S., and W. BARTLEY, 1965: Changes in the enzyme activities of *Saccharomyces cerevisiae* during aerobic growth on different carbon sources. Biochem. J. **97**, 284.

POOLE, B., 1971: The kinetics of disappearance of labeled leucine from the free leucine pool of rat liver and its effect on the apparent turnover of catalase and other hepatic proteins. J. biol. Chem. **246**, 6587—6591.

— T. HIGASHI, and C. DE DUVE, 1970: The synthesis and turnover of rat liver peroxisomes. III. The size distribution of peroxisomes and the incorporation of new catalase. J. Cell Biol. **45**, 408—415.

— F. LEIGHTON, and C. DE DUVE, 1969: The synthesis and turnover of rat liver peroxisomes. II. Turnover of peroxisome proteins. J. Cell Biol. **41**, 536—546.

POTTS, J. R. M., R. WEKLYCH, and E. E. CONN, 1974: The 4-hydroxylation of cinnamic acid by *Sorghum* microsomes and the requirement for cytochrome P-450. J. biol. Chem. **249**, 5019—5026.

PRATHER, C. W., and E. C. SISLER, 1972: Glycine and glyoxylate decarboxylation in *Nicotiana rustica* roots. Phytochemistry 11, 1637—1647.

PRICE, C. A., 1974: Plant cell fractionation. In: Methods in enzymology, Vol. XXXI: Biomembranes. Part A (FLEISCHER, S., and L. PACKER, eds.), pp. 501—519. New York-London: Academic Press.

PUESCHEL, C. M., 1975: Aspects of the ultrastructure of the marine red alga *Rhodymenia*. J. Phycol. **11**, Suppl. 9.

PULICH, W. M., and C. H. WARD, 1973: Physiology and ultrastructure of an oxygen-resistent *Chlorella* mutant under heterotrophic conditions. Plant Physiol. **51**, 337—344.

QUAIL, P. H., and J. SCANDALIOS, 1971: Turnover of genetically defined catalase isozymes in maize. Proc. nat. Acad. Sci. **68**, 1402—1406.

RABSON, R., N. E. TOLBERT, and P. C. KERNEY, 1962: Formation of serine and glyceric acid by the glycolate pathway. Arch. Biochem. Biophys. **98**, 154—163.

RANDALL, D. D., N. E. TOLBERT, and D. GREMEL, 1971: 3-Phosphoglycerate phosphatase in plants. II. Distribution, physiological considerations, and comparison with P-glycolate phosphatase. Plant Physiol. **48**, 480—487.

RANDALL, L. P., and D. L. LYNCH, 1974: Spore ultrastructure of the myxomycete *Physarum polycephalum*. Amer. J. Bot. **61**, 513—524.

RATHNAM, C. K. M., and G. E. EDWARDS, 1975: Intracellular localization of certain photosynthetic enzymes in bundle sheaths cells of plants possessing the C_4 pathway of photosynthesis. Arch. Biochem. Biophys. **171**, 214—225.

RECHCIGL, M., and W. H. EVANS, 1963: Role of catalase and peroxidase in metabolism of leucocytes. Nature **199**, 1001.

REDDY, J., 1973: Possible properties of microbodies (peroxisomes). Microbody proliferation and hypolipidemic drugs. J. Histochem. Cytochem. **21**, 967—971.

— S. BUNYARATVEJ, and D. SVOBODA, 1969: Microbodies in experimentally altered cells. V. Histochemical and cytochemical studies on the livers of rats and acatalasemic mice treated with CPJB. Amer. J. Pathol. **56**, 351—370.

— and D. SVOBODA, 1971: Microbodies in experimentally altered cells. VIII. Continuities between microbodies and their possible biological significance. Lab. Invest. **24**, 74—81.

— — 1973: Further evidence to suggest that microbodies do not exist as individual entities. Amer. J. Pathol. **70**, 421—438.

REEVERS, H. C., S. KADIS, and S. AJL, 1962: Enzymes of the glyoxylate bypass in *Euglena gracilis*. Biochim. biophys. Acta **57**, 403—404.

REHFELD, D. W., D. D. RANDALL, and N. E. TOLBERT, 1970: Enzymes of the glycolate pathway in plants without CO_2-photorespiration. Canad. J. Bot. **48**, 1219—1226.

— and N. E. TOLBERT, 1972: Aminotransferases in peroxisomes from spinach leaves. J. biol. Chem. **248**, 4803—4811.

REICHLE, R. E., and R. W. LICHTWARDT, 1972: Fine structure of the trichomycete, *Harpella melusinae*, from black-fly guts. Arch. Mikrobiol. **81**, 103—125.

REINBOTHE, H., 1961: Zur Frage der Biosynthese von Allantoin und Allantoinsäure in höheren Pflanzen. III. Purinabbau in Ureidpflanzen. Flora **153**, 315—328.

REINBOTHE, H., and K. MOTHES, 1962: Urea, ureides, and guanidines in plants. Ann. Rev. Plant Physiol. **13**, 129—150.

— und D. SCHLEE, 1963: Über eine funktionelle Inversion der C-Atome von Glycin im Purinstoffwechsel. Phytochemistry **2**, 231—236.

REINERT, W. R., and G. A. MARZLAF, 1975: Regulation of the purine catabolic enzymes in *Neurospora crassa.* Arch. Biochem. Biophys. **166**, 565—574.

REISENER, H.-J., und K. JÄGER, 1967: Untersuchungen über die quantitative Bedeutung einiger Stoffwechselwege in den Uredosporen von *Puccinia graminis* var. *tritici.* Planta **72**, 265—283.

REITH, A., and B. SCHÜLER, 1972: Demonstration of cytochrome oxidase activity with di-aminobenzidine. A biochemical and electron microscopic study. J. Histochem. Cytochem. **20**, 583—589.

REUSS, M., H. SAHM und F. WAGNER, 1974: Mikrobielle Proteingewinnung auf Methanol-Basis. Chemie-Ing.-Techn. **46**, 669—676.

RHODIN, J., 1954: Correlation of ultrastructural organization and function in normal and experimentally changed proximal convoluted tubule cells of the mouse kidney. Thesis, Karolinska Institute, Stockholm.

— 1958: Anatomy of kidney tubules. Int. Rev. Cytol. **7**, 485—534.

RICHARDSON, K. E., and N. E. TOLBERT, 1961: Oxidation of glycolic acid to oxalic acid by glycolic acid oxidase. J. biol. Chem. **236**, 1280—1284.

— — 1961: Phosphoglycolic acid phosphatase. J. biol. Chem. **236**, 1285—1290.

RICKWOOD, D., and G. D. BIRNIE, 1975: Metrizamide, a new density-gradient medium. FEBS Lett. **50**, 102—110.

RIGATUSO, J. L., P. G. LEGG, and R. L. WOOD, 1970: Microbody formation in regenerating rat liver. J. Histochem. Cytochem. **18**, 893—900.

ROBERG, B. A., and W. M. BECKER, 1975: The effects of inhibitors of RNA synthesis on glyoxysomal enzymes. Plant Physiol. **56**, S-71.

ROBERTS, K., and D. H. NORTHCOTE, 1970: The structure of sycamore callus cells during division in a partially synchronized suspension culture. J. Cell Sci. **6**, 299—321.

ROCHA, V., and J. P. TING, 1970 a: Preparation of cellular plant organelles from spinach leaves. Arch. Biochem. Biophys. **140**, 398—407.

— — 1970 b: Tissue distribution of microbody, mitochondrial, and soluble malate dehydro-genase isoenzymes. Plant Physiol. **46**, 754—756.

— — 1971: Malate dehydrogenases of leaf tissue from *Spinacia oleracea:* Properties of three isoenzymes. Arch. Biochem. Biophys. **147**, 114—122.

ROELS, F., 1973: Le 2,6-dichlorphénolindophénol est-il un inhibiteur spécifique de la catalase? C. R. Acad. Sci. (Paris), Ser. D **277**, 889—891.

— 1974: Cytochrome c and cytochrome oxidase in diaminobenzidine staining of mitochondria. J. Histochem. Cytochem. **22**, 442—446.

— E. WISSE, B. DE PREST, and J. V. D. MEULEN, 1975: Cytochemical discrimination between catalases and peroxidases using diaminobenzidine. Histochemistry **41**, 281—312.

ROGERS, P. J., and P. R. STEWART, 1973: Mitochondrial and peroxisomal contribution to the energy metabolism of *Saccharomyces cerevisiae* in continuous culture. J. gen. Micro-biol. **79**, 205—217.

ROGGENKAMP, R., H. SAHM, W. HINKELMANN, and F. WAGNER, 1975: Alcohol oxidase and catalase in peroxisomes of methanol-grown *Candida boidinii.* Eur. J. Biochem. **59**, 231—236.

— — and F. WAGNER, 1974: Microbial assimilation of methanol. Induction and function of catalase in *Candida boidinii.* FEBS Lett. **41**, 283—286.

ROSS, M. K., T. A. THORPE, and J. W. COSTERTON, 1973: Ultrastructural aspects of shoot initiation in tobacco callus cultures. Amer. J. Bot. **60**, 788—795.

ROTHE, G. M., 1974: Intracellular compartmentation and regulation of two shikimate dehydrogenase isoenzymes in *Pisum sativum.* Z. Pflanzenphysiol. **74**, 152—159.

— 1975: Intracellular localization and some properties of two aldehyde oxidase isoenzymes (EC 1.2.3.1) in potato tubers (*Solanum tuberosum*). Biochem. Physiol. Pflanzen **167**, 411—418.

ROTILIO, G., L. CALABRESE, A. J. AGRÒ, M. P. ARGENTO-CERU, F. AUTUORI, and B. MONDORÌ, 1973: Intracellular localization of superoxide dismutase and its relation to the distribution and mechanism of hydrogen peroxide-producing enzymes. Biochim. biophys. Acta **321**, 98—102.

ROWSELL, E. V., K. SNELL, J. A. CARNIE, and K. V. ROWSELL, 1972: The subcellular distribution of rat liver L-alanine-glyoxylate aminotransferase in relation to a pathway for glucose formation involving glyoxylate. Biochem. J. **127**, 155—165.

RUIS, H., 1971: Isolation and characterization of peroxisomes from potato tubers. Hoppe-Seyler's Z. physiol. Chem. **352**, 1105—1112.

— 1972 a: Subzelluläre Verteilung von Enzymen des Purinabbaues in pflanzlichen Speicherorganen. Mh. f. Chemie **103**, 1105—1113.

— 1972 b: Particulate and soluble forms of o-diphenol oxidase from potato tubers. Phytochemistry **11**, 53—58.

— and H. KINDL, 1970: Distribution of ammonia-lyases in organelles of castor bean endosperm. Hoppe-Seyler's Z. physiol. Chem. **351**, 1425—1427.

— — 1971: Formation of α,β-unsaturated carboxylic acids from amino acids in plant peroxisomes. Phytochemistry **10**, 2627—2631.

RYAN, F. J., and N. E. TOLBERT, 1975: Ribulose diphosphate carboxylase/oxygenase. III. Isolation and properties. J. biol. Chem. **250**, 4229—4233.

SAHM, H., R. ROGGENKAMP, F. WAGNER, and W. HINKELMANN, 1975: Microbodies in methanol-grown *Candida boidinii*. J. gen. Microbiol. **88**, 218—222.

— and F. WAGNER, 1973 a: Microbial assimilation of methanol. The ethanol- and methanol-oxidizing enzymes of the yeast *Candida biodinii*. Eur. J. Biochem. **36**, 250—256.

— — 1973 b: Mikrobielle Verwertung von Methanol. Eigenschaften der Formaldehyddehydrogenase und der Formiatdehydrogenase aus *Candida boidinii*. Arch. Mikrobiol. **90**, 263—268.

— — 1974: Mikrobielle Verwertung von Methanol. Einbau von Formaldehyd in Fructose- und Glucose-phosphat im zellfreien Extrakt von *Candida boidinii*. Arch. Mikrobiol. **97**, 163—168.

SALLACH, H. J., 1966: D-Glycerate dehydrogenase of liver and spinach. In: Methods in enzymology, IX: Carbohydrate metabolism (WOOD, W. A., ed.), pp. 221—228. New York-London: Academic Press.

SANDERS, T. H., and H. E. PATTEE, 1975: Peanut alkaline lipase. Lipids **10**, 50—54.

SCANDALIOS, J. G., 1974 a: Isozymes in development and differentiation. Ann. Rev. Plant Physiol. **25**, 225—258.

— 1974 b: Subcellular localization of catalase variants coded by two genetic loci during maize development. J. Hered. **65**, 28—32.

— E. H. LIU, and M. A. CAMPEAU, 1972: The effect of intergenic complementation on catalase structure and function in maize: A molecular approach to heterosis. Arch. Biochem. Biophys. **153**, 695—705.

SCAZZOCCHIO, C., and A. J. DARLINGTON, 1968: The induction and repression of the enzymes of purine breakdown in *Aspergillus nidulans*. Biochim. biophys. Acta **166**, 557—568.

SCHIEFER, S., W. TEIFEL, and H. KINDL, 1976: Plant microbody proteins. I. Purification and characterization of catalase from leaves of *Lens culinaris*. Hoppe-Seyler's Z. physiol. Chem. **357**, 163—175.

SCHMID, G., H. DURCHSCHLAG, G. BIEDERMANN, H. EGGERER, and R. JAENICKE, 1974: Molecular structure of malate synthase and structural changes upon ligand binding to the enzyme. Biochem. biophys. Res. Commun. **58**, 419—426.

SCHMID, G. H., 1969: The effect of blue light on glycolate oxidase of tobacco. Hoppe-Seyler's Z. physiol. Chem. **550**, 1035—1046.

SCHMITT, J. M., H.-D. BEHNKE, and R. G. HERRMANN, 1974: Suitability of silica sol gradients for purification of cell organelles. Exp. Cell Res. **85**, 63—72.

SCHNARRENBERGER, C., A. OESER, and N. E. TOLBERT, 1971: Development of microbodies in sunflower cotyledons and castor bean endosperm during germination. Plant Physiol. **48**, 566—574.

Schnarrenberger, C., A. Oeser, and N. E. Tolbert, 1972 a: Isolation of protein bodies on sucrose gradients. Planta **104**, 185—194.
— — — 1972 b: Isolation of plastids from sunflower cotyledons during germination. Plant Physiol. **50**, 55—59.
Schneider, H. A. W., 1971: Porphyrinsynthesis in isolated particles from tissue cultures of tobacco. Z. Naturforsch. **26 b**, 908—912.
Schopfer, P., D. Bajracharya, H. Falk und W. Thien, 1975: Phytochrom-gesteuerte Entwicklung von Zellorganellen (Plastiden, Microbodies, Mitochondrien). Ber. dtsch. bot. Ges. **88**, 245—268.
Schötz, F., L. Diers und P. Rüffer, 1971: Abgabe von Plastiden in das Cytoplasma. Ber. dtsch. bot. Ges. **84**, 41—51.
Schrauwen, J. A. M., and E. Sondheimer, 1975: The development of organelles in embryos of *Fraxinus americana*. Z. Pflanzenphysiol. **75**, 67—77.
Scott, P. J., L. P. Visentin, and J. M. Allen, 1969: The enzymatic characteristics of peroxisomes of amphibian and avian liver and kidney. Ann. N. Y. Acad. Sci. **168**, 244—263.
Seah, T. C. M., A. R. Bhatti, and J. G. Kaplan, 1973: Novel catalatic proteins of bakers' yeast. I. An atypical catalase. Canad. J. Biochem. **51**, 1551—1554.
— and J. G. Kaplan, 1973: Purification and properties of the catalase of bakers' yeast. J. biol. Chem. **248**, 2889—2893.
Seligman, A. M., M. J. Karnovsky, H. L. Wasserkrug, and J. S. Hanker, 1968: Nondroplet ultrastructural demonstration of cytochrome oxidase activity with a polymerizing osmiophilic reagent, diaminobenzidine (DAB). J. Cell Biol. **38**, 1—14.
— W. A. Shannon, Y. Hoshino, and R. E. Plapinger, 1973: Some important principles in 3,3′-diaminobenzidine ultrastructural cytochemistry. J. Histochem. Cytochem. **21**, 756—758.
Servettaz, O., M. Fillippini, and C. P. Longo, 1973: Purification and properties of malate synthetase from maize scutella. Plant Sci. Lett. **1**, 71—80.
Shain, Y., and M. Gibbs, 1971: Formation of glycolate by a reconstituted spinach chloroplast preparation. Plant Physiol. **48**, 325—330.
Shih, R., and R. W. Breidenbach, 1971: Purification and characterization of glycolate oxidase from castor bean glyoxysomes. Plant Physiol. **47**, S-28.
Shine, W. E., and P. K. Stumpf, 1974: Fat metabolism in higher plants. Recent studies on plant α-oxidation systems. Arch. Biochem. Biophys. **162**, 147—157.
Shnitka, T., 1966: Comparative ultrastructure of hepatic microbodies in some mammals and birds in relation to species differences in uricase activity. J. Ultrastruct. Res. **16**, 598—625.
— and A. Seligman, 1971: Ultrastructural localization of enzymes. Ann. Rev. Biochem. **40**, 375—396.
— and G. G. Talibi, 1971: Cytochemical localization by ferricyanide reduction of α-hydroxy acid oxidase activity in peroxisomes of rat kidney. Histochemie **27**, 137—158.
Sies, H., 1974: Biochemie des Peroxisoms in der Leberzelle. Angew. Chem. **86**, 789—801.
Silverberg, B. A., 1975 a: An ultrastructural and cytochemical characterization of microbodies in the green algae. Protoplasma **83**, 269—295.
— 1975 b: 3,3′-Diaminobenzidine (DAB) ultrastructural cytochemistry of microbodies in *Chlorogonium elongatum*. Protoplasma **85**, 373—375.
— and T. Sawa, 1973: An ultrastructural and cytochemical study of microbodies in the genus *Nitella* (Characeae). Canad. J. Bot. **51**, 2025—2032.
— — 1974: Cytochemical localization of oxidase activities with diaminobenzidine in the green alga *Chlamydomonas dysosmos*. Protoplasma **81**, 177—188.
Simola, L. K., 1974: The ultrastructure of dry and germinating seeds of *Pinus sylvestris* L. Acta Bot. Fenn. **103**, 1—31.
Singh, A. P., and H. L. Mogensen, 1975: Fine structure of the zygote and early embryo in *Quercus gambelii*. Amer. J. Bot. **62**, 105—115.
Sinha, S. K., and E. A. Cossins, 1965: Pathway for the metabolism of glyoxylate and acetate in germinating fatty seeds. Canad. J. Biochem. **43**, 1531—1541.
Sitte, P., 1965: Bau und Feinbau der Pflanzenzelle. Stuttgart: Gustav Fischer Verlag.

SITTE, P., 1971: Allgemeine Mikromorphologie der Zelle. In: Die Zelle. Struktur und Funktion (METZNER, H., Hrsg.), S. 9—69. Stuttgart: Wissenschaftl. Verlagsgesellschaft.

— 1973: Molekulare Morphologie der Zelle. In: Grundlagen der Cytologie (HIRSCH, G. C., H. RUSKA und P. SITTE, Hrsg.), S. 81—116. Jena: Gustav Fischer Verlag.

— 1974: Plastiden-Metamorphose und Chromoplasten bei *Chrysosplenium.* Z. Pflanzenphysiol. **73**, 243—265.

SJOGREN, R. E., and A. H. ROMANO, 1967: Evidence for multiple forms of isocitrate lyase in *Neurospora crassa.* J. Bacteriol. **93**, 1638—1643.

SLACK, C. R., M. D. HATCH, and D. J. GOODCHILD, 1969: Distribution of enzymes in mesophyll and parenchyma-sheath chloroplasts of maize leaves in relation to the C_4-dicarboxylic acid pathway of photosynthesis. Biochem. J. **114**, 489—498.

SMITH, J. K., 1973: Purification and characterization of serine : glyoxylate aminotransferase from kidney bean (*Phaseolus vulgaris*). Biochim. biophys. Acta **321**, 156—164.

SMITH, R. H., A. M. SCHUBERT, and C. R. BENEDICT, 1974: The development of isocitrate lyase activity in germinating cotton seeds. Plant Physiol. **54**, 197—200.

SORENSEN, J. C., and J. G. SCANDALIOS, 1975: Purification of a catalase inhibitor from maize by affinity chromatography. Biochem. biophys. Res. Commun. **63**, 239—246.

— — 1976: Developmental expression of a catalase inhibitor in maize. Plant Physiol. **57**, 351—352.

SPICHIGER, J. M., 1969: Isolation und Charakterisierung von Sphärosomen und Glyoxysomen aus Tabakendosperm. Planta **89**, 56—75.

STABENAU, H., 1974 a: Localization of enzymes of glycolate metabolism in the alga *Chlorogonium elongatum.* Plant Physiol. **54**, 921—924.

— 1974 b: Verteilung von Microbody-Enzymen aus *Chlamydomonas* in Dichtegradienten. Planta **118**, 35—42.

— 1975: Zur Lokalisation von Glykolsäure-Oxidase in *Spirogyra.* Ber. dtsch. bot. Ges. **88**, 469—471.

— and H. BEEVERS, 1974: Isolation and characterization of microbodies from the alga *Chlorogonium elongatum.* Plant Physiol. **53**, 866—869.

STAFFORD, H. A., 1974: The metabolism of aromatic compounds. Ann. Rev. Plant Physiol. **25**, 449—486.

STEWART, C. R., and H. BEEVERS, 1967: Gluconeogenesis from amino acids in germinating castor bean endosperm and its role in transport to the embryo. Plant Physiol. **42**, 1587—1595.

STEWART, K. D., G. L. FLOYD, K. R. MATTOX, and M. E. DAVIES, 1972: Cytochemical demonstration of a single peroxisome in a filamentous green alga. J. Cell Biol. **54**, 431—434.

STOCKING, C. R., 1971: Chloroplasts: Nonaqueous. In: Methods in enzymology, Vol. XXIII: Photosynthesis, Part A (SAN PIETRO, A., ed.), pp. 221—228. New York-London: Academic Press.

— and A. ONGUN, 1962: The intracellular distribution of some metallic elements in leaves. Amer. J. Bot. **49**, 284—289.

STUMPF, P. K., 1969: Metabolism of fatty acids. Ann. Rev. Biochem. **38**, 159—212.

SUTTON-JONES, B., and H. E. STREET, 1968: Studies on the growth in culture of plant cells. III. Changes in fine structure during the growth of *Acer pseudoplatanus* L. cells in suspension culture. J. Exp. Bot. **19**, 114—118.

SVOBODA, D., H. GRADY, and D. AZARNOFF, 1967: Microbodies in experimentally altered cells. J. Cell Biol. **35**, 127—152.

SYRETT, P. J., 1966: The kinetics of isocitrate lyase formation in *Chlorella:* evidence for the promotion of enzyme synthesis by photophosphorylation. J. Exp. Bot. **17**, 641—645.

— S. BOCKS, and M. J. MERRETT, 1964: The assimilation of acetate by *Chlorella vulgaris.* J. Exp. Bot. **15**, 35—47.

— and P. C. L. JOHN, 1968: Isocitrate lyase: determination of K_m values and inhibition by phosphoenolpyruvate. Biochim. biophys. Acta **151**, 295—297.

— M. J. MERRETT, and S. M. BOCKS, 1963: Enzymes of the glyoxylate cycle in *Chlorella vulgaris.* J. Exp. Bot. **14**, 249—264.

Szabo, A. S., and J. Avers, 1969: Some aspects of regulation of peroxisomes and mitochondria in yeast. Ann. N. Y. Acad. Sci. **168**, 302—312.

Tajima, S., and Y. Yamamoto, 1975: Enzymes of purine catabolism in soybean plants. Plant Cell Physiol. **16**, 271—282.

Tanner, W., and H. Beevers, 1965 a: The competition between the glyoxylate cycle and the oxidative break-down of acetate in *Ricinus*-endosperm. Z. Pflanzenphysiol. **53**, 72—85.

— — 1965 b: Glycolic acid oxidase in castor bean endosperm. Plant Physiol. **40**, 971—976.

Tester, C. F., 1976: Control of the formation of isocitrate lyase in soybean cotyledons. Plant Sci. Lett. **6**, 325—333.

Theimer, R. R., 1973: Use of a spheroplast-like *Neurospora crassa* slime mutant for investigations of subcellular structures. In: Yeast, mould and plant protoplasts (Villanoeva, J. R., *et al.*, eds.), pp. 247—255. New York-London: Academic Press.

— 1976: A specific inactivator of glyoxysomal isocitrate lyase from sunflower (*Helianthus annuus* L.) cotyledons. FEBS Lett. **62**, 297—300.

— G. Anding, and P. Matzner, 1976: Kinetin action on the development of microbody enzymes in sunflower cotyledons in the dark. Planta **128**, 41—47.

— — and B. Schmid-Neuhaus, 1975: Density-labeling evidence against a *de novo* formation of peroxisomes during greening of fat-storing cotyledons. FEBS Lett. **57**, 89—92.

— and H. Beevers, 1971: Uricase and allantoinase in glyoxysomes. Plant Physiol. **47**, 246—251.

— and P. Heidinger, 1974: Control of particulate urate oxidase activity in bean roots by external nitrogen supply. Z. Pflanzenphysiol. **73**, 360—370.

— and E. Theimer, 1975: Studies on the development and localization of catalase and H_2O_2-generating oxidases in the endosperm of germinating castor beans. Plant Physiol. **56**, 100—104.

Thomas, S. M., and T. Ap Rees, 1972: Gluconeogenesis during the germination of *Cucurbita pepo*. Phytochemistry 11, 2177—2185.

Thompson, C. M., and C. P. Whittingham, 1967: Intracellular localization of phosphoglycolate phosphatase and glyoxylate reductase. Biochim. biophys. Acta **143**, 642—644.

Thomson, W. W., and K. Platt, 1973: Plastid ultrastructure in the barrel cactus, *Echinocactus acanthodes*. New Phytol. **72**, 791—797.

Thursten, C. T., P. C. L. John, and P. J. Syrett, 1973: The effect of metabolic inhibitors on the loss of isocitrate lyase activity from *Chlorella*. Arch. Mikrobiol. **88**, 135—146.

Ting, J. P., and V. Rocha, 1971: NADP-specific malate dehydrogenase of green spinach leaf tissue. Arch. Biochem. Biophys. **147**, 156—164.

— — S. K. Mukerji, and R. Curry, 1971: On the localization of plant cell organelles. In: Photosynthesis and photorespiration (Hatch, M. D., *et al.*, eds.), pp. 534—540. Wiley-Interscience.

Todd, M. M., and E. L. Vigil, 1972: Cytochemical localization of peroxidase activity in *Saccharomyces cerevisiae*. J. Histochem. Cytochem. **20**, 344—349.

Tolbert, N. E., 1963: Glycolate pathway. In: Photosynthetic mechanisms in green plants. Nat. Acad. Sci. — Nat. Res. Council, Washington, D. C., pp. 648—662.

— 1971 a: Microbodies—peroxisomes and glyoxysomes. Ann. Rev. Plant. Physiol. **22**, 45—74.

— 1971 b: Leaf peroxisomes and photorespiration. In: Photosynthesis and photorespiration (Hatch, M. D., *et al.*, eds.), pp. 458—471. Wiley-Interscience.

— 1971 c: Isolation of leaf peroxisomes. In: Methods in enzymology, Vol. XXIII (San Pietro, A., ed.), pp. 665—687.

— 1973 a: Compartmentation and control in microbodies. Sym. Soc. Exp. Biol. **27**, 215—239.

— 1973 b: Glycolate biosynthesis. Curr. Topics Cell. Regulation 7, 21—50.

— 1974 a: Photorespiration. In: Algal physiology and biochemistry (Stewart, W. D. P., ed.), pp. 474—504. Blackwell Scientific Publications.

— 1974 b: Isolation of subcellular organelles of metabolism on isopycnic sucrose gradients. In: Methods in enzymology, Vol. XXXI: Biomembranes, Part A (Fleischer, S., and L. Packer, eds.), pp. 734—746.

TOLBERT, N. E., and R. H. BURRIS, 1950: Light activation of the plant enzyme which oxidizes glycolic acid. J. biol. Chem. **186**, 791—804.

— E. B. NELSON, and W. J. BRUIN, 1971: Glycolate pathway in algae. In: Photosynthesis and photorespiration (HATCH, M. D., *et al.*, eds.), pp. 406—413. Wiley-Interscience.

— A. OESER, T. KISAKI, R. H. HAGEMAN, and R. K. YAMAZAKI, 1968: Peroxisomes from spinach leaves containing enzymes related to glycolate metabolism. J. biol. Chem. **243**, 5179—5184.

— — R. K. YAMAZAKI, R. H. HAGEMAN, and T. KISAKI, 1969: A survey of plants for leaf peroxisomes. Plant Physiol. **44**, 135—147.

— and R. K. YAMAZAKI, 1969: Leaf peroxisomes and their relation to photorespiration and photosynthesis. Ann. N. Y. Acad. Sci. **168**, 425—441.

— — and A. OESER, 1970: Localization and properties of hydroxypyruvate and glyoxylate reductase in spinach leaf particles. J. biol. Chem. **245**, 5129—5136.

TOURTE, M., 1972: Mise en evidence d'une activité catalasique dans le peroxisomes de *Micrasterias fimbriata* (Ralfs). Planta **105**, 50—59.

TRELEASE, R. N., and W. M. BECKER, 1972: Cytochemical localization of malate synthase in glyoxysomes. J. Cell Biol. **55**, 262 a.

— — and J. H. BURKE, 1974: Cytochemical localization of malate synthase in glyoxysomes. J. Cell Biol. **60**, 483—495.

— — P. J. GRUBER, and E. N. NEWCOMB, 1971: Microbodies (glyoxysomes and peroxisomes) in cucumber cotyledons. Correlative biochemical and ultrastructural study in light- and darkgrown seedlings. Plant Physiol. **48**, 461—475.

— P. J. GRUBER, W. M. BECKER, and E. H. NEWCOMB, 1971: Microbodies in fat-storing cotyledons: Ultrastructural and enzymatic changes during greening. In: Photosynthesis and photorespiration (HATCH, M. D., *et al.*, eds.), pp. 523—533. Wiley-Interscience.

TSUKADA, H., S. KOYAMA, M. GOTOH, and H. TADANO, 1971: Fine structure of crystalloid nucleoids of compact type in hepatocyte microbodies of guinea pigs, cats and rabbits. J. Ultrastruct. Res. **36**, 159—175.

— Y. MOCHIZUKI, and T. KONISHI, 1968: Morphogenesis and development of microbodies of hepatocytes of rats during pre- and postnatal growth. J. Cell Biol. **37**, 231—243.

TULLY, R. E., and H. BEEVERS, 1975: Protein bodies of castor bean endosperm: hydrolytic enzymes and changes during germination. Plant Physiol. **56**, S-51.

TYLER, D. D., 1975: Polarographic assay and intracellular distribution of superoxide dismutase in rat liver. Biochem. J. **147**, 493—504.

VALDOVINOS, J. G., T. E. JENSEN, and L. M. SICHO, 1972: Fine structure of abscission zones. IV. Effect of ethylene on the ultrastructure of abscission cells of tobacco flower pedicles. Planta **102**, 324—333.

VAN DIJKEN, J. P., M. VEENHUIS, N. J. W. KREGER-VAN RIJ, and W. HARDER, 1975 a: Microbodies in methanol-assimilating yeasts. Arch. Microbiol. **102**, 41—44.

— — C. A. VERMEULEN, and W. HARDER, 1975 b: Cytochemical localization of catalase activity in methanol-grown *Hansenula polymorpha*. Arch. Microbiol. **105**, 261—267.

VAN POUCKE, M., and F. BARTHE, 1970: Induction of glycolate oxidase activity in mustard seedlings under the influence of continuous irradiation with red and far-red light. Planta **94**, 308—318.

— R. CERFF, F. BARTHE, and H. MOHR, 1970: Simultaneous induction of glycolate oxidase and glyoxylate reductase in white mustard seedlings by phytochrome. Naturwiss. **57**, 132—133.

VANDOR, S. L., and N. E. TOLBERT, 1970: Glyoxylate metabolism by isolated rat liver peroxisomes. Biochim. biophys. Acta **215**, 449—455.

VANNINI, G. L., and D. MARES, 1975: Fine structural characterization of microbodies and Woronin bodies in *Trichophyton mentagrophytes*. Experientia **31**, 949—951.

VENKATACHALAM, M. A., and H. D. FAHIMI, 1969: The use of beef liver catalase as a protein tracer for electron microscopy. J. Cell Biol. **42**, 480—489.

— M. H. SOLTANI, and H. D. FAHIMI, 1970: Fine structural localization of peroxidase activity in the epithelium of large intestine of rat. J. Cell Biol. **46**, 168—173.

VICKERY, H. B., 1962: A suggested new nomenclature for the isomers of isocitric acid. J. biol. Chem. **237**, 1739—1741.

VIGIL, E. L., 1969 a: Intracellular localization of catalase (peroxidatic) activity in plant microbodies. J. Histochem. Cytochem. **17**, 425—428.

— 1969 b: Cytochemical studies of microbodies and related organelles in plant cells. J. Cell Biol. **43**, 152 a.

— 1970: Cytochemical and developmental changes in microbodies (glyoxysomes) and related organelles of castor bean endosperm. J. Cell Biol. **46**, 435—454.

— 1973: Structure and function of plant microbodies. Subcell. Biochem. **2**, 237—285.

— C. J. ARNTZEN, and K. SWIFT, 1972: Photo-oxidation of DAB in *Chlamydomonas reinhardii*. Histochemistry and Cytochemistry. Japan Society of Histochemistry and Cytochemistry, Kyoto, pp. 139—140.

— and M. RUDDAT, 1973: Effect of gibberellic acid and actinomycin D on the formation and distribution of rough endoplasmic reticulum in barley aleurone cells. Plant Physiol. **51**, 549—558.

VILLIERS, T. A., 1967: Crystalloid structure in the microbodies of plant embryo cells. Life Sci. **6**, 2152—2156.

VINCENZINI, M. T., F. VINCIERI, and P. VANNI, 1973: The effect of oleate and octanoate on isocitrate lyase activity during the germination of *Pinus pinea* seeds. Plant Physiol. **52**, 549—553.

VOLK, M. J., R. N. TRELEASE, and H. C. REEVES, 1974: Determination of malate synthase activity in polyacrylamide gels. Analyt. Biochem. **58**, 315—321.

VOLLMER, K. O., H. J. REISENER, and H. GRISEBACH, 1965: The formation of acetic acid from p-hydroxycinnamic acid during its degradation to p-hydroxybenzoic acid in wheat shoot. Biochem. biophys. Res. Commun. **21**, 221—225.

VOŘíŠEK, J., and O. VOLFOVÁ, 1975: Catalase activity in methanol-oxidizing *Candida boidinii* 11 Bh and its cytochemical localization. FEBS Lett. **52**, 246—250.

WALKER, D. A., and H. BEEVERS, 1956: Some requirements for pyruvate oxidation by plant mitochondrial preparations. Biochem. J. **62**, 120—127.

WARDALE, D. A., and T. GALLIARD, 1975: Subcellular localization of lipoxygenase and lipolytic acyl hydrolase enzymes in plants. Phytochemistry **14**, 2323—2329.

WARREN, W. A., and L. D. KOHN, 1970: Sulfhydryl studies of spinach leaf glyoxylic acid reductase. J. biol. Chem. **245**, 2840—2849.

WATERS, L. C., and L. S. DURE, 1966: Ribonucleic acid synthesis in germinating cotton seeds. J. molec. Biol. **19**, 1—27.

WATTIAUX, R., S. WATTIAUX-DE CONINCK, and M.-F. RONVEAUX-DUPAL, 1971: Deterioration of rat liver mitochondria during centrifugation in a sucrose gradient. Eur. J. Biochem. **22**, 31—39.

WEDEL, F. P., and E. R. BERGER, 1975: On the quantitative stereomorphology of microbodies in rat hepatocytes. J. Ultrastruct. Res. **51**, 153—165.

WELLBURN, A. R., and F. A. M. WELLBURN, 1971: A new method for the isolation of etioplasts with intact envelopes. J. Exp. Bot. **22**, 972—979.

WERGIN, W. P., 1972: Ultrastructural comparison of microbodies in pathogenic and saprophytic hyphae of *Fusarium oxysporum* f. sp. *lycopersici*. Phytophathol. **62**, 1045—1051.

— 1973: Development of Woronin bodies from microbodies in *Fusarium oxysporum* f. sp. *lycopersici*. Protoplasma **76**, 249—260.

— B. A. PALEVITZ, and E. H. NEWCOMB, 1975: Structure and development of P-protein in phloem parenchyma and companion cells of legumes. Tissue and Cell **7**, 227—242.

— and J. R. POTTER, 1975: The effect of fluometuron on the ultrastructural development, chlorophyll accumulation and photosynthetic competence in developing velvet-leaf seedlings. Pesticide Biochem. Physiol. **5**, 265—279.

WHITE, J. E., and M. BRODY, 1974: Enzymatic characterization of sucrose-gradient microbodies of dark-grown, greening and continuously light-grown *Euglena gracilis*. FEBS Lett. **40**, 325—330.

WIESSNER, W., 1968: Enzymaktivitäten und Kohlenstoffassimilation bei Grünalgen unterschiedlichen ernährungsphysiologischen Typs. Planta 79, 92—98.

— und A. KUHL, 1962: Die Bedeutung des Glyoxylsäurezyklus für die Photoassimilation von Acetat bei phototrophen Algen. Vort. a. d. Gesamtgebiet d. Bot. — Dtsch. bot. Ges. N. F. Nr. 1, S. 102—108.

WILD, A., und B.-V. MÜLLER, 1974: Untersuchungen über die Regulation der Glykolat-2,6-Dichlorphenolindophenol-Oxidoreduktase bei einer *Chlorella*-Mutante im Verlauf der Ergrünung. Planta 121, 167—174.

WILLIS, J. E., and H. J. SALLACH, 1963: Serine biosynthesis from hydroxypyruvate in plants. Phytochemistry 2, 23—28.

WIRTZ, K. W. A., H. H. KAMP, and L. L. M. VAN DEENEN, 1972: Isolation of a protein from beef liver which specifically stimulates the exchange of phosphatidylcholine. Biochim. biophys. Acta 274, 606—617.

WITT, J., R. KRONAU, und H. HOLZER, 1966: Repression von Alkoholdehydrogenase, Malatdehydrogenase, Isocitratlyase und Malatsynthetase in Hefe durch Glucose. Biochim. biophys. Acta 118, 522—537.

WOO, K. C., N. A. PYLIOTIS, and W. J. S. DOWNTON, 1971: Thylakoid aggregation and chlorophyll a/chlorophyll b ratio in C_4-plants. Z. Pflanzenphysiol. 64, 400—413.

WOOD, R. L., and P. G. LEGG, 1970: Peroxidase activity in rat liver microbodies after aminotriazole inhibition. J. Cell Biol. 45, 576—585.

WOODWARD, J., and M. J. MERRETT, 1975: Induction potential for glyoxylate cycle enzymes during the cell cycle of *Euglena gracilis*. Eur. J. Biochem. 55, 555—559.

YAMADA, M., and P. K. STUMPF, 1965 a: Fat metabolism in higher plants. XXIV. A soluble β-oxidative system from germinating seeds of *Ricinus communis*. Plant Physiol. 40, 643—658.

— — 1965 b: Fat metabolism in higher plants. XXV. The enzymic degradation of hydroxy long chain fatty acids by extracts of *Ricinus communis*. Plant Physiol. 40, 659—664.

YAMAMOTO, Y., and H. BEEVERS, 1960: Malate synthetase in higher plants. Plant Physiol. 35, 102—108.

— — 1961: Purification and properties of malate synthetase from castor bean. Biochim. biophys. Acta 48, 20—25.

YAMAZAKI, R. K., and N. E. TOLBERT, 1969: Malate dehydrogenase in leaf peroxisomes. Biochim. biophys. Acta 178, 11—20.

— — 1970: Enzymic characterization of leaf peroxisomes. J. biol. Chem. 245, 5137—5144.

YANG, N.-S., and J. SCANDALIOS, 1974: Purification and biochemical properties of genetically defined malate dehydrogenase in maize. Arch. Biochem. Biophys. 161, 335—353.

YOUNG, O. A., and J. W. ANDERSON, 1974 a: Properties and substrate specificity of some reactions catalyzed by a short-chain fatty acyl-coenzyme A synthetase from seeds of *Pinus radiata*. Biochem. J. 137, 423—433.

— — 1974 b: The enzymology of short-chain fatty acyl-coenzyme A synthetase from seeds of *Pinus radiata*. Kinetic studies and a proposed reaction mechanism. Biochem. J. 137, 435—442.

— and H. BEEVERS, 1976: Mixed function oxidases from germinating castor been endosperm. Phytochemistry 15, 379—385.

ZANOBINI, A., and A. M. FIRENZUOLI, 1972: Purification and some properties of isocitrate lyase from *Pinus pinea*. Physiol. Chem. Physics 4, 166—172.

ZELITCH, J., 1953: Oxidation and reduction of glycolic and glyoxylic acids in plants. II. Glyoxylic acid reductase. J. biol. Chem. 201, 719—726.

— 1955 a: The isolation and action of crystalline glyoxylic acid reductase from tobacco leaves. J. biol. Chem. 216, 553—575.

— 1955 b: Glycolic acid oxidase and glyoxylic acid reductase. In: Methods in enzymology, I (COLOWICK, S. P., and N. O. KAPLAN, eds.), pp. 528—535. New York-London: Academic Press.

— 1957: α-Hydroxysulfonates as inhibitors of the enzymatic oxidation of glycolic and lactic acids. J. biol. Chem. 224, 251—260.

ZELITCH, J., 1959: The relationship of glycolic acid to respiration and photosynthesis in tobacco leaves. J. biol. Chem. **234**, 3077—3081.
— 1971: Photosynthesis, Photorespiration, and Plant Productivity. New York-London: Academic Press.
— 1972: The photooxidation of glyoxylate by envelope-free spinach chloroplasts and its relation to photorespiration. Arch. Biochem. Biophys. **150**, 698—707.
— 1975 a: Pathway of carbon fixation in green plants. Ann. Rev. Biochem. **44**, 123—145.
— 1975 b: Improving the efficiency of photosynthesis. Science **188**, 626—633.
— and P. R. DAY, 1968: Glycolate oxidase activity in algae. Plant Physiol. **43**, 289—291.
— and A. M. GOTTO, 1962: Properties of a new glyoxylate reductase from leaves. Biochem. J. **84**, 541—546.
— and S. OCHOA, 1953: Oxidation and reduction of glycolic and glyoxylic acids in plants. I. Glycolic acid oxidase. J. biol. Chem. **201**, 707—718.
ZELLER, A., 1957: Die Mobilisierung der Fette bei der Keimung. Hdb. Pflanzenphysiol. **VII**, 323—353.
ZILKEY, B., and D. T. CANVIN, 1969: Subcellular localization of oleic acid biosynthesis enzymes in the developing castor bean endosperm. Biochem. biophys. Res. Commun. **34**, 646—653.
ZIMMER, D. E., 1970: Fine structure of *Puccinia carthami* and the ultrastructural nature of exclusionary seedling-rust resistance of safflower. Phytopathol. **60**, 1157—1163.
ZIMMERMAN, D. L., B. A. VICK, and T. K. BORY, 1974: Intracellular distribution of hydroperoxide isomerase. Plant Physiol. **53**, 1—4.
ZIMNIAK, P., E. HARTTER, and H. RUIS, 1975: Biosynthesis of catalase T during oxygen adaptation of *Saccharomyces cerevisiae*. FEBS Lett. **59**, 300—304.
ZSCHOCHE, W. C., and J. P. TING, 1973 a: Purification and properties of microbody malate dehydrogenase from *Spinacia oleracea* leaf tissue. Arch. Biochem. Biophys. **159**, 767—776.
— — 1973 b: Malate dehydrogenase of *Pisum sativum*. Tissue distribution and properties of the particulate forms. Plant Physiol. **51**, 1076—1081.

(Abgeschlossen Juli 1976)

Nachtrag zur Literatur

BOWDEN, L., and J. M. LORD, 1977: Serological and developmental relationships between endoplasmic reticulum and glyoxysomal proteins of castor bean endosperm. Planta **134**, 267—272.
BROWN, R. H., and M. J. MERRETT, 1977: Density labelling during microbody development in cotyledons. New Phytol. **79**, 73—81.
DONALDSON, R. P., and H. BEEVERS, 1977: Lipid composition of organelles from germinating castor bean endosperm. Plant Physiol. **59**, 259—263.
FEIERABEND, J., and D. BRASSEL, 1977: Subcellular localization of shikimate dehydrogenase in higher plants. Z. Pflanzenphysiol. **82**, 334—346.
GRAVES, L. B., V. N. ARMENTROUT, and D. P. MAXWELL, 1976: Distribution of glyoxylate-cycle enzymes between microbodies and mitochondria in *Aspergillus tamarii*. Planta **132**, 143—148.
GRODZINSKI, B., and V. S. BUTT, 1977: The effect of temperature on glycollate decarboxylation in leaf peroxisomes. Planta **133**, 261—266.
GRUBER, P. J., and S. E. FREDERICK, 1977: Cytochemical localization of glycolate oxidase in microbodies of *Klebsormidium*. Planta **135**, 45—49.
KAWAMOTO, S., A. TANAKA, M. YAMAMURA, Y. TERANISHI, S. FUKUI, and M. OSUMI, 1977: Microbody of n-alkane-grown yeast. Enzyme localization in the isolated microbody. Arch. Microbiol. **112**, 1—8.
LIU, K. D. F., and A. H. C. HUANG, 1976: Developmental studies of NAD-malate dehydrogenase isozymes in the cotyledon of cucumber seedlings grown in darkness and in light. Planta **131**, 279—284.

Liu, K. D. F., and A. H. C. Huang, 1977: Subcellular localization and developmental changes of aspartate-α-ketoglutarate transaminase isozymes in the cotyledons of cucumber seedlings. Plant Physiol. **59**, 777—782.

Longo, G. P., C. Bracci, C. Bucceri, M. Pedretti, and C. P. Longo, 1977: Malate dehydrogenase from maize scutellum glyoxysomes. I. Localization within the organelle. Plant Sci. Lett. **9**, 381—390.

Ludwig, B., and H. Kindl, 1976: Plant microbody proteins, III. Labelling of the peroxisomal membrane protein SP-63 *in vitro* and *in vivo*. Hoppe-Seyler's Z. Physiol. Chem. **357**, 393—399.

Schnarrenberger, C., and C. Burkhard, 1977: *In-vitro* interaction between chloroplasts and peroxisomes as controlled by inorganic phosphate. Planta **134**, 109—114.

Schopfer, P., D. Bajracharya, R. Bergfeld, and H. Falk, 1976: Phytochrome-mediated transformation of glyoxysomes into peroxisomes in the cotyledons of mustard (*Sinapis alba* L.) seedlings. Planta **133**, 73—80.

Susani, M., P. Zimniak, F. Fessl, and H. Ruis, 1976: Localization of catalase A in vacuoles of *Saccharomyces cerevisiae*: evidence for the vacuolar nature of isolated "yeast peroxisomes". Hoppe-Seyler's Z. Physiol. Chem. **357**, 961—970.

Wainwright, I. M., and I. P. Ting, 1976: Microbody malate dehydrogenase isozyme in cotyledons of *Cucumis sativus* L. during development. Plant Physiol. **58**, 447—452.

Walk, R.-A., and B. Hock, 1977: Glyoxysomal malate dehydrogenase of watermelon cotyledons: *de novo* synthesis on cytoplasmic ribosomes. Planta **134**, 277—285.

— — 1977: Glyoxysomal and mitochondrial malate dehydrogenase of watermelon (*Citrullus vulgaris*) cotyledons. II. Kinetic properties of the purified isoenzymes. Planta **136**, 221—228.

— S. Michaeli, and B. Hock, 1977: Glyoxysomal and mitochondrial malate dehydrogenase of watermelon (*Citrullus vulgaris*) cotyledons. I. Molecular properties of the purified isoenzymes. Planta **136**, 211—220.

(Auswahl der seit Juli 1976 erschienenen Arbeiten)

Sachverzeichnis